珠江三角洲环境有机污染物概论

曾永平 等 著

科 学 出 版 社
北 京

内 容 简 介

本书基于珠江三角洲的水体、土壤、大气、沉积物、生物等介质中有机污染物的实测数据，系统论述珠江三角洲有机污染物污染状态、污染来源、有机污染物的区域地球化学过程及演化规律、人体暴露风险、有机污染物环境监测技术，总结该区域典型有机污染物历史演化态势，并预测了未来发展趋势。

本书可供环境管理、污染控制、大气环境、水体环境、土壤环境、环境污染与人体暴露等相关方向的研究人员和技术人员参阅，也可作为高等院校和研究院所环境科学、分析化学等专业的教学参考书。

图书在版编目（CIP）数据

珠江三角洲环境有机污染物概论 / 曾永平等著 . —北京：科学出版社，2019.12

ISBN 978-7-03-063724-6

I. ①珠… II. ①曾… III. ①珠江三角洲—环境污染—有机污染物—研究 IV. ① X5

中国版本图书馆 CIP 数据核字 (2019) 第 281142 号

责任编辑：郭勇斌 彭婧煜 黎婉雯/责任校对：杜子昂
责任印制：师艳茹/封面设计：黄华斌

科学出版社 出版
北京东黄城根北街16号
邮政编码:100717
http://www.sciencep.com

三河市春园印刷有限公司 印刷
科学出版社发行 各地新华书店经销

*

2019年12月第 一 版 开本：720×1000 1/16
2019年12月第一次印刷 印张：16 1/2
字数：322 000

定价：168.00元

本书编委会

主　　编：曾永平

编　　委（按姓氏拼音排列）：

鲍恋君　郭　英　刘良英

罗　沛　倪宏刚　王继忠

巫承洲

序　一

人类不断地开发和利用自然资源以谋求自身的生存与发展，在此进程中产生了一系列环境污染问题。从20世纪30年代起，不少国家在全球经济发展过程中，发生过一系列严重的环境污染事件，对环境和人体健康造成了严重的影响。如1930年比利时马斯河谷烟雾事件、1952年伦敦烟雾事件、1940～1960年洛杉矶光化学烟雾事件等，均是历史上著名的环境污染事件，导致大量市民患病甚至死亡。究其原因，这些事件均是由人为大量排放的污染气体、化学品、粉尘等直接或间接引发。日本在1931年出现的痛痛病、1956年出现的水俣病，都归因于工业废水污染。1962年，美国著名科普作家蕾切尔·卡逊（Rachel Carson）出版的《寂静的春天》（*Silent Spring*）描述了滥用化学药品和肥料给生态环境和人类健康带来的严重影响，引起全球对环境污染与人类社会可持续发展的重视。

我国经济进入快速发展时期相对西方发达国家较晚，在吸取其教训的基础上，避免了若干严重环境污染事件的发生，但是化学品的大量使用依然对环境产生了严重的污染，尤其是在经济发达地区。珠江三角洲是中国对外开放的重要门户之一，改革开放以来，工业化和城市化发展迅速，已经成为中国经济最为发达的地区之一；同时也是中国参与经济全球化的主体区域，以及全国科技创新和研发的重要基地。然而，珠江三角洲快速发展的经济社会与工业生产也给该区域的环境造成了一系列不良影响，不利于经济社会的可持续发展。

工农业生产与人类活动产生的污染物种类多、数量大，并且能在环境中发生迁移、转化、降解、富集等行为。持久性有机污染物是一类在环境中具有持久性、难降解性、生物富集性和高毒性的物质，广泛分布于水体、沉积物、土壤、大气等环境介质，以及包括人体在内的生物介质。为了厘清污染物对环境的危害程度，不仅需要对介质内的污染物进行准确定量检测，还需要阐明污染物在环境介质之间的迁移、转化及归趋，明晰污染物的生物富集和生物放大特性，以及污染物可能产生的生态毒理效应和健康风险，在此基础上才能科学有效地对其进行防控。

曾永平教授及其团队立足于珠江三角洲，长期从事污染物宏观环境过程表征、微观界面迁移机制、环境风险及其管理策略等方面的研究，取得了一系列具有国际影响力的成果。《珠江三角洲环境有机污染物概论》基于珠江三角洲的水体、土壤、大气、沉积物、生物等介质中有机污染物实测的第一手数据，系统地论述了珠江三角洲有机污染物污染状态、污染来源、有机污染物的区域地球化学过程及演化规律、人体暴露风险、有机污染物环境监测技术，总结了该区域典型有机污染物的历史演化态势，并预测了未来发展趋势。该书基于实际研究案例，形象地描绘出珠江三角洲环境污染的概况，可供环境相关领域的研究人员、教师、管理者等学习参考。

“水光潋滟晴方好，山色空蒙雨亦奇”，“日出江花红胜火，春来江水绿如蓝”。古人所描绘的美好景象是我们环境保护从业人员的愿景，相信经过大家的不懈努力，在不久的将来，这个愿景一定会得以实现。

江桂斌

中国科学院院士

2019年秋于北京

序　二

环境污染造成的生态环境及人体暴露风险不容忽视，而有机污染物是产生环境污染的一类重要污染物。随着经济社会的快速发展，近百万种有机污染物被合成且极大可能被排放至自然环境。因此，梳理有机污染物的区域地球化学行为及评估其人体暴露风险具有重要的现实意义。珠江三角洲是我国经济高速发展的区域之一，高速的经济增长和城市化进程所伴生的环境有机污染问题日益严峻。聚焦该区域有机污染物的环境暴露有望为我国经济发展制定环境友好政策，为平衡经济发展与环境保护提供数据支撑。

《珠江三角洲环境有机污染物概论》总结了珠江三角洲各种环境介质中典型有机污染物的实测数据，阐述了有机污染物的区域环境行为，评估了人体通过膳食及呼吸暴露有机污染物而产生的健康风险，并提出了相应的消费建议，同时采用模型预测了典型有机污染物在未来环境中的演化态势，提出了针对典型电子垃圾环境问题的管理政策。除了系统地论述有机污染物的环境行为和暴露风险，该书还介绍了作者研发的有关污染物的新型环境监测技术，如用于监测水体环境自由溶解态有机污染物环境行为的原位被动采样装置体系等。总体而言，该书是曾永平教授自2004年回国，带领其团队成员历经十多年探索的成果总结，体现了其团队深入细致、循序渐进的研究特色，完善了不局限于珠江三角洲的有机污染物造成的环境问题认识。

该书内容详尽，包括了实体野外采样设计及数据处理，通过缜密的逻辑推理阐述了典型有机污染物产生的问题及原因。该书所展现的研究思路，可为广大青年学者的科研工作提供参考，同时亦对研究生学习及环境管理学者有所裨益。至此，诚挚推荐曾永平教授等撰写的《珠江三角洲环境有机污染物概论》，望广大读者有所收获。

陶澍

中国科学院院士

2019年11月于北京大学

前　　言

从 1939 年滴滴涕被瑞士化学家米勒确认为一种有效的杀虫剂，到 1962 年卡逊《寂静的春天》的出版，20 多年内，更多类似的特效有机物质被人工合成并使用。实际上，除了杀虫 / 菌剂，近几十年来，其他用途的有机物质，如阻燃剂、电容器中的绝缘液、抗生素、化妆品等也次第合成、使用。这些物质在合成和使用之初，对社会发展与人类健康作出了巨大贡献，但人类忽略了它们可能的危害。现今，诸多研究确切证明，上述有机化合物在提高农业产出、拯救生命与财产、带来特效和生活便利的同时，也对生态系统造成了破坏：人类排放的有机物质已然超越环境的自净能力，它们已经从有益物质变为有害物质——有机污染物。除了上述人类特意生产的有机物，还有一些则完全是无心之柳，如多环芳烃、二噁英等。

如果有机污染物能在自然环境中快速降解为毒性较小的产物，人类也许不用担心它们的危害。但事实正好相反，问题变得非常严重。有机污染物主要通过流态排放，经由迁移、分配进入各种环境介质，引发环境问题，而有机污染物生态风险及其污染修复是其中非常重要的问题。回应这些问题的重要基础是通过场地调查，获得它们的环境赋存信息，包括主要污染源、环境与生物暴露、环境转归与影响等。

环境问题具有典型的区域属性。区域的产业结构、人口规模、经济发展、消费技术，必然会对资源消耗和废物排放产生具体影响。珠江三角洲是中国参与经济全球化的主体区域，粤港澳大湾区也是与美国纽约湾区、旧金山湾区和日本东京湾区并肩的世界四大湾区之一，已建成世界级城市群，其环境污染状况具有典型性和代表性。对该地区有机污染问题进行梳理总结，对于了解人类高强度活动的生态环境效应及其对人类活动的反向约束效用具有重要参考价值。

本书共分 8 章内容。第 1 章介绍珠江三角洲自然地理条件、环境污染研究历史沿革等；第 2 章介绍水体被动采样基本原理和技术、实验室分析、数据处理等方法；第 3 章讨论水体污染及其潜在生态风险，珠江三角洲河流对近海环境的污染贡献包括静态的污染状况和河流通量；第 4 章介绍土壤样品的采集方法，以及土壤中各类有机污染物的赋存状态，包括农药与杀虫剂、卤代阻燃剂、多环芳烃、环境分子标志物等；第 5 章主要介绍珠江三角洲大气污染现状及时间演化、颗粒态有机污染物的粒径分布特征、有机污染物的大气干湿沉降、有机污染物的陆地与大气交换过程等；第 6 章概述珠江三角洲生物中持久性有机污染物的来源、污染水平、吸收与转化等；第 7 章从有机污染物的迁移转化，包括大尺度介质间的输运和微界面的动态行为入手，从机理方面对珠三角区域环境污染进行总结；第 8 章简要介绍电子垃圾处理及其引发的环境问题，并给出了电子垃圾管理策略。

本书主要以我们有关珠江三角洲有机污染物历史与现状的研究结果为基础，同时参考和借鉴了与该区域其他相关的研究成果编写而成。书中已尽量对同行研究以图、表标注或文献引用的方式反映他们对本书的贡献，在此，感谢所有相关同行的支持和帮助。由于著者水平有限，书中难免有疏漏之处，敬请广大读者批评指正。

著　者

2019 年 7 月

目　　录

序一
序二
前言
第 1 章　绪论 / 1
1.1　珠江三角洲地理环境 / 2
1.2　珠江三角洲经济发展现状 / 3
1.3　珠江三角洲的环境问题 / 5
1.4　珠江三角洲环境污染研究历史 / 8
1.5　本书涉及环境有机污染物概述 / 9
参考文献 / 10
第 2 章　水体被动采样方法 / 11
2.1　定量依据 / 11
2.2　吸附相-水体分配系数确定 / 18
2.3　固相微萃取纤维 / 25
2.4　开放式水体采样器 / 27
2.5　多段式沉积物孔隙水采样器 / 31
2.6　沉积物-水界面通量被动采样器 / 34
2.7　大气-水界面有机物采样器 / 36
参考文献 / 41
第 3 章　珠江三角洲水环境有机污染状况和河流通量 / 44
3.1　水体有机污染及其潜在生态风险评价 / 45
3.2　珠江三角洲河流对近海环境的污染贡献 / 66
3.3　珠江三角洲珠江流域有机污染物对近海环境的影响 / 84
参考文献 / 87
第 4 章　珠江三角洲土壤污染 / 95
4.1　土壤样品的采集 / 96

4.2 农药与杀虫剂 / 97
4.3 卤代阻燃剂 / 100
4.4 多环芳烃 / 105
4.5 环境分子标志物 / 109
4.6 土壤中有机污染物的蓄积和时间变化趋势 / 114
参考文献 / 118
第 5 章 珠江三角洲大气有机污染物的分布及迁移行为 / 122
5.1 大气污染现状及时间演化 / 123
5.2 颗粒态有机污染物的粒径分布特征 / 126
5.3 有机污染物的大气干沉降 / 133
5.4 有机污染物的大气湿沉降 / 140
5.5 有机污染物的土壤-大气交换过程 / 145
5.6 有机污染物的大气-水交换过程 / 148
参考文献 / 151
第 6 章 珠江三角洲生物体内的持久性有机污染物及其人体暴露 / 157
6.1 珠江三角洲生物体内持久性有机污染物的浓度水平 / 158
6.2 珠江三角洲生物体内持久性有机污染物的来源 / 170
6.3 珠江三角洲生物体内持久性有机污染物的吸收与转化 / 178
参考文献 / 188
第 7 章 有机污染物的区域过程及调控因素 / 191
7.1 环境有机污染物的区域地球化学过程与调控因素 / 191
7.2 中国南方近海沉积物中的有机污染物 / 194
7.3 珠江三角洲环境中有机污染物的区域环境过程 / 201
7.4 人工碎屑介导有机污染物在海湾沉积物的迁移过程 / 208
7.5 沉积物-水界面通量被动采样器的应用及界面通量的影响因素 / 224
参考文献 / 228
第 8 章 珠江三角洲电子垃圾环境效应概况 / 236
8.1 电子垃圾处理概况 / 237
8.2 电子垃圾处理引发的环境污染问题 / 239
8.3 电子垃圾处理中有机污染物的释放 / 242
8.4 电子垃圾处理的政策管理 / 244
参考文献 / 246

第1章 绪 论

人类在地球上出现以来，为了自身的生存与发展，一直在努力进行利用和改造自然的活动。相对而言，人类活动的强度在地球生物中占据主导地位，因此对生态环境的影响更为显著。人类活动的核心是为了满足自身需求和欲望，即经济。而经济的核心则是物质的转换，其中包括形态的转化和位置的变化。以环境中的物质为基础，利用各种能源提供的能量，将自然物质转化成人类需要的形态（生产），然后转移运输到不同的位置（消费），以满足人类生存与发展的需求。物质用于生产，必定排放废物；能量利用，不可避免地消耗能源。因此，经济活动是环境问题的重要原因。在研究区域环境问题时，必须高度关注区域人类经济活动与环境退化的关系。其中包括两个方面的问题：其一，人类不断开发和使用越来越多的物质资源，特别是人工合成的化学物质，在地球原有物质循环上叠加了新的物质负荷，大量物质的使用及其随后的不当处置，排放大量废物，使其成为环境污染物；其二，能源的使用，虽然并不会减少能量，但会消耗能源，使一部分能量退化为不能做功的能量。

在全球工业化进程中，难以计量的天然或人工合成化学物质被释放到地球环境中，严重污染了人类赖以生存的大气、土壤、水体等各种环境介质。这些污染物进一步在生态系统中迁移、转化、累积，产生负面生态效应。由于区域经济发展水平不同，技术水平存在客观差异，消费偏好和能力也具有区域属性，因此，人类活动对环境的影响也有明确的区域特性。很多环境研究关注区域问题，实际上，由于生态系统整体性特征，区域环境同样会对全球环境产生影响。因此区域环境问题是基础，可以为全球环境问题研究提供重要的信息。

综上所述，人类与自然系统互相依存，自然系统是人类活动的物质基础。人类活动排放的废物进入自然系统，其排放规模、迁移转化、生态环境效应，与区域自然地理条件、人口规模、产业特征、能源消费、经济发展和技术水平都有密切关系。

本书对珠江三角洲的环境有机污染研究做了简要回顾。目标污染物涵盖农药与杀虫剂、卤代阻燃剂、多环芳烃、环境分子标志物等。环境介质包括大气、水体、土壤、沉积物、生物样品。涉及环境样品采集方法、有机污染物来源、迁移转化、分配行为、生态风险等。具体内容涵盖水体被动采样技术、珠江三角洲有机污染物入海通量、大气污染物迁移过程、表层土壤污染特征、人体暴露风险，以及有机污染物的区域过程及调控因素等。希望能为读者提供珠江三角洲有机污染物研究的基本信息，帮助研究人员快速了解珠江三角洲有机污染现状，为管控区域环境污染提供客观依据。

1.1 珠江三角洲地理环境

珠江三角洲毗邻香港、澳门，自然条件优越，城市化水平较高，经济交互性好，是我国经济最发达的地区之一[1]。

1.1.1 地形地貌

珠江三角洲地处广东省中南部，珠江下游，西起西江羚羊峡，北达北江芦苞，东至东江石龙，南延南海，东、北、西三面丘陵台地环抱，包括三水盆地，东江下游平原，以及西江、北江下游平原和潭江下游平原。在大地构造单元上，处于华南低洼区。地处北回归线以南，是中国南亚热带最大的冲积平原[2]。

1.1.2 气候及水文

珠江三角洲绝大部分区域在北回归线以南，属于南亚热带季风气候。日照充足，日照时数达 1900 ～ 2200 $h \cdot a^{-1}$。太阳辐射总量高，年均温在 20℃以上。雨量充沛，年均降雨量 1600 ～ 2000 mm，主要分布在 4 ～ 9 月，降雨年变化呈双峰型[2]。珠江三角洲的气候由于季风的影响，冬季北风，夏季南风，因而有别于世界其他各地的亚热带气候。值得注意的是，由于日照强，蒸发量大，旱季期间仍有旱灾发生。但由于台风带来的降雨可缓解秋旱，故旱灾一般轻于水灾。水灾、旱灾、台风、寒潮等都是珠江三角洲的灾害性因素。

不同于平原坦荡的三角洲典型特征，珠江三角洲是由珠江三大支流西江、北江、东江在溺谷湾内合力冲积而形成的复合三角洲。“三江汇集，八口入海”，区内河道纵横交错，主要水道近百条，属于典型的河网三角洲。珠江三角洲平均每年接纳泥沙 8336 万 t，其中约 20% 沉积在三角洲内，80% 淤积在八大口门之外的海域中[2]。

1.1.3　土壤与植被

珠江三角洲地带性土壤类型主要为发育于砂岩、页岩和花岗岩母质上的赤红壤、红壤。该地区地带性植被是亚热带季风常绿阔叶林。常见植物有500多种，分属130多科373属，其中纯热带性属占42%，泛热带性属占11%。由于人类活动长期干扰，区域内原始植被、天然林保存较少，大部分是单优势种人工林，林地面积偏小(仅占全省林地面积的17.3%)，森林资源主要集中在肇庆、惠州、江门等市[3]。

1.1.4　自然资源

珠江三角洲的土地资源类型多样。据统计，珠江三角洲有土地资源547万hm^2。降水丰沛，河网密布，地下水资源丰富。矿产资源区域特色鲜明，矿产种类多，盛产稀有金属和有色金属，已探明储量的矿产有80多种。最主要的非金属矿产是高岭土、泥炭、英石、粗面岩；金属矿产如锗、碲等，其储量全国第一。富硒耕地资源优势显著。地热资源保有量大，可开采量较大。海洋资源禀赋优越，拥有海岸带资源、港口资源、旅游资源和滩涂资源。珠江三角洲大陆海岸线长700多公里，主要包括伶仃洋、磨刀门、广海湾—镇海湾三个岸段[2, 4]。

1.2　珠江三角洲经济发展现状

自20世纪90年代以来，珠江三角洲城市群凭借优越的自然条件，经济发展迅速，经济体量巨大。截至2017年，珠江三角洲城市群地区生产总值7.57万亿元，约占全国经济总量的9%[5]。由图1-1可以看出，珠江三角洲各城市人口和地区生产总值的空间分布具有显著空间相关性，且极化效应明显。具体而言：人口数量和经济实力空间分布变化稳定，但区域间经济水平差异较大。而这种空间差异主要是受自然地理区位条件、历史发展基础、国家政策的影响。

从《中国城市统计年鉴（2017）》、《广东统计年鉴（2017）》和《中国统计年鉴（2017）》获取2016年珠江三角洲及其周边地区的社会经济统计数据。通过构建城市化水平评价体系，得出了珠江三角洲及其周边地区共15个市的人口城市化、经济城市化、空间城市化、社会城市化和综合城市化水平。从评价结果可以看出，在珠江三角洲及其周边地区中，15个城市的发展水平分化现象比较严重，珠江三角洲核心地区城市在人口、经济、空间和社会城市化方面均高于其周边城市（图 1-2）。将珠江三角洲及其周边地区 15 个城市的综合城市化水平进行空间热点分析后，可得出东莞市在 99% 的显著性水平下存在高值，说明以东莞市为中心，其周边城市均为城市化水平较高的城市，也为研究区域内高城市化区域。此外，广州市和深圳市的各项城市化水平均排名前二，说明两者为珠江三角洲城市发展的带领者。

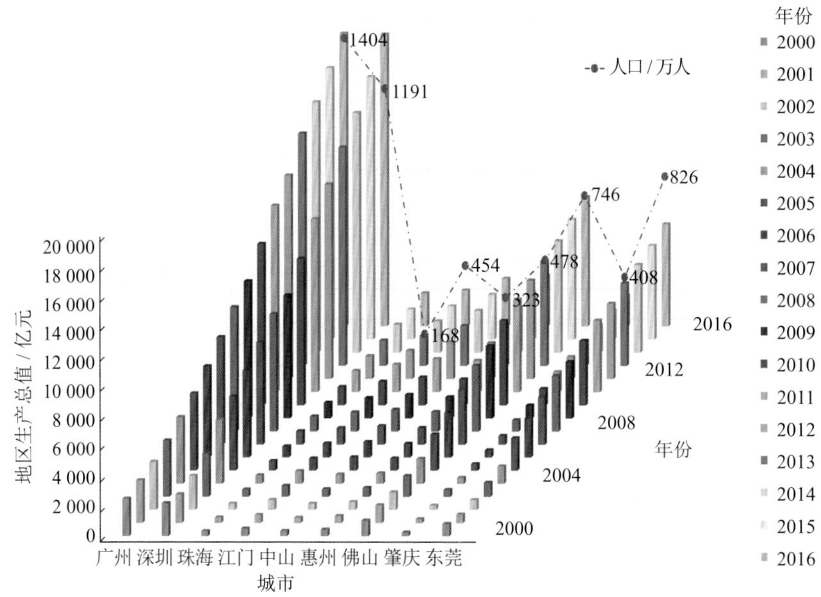

图 1-1 2000 ～ 2016 年珠江三角洲各城市地区生产总值增长趋势[5]

值得注意的是，深圳市的人口城市化水平超过了广州市，这与深圳市本身作为经济特区的特殊性质有关。深圳市非常重视人才的引入，为了吸引大量的高素质人才，在人才入户、生活保障及创新创业等方面设立了多项相关优惠政策，并将每年的 11 月 1 日作为深圳人才日，由此可以看出深圳市对高素质人才资源的高度重视。除了吸引人才流入外，深圳市也注重人才的培养与科研活动的投入。深圳市高等教育机构较少，为了弥补这种不足，深圳市政府与各大高校合作，在深圳市南山区建立了深圳大学城，大学城内为各大高校于深圳建立的分校，并建立了与之相配套的深圳市高新技术产业园。深圳市对人才资源的一系列政策，使深圳市人口城乡结构和职业结构发生巨大的变化，深圳市的城镇人口比例已接近 100%，从而进一步改变了深圳市人群的行为习惯结构，推动其综合城市化水平的提高。

根据综合城市化水平，可将珠江三角洲及其周边地区的城市化水平划分为四个等级：广州市、深圳市为第一等级城市化水平城市；东莞市、佛山市为第二等级城市化水平城市；珠海市、中山市和惠州市为第三等级城市化水平城市；江门市、肇庆市、清远市、韶关市、阳江市、河源市、汕尾市、云浮市为第四等级城市化水平城市（图 1-2）。

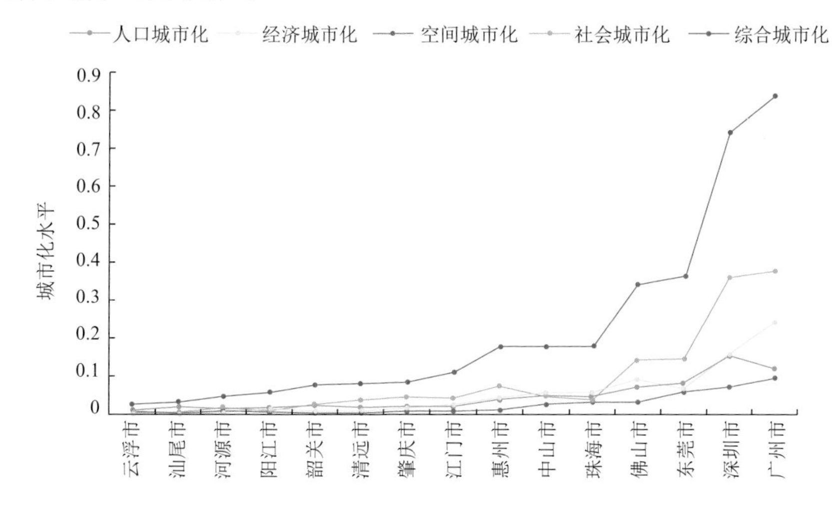

图 1-2　珠江三角洲及其周边地区城市化水平

1.3　珠江三角洲的环境问题

正如美国的人口学教授保罗•埃利奇（Paul Ehrlich）与能源学家约翰•霍尔登（John Holdren）建议的那样，人类对环境的影响，受人口数量、富裕程度和技术水平等因素制约。目前珠江三角洲经济发展清楚地表明了经济发展对环境产生了影响。旧的环境问题尚未得到有效控制，新的环境问题已然出现，各种环境问题叠加，环境复合污染极度复杂。珠江三角洲具有特殊的产业结构、空间结构、城镇化和产业化发展模式，这也使珠江三角洲环境问题具有鲜明的区域特征。

在珠江三角洲城市化进程中，伴随着人群的涌入和生产生活方式的改变。城市中人们的生产、生活活动所产出的废物垃圾和消耗的资源，远远大于人们在农村生产、生活活动的产出和消耗量。由于城市生态系统是一个开放的系统，其运行所需要的能量和物质大部分要从系统外部其他的生态系统输入。而其产出的废物和污染物并不能在自身内部进行分解和降解，需要运出系统外，靠其他的自然生态系统进行分解。由此看出，城市生态系统是一个非常脆弱的生态系统，对外部的生态系统具有很大的依赖性。显然，珠江三角洲城市群的快速城市化过程，也对该地区的生态环境造成了巨大影响。

1.3.1 水环境问题

水环境问题是目前珠江三角洲面临的最突出问题，而水环境问题又会导致一系列其他的环境问题，例如，海岸带的生态破坏；海洋渔业资源严重衰退，生物多样性降低；近岸海域富营养化程度加剧，赤潮频发[6]。随着地区经济快速发展，水资源开发利用规模增大，但水环境修复与保护相对滞后。水质型缺水是目前珠江三角洲面临的重要问题，水环境问题已成为制约珠江三角洲经济发展的核心障碍。珠江三角洲废水排放总量呈现逐年上升的趋势（图 1-3），截至 2016 年，珠江三角洲的废水排放总量已达 73.3 亿 t，是 1996 年的排放量（25.6 亿 t）的两倍之多[7]。废水排放总量不断增加的原因，一方面是经济的快速发展，工业化发展迅速，产生了大量的工业废水；另一方面是随着人民生活水平的不断提高，生活用水量也在不断地增加。从近 10 年的废水排放总量情况来看，广州市、深圳市的废水排放量不论是在时间还是空间上相较于珠海市、肇庆市都呈倍数关系。排放总量以广州市为榜首，其次分别为深圳市、东莞市、佛山市和江门市。而珠海市、肇庆市的废水排放量一直比较稳定且较少。一般来说，排除跨区域的影响因素，城市的废水排放量同该城市的工业化和城市化呈正比，广州是珠江三角洲的核心城市，废水排放量与该地的人口及经济发展水平呈正相关关系[6]。

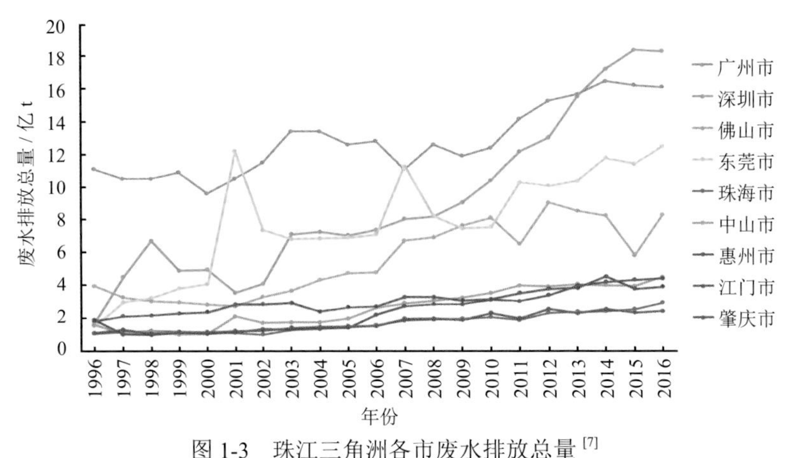

图 1-3 珠江三角洲各市废水排放总量[7]

1.3.2 大气环境问题

环境是废物排放的唯一出口，特别是大气，工业排放、汽车尾气、生活排放污染物都对大气污染有重要贡献。图1-4显示了1996～2016年珠江三角洲各市废气排放总量。整体而言，近10年珠江三角洲废气排放总量逐年上升。其中，1997年废气的排放总量为4036.4亿标准立方米①，2016年废气排放总量则达到了22 382.7亿标准立方米，相比增加了454.5%[7]。造成这一结果的主要原因是珠江三角洲经济持续快速发展、人口数量增加、汽车数量增加。大气污染物主要集中在城乡复合带和城市群，通过大气光化学转化和在城市之间输送形成了典型的大气复合型污染。此外，大部分工业企业都集中在珠江三角洲，使该地区的污染物排放在全省所占的比重非常大。

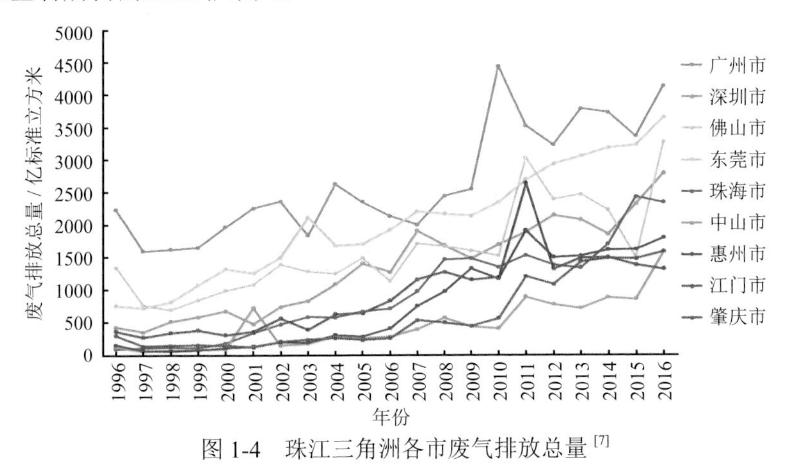

图 1-4 珠江三角洲各市废气排放总量[7]

1.3.3 土壤环境问题

珠江三角洲土壤主要受重金属、持久性有机污染物（persistent organic pollutants，POPs）及电子垃圾等污染。根据2006年典型区域土壤环境质量状况探查研究调查显示，珠江三角洲部分地区农业土壤重金属污染约占40%以上，其中有10%严重超标，超标的重金属元素主要为：汞、镉、砷、镍、铜[8]。2013年广东省公开珠江三角洲土壤被重金属污染的比例为28%。华南理工大学朱崇岭对珠江三角洲主要电子垃圾拆解地底泥、土壤中重金属的分布及来源进行了分析，结果发现，重金属含量普遍超标，其中最为严重的Cd超标10～1000倍，且重金属迁移趋势明显[9]。大量的研究表明，多种传统和新型的有机污染物在珠江三角洲各类环境介质、生物体，甚至人体中广泛存在。这些污染物包括多溴联苯醚（polybrominated diphenyl ethers，PBDEs）、多氯联苯（polychlorinated biphenyls，PCBs）、有机氯农药（organochlorine pesticides，OCPs）、有机磷酸酯类阻燃剂（organophosphorus triesters，OPEs）等。余莉莉等对珠江三角洲表层

① 标准立方米为气体流量测量单位，仿质量单位。

土壤中的多环芳烃（polycyclic aromatic hydrocarbons，PAHs）进行研究，发现受人类经济活动的影响，地处珠江三角洲中部的经济工业中心地带土壤中 PAHs 含量相对较高[10]。东莞是珠江三角洲电子电器产品生产的集中地，电子电器产品的生产过程，会释放大量的 PBDEs。另外，珠江三角洲及周边地区进行的电子垃圾回收作业，造就了世界闻名的电子垃圾回收地，这些人为活动加剧了珠江三角洲及周边地区土壤 PBDEs 污染[11]。

就目前来说，珠江三角洲土壤污染的原因可以总结为三个方面。①来自工业发展产生的"三废"排放：工业废水中含有的各种重金属等污染物，以不同的方式留在土壤中，从而引起污染；废气中二氧化硫、颗粒物及氮氧化物等各种类型的污染物会通过干沉降、湿沉降和降水落到地面，通过渗透进入土壤中，对土壤造成了不可逆的污染；废弃物以矿业和工业固体废弃物为主，在堆放过程或处理过程中，由于日晒、雨淋、水洗等使污染物在土壤中扩散开来[12]；②来自农药、化肥的使用和污水的灌溉，肥料中重金属含量超标；③来自机动车尾气排放，珠江三角洲交通、运输业发达，汽油的燃烧及轮胎的磨损都会产生污染。

1.4 珠江三角洲环境污染研究历史

本书选择 Web of Science 核心合集数据库，以"Pearl River Delta"和"pollution"为主题对关于珠江三角洲环境问题的研究论文进行检索，甄选出 2000 多篇（检索日期为 2019 年 5 月）。从时间维度分析，对珠江三角洲环境问题的研究论文从 20 世纪 90 年代末才开始较多地出现（图 1-5），且对于环境问题的研究早前主要停留在对问题的说明和描述阶段[13]。整体上看，关于研究珠江三角洲环境问题的论文在很长一段时间增长缓慢，但是在 2007 年之后呈现出快速持续稳步增长态势，这在一定程度上反映了人们对珠江三角洲环境问题的关注。

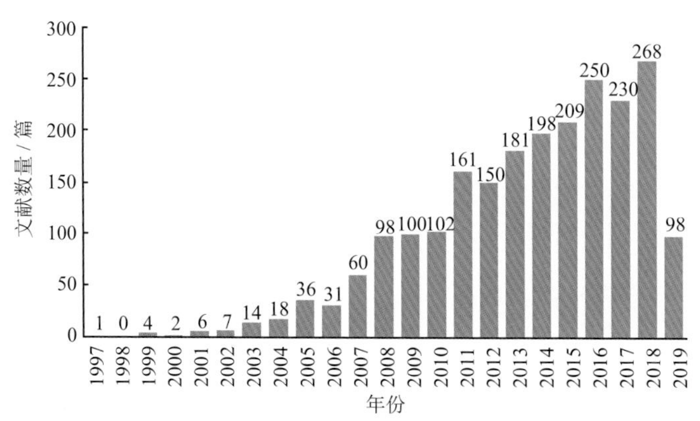

图 1-5 主题为"Pearl River Delta"和"pollution"检索文献

2005年3月～2006年2月，我们通过对珠江八大入海口水体一月一次、持续一年的采样，分析了水体中正构烷烃、多环芳烃（PAHs）、甾醇（sterols）、直链烷基苯（linear alkylbenzenes，LABs）和苯并噻唑类物质（benzothiazoles，BTs）的浓度分布、时空变化及污染特征[14]。我们根据水文参数估算了前三类污染物通过珠江八大入海口的入海通量，并估算了其对全球海洋的贡献。同时以PAHs为例，估算了珠江入海口和南海大陆架地区PAHs的收支通量。我们通过收集大量的数据，估算了中国4种环境介质中14种PAHs的储量，并根据逸度模型估算了陆生系统中各地球化学过程的通量[15]；并且，以LABs和BTs作为两种环境分子标志物，对社会经济发展与环境污染状况的相关性进行分析，同时对其他有机污染物在南海海岸环境中的归趋进行模拟研究[16]。此外，我们通过采集珠江三角洲及其周边地区229个土壤样品，并把采样区域按照使用类型分为居民区、工业区、垃圾填埋区、农田、水源区和林地，以及根据城市化水平和地理位置的不同分为珠江三角洲中心、珠江三角洲外围、东边和西边四个区域，并分析其中的不同类型有机污染物的浓度水平和综合评价人为活动对有机污染物空间分布的影响[17]。

1.5 本书涉及环境有机污染物概述

本书针对的环境有机污染物主要为持久性有机污染物及几种常见环境分子标志物。持久性有机污染物，顾名思义，由于其具持久性、长距离传输性、生物富集性和生理毒性等环境特征[18]，已引起环境工作者的广泛关注。本书主要涉及8类环境有机污染物：LABs、BTs、正构烷烃、PAHs、PBDEs、PCBs、OCPs和甾醇。LABs是工业上合成阴离子洗涤剂直链烷基苯磺酸盐的原料，可与PCBs和PAHs作为起源于污水的颗粒物的示踪体系，作为指示确定憎水性有机污染物的起源、迁移途径及归宿的有力工具。BTs的二位取代物经常被用作橡胶硫化过程中的加速剂，因此可以被用作轮胎磨损颗粒物所引起的环境污染的追踪体系，测定其含量可以估算街上的流走物对于河水及其他水域沉积物污染的贡献情况。正构烷烃是由碳元素和氢元素组成的一类饱和烃类，来源广泛且结构稳定，可依据其碳分布特征去诊断有机物质的来源。PAHs主要来源于人类的活动，由于其化学性质稳定，不易降解，且分布广泛，为环境监测提供了有利条件。PBDEs是溴代阻燃剂的主要成分，具有优异的阻燃性能，被广泛应用于塑料、泡沫灭火器、油漆、橡胶、纺织品、电路板、电缆电线、家具、汽车、建材中，特别是电器电子产品的塑料外壳中。PCBs是苯环上与碳原子连接的氢原子被氯原子不同程度取代的苯系列化合物，其产品为无色透明液体，比热大、阻燃性好、挥发性小、增塑能力强、绝缘性较好和介电常数较高，被广泛应用于电力工业、塑料加工业、化工和印刷等领域。OCPs被广泛应用于水稻、棉花、玉米、麦类上的部分害虫及卫生害虫的防治，由于其在自然条件下很难降解等，至今在我国环境中仍有残留。甾醇是以环戊烷全氢菲（甾核）为骨架的一组醇类化合物，是研究民用污水时习惯使用的环境分子标志物。

参考文献

[1] 刘明清，蒋纯才，蔡亲颜．珠江三角洲城市生态建设与可持续发展战略 [M]. 北京：中国环境科学出版社，2007.

[2] 温国辉．珠江三角洲城市群年鉴（2016）[M]. 北京：方志出版社，2016：19.

[3] 吴舜泽，王金南，邹首民，等．珠江三角洲环境保护战略研究 [M]. 北京：中国环境科学出版社，2006.

[4] 黄长生，王芳婷，黎清华，等．泛珠三角地区地质环境综合调查工程进展 [J]. 中国地质调查，2018. 5(3): 1-10.

[5] 中国经济与社会发展统计数据库 - 年度数据分析：珠江三角洲 2000 年以来 GDP 统计报表 [EB/OL]. [2019-09-24]. http://tongji.cnki.net/kns55/Dig/DigResult.aspx?postZones=e%3B&postTar=%EF%BC%A7%EF%BC%A4%EF%BC%B0%3B&postYear=ra2000&areaSelType=typeAllSel&postDefTar=).

[6] 刘洁．珠三角典型城市环境污染特征、污染受控机制与可持续发展研究 [D]. 北京：北京工业大学，2013.

[7] 广东省统计局，国家统计局广东调查总队．广东统计年鉴（2017）[M]. 北京：中国统计出版社，2017.

[8] 胡霓红，文典，王富华，等．珠三角主要工业区周边蔬菜产地土壤重金属污染调查分析 [J]. 热带农业科学，2012，32(4)：67-71.

[9] 朱崇岭．珠三角主要电子垃圾拆解地底泥、土壤中重金属的分布及源解析 [D]. 广州：华南理工大学，2013.

[10] 余莉莉，李军，刘国卿，等．珠江三角洲表层土壤中的多环芳烃 [J]. 生态环境，2007，16(6)：1683-1687.

[11] 鲍恋君，郭英，刘良英，等．珠江三角洲典型有机污染物的环境行为及人群暴露风险 [J]. 化学进展，2017，29(9)：943-961.

[12] 翁福良．珠三角土壤重金属污染及治理措施概述 [J]. 农业与技术，2013，33(8)：225，239.

[13] 李岩．珠三角城市群环境问题治理政策研究 [D]. 青岛：中国海洋大学，2010.

[14] Ni H G，Shen R L，Zeng H，et al. Fate of linear alkylbenzenes and benzothiazoles of anthropogenic origin and their potential as environmental molecular markers in the Pearl River Delta，South China[J]. Environmental Pollution，2009，157(12)：3502-3507.

[15] Wang J Z，Guan Y F，Ni H G，et al. Polycyclic aromatic hydrocarbons in riverine runoff of the Pearl River Delta (China)：concentrations，fluxes，and fate[J]. Environmental Science & Technology，2007，41(16)：5614-5619.

[16] Ni H G，Lu F H，Wang J Z，et al. Linear alkylbenzenes in riverine runoff of the Pearl River Delta (China) and their application as anthropogenic molecular markers in coastal environments[J]. Environmental Pollution，2008，154(2)：348-355.

[17] 韦燕莉．快速城市化发展流域土壤中有机污染物指示人为活动的影响 [D]. 北京：中国科学院大学，2014.

[18] 曾永平，倪宏刚．常见有机污染物分析方法 [M]. 北京：科学出版社，2010：225.

第2章　水体被动采样方法

环境样品的采集是为了探究污染物在环境样品中的浓度、分布及环境行为。样品采集目的通常是获得环境介质代表性样品，可以充分反映污染物在研究介质的环境行为。目前，环境样品的采集方法主要分为主动采样（active sampling）方法和被动采样（passive sampling）方法。主动采样方法是利用动力源采集环境样品的一种采样方法，通常是在一个特定时间和特定采样点，从研究环境介质中采集样品，获得污染物在环境介质的瞬时浓度。主动采样方法的优点在于快捷方便，应用广泛。被动采样方法是基于分子扩散（diffusion）或渗透（permeation）原理采集介质中气态、溶解态或蒸气态污染物的一种采样方法，一般获得污染物的时间加权平均浓度。它的主要优点包括利用高分配系数将目标物富集在吸附相上以提高方法检出限、选择性吸收或吸附目标物以减少杂质的污染，以及尽量减少或不使用溶剂萃取从而降低成本。与主动采样方法相比，被动采样方法不需要任何电源和抽气动力、简单易行且成本低，但采样时间长。

样品的采集方法选择取决于研究目的，在执行过程中需考虑采样成本。影响采样成本的3个因素主要有：①采样点及采样点的可达性；②样品大小、数量、类型及复杂性；③采样频率。在研究区域环境污染物的环境行为时，采用主动采样方法可以获得污染物在环境介质的总浓度，利于了解污染物在区域环境介质的分布特征及总载荷量。被动采样通常获得污染物在环境介质的生物可利用态浓度，便于获知污染物在环境介质的迁移行为及用于评估污染物的生物暴露风险。本章主要介绍水体被动采样方法，主动采样方法（可应用于任何环境介质）详见本书主编曾永平教授的另一本著作《常见有机污染物分析方法》。

2.1　定量依据

应用水体被动采样器测定水体中自由溶解态憎水性有机污染物（hydrophobic organic compounds，HOCs）浓度的定量依据主要是HOCs在吸附相上的动力学曲线。如图 2-1 所示，HOCs 在吸附相上的吸附动力学主要分为两个阶段，一个是平衡阶段，另一个是动力学阶段。其中动力学阶段包括特殊直线线性吸附阶段。因此，应用水体被动采样器定量自由溶解态 HOCs 的方法主要有两种：平衡萃取法和动力学扩散控制法。定量的方法不同会使水体被动采样器的结构、预处理及采样时间有较大的差异。

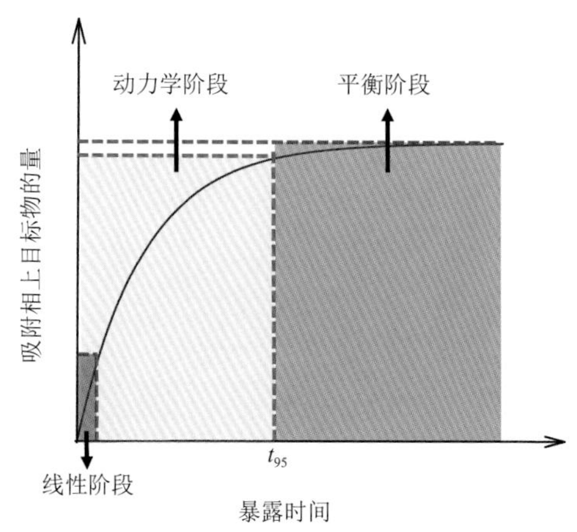

图 2-1 污染物在吸附相上的吸附动力学曲线

2.1.1 平衡萃取法

当目标物在吸附相与水体之间的分配达到平衡时，目标物在吸附相上的浓度 C_s 与目标物在水体中的浓度 C_w 关系可以表示为

$$C_w = \frac{C_s}{K_{sw}} \tag{2-1}$$

其中，C_w 是指目标物在水体中的浓度；K_{sw} 是指目标物在吸附相与水体之间的分配系数，主要受水体中的盐度及温度的影响。通常情况下，只要得到与野外水体中相近温度及盐度条件下的 K_{sw} 值，平衡萃取法就可以得到比较准确的结果。

2.1.2 动力学扩散控制法

尽管平衡萃取法的定量十分简单且准确，但是目标物要达到在吸附相与水体之间的平衡状态却需要很长的时间。例如，Cornelissen 等[1]应用 100 μm 低密度聚乙烯（low density polyethylene，LDPE）膜和 500 μm 聚甲醛膜在野外测定沉积物孔隙水中 PAHs 的平衡时间超过 119 天。同时，在野外长时间的采样中，会增加水体被动采样器的损坏或者丢失的可能性。因此，许多的研究者开始尝试用动力学扩散控制法来进行样品的定量工作，并取得了比较好的结果[2]。其中扩散是指两相中目标物浓度不同，由于分子的热运动，从宏观上可观察到目标物从高浓度区向低浓度区迁移的现象。在水体采样中，聚乙烯膜装置应用比较多的有两种方法，一种为行为参考物校正法，另一种为时间加权平均采样定量法。

1. 行为参考物校正法

行为参考物校正法最先是由 Chen 等[3]提出，之后被 Wang 等[4]命名为萃取纤维头标准化技术。行为参考物校正法最早应用于对石油中苯系物——苯、甲苯、乙基苯及二甲基苯的测定，结果发现该方法能够很好地校正基质效应。之后被用于各种被动采样技术中，如半透膜采样器[5]和聚乙烯膜装置[6]。它是基于与目标物具有相同物理化学性质的行为参考物（performance reference compounds，PRC）和目标物在吸附相与介质（水）的分配行为是相同的假设，通过测定目标物的交换速率常数（exchange rate coefficients，k_e）确定目标物的浓度。其中需要在放置被动采样器之前，将吸附相置于含 PRC 的标准溶液中，使其吸附一定量的 PRC，然后再置于水体中进行采样。显然，如果一个目标物要与另一个物质的物理化学性质相同，这个物质最好是氘代的目标物。假定目标物在吸附相与水体的吸附过程为一级动力学过程，目标物在水体中的浓度不变时，在任何时间点 t，式（2-1）可以变化为

$$C_w = \frac{C_{s(t)}}{(1-e^{-k_e t}) \times K_{sw}} \tag{2-2}$$

同样，PRC 在吸附相上的脱附过程可以表示为

$$k_e = \ln\left(\frac{C_{s\text{-PRC}}^0}{C_{s\text{-PRC}}^t}\right) \times t^{-1} \tag{2-3}$$

其中，$C_{s\text{-PRC}}^0$ 和 $C_{s\text{-PRC}}^t$ 分别为 PRC 在吸附相上的初始浓度和当采样时间为 t 时的浓度。将式（2-3）代入式（2-2），可得

$$C_w = \frac{C_{s(t)}}{\left(1-\frac{C_{s\text{-PRC}}^0}{C_{s\text{-PRC}}^t}\right) \times K_{sw}} \tag{2-4}$$

式（2-2）～式（2-4）通常适合于目标物与行为参考物是相互对应的同位素化合物。在实际采样条件下，通常会采用单个或者多个行为参考物校正一系列目标物的采样速率。因此，需考虑如何得到系列目标物的采样速率（sampling rate，R_s）。这里我们介绍另一种定量系列目标物的采样速率的方法，由水体被动采样器吸附相膜上测到的PRC的残留量N，以及PRC在吸附相上初始物质的量N_0，可得到其剩余百分比。式（2-5）可表示目标物的采样速率R_s(L·d^{-1})：

$$R_s = -\frac{\ln(N/N_0)}{t} K_{sw} M_{sorbent} \tag{2-5}$$

其中，t 为采样时间（d）。将每个采样点的所有 PRC 的 $\lg K_{\text{sw}}$ 与其采样速率 R_{s} 线性拟合，拟合出的直线方程为

$$R_{\text{s}}=a\cdot\lg K_{\text{sw}}+b \tag{2-6}$$

将目标物的 $\lg K_{\text{sw}}$ 代入式（2-6）的线性方程后，从而得到目标物的采样速率 R_{s}，最终得到其水中自由溶解态浓度 C_{w}：

$$\frac{{}_{\text{sorbent}}}{{}_{\text{sw}}[1-\exp\left(-\frac{R\,t}{K_{\text{sw}}M_{\text{sorbent}}}\right)} \tag{2-7}$$

在用线性拟合得到目标物的采样速率时，该误差可以由以下公式得到：

$$\Delta R_{\text{s}}=\left|\frac{\partial R_{\text{s}}}{\partial a}\right|\Delta a+\left|\frac{\partial R_{\text{s}}}{\partial b}\right|\Delta b+\left|\frac{\partial R_{\text{s}}}{\partial K_{\text{sw}}}\right|\Delta K_{\text{sw}} \tag{2-8}$$

值得注意的是

$$\Delta\lg K_{\text{sw}}=\frac{\Delta K_{\text{sw}}}{\ln 10 K_{\text{sw}}} \tag{2-9}$$

因此，式（2-9）可写为

$$\Delta R_{\text{s}}=\ln 10\times R_{\text{s}}\times(\Delta a+\lg K_{\text{sw}}\times\Delta b+b\times\Delta\lg K_{\text{sw}}) \tag{2-10}$$

同样地，目标物在水中浓度的误差 ΔC_{w} 可以由以下公式得到：

$$\Delta C_{\text{w}}=\left|\frac{\partial C_{\text{w}}}{\partial f}\right|\Delta f+\left|\frac{\partial C_{\text{w}}}{\partial K_{\text{sw}}}\right|\Delta K_{\text{sw}} \tag{2-11}$$

其中，$f=\exp\left(-\frac{R_{\text{s}}t}{K_{\text{sw}}M_{\text{sorbent}}}\right)$。

$$\Delta f=\frac{ft}{K_{\text{sw}}\text{M}_{\text{sorbent}}}\Delta R_{\text{s}}+\ln 10\times R_{\text{s}}\times\Delta\lg K_{\text{sw}} \tag{2-12}$$

合并式（2-11）和式（2-12），可得到目标物在水中自由溶解态的浓度 C_{w} 的误差：

$$\Delta C_{\text{w}}=C_{\text{w}}\left(\frac{ft}{(1-f)K_{\text{sw}}\text{M}_{\text{sorbent}}}(\Delta R_{\text{s}}+\ln 10\times R_{\text{s}}\times\Delta\lg K_{\text{sw}})+\ln 10\times\Delta\lg K_{\text{sw}}\right) \tag{2-13}$$

从式（2-3）中可以看出，在采样时间 t 的范围内，PRC 的脱附速率足够快时能够使得 C_{w} 的数值有意义。但是，通常情况下，仪器测定目标物浓度的偏差为 ±20%。因而，这里存在一个问题，即当 $0<\frac{C_{\text{s-PRC}}^{t}}{C_{\text{s-PRC}}^{t}}<20\%$ 时，偏差到底是仪器测定偏差造成的，还是由 PRC 从吸附相的脱附造成的？

行为参考物校正法的另一个缺点是，对于 HOCs 物质来讲，并不是所有的目标物都有其相对应的氘代化合物，而且氘代化合物的价格通常比较昂贵。因

此，有一些研究者选用非氘代化合物作为替代的 PRC，其与目标物有着相似的物理化学性质，然后再利用一些方法校正为目标物的 k_e，如摩尔体积调整（molar volume adjustment）[7]。然而，这些校正方法并不能消除由目标物与替代的 PRC 物理化学性质的差异所带来 k_e 值的偏差。Tomaszewsky 与 Luthy[8] 比较了应用两种替代 PRC (PCB-29 和 PCB-69) 和校正方法（摩尔体积调整 [7] 和风险校正因子 [5]）来估计 89 种 PCBs 的 k_e 值，发现对于大多数的 PCBs 来说，预测值比实际在野外测定的 k_e 值高 2 倍。这两种校正方法似乎都是高估了低氯代 PCBs 的 k_e 值，却低估了高氯代 PCBs 的 k_e 值。同样，Fernandez 等 [9] 也报道了利用氘代菲通过摩尔体积调整方法得到芘和䓛在沉积物孔隙水中的浓度分别是利用其相对应的氘代化合物所得数值的 40% 和 60%。同时，Fernandez 等 [6] 也推出新的被动采样与沉积物相质量转移理论来校正这一问题。虽然使用这一理论得到的 11 种 PAHs（菲、蒽、1- 甲基菲、1- 甲基蒽、荧蒽、芘、3, 6- 二甲基菲、9, 10- 二甲基蒽、2- 甲基荧蒽、苯并 [*a*] 蒽和䓛）与利用总有机碳（total organic carbon，TOC）含量及 K_{DOC} 得到的结果十分相近，但是应用相同理论得到的其余 5 种分子量较大的 PAHs（苯并 [*b*] 荧蒽 + 苯并 [*k*] 荧蒽、茚并 (1, 2, 3-*cd*) 芘、苯并 [*g*, *h*, *i*] 苝和二苯并 [*a*, *h*] 蒽）浓度远低于利用 TOC 含量及 K_{doc} 得到的值。由此可见，利用非氘代的 PRC 来校正目标物 k_e 值的方法仍需要完善。

2. 时间加权平均采样定量法

时间加权平均采样定量法最早由 Martos 和 Pawliszyn[10] 应用于测定大气中污染物的浓度，后来 Ouyang 等 [11] 在原有的固相微萃取装置进行了改装，将其应用于水体中 PAHs 的测定。

目标物在水中扩散至被动采样器的吸附相上，在一定意义上（即浓度梯度不变的情况下）均服从菲克第一扩散定律（Fisk’s first law of diffusion）（图 2-2）。

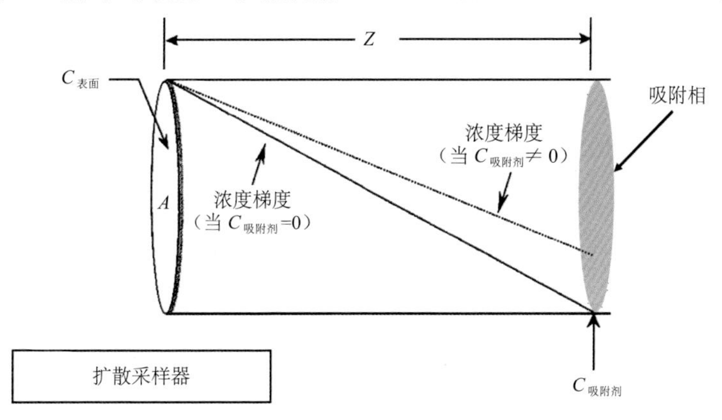

图 2-2　被动采样的扩散过程 [10]

如图 2-2 所示，溶质从截面 A 向吸附相（sorbent）上扩散，根据菲克第一扩散定律，则有

$$F=-D\frac{\mathrm{d}C}{\mathrm{d}Z}=\frac{1}{A}\frac{\mathrm{d}m}{\mathrm{d}t} \tag{2-14}$$

其中，F 是被分析物的通量；D 是扩散系数，其物理意义是在单位浓度梯度下，单位时间内通过单位截面积的质量；其中负号是因为扩散方向与浓度梯度方向相反，表示扩散发生在浓度降低的方向；$\frac{\mathrm{d}C}{\mathrm{d}Z}$ 表示从采样器开口处到吸附剂表面被分析物的浓度梯度。式（2-14）同样可以表示为

$$\frac{1}{A}\frac{\mathrm{d}m}{\mathrm{d}t}=D\frac{\mathrm{d}C}{\mathrm{d}Z} \tag{2-15}$$

其中，A 为采样器开口处截面面积；$\mathrm{d}m$ 为在时间段 $\mathrm{d}t$ 中通过截面 A 的被分析物质量。

对于给定的采样器，A、D、Z 均为常数，因而式（2-15）可变为

$$\frac{\mathrm{d}m}{\mathrm{d}t}=-\frac{DA}{Z}\mathrm{d}C \tag{2-16}$$

令 $R=\frac{DA}{Z}$，则式（2-16）可进一步简化为

$$\frac{\mathrm{d}m}{\mathrm{d}t}=-R\mathrm{d}C=-R\Delta C_{\text{S-F}} \tag{2-17}$$

对于理想吸附相或在“零汇”(zero sink) 条件下，即当分析物扩散到吸附相上时，迅速被吸收，则吸附相表面上分析物的浓度为零，即 $\Delta C_{\text{S-F}}=-C_{\text{F}}$，故

$$m=R\int_{t_1}^{t_2}C_{\text{F}}\mathrm{d}t \tag{2-18}$$

人们经常应用主动采样检测水体中 HOCs，得到水体中 HOCs 的瞬时浓度。对于利用扩散原理的被动采样，由于需要的时间长，因而反映的是长时间内污染物浓度。经过校正之后，为时间加权平均浓度，即表示为

$$\overline{C}=\frac{C_1\Delta t_1+C_2\Delta t_2+C_3\Delta t_3+\cdots+C_i\Delta t_i}{\Delta t_1+\Delta t_2+\Delta t_3+\cdots+\Delta t_i} \tag{2-19}$$

或

$$\overline{C}=\frac{\int_0^t C_{\text{F}}\mathrm{d}t}{t} \tag{2-20}$$

在式（2-18）中，$m=R\int_{t_1}^{t_2}C_{\text{F}}\mathrm{d}t$，当 $t_1=0$，$t_2=t$ 时，C_{F} 为常数，故有

$$\overline{C}_{\text{F}}=\frac{m}{Rt} \tag{2-21}$$

因此，只要测定目标物在吸附相上的质量和校正实验所得 R 值，在一定的采样

时间中，便可知自由溶解态的目标物在环境介质中的浓度。与萃取纤维头标准化技术相比，时间加权平均浓度采样不需要预先将吸附相吸附一定量的 PRC 物质，所研究的目标物并不只局限于氘代 PRC 所对应的目标物，由此可见，时间加权平均浓度采样不失为一种测定水体中或沉积物孔隙水中 HOCs 浓度的切实可行的方法。

综上所述，总结 3 种定量方法的优缺点主要包括：①平衡萃取法，优点在于方法简单，易操作，由于目标物在吸附相与水体之间达到平衡，则方法的检出限低，灵敏度高。但正因为如此，相对于强疏水性化合物来说，其需要达到吸附相与水体之间的平衡时间长，从而导致采样时间长，增加水体被动采样器的丢失率或者损失率。②行为参考物校正法，也就是 PRC 校正法。其优点在于相对平衡萃取法，采样时间短，因其采用原位 PRC 校正定量，适合于不同水体环境条件的采样。然而，由于需要同位素标志物用来作为 PRC，因此其采样成本相对高。③时间加权平均浓度采样定量法，其优势在于采样时间短，能够反映采样介质中目标物的浓度变化。缺陷在于相对前两种方法，检出限高，灵敏度低，且采样速率易受环境介质因素的影响。

2.1.3　环境影响因素

1. 温度

从上面的定量方法中可以看出，目标物在吸附相与水体之间的分配系数 K_{sw} 对应用平衡萃取法和萃取纤维头标准化技术有着重要的作用。通常情况下，K_{sw} 是在特定温度下进行测量的。而当水体被动采样器应用于野外测定时，野外水体温度与实验室标定的温度相差比较大时，温度对于 K_{sw} 的影响是不可以忽略的。Booij 等[12] 发现在 2℃时，PCB-28 和 PCB-52 的 K_{pew} 比在 30℃时的测定值高 1.5 倍，同样，5 种 PAHs 化合物（苊、菲、荧蒽、芘和苯并 [*a*] 蒽）在 LDPE 膜与水体之间的分配系数（K_{pew}）在 2℃是在 30℃测定值的 2 ～ 4 倍。然而，温度对于苯、甲苯、乙基苯及二甲基苯在聚二甲基硅氧烷（polydimethylsiloxane，PDMS）和水体之间的分配系数 $K_{PDMS\text{-}W}$ 的影响却不是很大[13]，在 12℃与 25℃的温差下，数值上仅有 4% 的变化。DiFilippo 和 Eganhouse[14] 也报道温度对大分子的分配常数影响比较大。由此，根据范托夫（van't Hoff）公式[15]，温度对于 K_{sw} 的影响也可以由下式获得：

$$\ln K_{sw}^{T_2} = \ln K_{sw}^{T_1} + \left(\frac{-\Delta H_{sw}}{R}\right)\left(\frac{1}{T_2} - \frac{1}{T_1}\right) \tag{2-22}$$

式（2-22）中，$K_{sw}^{T_1}$ 和 $K_{sw}^{T_2}$ 分别指在温度 T_1(K) 和 T_2(K) 下目标物在吸附相与水体之间的分配系数；ΔH_{sw}($J \cdot mol^{-1}$) 是分配反应过程中焓值的变化值；R 是理想气体常数，为 8.13 $J \cdot mol^{-1} \cdot K^{-1}$。此外，Ouyang 等[16] 发现在应用时间加权平均浓度

采样时，当温度由（14±1）℃变化到（24±1）℃，萘、苊和芴的采样速率并未发生变化。由此可见，温度的影响对于平衡萃取法和大分子的化合物可能更加显著。因此，将被动采样器应用于野外测量时，目标物的 K_{sw} 或者采样速率应该在与野外环境相近的温度条件下进行测定。

2. 盐度

目前水体采样器或者孔隙水采样器多应用于研究海水中 HOCs。通常情况下，HOCs 在海水中的溶解度会随着水体中氯化钠的浓度增大而降低，这正如在进行有机物的液-液萃取时出现的盐析效应。海水中的盐度是否对分析的结果有影响是值得注意的。Adams[17] 等发现在纯水中菲和芘的 K_{pew} 仅是在含 0.1 $mol \cdot L^{-1}$ 氯化钠溶液中的测定值的 94%。同时，他们也发现由盐度所造成的偏差可以由谢切诺夫常数（Setschenow constants）来校正。其中谢切诺夫公式 [15] 可以表示为

$$\lg\left(\frac{C_{w}}{C_{w}^{salt}}\right)=K^{s}[salt]_{tot} \tag{2-23}$$

或者是

$$C_{w}^{salt}=C_{w}\times 10^{-K^{s}[salt]_{tot}} \tag{2-24}$$

式（2-23）和式（2-24）中，C_{w} 和 C_{w}^{salt} 是指目标物在纯水中和在含盐分的水中的浓度；$[salt]_{tot}$ 是指溶解盐的物质的量浓度；$K^{s}(L \cdot mol^{-1})$ 是谢切诺夫常数。因此，如果应用水体采样器或孔隙水被动采样器研究海水中的 HOCs，在纯水中得到的 HOCs 分配系数应该要进行盐度的校正。

2.2 吸附相-水体分配系数确定

目标污染物在吸附相与水体之间的分配系数是被动采样技术定量目标污染物浓度的关键参数。目标污染物在不同吸附相与水体之间的分配系数有所不同。但如以吸收为主要分配机制，目标物的分配系数与其疏水性的相关性的规律是相似的。本章主要讨论目标物在两种典型吸附相（PDMS 与 LDPE）与水体之间的分配系数。

2.2.1 聚二甲基硅氧烷-水体之间分配系数

PDMS 是固相微萃取纤维头最常见的非极性涂层，用于萃取非极性半挥发性化合物。早期采用静态法测定半挥发性疏水性有机污染物在 PDMS 膜与水体之间的分配系数 $K_{PDMS\text{-}W}$ 值时，系统表面对于半挥发性疏水性有机污染物的吸附

是一个必须考虑的因素。所以静态法测定其 K_{PDMS-W} 值的关键之处在于如何测得 PDMS 膜萃取平衡时水相中残留的真正溶解的待测物的浓度。我们利用静态法结合液－液萃取（liquid-liquid extraction，LLE）技术测定萃取平衡时水相中待测物的真实浓度，从而测定半挥发性疏水性有机污染物的 K_{PDMS-W} 值。表 2-1 列出了 27 种 PCBs 同系物的 K_{PDMS-W} 值。

表 2-1　PCBs 在 PDMS 膜与水体之间的分配系数 K_{PDMS-W}

	lg K_{ow}[18]	lg K_{PDMS-W}		
		7 μm / 26 d[19]	7 μm / 24 d[20]	100 μm / 40 d[20]
PCB-1	4.46	4.71±0.57	4.44±0.13	4.09±0.18
PCB-15	5.3	5.80±0.58	5.11±0.22	4.83±0.17
PCB-28	5.67	6.05±0.49	5.47±0.21	5.18±0.11
PCB-47	5.85	—	5.86±0.14	5.64±0.07
PCB-52	5.84	6.02±0.26	—	—
PCB-101	6.38	6.43±0.22	6.21±0.08	6.08±0.05
PCB-153	6.92	—	6.68±0.52	6.45±0.17
PCB-176	6.76	7.16±0.08	—	—
PCB-160	6.93	6.83±0.16	—	—
PCB-178	7.14	7.13±0.10	—	—
PCB-183	7.2	7.14±0.12	—	—
PCB-185	7.11	7.13±0.09	—	—
PCB-174	7.11	7.10±0.10	—	—
PCB-202	7.24	7.11±0.11	6.77±0.17	6.20±0.24
PCB-171	7.11	7.15±0.13	—	—
PCB-200	7.27	7.02±0.07	—	—
PCB-180	7.36	7.13±0.10	6.76±0.13	6.54±0.23
PCB-191	7.55	7.17±0.14	—	—
PCB-190	7.46	7.18±0.13	—	—
PCB-201	7.62	7.18±0.02	—	—
PCB-196	7.65	7.00±0.09	—	—
PCB-189	7.71	7.33±0.21	—	—
PCB-208	7.71	6.84±0.21	—	—
PCB-207	7.74	6.75±0.18	—	—
PCB-194	7.8	7.21±0.04	—	—
PCB-206	8.09	6.89±0.08	7.04±0.11	6.16±0.21
PCB-209	8.18	6.81±0.11	6.84±0.08	5.59±0.38

2.2.2　低密度聚乙烯膜－水体之间分配系数

LDPE 膜在早期被动采样技术方面用于半渗透膜装置的包裹甘油酸三油脂的

外部材料。研究者发现疏水性有机污染物在膜上有吸附现象，进而用作被动采样技术的吸附相。由于 LDPE 膜不易损坏，且价格非常便宜，在近年来被广泛用于原位测量水体中疏水性有机污染物的浓度水平。本书应用 LDPE 膜萃取与液－液萃取技术相互结合，测定了不同化合物在 LDPE 膜与水体之间的分配系数。表 2-2 列出了 41 种目标污染物包括 PAHs、DDTs 及 PBDEs 在 LDEP 膜与水体之间的分配系数 K_{pew}。

表 2-2 目标物在 LDPE 膜－水体之间的分配系数 K_{pew}

化合物	$\lg K_{ow}$	$\lg K_{pew}$[21]	化合物	$\lg K_{ow}$	$\lg K_{pew}$[22]
BDE-1	4.34	3.86 ± 0.19	苊	4.03	4.25±0.12
BDE-15	5.82	5.08 ± 0.17	芴	4.18	4.51±0.12
BDE-17	5.63	5.43 ± 0.14	菲	4.63	4.78±0.12
BDE-28	6.24	5.69 ± 0.12	荧蒽	5.22	4.93±0.14
BDE-47	6.8	6.25 ± 0.10	嵌二萘	5.22	5.07±0.14
BDE-66	7.0	6.37 ± 0.10	苯并 [*a*] 蒽	5.79	5.79±0.15
BDE-71	6.54	6.02 ± 0.11	䓛	5.91	5.70±0.16
BDE-85	7.27	6.80 ± 0.01	苯并 [*b*] 荧蒽	5.78	6.33±0.13
BDE-99	7.38	6.88 ± 0.01	苯并 [*k*] 荧蒽	6.11	6.56±0.13
BDE-100	7.09	6.82 ± 0.01	茚并 (1, 2, 3-*cd*) 芘	6.72	7.04±0.19
BDE-126	7.86	7.16 ± 0.01	二苯并 [*a*, *h*] 蒽	7.19	7.20±0.07
BDE-138	8.17	7.30 ± 0.03	苯并 [*g*, *h*, *i*] 芘	7.1	7.36±0.04
BDE-153	7.86	7.38 ± 0.02	*o*, *p*′-DDE	6.0	5.94±0.07
BDE-154	7.62	7.36 ± 0.02	*p*, *p*′-DDE	6.96	6.20±0.10
BDE-166	8.11	7.18 ± 0.04	*o*, *p*′-DDD	6.23	5.27±0.05
BDE-181	8.61	7.47 ± 0.11	*p*, *p*′-DDD	6.22	5.08±0.05
BDE-183	8.61	7.39 ± 0.06	*o*, *p*′-DDT	6.79	6.0±0.10
BDE-190	8.61	7.12 ± 0.04	*p*, *p*′-DDT	6.92	5.82±0.07
BDE-196	9.29	6.57 ± 0.04			
BDE-204	9.26	6.51 ± 0.04			
BDE-207	9.65	5.94 ± 0.03			
BDE-208	9.65	6.02 ± 0.03			
BDE-209	9.87	5.61 ± 0.22			

2.2.3 吸附相－水体分配系数与疏水性非线性关系机理

从 2.2.1 节讨论的 PCBs 同系物的 $K_{PDMS\text{-}W}$ 值结果，我们发现目标物的 $\lg K_{PDMS\text{-}W}$ 随着 $\lg K_{ow}$ 的增加而增加，但当 $\lg K_{ow}$ 增加到 7 ～ 7.5 时，$\lg K_{PDMS\text{-}W}$ 反而有下降的趋势（图 2-3）。从氯代程度来说，从一氯到几种七氯和八氯取代的

PCBs，其 lg K_{PDMS-W} 是呈上升趋势的，但随着氯代程度的进一步增加，反而有下降的趋势。

lg K_{PDMS-W} 与 lg K_{ow} 之间的这种非线性关系可能是以下几种因素造成的，尤其是对于高氯代的目标物来说。这其中包括：①萃取时间不够充分；②没有考虑顶空的损失；③目标物在水中的溶解度低于测得的其在水体中的浓度值等。其中萃取时间不充分是不可能的，因为前面的动力学平衡曲线表明平衡时间已经达到了。关于这些目标物的顶空损失在文献 [23] 中已经有详细的讨论，其结论认为顶空的损失对于这些 HOCs 来说是可以忽略不计的，因此，这也不会是造成这种非线性关系的原因。从我们的数据结果显示，所有目标物在水体中的浓度均低于其溶解度。很明显，低的溶解度不是影响 K_{PDMS-W} 值的准确测定的主要因素。所以综上所述，这里所观察到的 lg K_{PDMS-W} 与 lg K_{ow} 之间的非线性关系并不是实验设计的不完善所造成的，而是 PDMS 对 HOCs 吸附过程的真实反映。从宏观的角度来看，分析物在水与 PDMS 涂层之间的分配过程是会受到待测物分子大小与 PDMS 聚合物的网状结构之间的空间位阻效应所影响的。相对于小分子的待测物来说，这种影响是可以忽略不计的，但是却会阻碍大分子的待测物进入 PDMS 的网状结构，从而使得大分子物质在 K_{ow} 值增加时，其在 PDMS 涂层上的吸附量却反而降低。以下部分重点讨论造成这种空间位阻效应的物理起源。

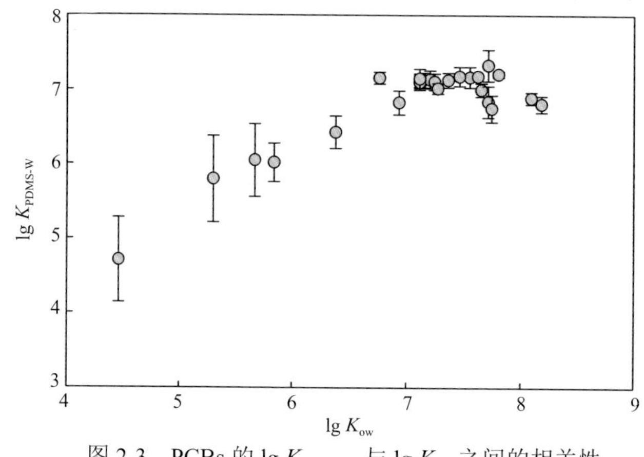

图 2-3　PCBs 的 lg K_{PDMS-W} 与 lg K_{ow} 之间的相关性

众所周知，分子之间的相互作用决定着目标物在不同相之间的分配。有机物从水相向有机相（如 PDMS 涂层或正辛醇）分配过程中，吉布斯自由能的变化（当有机相为 PDMS 涂层或正辛醇时，分别以 ΔG_f 或 ΔG_{ow} 表示）与它们从水相向自然有机质的分配过程是相似的。多参数线性自由能模型 [24] 认为，这个分配过程包括溶质分子的空穴形成项，以及溶质分子与周围介质之间的分子间的相互作用项。以下方程可以用来描述上述的相分配过程：

$$\Delta G_{f} = G_{\text{cavity-PDMS}} - G_{\text{cavity-water}} + G_{\text{interaction-PDMS}} - G_{\text{interaction-water}} \tag{2-25}$$

$$\Delta G_{ow} = G_{\text{cavity-octanol}} - G_{\text{cavity-water}} + G_{\text{interaction-octanol}} - G_{\text{interaction-water}} \tag{2-26}$$

其中，$G_{\text{cavity-water}}$、$G_{\text{cavity-PDMS}}$、$G_{\text{cavity-octanol}}$ 分别表示在水相、PDMS 涂层、辛醇相中形成空穴所需的自由能；$G_{\text{interaction-water}}$、$G_{\text{interaction-PDMS}}$、$G_{\text{interaction-octanol}}$ 表示的是溶质分子与水分子、PDMS 结构、辛醇分子之间的相互作用的吉布斯自由能。

根据 Ben-Naim[25] 的理论，ΔG_f 或 ΔG_{ow} 与分配系数 $K_{\text{PDMS-W}}$ 或 K_{ow} 有关，它们之间的关系可以简单地表示为

$$\Delta G_{f} = -RT\ln K_{\text{PDMS-W}} \tag{2-27}$$

$$\Delta G_{ow} = -RT\ln K_{ow} \tag{2-28}$$

其中，R 表示普适常数；T 表示热力学温度。

结合式 (2-25) ～式 (2-27) 可得

$$\lg K_{\text{PDMS-W}} - \lg K_{ow} = \frac{(G_{\text{cavity-octanol}} - G_{\text{cavity-PDMS}}) + (G_{\text{interaction-octanol}} - G_{\text{interaction-PDMS}})}{2.303RT} \tag{2-29}$$

假设我们指定 $A = G_{\text{cavity-octanol}} - G_{\text{cavity-PDMS}}$ 和 $B = G_{\text{interaction-octanol}} - G_{\text{interaction-PDMS}}$，那么 A 表示有机物在 PDMS 与辛醇相中形成空穴所需的吉布斯自由能的差别。而 B 表示溶质分子与 PDMS 的相互作用及溶质分子和辛醇分子相互作用的吉布斯自由能的差别。很明显，有机物在 PDMS 涂层与辛醇之间的分配一方面由溶质分子在 PDMS 及辛醇内形成空穴所需要的吉布斯自由能的差别所驱动，另一方面还由溶质分子与 PDMS 和辛醇分子之间的相互作用自由能的差别所驱动。以往的研究表明，在不同的溶剂中，疏水性有机物与各种溶剂之间的相互作用自由能是相似的[26, 27]，也就是说，疏水性有机物在 PDMS 和辛醇内时，其与周围介质之间的相互作用的差别可以忽略，因此，B 项是可以忽略不计的。此外，形成空穴所需的自由能则取决于溶质分子的尺寸及溶剂的结构，以下将对此进行仔细分析。

上述讨论表明，决定 $\lg K_{\text{PDMS-W}}$ 与 $\lg K_{ow}$ 之间相互关系的主要因素是溶质分子在PDMS与辛醇内形成空穴所需自由能的差别，也就是A项。假设溶质分子比PDMS单体的尺寸小，而且分子之间的相互作用很弱时（如疏水性有机物），要提供足够大的自由体积去容纳溶质分子，只需要转动一个或两个单体，也就是说，此时在PDMS和辛醇内溶质形成空穴所需的自由能基本上是没有区别的。因此，随着溶质分子尺寸的增加，方程中 $\lg K_{\text{PDMS-W}}$ 与 $\lg K_{ow}$ 之间呈现良好的正相关

性。这可以用来解释本书研究中当PCBs的lg K_{ow} < (7～7.5)时，lg K_{fw}与lg K_{ow}之间呈线性关系。

而当溶质分子与 PDMS 的单体大小相当或大于其单体的尺寸时，溶质分子在 PDMS 内的分配则需要更大的链转动[28]，因为相对于正辛醇来说，虽然 PDMS 是最具有穿透性的橡胶状的聚合物（类似于流体的聚合物介质），但它依然是高度交联状的聚合物，这种高度交联状使得 PDMS 内部的自由体积减小，也就是说，没有被 PDMS 结构分子占据部分的体积减小了，这样会导致聚合物的分子运动更弱。当溶质分子的尺寸增加时，其容纳量会变少[29]。换句话说，在 PDMS 涂层内部，为了能够形成足够大的能够容纳大分子溶质的自由体积，所需要的 $G_{cavity\text{-}PDMS}$ 增加。而此时，在辛醇相中，由于辛醇是单个的溶剂分子，对于大分子溶质来说，其 $G_{cavity\text{-}octanol}$ 基本上是不会发生变化的。因此，方程中 lg $K_{PDMS\text{-}W}$ 与 lg K_{ow} 之间随着溶质分子尺寸的增加呈负增长的关系。这意味 lg $K_{PDMS\text{-}W}$ 值没有随着 lg K_{ow} 的增加而增加，反而会随着溶质的分子尺寸或溶质分子的 lg K_{ow} 值（对于 HOCs，溶质分子尺寸与其 lg K_{ow} 值之间具有正相关性）的增加而降低。所以在本书研究中，当 PCBs 的 lg K_{ow} >（7 ～ 7.5）时（图 2-3），会观察到 lg $K_{PDMS\text{-}W}$ 值降低的现象。

相似地，我们在 LDPE 膜上同样观察到目标物的 lg K_{pew} 与其 lg K_{ow} 呈现相同的非线性关系（图 2-4）。

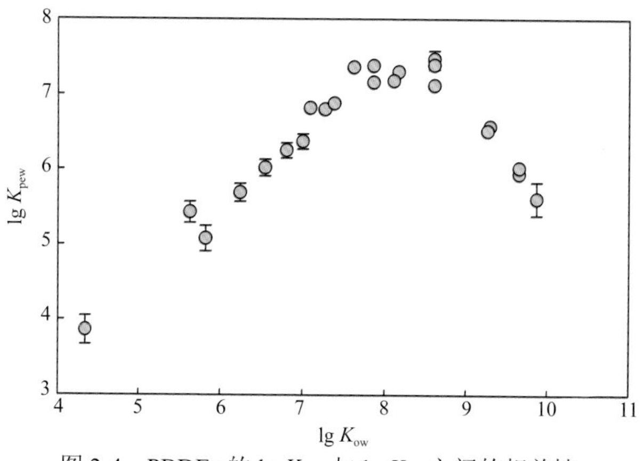

图 2-4　PBDEs 的 lg K_{pew} 与 lg K_{ow} 之间的相关性

正如前面所讨论的，我们先前所研究的 PCBs 的 lg $K_{PDMS\text{-}W}$ 与其 lg K_{ow} 呈现出非线性关系是由 PCBs 在 PDMS 与水中形成空腔所需吉布斯自由能的差异性造成的，即 lg $K_{PDMS\text{-}W}$ − lg $K_{ow} \approx (G_{cavity\text{-}octanol} - G_{cavity\text{-}PDMS})/(2.303RT)$。显然，对于小分子的化合物来说，所需吉布斯自由能的差异性可以忽略，而对于大分子的化合物，这种能量上的差异就很明显，因此会观察到非线性的现象。当然，这个假设预示着虽然目标物在吸附相中，如本书研究中的 PDMS 和 LDPE 中的浓度是低于预期的值，但是仍与水中真正溶解相中目标物的浓度维持热力学上的平衡。

在此，我们基于 Ai[30] 提出的在分子尺度上解释这种非线性关系的理论。如图 2-5 所示，假定 LDPE-water 系统由三部分组成，分别为水相、几个分子层厚度的 LDPE 膜表面和主体的 LDPE 膜。显然，主体 LDPE 膜的体积 (V_{bulk}) 远远大于 LDPE 膜表面的体积 ($V_{surface}$)，即 $V_{bulk} \gg V_{surface}$。此外，根据 Ai[30] 的研究，对于存在有搅拌的动力学实验，在水相中所形成的扩散层厚度是可以忽略的。因此，当一个目标物分子在 LDPE 膜与水体之间达到分配平衡时，有

$$K_{pew} = C'_{pe}/C_w \tag{2-30}$$

对于大分子的化合物，如 BDE-209，在 LDPE 膜表面的平衡浓度比处于主体 LDPE 膜的浓度要高，即 $C'_{pe}>C_{pe}$。这是由于大分子化合物从 LDPE 膜表面扩散至内层需克服形成腔体的能量势垒高，因此，大分子化合物在 LDPE 膜表面与主体 LDPE 膜的浓度差异性比小分子化合物更显著。另外，目标物在 LDPE 膜上的质量是在 LDPE 膜表面目标物的质量与在主体 LDPE 膜目标物质量的总和，即

$$m_{pe} = C_{pe}V_{bulk} + C'_{pe}V_{surface} \tag{2-31}$$

当 $V_{bulk} \gg V_{surface}$，式（2-31）中 $m_{pe} \approx C_{pe}V_{bulk}$。实际上，我们经常通过 $K_{pew} = C_{pe}/C_w$ 定义目标物在 LDPE 膜与水体之间的分配系数。显然，在平衡时，$C'_{pe}/C_w > C_{pe}/C_w$，而对于大分子的化合物，C'_{pe}/C_w 具有较大的合理性。因此，当目标物 $\lg K_{ow}$ 增大超过 8.5 时，其 $\lg K_{pew}$ 呈现下降趋势。

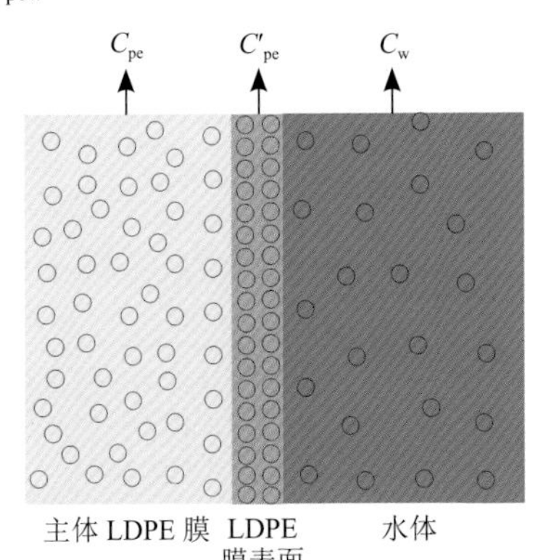

图 2-5　目标物在主体 LDPE 膜、LDPE 膜表面和水体之间平衡分配示意图

综上所述，现有 LDPE 膜的厚度，如 25 μm、50 μm 和 100 μm，比只有几个分子层的 LDPE 膜表面的厚度高好几个数量级。因此，在 25 μm、50 μm 和 100 μm 的 LDPE 膜上，目标物的 $\lg K_{pew}$ 与其 $\lg K_{ow}$ 呈现出非线性关系。假设上述理论是正确的，只要吸附相的厚度足够薄，目标物在吸附相与水体之间的分配系数与其 $\lg K_{ow}$ 的非线性关系就会逐渐地消失。

2.3　固相微萃取纤维

2.3.1　装置设计

固相微萃取纤维是固相微萃取技术中最典型的采样装置，其根据萃取纤维头上高分子聚合物涂层的不同，吸附萃取水中不同的目标分析化合物。该方法集结了固相微萃取的优点，即集采样、萃取、富集、进样于一体，具有快速、便携、需要样品量少、自动化程度高、无须溶剂、对疏水性有机物富集能力强等优点，特别适用于现场分析。根据“相似相溶”原理，选择与目标分析化合物性质相近的萃取头涂层，可以提高萃取选择性。例如，非极性的 PDMS 涂层对 PCBs、PAHs、OCPs 等极性较弱的化合物有较强的吸附能力。萃取纤维头的萃取灵敏度可通过增加萃取纤维头涂层厚度来提高，涂层越厚，灵敏度越高，但相应的萃取平衡时间也越长，尤其对于一些扩散速度较慢的大分子，增加涂层厚度将大大降低其分析效率。目前，商品化的 PDMS 涂层分别有 100 μm、30 μm 及 7 μm 三种厚度可选择。

商业化的固相微萃取纤维的采样装置设计类似于一个微量的注射器，由手柄及萃取纤维头组成。萃取纤维头是一根长度通常为 1 cm，根据不同的目标物涂有不同的色谱固定相或者吸附剂的熔融石英纤维，其直径为 150 μm 左右。萃取纤维头被黏附在一根细的不锈钢针上，可以自由伸缩，外有内径为 180 μm 左右的不锈钢针管，用于保护萃取纤维头不受损坏。手柄的作用为安装或固定萃取纤维头，有利于将萃取纤维头直接插入分析仪的进样口进行分析测定，通常可以反复使用。目前萃取纤维头是比较脆弱的，不适用于野外的原位监测，因此我们对其进行了改进。改进装置的基本设计[31]（图 2-6）是：15 cm (长) ×1.5 cm（直径）的布满一些小孔的铜管，这些小孔一方面可以使固相微萃取纤维的污染降到最低，另一方面又能使其周围的水相与纤维充分接触。在铜管的两端用聚四氟乙烯帽进行封端。铜管一端的聚四氟乙烯帽有螺纹，用于安装固相微萃取装置；另一端是密封的聚四氟乙烯帽，防止水体中的颗粒物等其他杂质的进入。铜管外面裹一层玻璃纤维过滤膜，再外加一层铜网对滤膜进行固定。玻璃纤维过滤膜的孔径是 0.7 μm，在允许水分子和有机污染物分子自由进入铜管的同时，有效地防止大固体颗粒物和其他杂质进入铜管内部，使萃取装置在对有机污染物进行萃取的同时免受污染干扰。该改进装置可应用于上层水体及沉积物孔隙水中有机污染物的吸附萃取。

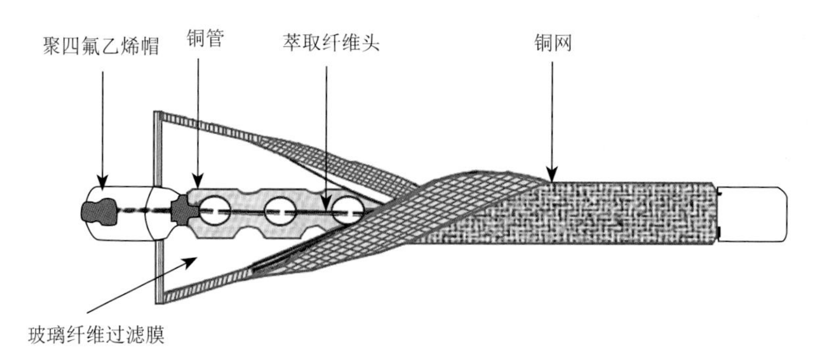

图 2-6 改进的固相微萃取纤维装置[31]

2.3.2 应用案例

广东省海陵湾和大亚湾海水中 PAHs 和 OCPs 分析研究：将改进的固相微萃取纤维装置置于地处粤西的海陵湾和粤东的大亚湾的水体深 2 m 处进行采样，放置时间为 28 天。研究结果表明，在 28 种 PAHs 中，5 环、6 环 PAHs 均未被检测出。珠江三角洲江河口水域中 PAHs 污染的研究表明，5 环、6 环 PAHs 的量只占总 PAHs 含量的 10% ～ 15%[32, 33]，再加上 5 环、6 环 PAHs 的仪器检出限要比低环 PAHs 高 3 ～ 4 倍，因此，萃取纤维头应具有更高的富集灵敏度才能检测出 5 环、6 环 PAHs。根据数据分析可知，在海陵湾水样中，萘大约占所有被检出 PAHs 的 63%；而在大亚湾水样中，则大约占 58%，均大大低于 Luo 等[32]用常规固相萃取－液－液萃取（solid-phase extraction-liquid-liquid extraction，SPE-LLE）联用方法对珠江三角洲的 PAHs 污染进行分析的研究结果，烦琐的样品处理流程及大量有机溶剂的使用可能是 Luo 等[32]研究中萘占 98% 的主要原因。除萘外，在被检出的 PAHs 目标分析物中，2 环、3 环 PAHs 约占总 PAHs（标记为 ∑PAH）的 87%，这与 Wang 等[33]在珠江入海口水体中的研究结果非常相似。除萘外，其他所有被检出 PAHs 的总浓度在海陵湾为 15.5 ～ 38.4 $ng·L^{-1}$；在大亚湾为 9.4 ～ 35.5 $ng·L^{-1}$。PAHs 的浓度水平在两个采样区域间并无显著的空间差异。

被分析的 22 种 OCPs 中，只有 6 种滴滴涕（DDTs）（*o*, *p*′-DDE、*p*, *p*′-DDE、*o*, *p*′-DDD、*p*, *p*′-DDD、*p*, *p*′-DDT 和 *p*, *p*′-DDMU）被检出。6 种 DDTs 的总浓度（标记为 ∑DDT）在海陵湾为 0.890 ～ 3.51 $ng·L^{-1}$；在大亚湾为 0 ～ 0.489 $ng·L^{-1}$，比海陵湾的浓度范围低 1 个数量级左右。与 PAHs 的浓度水平在两个采样区域内无空间差异情况不同，DDTs 的总浓度水平在两个采样区域间存在显著的空间差异：在海陵湾的不同采样点，*p*, *p*′-DDMU、*p*, *p*′-DDE、*o*, *p*′-DDD 和 *p*, *p*′-DDD 均被检出且高于报道检出限（reporting limits，RL）；而在大亚湾只有 *p*, *p*′-DDD

于部分采样点被检出。这主要是由于分别处于广东省的东部和西部的大亚湾和海陵湾的经济发展模式不一样：处于东部的大亚湾工业比较发达，而处于西部的海陵湾则以农业为主。本书研究中关于 DDTs 的浓度水平在广东省东部和西部存在空间差异的结论与 Luo 等[32]在珠江三角洲的研究结论一致。

2.4　开放式水体采样器

2.4.1　装置设计

开放式水体采样器（图 2-7）是 20.7 cm×13.1 cm×4.4 cm 的长方体铜框，并有上下两个中空的盖。采样器中空的部分，其中主要是内置的 80 目不锈钢筛板、玻璃纤维过滤膜和不锈钢筛板覆盖。上下不锈钢筛板用于固定和保护玻璃纤维过滤膜不受损坏，并用于过滤水体中大的漂浮物；中间层的玻璃纤维过滤膜可以使自由溶解态的目标物进入采样器的腔体内，而颗粒物不能进入。上下盖与中间的铜框用螺钉相连并固定住。同时，我们还设计了低密度聚乙烯固定装置，其梳状结构保证低密度聚乙烯无重叠，且便于水体流动，加快对目标物的萃取。

图 2-7　开放式水体采样器[21]

放置在野外采样的装置包含 3 个部分：砖块、被动水体采样器和浮标，由绳子连接，依据主动水体采样方法选择放置点。放置时，将砖块沉于湖底，水体采样器放置于水面下 1 m 处，浮标漂在水面。放置结束后，从采样点取出水体被动采样器，置于冰盒中，运回实验室，立即进行处理。冲洗掉外部附着的颗粒物，拆开采样器，取出吸附相，放入纯净水中，清洗少量的藻类附着物。

2.4.2 应用案例

1. 南极内陆湖

在南极内陆湖中，我们检测了典型的有机污染物，如PAHs、DDTs、PCBs和PBDEs，但只有PAHs高于设定的RL。在所有采样点，溶解态PAHs浓度为14～360 ng·L^{-1}，其均值为210 ng·L^{-1}。PAHs浓度最高点和最低点分别在俄罗斯湖和西比索尔（Sibthorpe）湖。水中溶解态PAHs的差异，可能反映了这两个湖受到的人为活动影响的不同。俄罗斯湖位于俄罗斯进步II站附近，因交通运输产生的PAHs很大程度上随着排出的颗粒物流入俄罗斯湖[34]。这不是第一次发现内陆湖湖水之间存在较大的差异，例如，前人的研究中发现团结湖湖水中的溶解性总固体[total dissolved solids，TSD：(1300±330) ng·L^{-1}]要远高于莫愁湖[TSD：(980±16) ng·L^{-1}][35]，事实上团结湖处于中国中山站和俄罗斯进步II站之间，毗邻中－俄共建的道路，更重要的是其紧邻一条连接振兴码头和俄罗斯的油库。虽然西比索尔湖紧邻中－俄共建的道路，但是随着俄罗斯进步I站的废弃，人为源造成的PAHs排放理应减少。正如所预期的那样，西比索尔湖湖水中PAHs的浓度要远远低于紧邻俄罗斯进步II站的俄罗斯湖中PAHs的浓度。

前人关于偏远地方及背景区域的水体PAHs的研究中，PAHs的种类不尽相同，因此本书根据文献中所有可使用的PAHs给出一个粗略的比较。简单来说，本书中测得的PAHs浓度(14～360 ng·L^{-1})要高于特拉诺瓦（Terra Nova）海湾测得的PAHs浓度(0.31～0.33ng·L^{-1}、2.1～2.8 ng·L^{-1}和2.2～4.0 ng·L^{-1})[36-38]，英国的法拉第站（Faraday Station）海边海水中PAHs浓度（53～216 ng·L^{-1}）[39]，以及在威德尔海（Weddell Sea）的Ekström冰架上采的积雪中PAHs浓度（24～194 ng·L^{-1}）[40]。但是本书中测得的PAHs浓度要低于从布兰斯菲尔德海峡（Bransfield Strait）的海水中测得的PAHs浓度（500～1700 ng·L^{-1}）[41]，也低于在南极洲西部的南设得兰群岛（South Shetland Islands）的阿德默勒尔蒂湾（Admiralty Bay）测得的PAHs浓度（40～3600 ng·L^{-1}）[42]。这些从内陆湖或者是海水中测得的数据表明，南极洲西海岸水中的PAHs要高于东海岸水中的PAHs。此外，在跟北极相比时，本书中测得的PAHs与虹松岛波兰极地站附近流域中表层海水中的PAHs浓度（4～600 ng·L^{-1}）相当[43]，但是要比北极圈（71° N～75° N）的表层海水中的PAHs浓度（0.014～0.06 ng·L^{-1}）高几个数量级[44]。在跟偏远地区相比较时，本书中测得的PAHs浓度要比海拔高度在2060～5300 m处的高山湖泊中的PAHs浓度高几个数量级，例如，喜马拉雅山脉珠穆朗玛峰在尼泊尔境内的湖水中的PAHs[均值：(1.9±1.9) ng·L^{-1}][45]，以及比利牛斯山脉在西班牙境内的勒东湖（Lake Redon of Pyrenees）和高塔特拉山脉在斯洛伐克境内的拉多夫湖（Lake Ladove of High Tatras）湖水中的PAHs浓度[均值：(2.0±0.3) ng·L^{-1}][46]。总的来说，本书中测得的南极洲内陆湖水中的PAHs浓度，和前人报道的全球范围内偏远地区和背景区域的PAHs浓度相比较，处于中上等水平。除了总浓度的比较外，本书还对PAHs中最常测定的菲（phenanthrene）的浓度进行了比较。结果显示，南极洲内陆湖湖水中的菲在和其他地方湖水或海水中的菲相比较时，其浓度水平和总PAHs的浓度水平一致，也是处于中上等水平。本书南极洲内陆湖湖水中的菲要远远高于北极海水中的菲的浓度。

本书中所有采样点湖水中的PAHs均由低分子量的PAHs占主要成分，如2环PAHs（1-甲基萘和2-甲基萘）占了总PAHs的85%～96%。这可能暗示这些内陆湖水中有一个固定的PAHs来源，并且这一来源很可能与石油相关。这些内陆湖水中PAHs的组成分布图和文献中报道的飞机燃料和航空燃料的水溶解部分的组成分布图相似，即均是由C_1-萘和C_2-萘占主要成分[47]。尽管在南极人们更常使用的是化石燃料，然而化石燃料是由C_2-萘和C_3-萘占主要成分，和南极洲内陆湖湖水中的PAHs的组成结构有一些细微的差别[36]。这从侧面反映，化石燃料可能仅仅是这些内陆湖湖水中PAHs的一个来源。另外，用半透膜采样器从挪威的一处海上采油平台测得的海水中的PAHs的主要成分为C_2-萘、C_3-萘、C_1-菲和C_2-菲。国家南极局局长理事会（The Council of Managers of National Antarctic Programs）在2004年就曾发文声称石油泄漏是南极最常见的事故，并且极有可能导致南极污染[48]。涉及石油储存、运输及钻井等行为会不可避免地导致燃料残渣排放、燃烧废气及燃油泄漏。此外，从LDPE采样器放置时拍摄的照片可以看到，在俄罗斯湖和莫愁湖湖面上漂浮着泄漏的油渍。此外，航空煤油作为南极洲的主要使用油品之一，航空煤油的质谱图和从里德湖取回的样品的质谱图十分相似[47]。以上的种种证据都表明燃油泄漏是这些内陆湖中溶解态PAHs的主要来源。

2. 中国流域

在我国东北地区、中部地区及西北地区共47个淡水水体，包括湖泊、河流及水库中放置了开放式水体采样器，以期获得表层水中的有机污染物的浓度。所有PAHs目标物的浓度，包括各个PAHs单体浓度，本书中所测的24种PAHs的浓度总和（$\sum_{24}$PAH），美国国家环境保护署制定的16种优先PAHs除去萘的总浓度（$\sum_{15}$PAH ①），以及美国国家环境保护署规定的7种致癌致畸PAHs的总浓度（$\sum_7$PAH ②）。在东北地区（松花江流域和辽河流域）的表层水体中，

① $\sum_{15}$PAH：acenaphthylene（苊烯）、acenaphthene（苊）、fluorene（芴）、phenanthrene（菲）、anthracene（蒽）、fluoranthene（荧蒽）、pyrene（芘）、benzo[*a*]anthracene（苯并 [*a*] 蒽）、chrysene（䓛）、benzo[*b*]fluoranthene（苯并 [*b*] 蒽）、benzo[*k*]fluoranthene（苯并 [*k*] 荧蒽）、benzo[*a*]pyrene（苯并 [*a*] 芘）、dibenzo[*a,h*]anthracene（二苯并 [*a,h*] 蒽）、indeno[1,2,3-*cd*]pyrene（茚并 [1,2,3-*cd*] 芘）与 benzo[*g,h,i*]perylene（苯并 [*g,h,i*] 苝）之和；

② $\sum_7$PAH 苯并 [*a*] 蒽、䓛、苯并 [*b*] 荧蒽、苯并 [*k*] 荧蒽、苯并 [*a*] 芘、茚并 [1,2,3,*cd*] 芘、二苯并 [*a,h*] 蒽、苯并 [*g,h,i*] 苝之和。

$\sum_{24}$PAH、$\sum_{15}$PAH和$\sum_{7}$PAH的浓度分别为1.7～11.3 ng·L^{-1}（均值：7.2 ng·L^{-1}）、1.2～5.9 ng·L^{-1}（均值：3.9 ng·L^{-1}），以及低于RL～47 pg·L^{-1}（均值：17 pg·L^{-1}）。西北地区（新疆的水库和湖泊）表层水体中PAHs的浓度要比东北地区的浓度低很多，在西北表层水体中，$\sum_{24}$PAH、$\sum_{15}$PAH和$\sum_{7}$PAH的浓度分别为1.3～16.4 ng·L^{-1}（均值：6 ng·L^{-1}）、0.7～ 6.7 ng·L^{-1}（均值：3 ng·L^{-1}），以及低于RL～32 pg·L^{-1}（均值：11 pg·L^{-1}）。本书中，中部地区，即长江流域的表层水体中，PAHs的浓度最高，其$\sum_{24}$PAH、$\sum_{15}$PAH和$\sum_{7}$PAH的浓度分别为4～538 ng·L^{-1}（均值：43 ng·L^{-1}）、1.4～294 ng·L^{-1}（均值：21 ng·L^{-1}），以及7～503 pg·L^{-1}（均值：43 pg·L^{-1}）。在所有采样点中，武汉南湖中PAHs的浓度最高，南湖坐落在武汉市中心，常年受到周围工厂及高校排放的污水的污染[49]。在所有采样区域中，西藏的浓度最低，其$\sum_{24}$PAH、$\sum_{15}$PAH和$\sum_{7}$PAH的浓度分别为0.28～0.8 ng·L^{-1}（均值：0.54 ng·L^{-1}）、0.01～0.05 ng·L^{-1}（均值：0.03 ng·L^{-1}），以及低于RL～0.52 pg·L^{-1}（均值：0.3 pg·L^{-1} ）。

中国西部地区、中部地区和东部地区淡水的表层水体中溶解态PAHs的均值分别为(5.2±4.2) ng·L^{-1}、(9±10) ng·L^{-1}和(14±16) ng·L^{-1}，由此可见，中国淡水的表层水体中溶解态PAHs的浓度从西到东逐渐升高（图2-8），这种空间分布和人口密度的分布十分相似。为了进一步分析二者之间的关系，我们将各个区域表层水体中溶解态PAHs的均值和相应的人口密度做了相关性分析。各个区域详细的采样点划分和其相应的人口密度的结果显示，各个区域淡水表层水体中溶解态PAHs的浓度和相应区域的人口密度有着良好的线性关系（图2-9）。各区域的$\sum_{24}$PAH浓度、$\sum_{15}$PAH浓度、$\sum_{7}$PAH浓度和相应区域的人口密度的相关性系数

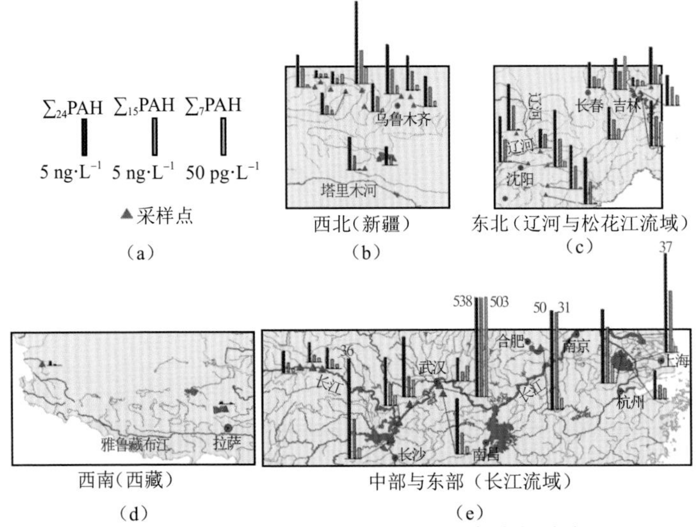

图 2-8　全国表层水体溶解态 PAHs 的空间分布

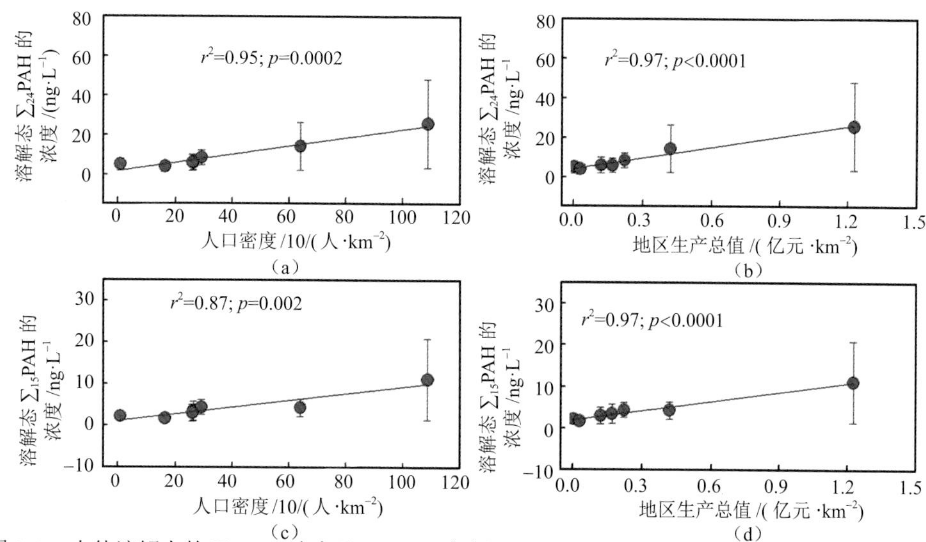

图 2-9　水体溶解态的 ∑24PAH 浓度及 ∑15PAH 浓度与人口密度及地区生产总值之间的相关性分析

（r^2）分别为0.95（$p < 0.0001$）、0.87（$p < 0.0005$）和0.44（$p = 0.07$）。结果显示，随着PAHs化合物个数的增加，线性关系越好，这可能说明：①研究区域内的水体中溶解态的PAHs可能有多个与人类活动相关的不同来源；②迫切需要一种合适的工具，可以更好地描述人类活动。

2.5　多段式沉积物孔隙水采样器

2.5.1　装置设计

多段式沉积物孔隙水采样器的内部结构如图 2-10 所示。采样器主要由三部分组成，分别是支撑杆、采样器腔体及由玻璃纤维过滤膜（GF/F，0.7 μm 孔径）和不锈钢多孔保护管组成的过滤部分。过滤装置可以有效地阻止颗粒物进入采样器内部腔体，而目标物能自由穿透过滤部分进入腔体内部的水体进而被 LDPE 所吸附。

基于上述构想，我们制作完成了多段式沉积物孔隙水采样器的外形。多段式沉积物孔隙水采样器由一系列采样单元嵌套在一根直径为 28 mm 的不锈钢支撑杆所组成。不锈钢支撑杆的长度可根据多段式沉积物孔隙水采样器采样的深度进行变化。每个采样单元由不锈钢多孔保护套、中心环、GF/F 膜及 LDPE 膜组成。其中 GF/F 膜包裹 LDPE 膜紧贴在不锈钢制的中心环上，外面套上不锈钢多孔保护套。不锈钢多孔保护套上的小孔直径为1.6 mm，长度为2 cm，其作用是过滤大颗粒物及保护GF/F膜。不锈钢的中心环为中空底座形状，长度为2.1 cm。中心环上比不锈钢多孔保护套长1 mm的部分为间隔环，用于防止上下两个单元的孔隙水交换。中心环上有保护套的定位卡座，用于确定目标物在腔内水体的扩散距离 (Z)（图2-10）。经过实际加工过程中的一些改进，研制出多段式沉积物孔隙水采样器的原型，见图2-11。

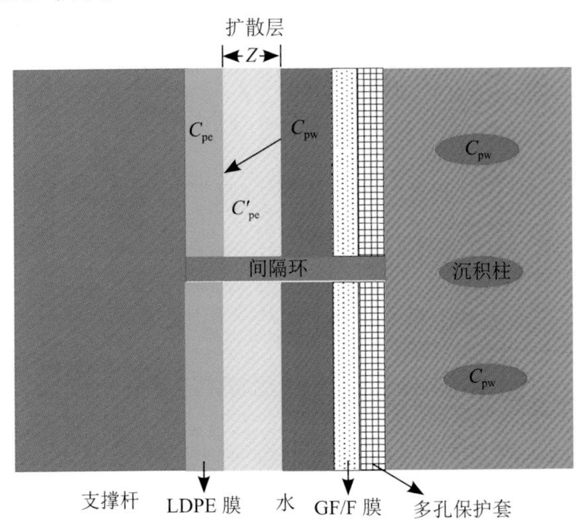

图2-10 多段式沉积物孔隙水采样器的内部结构图[50]

图2-11 多段式沉积物孔隙水采样器

2.5.2 应用案例

我们选取海陵湾港口的2个区域作为采样点，在每个采样点，由潜水员放置长度为70 cm的多段式沉积物孔隙水采样器，如图2-12所示。

在野外实验中，我们同时应用了PRC校正法定量沉积物孔隙水中DDXs（DDTs与p, p'-DDNU的总和）的浓度。目标物的动力学线性吸附范围较广，因此，PRC校正法得到的目标物浓度显然也是其时间加权平均浓度。到目前为止，还没有p, p'-DDNU和p, p'-DBP的分配系数，因而这两个化合物没有采用PRC校正法进行定量。DDXs在采样点A和采样点B的浓度垂直分布，在采样点A，采样速率校正法得到的p, p'-DDT、p, p'-DDE、p, p'-DDD、o, p'-DDT和p, p'-DDNU总浓度为350～550 ng·L^{-1}，与其用离心/液－液萃取法得到的浓度380～670 ng·L^{-1}

相近，但是略高于其由 PRC 校正法得到的值 198 ～ 310 ng·L^{-1}。在采样点 *B* 也是类似的结果，即应用采样速率校正法、离心 / 液 - 液萃取法和 PRC 校正法测定 *p*, *p*′-DDT、*p*, *p*′-DDE、*p*, *p*′-DDD、*o*, *p*′-DDT 和 *p*, *p*′-DDNU 总浓度分别是 340 ～ 470 ng·L^{-1}、350 ～ 680 ng·L^{-1} 和 194 ～ 250 ng·L^{-1}。显然，PRC 校正法低估了化合物的浓度，但由于目标物在 LDPE 膜与水体之间分配系数的变化范围在两个数量级，因此导致 PRC 校正法测定孔隙水中目标物的浓度变化范围也在两个数量级。总体上来说，对于单个目标物，在同一深度上这 3 个测定方法测定的在沉积物孔隙水的浓度没有显著差异（$p > 0.05$）。这意味着多段式沉积物孔隙水采样器能够测定孔隙水中自由溶解态的疏水性有机物。

图 2-12　广东省阳江市海陵湾水下放置采样器的情形

从垂直分布来看，*p*, *p*′-DDT 和 *o*, *p*′-DDT 的相对丰度在采样点 *A* 和采样点 *B* 都随着深度的增加而下降，这暗示了这两种母体化合物在沉积物中逐渐降解。*p*, *p*′-DDE 是 *p*,*p*′-DDT 的一级氧化产物，其相对丰度在深度 10 ～ 15 cm 处有个峰值；而 *p*, *p*′-DDT 的一级还原产物 *p*, *p*′-DDD 的相对丰度峰值出现在深度 15 ～ 20 cm 处。随着深度增加，这两种降解产物的相对丰度却缓慢下降，这可能是由于 *p*, *p*′-DDE 和 *p*, *p*′-DDD 逐渐降解为别的降解产物。*p*, *p*′-DDT 的三级降解产物 *p*, *p*′-DDMU、四级降解产物 *p*, *p*′-DDNU 及最终降解产物 *p*, *p*′-DBP 随着深度增加，其相对丰度也逐渐地增加。在所有目标物中，*p*, *p*′-DDD 和 *p*, *p*′-DBP 是最主要的两种成分，它们的相对丰度分别为 23% ～ 33% 和 14% ～ 30%。而这一结果与在附近区域采集的沉积柱中测到的值相近。另外，采样器测定沉积物孔隙水中 DDXs 与其在沉积柱的浓度趋势有着良好的一致性，进一步证实了多段式沉积物孔隙水采样器在原位测量沉积物孔隙水中疏水性有机物的可行性。该采样器的可行性，极大地增强了对不同深度沉积物中化合物的生物可利用性和迁移转化的评估，为管理部门对环境监测决策管理提供了重要的数据信息和技术支持。

2.6 沉积物-水界面通量被动采样器

2.6.1 装置设计

沉积物-水界面通量被动采样器的结构如图2-13所示，其每个采样单元都是由不锈钢多孔保护套、GF/F膜及LDPE膜吸附相组成，其中两层GF/F膜夹着吸附膜用于阻挡小颗粒物，外面套上孔径为1 mm的不锈钢多孔保护套用于过滤大颗粒物及保护内部膜，采样装置的这种构建方式既能保证目标物顺利穿过，又能阻挡颗粒物的附着，而且在一定程度上缓解了水流对质量传输过程的影响，因为不锈钢保护套的孔径为1 mm，GF/F膜的孔径只有0.7 μm。对于上层水体部分，高度为20 cm，采样单元呈纵向螺旋式排列，这样既便于水流顺利流通，又使各采样单元之间互不干扰。这些采样单元用不同厚度的不锈钢垫片隔开，相互交错呈螺旋式组装在一根中心柱和四根支撑柱上，高度分别为20.00 cm、15.04 cm、11.04 cm、8.04 cm、6.54 cm、5.04 cm、3.74 cm、3.04 cm、2.29 cm、1.87 cm、1.70 cm、1.53 cm、1.36 cm、1.19 cm、1.02 cm、0.85 cm、0.68 cm、0.51 cm、0.34 cm与0.17 cm。如果需要不同高度下的采样单元，可以用不同厚度的垫片进行适当调整。

图 2-13 沉积物-水界面通量被动采样器示意图[51]

对于下层沉积物部分，为了最小限度地干扰沉积物，采样器的采样单元竖向设置。该部分由四个大采样单元组成，用三相角铁和螺丝螺母将其首位相连组成中空的四方形盒子。其中在每一个大采样单元中，宽度为 5 mm 的吸附相 LDPE 横条镶嵌在相隔 2 mm 的不锈钢栅栏板中，栅栏板外层由 GF/F 膜和不锈钢网保护。如果每条的中间位置为高度层，则距离上下两个采样部分（水体部分和沉积物部分）的连接点为 0.25 cm、0.95 cm、1.65 cm、3.05 cm、5.15 cm、7.25 cm、9.35 cm 处。采样装置的上下两部分通过十字架、三相角铁、螺丝和螺母进行连接。

该装置主要包括两部分，上层水体部分（采样单元横向排列）和下层沉积物部分(采样单元纵向排列)，这两部分通过十字架、三相角铁、螺丝–螺母进行连接。该装置可获取 HOCs 在上层水体高分辨的浓度分布趋势。基于上层水体 HOCs 的浓度趋势，将其与深度（z_w）关系拟合展开为一个泰勒公式：

$$C_w = C_0(1 + a_1 z_w + a_2 z_w^2 + \cdots + a_n z_w^n) \tag{2-32}$$

其中，C_0 是目标物在沉积物–水界面的浓度（$z_w = 0$）；$a_{1\cdots n}$ 是拟合常数。根据菲克扩散第一定律，通量公式可以表达为

$$F_{\text{sed-water}} = -D\left(\frac{\mathrm{d}C}{\mathrm{d}z_w}\right) \tag{2-33}$$

将式（2-32）代入式（2-33）可得

$$F_{\text{sed-water}} = -D\left(\frac{\mathrm{d}C}{\mathrm{d}z_w}\right) = -DC_0(a_1 + 2a_2 z_w + \cdots + n a_n z_w^{n-1}) \tag{2-34}$$

在沉积物–水界面（$z_w = 0$），沉积物对于 HOCs 很大的“库”，在一定时间内，C_0 是不变的，因此根据式（2-34）可得

$$F_{\text{sed-water}} = -DC_0 a_1 \tag{2-35}$$

从式（2-35）我们可以看出，只要获知目标物在孔隙水的浓度及上层水体的浓度趋势，便可确定目标物在沉积物–水界面的通量。

2.6.2　应用案例

在采样装置野外验证实验中，本书研究采用两种定量方法，即采样速率（R_s）计算法和 PRC 校正法确定 DDXs 在水体和沉积物孔隙水中的浓度。PRC 校正法得到的 DDXs 浓度略低于 R_s 计算法确定的数值。这可能是由于 PRC 校正法中，目标物 K_{pew} 的数值可在两倍范围内变化，由此会导致浓度结果具有两倍之内的不确定性。因此，大体上可认为这两种定量方法得到的 DDXs 浓度具有良好一致性。

在沉积物孔隙水和上层水体中，采样点A DDXs的浓度都大于其在采样点B的值，这可能是由于采样点A靠近一船舶厂。我们以前的研究表明，该船舶厂是海陵湾沉积物中滴滴涕的重要来源。另外，DDXs浓度分布趋势与该地区新输入源的存

在及DDTs的生物降解途径是一致的。大致上讲，在上层水体中，距离沉积物-水界面越远，*p*, *p*′-DDT或*o*, *p*′-DDT降解产物，即*p*, *p*′-DDD、*p*, *p*′-DDE、*p*, *p*′-DDMU、*o*, *p*′-DDMU、*p*, *p*′-DDNU及*p*, *p*′-DBP的浓度越低，这表明沉积物是上层水体中*p*, *p*′-DDT或*o*, *p*′-DDT降解产物的源。然而，输入源（如渔船防污漆）中最原始的物质*p*, *p*′-DDT和*o*, *p*′-DDT却表现出相反的趋势，即距离沉积物-水界面越近，其浓度越低。而且，在采样点*A*和采样点*B*的水体中，*o*, *p*′-DDT与*p*, *p*′-DDT的浓度比分别为0.19和0.18，这与我们以前测定的商业防污漆产品中的比例（0.20～0.32）相近。这些结果表明，虽然我国早在1983年就禁止了滴滴涕在农业上的应用，但是目前仍有新输入源向海陵湾的环境介质中排放滴滴涕。

本书研究将采用R_s计算法和PRC校正法得到的DDXs浓度分布曲线，用通量计算模型对其拟合，得到参数和通量。其中a'_1为–3.3～0.85 cm^{-1}，DDXs的C_0为3.5～230 $ng \cdot L^{-1}$。由R_s计算法得到的浓度曲线而确定的DDXs通量为–140～150 $ng \cdot m^{-2} \cdot d^{-1}$，略高于其由PRC校正法得到的浓度曲线而计算的通量–80～110 $ng \cdot m^{-2} \cdot d^{-1}$，但是两组数据没有显著差异（*t*检验，$p= 0.90$）。此外，由海底通量室测定在采样点*A*和采样点*B*的DDXs通量分别为8.4～85 $ng \cdot m^{-2} \cdot d^{-1}$和5.5～64 $ng \cdot m^{-2} \cdot d^{-1}$，且均为正值，而沉积物-水界面通量被动采样器测定*o*, *p*′-DDT和*p*, *p*′-DDT的通量是负值。因此海底通量室不适合测定目标物由上层水体到沉积物的沉降通量。对于其他的降解产物，通量室测得的通量值5.5～85 $ng \cdot m^{-2} \cdot d^{-1}$略低于被动采样器得到的值5.9～150 $ng \cdot m^{-2} \cdot d^{-1}$，但两组数据之间具有良好的相关性（$y = 0.61x$；$r^2 = 0.94$，$p < 0.01$）。海底通量室低估了目标物的扩散通量，这可能是由于封闭体系内静止状态下目标物的扩散层厚度比其在体系外的值大，而被动采样器所处的环境为自然的动态水体系。总体来看，两种方法得到的DDXs通量值处于同一个数量级，因此可以相互检验，同时体现了被动采样器相比通量室在测定疏水性有机物界面通量方面的优越性。

2.7 大气-水界面有机物采样器

2.7.1 装置设计

大气-水界面有机物采样器可分成主体与外侧两大部分。其主体是由若干个沿垂直方向设置的采集单元所构成，并通过4个竖直支柱来连接主体与外侧两大部分（图2-14）。外侧部分可分为三部件：支柱（4个竖直与2个水平的不锈钢支柱）、防水遮光单元（4个不锈钢多孔板与1个长方形不锈钢平板）、浮于水面的浮力单元（浮球）。采样单元则是由不锈钢多孔保护套、GF/F膜及LDPE膜吸附相组成。

其中两层GF/F膜夹着吸附膜用于阻挡小颗粒物，外面的不锈钢多孔保护套用于过滤大颗粒物及保护内部膜。采样单元之间用不同厚度的不锈钢垫片隔开，其相对称由上或下向中间减少。如果需要不同高度下的采样单元，可以用不同厚度的垫片进行适当调整，本书研究过程中所使用的高度为36.0 mm、24.0 mm、15.7 mm、12.0 mm和7.4 mm。

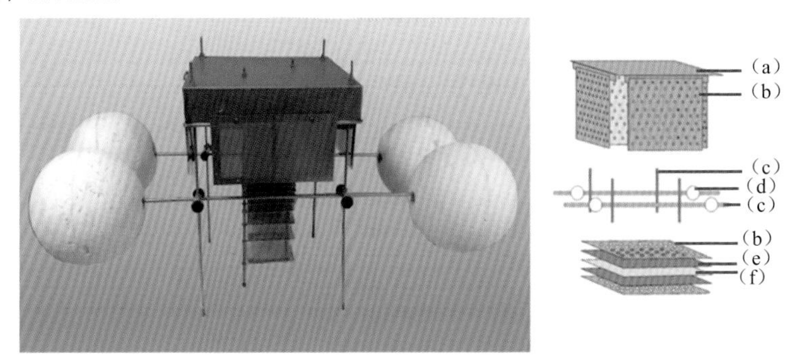

图 2-14　大气－水界面有机物采样器[52]

(a) 水平的不锈钢支柱；(b) 不锈钢多孔板；(c) 竖直的不锈钢支柱；(d) 浮球；(e) GF/F 膜；(f) LDPE 膜

在采样过程中，目标化合物在大气浓度（C_a；$ng \cdot m^{-3}$）或水体中自由溶解态浓度（C_w；$ng \cdot L^{-1}$）通过LDPE膜上的浓度（$C_{pe\text{-}a}$或$C_{pe\text{-}w}$）计算得出。其方法是由LDPE膜浓度除以目标物的采样速率（$R_{s\text{-}a}$为大气采样速率，$m^3 \cdot d^{-1}$；$R_{s\text{-}w}$为水体采样速率，$L \cdot d^{-1}$）及LDPE膜-大气（$K_{pe\text{-}a}$；$m^3 \cdot kg^{-1}$）或LDPE膜-水（$K_{pe\text{-}w}$；$L \cdot kg^{-1}$）的分配系数，即

$$C_a = \frac{C_{pe\text{-}a}}{K_{pe\text{-}a} \times \left[1 - \exp(-\frac{R_{s\text{-}a} t}{K_{pe\text{-}a} M_{pe}}) \right]} \tag{2-36}$$

$$C_w = \frac{C_{pe\text{-}w}}{K_{pe\text{-}w} \times \left[1 - \exp(-\frac{R_{s\text{-}w} t}{K_{pe\text{-}w} M_{pe}}) \right]} \tag{2-37}$$

其中，目标物的采样速率可以通过PRC的采样速率（$R_{s\text{-}PRC}$）校正，并外推至不同的分配系数。该PRC的采样速率（$R_{s\text{-}PRC}$）可通过回收LDPE膜上预吸收PRC的残留比例（f_{PRC}）计算得到。$K_{pe\text{-}a}$或$K_{pe\text{-}w}$则取自于先前的研究，并同时经温度（即利用范托夫方程）及盐度（即通过谢切诺夫常数K_{Si}）校正。其中，PAHs与DDTs的K_{Si}分别为0.3和0.35。

目标物在大气（f_a；Pa）和水体（f_w；Pa）的逸度及逸度分数(f)可分别通过以下公式计算：

$$f_a = C_a \times R \times T_A / M \tag{2-38}$$

$$f_{\mathrm{w}} = C_{\mathrm{w}} \times H / M \tag{2-39}$$

$$f = f_{\mathrm{a}}(y) + f_{\mathrm{w}}(y') \tag{2-40}$$

其中，R是理想气体常数（8.314 $\mathrm{Pa \cdot m^3 \cdot K^{-1} \cdot mol^{-1}}$）；$T_{\mathrm{A}}$是大气温度（K）；$M$ 是目标化合物的分子量（$\mathrm{g \cdot mol^{-1}}$）；$H$是亨利定律常数（Henry’s Law constant；$\mathrm{Pa \cdot m^3 \cdot mol^{-1}}$）；$f_{\mathrm{a}}(y)$ 代表大气高度y至气-水界面层的距离；$f_{\mathrm{w}}(y')$代表水体深度y'至气-水界面层的距离。当f值等于0.5、小于0.5或大于0.5则分别表示目标物在气-水两相中平衡、自水体到大气的净挥发或由大气沉降至水体。

为进一步检证大气-水交换梯度，同时减少在计算逸度分数（f）时所引入参数自身的不确定性，如亨利定律常数、$K_{\mathrm{pe\text{-}a}}$和$K_{\mathrm{pe\text{-}w}}$，气-水交换比值（air-water exchange ratios；简写为r）可直接通过目标化合物在LDPE膜上的平衡浓度（equilibrium concentration；$C_{\mathrm{pe,\,eq}}$）计算得出：

$$r = \frac{C_{\mathrm{pe\text{-}w,eq}}}{C_{\mathrm{pe\text{-}a,eq}}} - 1 \tag{2-41}$$

其中，目标化合物在 LDPE 膜上的平衡浓度（$C_{\mathrm{pe,\,eq}}$）可由下式估算得出：

$$C_{\mathrm{pe,eq}} = \frac{C_{\mathrm{pe}}}{1 - f_{\mathrm{PRC}}} \tag{2-42}$$

其中，当r为正值时，目标化合物为自水体至大气的净挥发；r为负值时，则相反，为净沉降。

2.7.2 应用案例

1. 大气-水界面有机物采样器的室内检验

在不锈钢桶（直径 600 mm，高为 600 mm）内含有高 70 mm 水层所组成的一个可密封的微体系，在室内控制条件下，利用所研发的被动采样装置测量 PAHs 的逸度分布趋势以检验该采样装置的可行性。在为期 240 h 的微模拟系统里，低分子量 PAHs，如苊烯、苊和芴，在 LDPE 膜上所富集的含量仅占总加标量的 0.7% ～ 30%。这些低分子量 PAHs 的挥发半衰期为 4.4 ～ 7.4 h，表明采样装置的放入对微体系内 PAHs 的浓度和扩散影响不大。微体系中水体 PAHs 的逸度分布曲线呈现 PAHs 在大气 - 水界面富集的趋势（图 2-15），与气体浓度变化曲线主要在近大气 - 水界面处几个厘米处一致。这主要是由于水体表面的黏弹性效应和 / 或表面张力可显著地减缓气体传递速率，导致化合物在大气 - 水界面处积累。

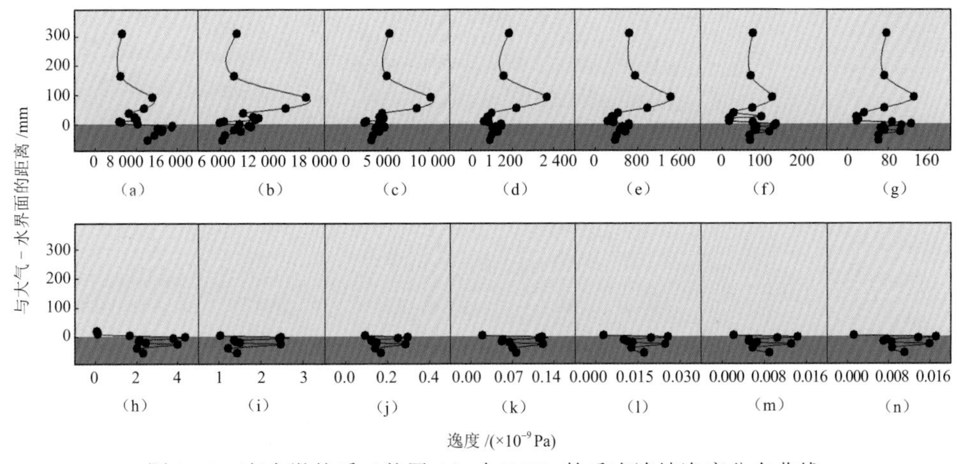

图 2-15　室内微体系（装置 A）中 PAHs 的垂直连续逸度分布曲线

（a）苊烯；（b）苊；（c）芴；（d）菲；（e）蒽；（f）荧蒽；（g）芘；（h）苯并 [*a*] 蒽；（i）䓛；（j）苯并 [*a*+*k*] 荧蒽；（k）苯并 [*a*] 芘；（l）茚并 [1,2,3-*cd*] 芘；（m）二苯并 [*a*,*h*] 蒽；（n）苯并 [*g*,*h*,*j*] 芘

在气相中，低分子量PAHs（苊烯、苊、芴、菲、蒽、荧蒽和芘）的逸度分布曲线则显示为近平衡态[图2-15（a～g）]。高分子量PAHs中只有苯并[*a*]蒽能在近大气-水界面处检出[图2-15（h～n）]。低分子量PAHs极易自水体挥发，具有更短的挥发半衰期，如萘（0.4～6.2 h）和蒽（12～17 h）拥有较短的挥发半衰期[53]，而高分子量PAHs的挥发半衰期（130～5300 h）则较长。同时微体系气水两相中低分子量PAHs的逸度分布曲线接近相等，即为近平衡状态[图2-15（a～g）]，这与预测挥发半衰期结果相一致。此外，对于高分子量PAHs，该采样时间显然短于其预测挥发半衰期130～5300 h，为净挥发，与所观察到高分子量PAHs在气水两相逸度均不相同的现象一致[图2-15（h～n）]。总体上，该采样装置可以在室内控制条件下测量近大气-水界面处PAHs浓度。

2. 大气－水界面有机物采样器的野外验证

分别在广东省海陵湾和海珠湖进行大气-水界面有机物采样器的野外应用。采样点分别临近重型船只停泊处和交通要道，PAHs可来源于发动机车尾气。在每一个采样点各布设一采样装置，用于采集近大气-水界面处自由溶解态半挥发性有机物浓度的连续分布，通过沉石作锚固定位点并用浮球使采样装置漂浮于水体表层。此外，布设多个单一采样单元以采集距大气-水界面不同距离的单点浓度。其中，大气采样单元通过不锈钢平板以阻挡太阳光的垂直照射，同时利用不同厚度垫片进行适当调整，并呈水平状放置。同时，利用玻璃平板法采集水体微表层水样，将玻璃（约50 cm×60 cm）垂直浸没水表层，其后以匀速（约15 cm/s）取回玻璃[54]，并收集通过硅橡胶刮刀拭去玻璃表面双层所附着的水膜于玻璃瓶中。

通过主动采样方法（玻璃平板及大体积采水）所得到两个采样点中PAHs浓度皆为水体微表层高于次水层（130～830 ng·L^{-1}与10～60 ng·L^{-1}）。在海珠湖大气中，由多个不同高度单一采样单元所得到菲、荧蒽、嵌二萘和甲基-菲类的逸度分布曲线呈从5 m至大气-水界面递减的趋势（图2-16）。另外，在海陵湾中菲、荧蒽、嵌二萘和烃基-菲类，则为大气向水体的净沉降[图2-17（a～g）]，但是，*p*, *p*′-DDD则倾向于从水体挥发至大气中（图2-17h）。

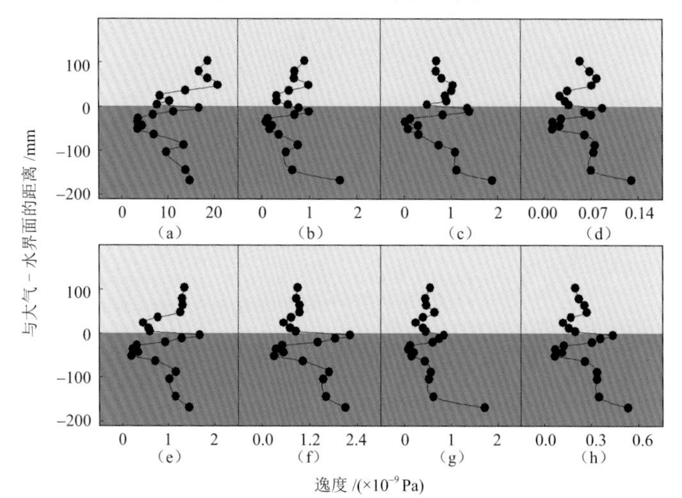

图 2-16 海珠湖的 PAHs 的垂直非连续逸度分布曲线

（a）菲；（b）2- 甲基菲；（c）4+9 二甲基菲；（d）2,6- 二甲基菲；（e）荧蒽；（f）芘；（g）3- 甲基菲；（h）1,7- 二甲基菲

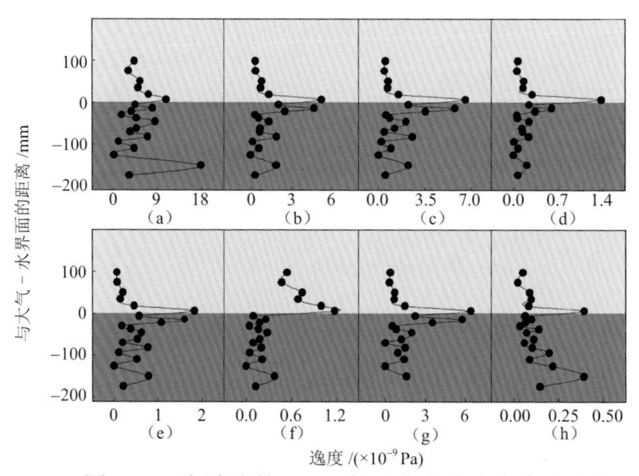

图 2-17 海陵湾的 PAHs 的垂直非连续逸度分布曲线

（a）菲；（b）2- 甲基菲；（c）4+9 二甲基菲；（d）2,6- 二甲基菲；（e）荧蒽；（f）芘；（g）3- 甲基菲；（h）*p*,*p*′-DDD

总体上，大气－水界面有机物采样器所得到的逸度分布曲线表明，不同目标化合物具有不同的逸度变化趋势。两个采样点中可检出 PAHs 的逸度分布曲线均积累于近大气－水界面；而在海陵湾，*p*, *p*′-DDD 则倾向自水体挥发至大气中。虽然，

被动采样装置在野外会与波浪一同上下波动而造成在近大气－水界面处的少许扰动，但该被动采样方法（由连续采样单元组成的被动采样装置及多个单一采样单元）得到的逸度分布曲线趋势与主动采样方法（玻璃法及大体积采水）得到结果相一致。

参考文献

[1] Cornelissen G，Pettersen A，Broman D，et al. Field testing of equilibrium passive samplers to determine freely dissolved native polycyclic aromatic hydrocarbon concentrations[J]. Environmental Toxicology and Chemistry：An International Journal，2008，27(3)：499-508.

[2] Ouyang G，Pawliszyn J. A critical review in calibration methods for solid-phase microextraction[J]. Analytica Chimica Acta，2008，627(2)：184-197.

[3] Chen Y，O'Reilly J，Wang Y，et al. Standards in the extraction phase，a new approach to calibration of microextraction processes[J]. Analyst，2004，129(8)：702-703.

[4] Wang Y，O'Reilly J，Chen Y，et al. Equilibrium in-fibre standardisation technique for solid-phase microextraction[J]. Journal of Chromatography A，2005，1072(1)：13-17.

[5] Huckins J N，Petty J D，Lebo J A，et al. Development of the permeability/performance reference compound approach for in situ calibration of semipermeable membrane devices[J]. Environmental Science & Technology，2002，36(1)：85-91.

[6] Fernandez L A，Harvey C F，Gschwend P M. Using performance reference compounds in polyethylene passive samplers to deduce sediment porewater concentrations for numerous target chemicals[J]. Environmental Science and Technology，2009，43(23)：8888-8894.

[7] Huckins J N，Petty J D，Booij K. Monitors of Organic Chemicals in the Environment：Semipermeable Membrane Devices[M]. New York：Springer Science + Business Media，2006.

[8] Tomaszewsky J E，Luthy R G. Field deployment of polyehylene devices to measure PCB concentrations in pore water of contaminated sediment[J]. Environmental Science & Technology，2008，42(16)：6086-6091.

[9] Fernandez L A，Macfarlane J K，Tcaciuc A P，et al. Measurement of freely dissolved PAH concentrations in sediment beds using passive sampling with low-density polyethylene strips[J]. Environmental Science & Technology，2009，43(5)：1430-1436.

[10] Martos P A，Pawliszyn J. Time-weighted average sampling with solid-phase microextraction device：Implications for enhanced personal exposure monitoring to airborne pollutants[J]. Analytical Chemistry，1999，71(8)：1513-1520.

[11] Ouyang G，Zhao W，Bragg L，et al. Time-weighted average water sampling in Lake Ontario with solid-phase microextraction passive samplers[J]. Environmental Science & Technology，2007，41(11)：4026-4031.

[12] Booij K，Hofmans H E，Fischer C V，et al. Temperature-dependent uptake rates of nonpolar organic compounds by semipermeable membrane devices and low-density polyethylene membranes[J]. Environmental Science & Technology，2003，37(2)：361-366.

[13] Chen Y，Pawliszyn J. Kinetics and the on-site application of standards in a solid-phase microextration fiber[J]. Analytical Chemistry，2004，76(19)：5807-5815.

[14] DiFilippo E L，Eganhouse R P. Assessment of PDMS-water partition coefficients：Implications for passive environmental sampling of hydrophobic organic compounds[J]. Environmental Science & Technology，2010，44(18)：6917-6925.

[15] Schwarzenbach R P，Gschwend P M，Imboden D M. Environmental Organic Chemistry[M]. Hoboken：John Wiley & Sons，Inc.，1993：681.

[16] Ouyang G，Chen Y，Pawliszyn J. Time-weighted average water sampling with a solid-phase microextraction device[J]. Analytical Chemistry，2005，77(22)：7319-7325.

[17] Adams R G，Lohmann R，Fernandez L A，et al. Polyethylene devices：Passive samplers for measuring dissolved hydrophobic organic compounds in aquatic environments[J]. Environmental Science & Technology，2007，41(4)：1317-1323.

[18] Hawker D W，Connell D W. Octanol-water partition coefficients of polychlorinated biphenyl congeners[J].

Environmental Science & Technology，1988，22(4)：382-387.
[19] Xie M，Yang Z Y，Bao L J，et al. Equilibrium and kinetic solid-phase microextraction (SPME) determination of the partition coefficients between polychlorinated biphenyl congeners and humic acid[J]. Journal of Chromatography A，2009，1216：4553-4559.
[20] Yang Z Y，Zeng E Y，Xia H，et al. Application of a static solid-phase microextraction procedure combined with liquid-liquid extraction to determine poly(dimethyl)siloxane-water partition coefficients for selected polychlorinated biphenyls[J]. Journal of Chromatography A，2006，1116(1-2)：240-247.
[21] Bao L J，You J，Zeng E Y. Sorption of PBDE in low-density polyethylene film：Implications for bioavailability of BDE-209[J]. Environmental Toxicology and Chemistry，2011，30(8)：1731-1738.
[22] Bao L J，Xu S P，Liang Y，et al. Development of a low-density polyethylene-containing passive sampler for measuring dissolved hydrophobic organic compounds in open waters[J]. Environmental Toxicology and Chemistry，2012，31(5)：1012-1018.
[23] Zeng E Y，Noblet J A. Theoretical considerations on the use of solid-phase microextraction with complex environmental samples[J]. Environmental Science & Technology，2002，36(15)：3385-3392.
[24] Nguyen T H，Goss K U，Ball W P. Polyparameter linear free energy relationships for estimating the equilibrium partition of organic compounds between water and the natural organic matter in soils and sediments[J]. Environmental Science & Technology，2005，39(4)：913-924.
[25] Ben-Naim A. Solvation Thermodynamics[M]. New York：Springer Science + Business Media，1987.
[26] Lee B. Solvent reorganization contribution to the transfer thermodynamics of small nonpolar molecules[J]. Biopolymers，1991，31：993-1008.
[27] Prévost M，Oliveira I T，Kocher J P，et al. Free energy of cavity formation in liquid water and hexane[J]. The Journal of Physical Chemistry，1996，100(7)：2738-2743.
[28] Vieth W R. Diffusion in and Through Polymers：Principles and Application[M]. New York：Oxford University Press，1985.
[29] Leboeuf E J，Weber J W J. A distributed reactivity model for soption by soils and sediments. 8. Sorbent organic domains：Discovery of a humic acid glass transition and an argument for a polymer-based model[J]. Environmental Science & Technology，1997，31(6)：1697-1702.
[30] Ai J. Solid phase microextraction for quantitative analysis in nonequilibrium situations[J]. Analytical Chemistry，1997，69(6)：1230-1236.
[31] Xing Y N，Guo Y，Xie M，et al. Detection of DDT and its metabolites in two estuaries of South China using a SPME-based device：First report of *p*, *p*'-DDMU in water column[J]. Environmental Pollution，2009，157(4)：1382-1387.
[32] Luo X，Mai B，Yang Q，et al. Polycyclic aromatic hydrocarbons (PAHs) and organochlorine pesticides in water columns from the Pearl River and the Macao harbor in the Pearl River Delta in South China[J]. Marine Pollution Bulletin，2004，48(11-12)：1102-1115.
[33] Wang J Z，Nie Y F，Luo X L，et al. Occurrence and phase distribution of polycyclic aromatic hydrocarbons in riverine runoff of the Pearl River Delta，China[J]. Marine Pollution Bulletin，2008，57(6-12)：767-774.
[34] Christie S，Raper D，Lee D S，et al. Polycyclic aromatic hydrocarbon emissions from the combustion of alternative fuels in a gas turbine engine[J]. Environmental Science & Technology，2012，46(11)：6393-6400.
[35] Liu Y，Zhu R，Ma D，et al. Temporal and spatial variations of nitrous oxide fluxes from the littoral zones of three alga-rich lakes in coastal Antarctica[J]. Atmospheric Environment，2011，45(7)：1464-1475.
[36] Stortini A M，Martellini T，Bubba M D，et al. *n*-Alkanes，PAHs and surfactants in the sea surface microlayer and sea water samples of the Gerlache Inlet sea (Antarctica)[J]. Microchemical Journal，2009，92(1)：37-43.
[37] Cincinelli A，Stortini A M，Checchini L，et al. Enrichment of organic pollutants in the sea surface microlayer (SML) at Terra Nova Bay，Antarctica：Influence of SML on superficial snow composition[J]. Journal of Environmental Monitoring，2005，7(12)：1305.
[38] Fuoco R，Giannarelli S，Wei Y，et al. Polychlorobiphenyls and polycyclic aromatic hydrocarbons in the sea-surface micro-layer and the water column at Gerlache Inlet，Antarctica[J]. Journal of Environmental Monitoring Jem，2005，7(12)：1313-1319.
[39] Cripps G C. The extent of hydrocarbon contamination in the marine environment from a research station in the Antarctic[J]. Marine Pollution Bulletin，1992，25(9-12)：288-292.
[40] Kukučka P，Lammel G，Dvorská A，et al. Contamination of Antarctic snow by polycyclic aromatic hydrocarbons

dominated by combustion sources in the polar region[J]. Environmental Chemistry，2010，7(6)：504-513.

[41] Cripps G C. Hydrocarbons in the seawater and pelagic organisms of the Southern Ocean[J]. Polar Biology，1990，10(5)：393-402.

[42] Bícego M C，Weber R R，Ito R G. Aromatic hydrocarbons on surface waters of Admiralty Bay，King George Island，Antarctica[J]. Marine Pollution Bulletin，1996，32(7)：549-553.

[43] Polkowska Ż，Cichała-Kamrowska K，Ruman M，et al. Organic pollution in surface waters from the Fuglebekken basin in Svalbard，Norwegian arctic[J]. Sensors，2011，11(9)：8910-8929.

[44] Ma Y，Xie Z，Yang H，et al. Deposition of polycyclic aromatic hydrocarbons in the North Pacific and the Arctic[J]. Journal of Geophysical Research：Atmospheres，2013，118(11)：5822-5829.

[45] Guzzella L，Poma G，de Paolis A，et al. Organic persistent toxic substances in soils，waters and sediments along an altitudinal gradient at Mt. Sagarmatha，Himalayas，Nepal[J]. Environmental Pollution，2011，159(10)：2552-2564.

[46] Fernández P，Carrera G，Grimalt J O. Persistent organic pollutants in remote freshwater ecosystems[J]. Aquatic Sciences，2005，67(3)：263-273.

[47] Bernabei M，Reda R，Galiero R，et al. Determination of total and polycyclic aromatic hydrocarbons in aviation jet fuel[J]. Journal of Chromatography A，2003，985(1-2)：197-203.

[48] Aislabie J M，Balks M R，Foght J M，et al. Hydrocarbon spills on Antarctic soils：Effects and management[J]. Environmental Science & Technology，2004，38(5)：1265-1274.

[49] Yang X，Xiong B，Yang M. Relationships among heavy metals and organic matter in sediment cores from Lake Nanhu，an urban lake in Wuhan，China[J]. Journal of Freshwater Ecology，2010，25(2)：243-249.

[50] Liu H H，Bao L J，Feng W H，et al. A multisection passive sampler for measuring sediment porewater profile of dichlorodiphenyltrichloroethane and its metabolites[J]. Analytical Chemistry，2013，85(15)：7117-7124.

[51] Liu H H，Bao L J，Zhang K，et al. Novel passive sampling device for measuring sediment-water diffusion fluxes of hydrophobic organic chemicals[J]. Environmental Science & Technology，2013，47(17)：9866-9873.

[52] Wu C C，Yao Y，Bao L J，et al. Fugacity gradients of hydrophobic organics across the air-water interface measured with a novel passive sampler[J]. Environmental Pollution，2016，218：1108-1115.

[53] Southworth G R. The role of volatilization in removing polycyclic aromatic hydrocarbons from aquatic environments[J]. Bulletin of Environmental Contamination and Toxicology，1979，21(1)：507-514.

[54] Harvey G W，Burzell L A. A simple microlayer method for small samples[J]. Limnology and Oceanography，1972，17(1)：156-157.

第3章　珠江三角洲水环境有机污染状况和河流通量

水资源是人类赖以生存和发展的一种自然资源，随着社会经济的迅速发展，人类社会活动规模及程度不断扩大，这种自然资源不断被消耗和污染，危害着人类健康和生命安全。因此水资源和水环境质量已成为当前世界上最为关注的环境问题之一。尤其是我国水资源短缺，并呈现明显的时空分布不均一性，导致了严重的水资源问题。改革开放以来，随着工业化、城镇化的深入发展，我国水问题十分突出，水体污染和富营养化严重，干旱与洪涝灾害频发，直接威胁着我国人民的生存安全和制约着社会经济的发展[1]。

珠江是我国第四大河流，但径流量仅次于长江，与长江、黄河、淮河、海河、松花江和辽河并称为中国七大江河。珠江流域由西江、北江和东江，以及珠江三角洲诸多河系共同组成。干流起源于云南省曲靖市，从东南流经广东省佛山市三水区，与北江交汇后，注入珠江，而东江在广东省东莞市石龙镇汇入珠江三角洲。三江在珠江三角洲汇集后分别从虎门、蕉门、洪奇门、横门、磨刀门、鸡啼门、虎跳门、崖门出口注入南海，构成了“三江汇集、八口分流”的水文特征。

珠江三角洲是典型的亚热带季风气候，水资源丰富、河网发达，珠江水系河流众多，河网密度大，水生生物生存空间相对较大。在西江、北江、东江和珠江三角洲，积水面积在1000 km^2以上的河流共有120条，100 km^2以上的河流有1077条。珠江三角洲平均河网密度为0.9 $km \cdot km^{-2}$，水域面积占全流域总水域面积的20%左右，为珠江流域河网密度最大的地区。珠江多年平均河川径流总量为3360亿m^3，其中西江2380亿m^3，北江394亿m^3，东江238亿m^3，珠江三角洲348亿m^3。径流年内分配极不均匀，汛期4～9月约占年径流量的80%，6月、7月、8月三个月则占年径流量的50%以上。珠江水系年均输沙量达8000多万t，河口附近三角洲仍在向南海延伸。在河口区平均每年可伸展10～120 m，成为中国重点围垦区之一。珠江三角洲属于亚热带气候，终年温暖湿润。年均温21～23℃，最冷的1月均温13～15℃，最热的7月均温28℃以上。年平均降水量在

1600～2300 mm，汛期（4～9月）占全年雨量的81%～85%，这时期常有台风影响，降雨集中，天气最热，呈现多雨季节与高温季节同步的特点。

根据珠江三角洲流域的水文特征和社会经济发展现状，近年来围绕其水体有机污染的研究主要集中于珠江各河流、河口及其沿海水体中各类污染物。同时珠江三角洲及其周边沿海地区是我国重要的水产品养殖基地，养殖区域水体污染亦得到了广泛关注。有机污染物在水体中可能以溶解态、颗粒态、胶体结合或沉积物吸附而存在，不同的赋存形态取决于化合物的理化性质和环境条件因素，同时也会影响有机污染物的生物有效性和环境毒性。因此，本章重点围绕珠江三角洲河流、河口和沿海水体中持久性有机污染物、环境分子标志物污染特征、排放通量展开论述，同时在通量部分亦讨论了我们关于珠江八大入海口悬浮颗粒物、有机碳和营养盐的河流通量的研究工作。

3.1　水体有机污染及其潜在生态风险评价

水体有机污染是指工业废水、生活废水、农业面源径流及其他废弃物进入水体后，超过水体自身净化能力，而引起水体的物理、化学和生物等方面的特征变化，造成了水体水质恶化，影响了水资源的利用价值，并潜在危害生态环境和人体健康。水生生态系统在持久性有机污染物的迁移、传输和环境归趋中起着重要的作用，且易于通过水生生物富集进入食物链，导致对人体健康的危害，因此关注水生环境中持久性有机污染物对于认识环境污染状态、客观评价环境质量、确定生态风险和了解污染物全球循环具有重要意义。

3.1.1　污染水平与风险评价

1. 持久性有机污染物

持久性有机污染物具有疏水性、长距离迁移性和生物富集性，易于在环境中长期存在。水生环境是持久性有机污染物的巨大存储库，对水生生态系统的安全稳定和水生生物的健康乃至人体健康具有重要意义。

（1）有机氯农药（OCPs）

OCPs主要包括DDTs、六氯环己烷（hexachlorocyclohexanes，HCHs）、狄氏剂、艾氏剂、异狄氏剂、氯丹、七氯及毒杀芬等有机物，它们具有高效、低毒、成本低、杀虫广、使用方便等优点，被广泛应用于防治水稻、棉花、玉米、大豆、麦类等的部分害虫及卫生害虫。DDTs和HCHs作为最有代表性的OCPs，自20世纪40年代在农业上推广应用至60年代末，不论是产量方面还是用量方面，它们都占有绝对优势，几乎达到全球农药总产量的一半。到80年代在全球范围内被禁止或限制使用时，全球已经累计消费150多万t DDTs[2]及近910万t HCHs（不包括林丹的使用量[3]）。我国从20世纪50年代开始使用DDTs和HCHs等农药，60～80年代初，OCPs的生产和使用量一直占我国农药总量的一半以上。在这30多年中，我国累计生产HCHs约490多万t、DDTs40多万t，分别占全球生产总量的33%和20%[4]。在认识到OCPs给生态环境带来的许多不良后果之后，我国于1983年停止生产OCPs，并于1984年停止使用。然而这些OCPs在自然条件下很难降解，至今在我国环境中仍有残留。另一些资料则表明在我国部分地区近期仍有DDTs的输入[5-11]。珠江三角洲是广东省的主要经济区，农业在其经济中曾占据着相当重要的地位。据统计，1972～1982年，该地区用于控制病虫害的OCPs年使用量就高达(7.6×10^4)～(1.0×10^5) t。尽管珠江三角洲明文规定在1982年之后停止使用DDTs、毒杀芬、七氯等OCPs，但近几年一些相关科研结果表明，在珠江三角洲的地表水中都残留大量的OCPs。

由于OCPs具有疏水性，因此在水环境中可以以溶解态、悬浮颗粒态、胶体结合态等多种形式存在，而不同的研究目标和方法不同，因此研究结果存在一定的差异性[7]。整体而言，珠江三角洲地表水中OCPs浓度在小于检出限到390 $ng\cdot L^{-1}$之间波动（表3-1）。结果显示，水源水地区和西江流域水体中OCPs污染较小，而珠江干流、珠江口及其流溪河地区水体污染较为严重。例如，阳宇翔等采用固相萃取-气相色谱-质谱联用技术分析了珠海市平岗水源地和东莞市东江南支流水体中16种OCPs[12]，结果显示，这些有机污染物在水源水中均有检出，且DDTs和HCHs为主要污染物，约占总浓度的60%以上，*o, p′*-DDD和*o, p′*-DDT是DDTs的主要污染物，反映了水源水体中DDTs可能来源于三氯杀螨虫的使用。HCHs以ε-HCH为主，来源于林丹。通过物种敏感性分布模型预测了全部水生生物的生态风险，预测的风险程度依次为α-硫丹<β-硫丹<*p, p′*-DDT <*p, p′*-DDE <七氯< γ-HCH < HCB < α-HCH。Qiao等[13]于2008～2009年采集了珠江流域15个水源水样品，分析了20种OCPs，结果显示总浓度为2.42～39.5 $ng\cdot L^{-1}$，并且干季中OCPs浓度明显高于雨季，同时不同时期OCPs的组成差别较大，雨季时期以HCHs为最重要的组成，干季则以硫丹为最大的贡献者。作为珠江流域的上游，西江是横跨热带与亚热带的重要河流，由于径流量大，水质较好，因此研究发现溶解相和颗粒相中17种OCPs浓度为3.77～15.6 $ng\cdot L^{-1}$，均值为7.58 $ng\cdot L^{-1}$，水质符合国家Ⅰ类水标准，DDTs主要赋存在颗粒相中，且发生了厌氧性生物降解，HCHs主要来源于林丹的使用[14]。流溪河流域位于广州市西北部，是广州市最重要的水源保护区，供应广州市民60%的饮用水，随着流域内旅游业的开发、农业集约化生产和下游城市化的快速推进，流域的水源质量受到严重的威胁。汤嘉骏等利用固相萃取-气相色谱-质谱联用技术分析了该流域18个不同采样点处的溶解态OCPs浓度[15]，

结果发现了14种OCPs的浓度为216～390 ng·L^{-1}，均值为293 ng·L^{-1}，明显高于珠江流域其他水体中OCPs的污染水平（表3-1）。

表 3-1　珠江三角洲不同水体中 OCPs 的污染浓度

水体	采样年份	OCPs 种类 / 种	浓度 /(ng·L^{-1})	介质
白鹅潭[16]	2001	21	23.4 ～ 61.7	溶解相 + 颗粒相
澳门港[16]	2001	21	25.2 ～ 67.8	溶解相 + 颗粒相
粤桂水源地[12]	2015	16	6.6 ～ 34.2	溶解相
珠江水源地[13]	2008 ～ 2009	20	2.42 ～ 39.5	溶解相
西江[14]	2005 ～ 2006	17	3.77 ～ 15.6	溶解相 + 颗粒相
流溪河[15]	2013	14	216 ～ 390	溶解相
珠江干流[17]	2001	21	9.7 ～ 26.4（雨季）	溶解相 + 颗粒相
			41.7 ～ 1223（干季）	溶解相 + 颗粒相
虎门潮汐水道[18]	2001	21	9.7 ～ 26.3（雨季）	溶解相
			41.7 ～ 96.2（干季）	溶解相
珠江口[19]	2010	3	0 ～ 46.0（雨季）	溶解相 + 颗粒相
			0 ～ 145.0（干季）	溶解相 + 颗粒相
珠江八大入海口[20]	2005 ～ 2006	21	2.57 ～ 41.2	溶解相
珠江三角洲市区内支流[21]	2008 ～ 2009	20	6.6 ～ 57	溶解相

研究发现珠江主干流从上至下，以及南海区域水体中OCPs污染水平整体呈现逐渐减低的趋势（图3-1）。Luo等[16]采集了广州市白鹅潭与澳门港附近水域水柱样品，分析了17种OCPs，结果显示白鹅潭水柱OCPs浓度为23.4～61.7 ng·L^{-1}，均值为34.6 ng·L^{-1}，澳门港水柱中OCPs浓度为（25.2～67.8）ng·L^{-1}，均值为47.7 ng·L^{-1}，并且研究发现白鹅潭水体中*α*-HCH、*β*-HCH、艾氏剂等超过美国国家环境保护署（United States Environmental Protection Agency，EPA）的标准，澳门港水域中*p*, *p*′-DDT、*p*, *p*′-DDD、*p*, *p*′-DDE、七氯、艾氏剂、*α*-HCH皆超过EPA标准。我们系统地研究了珠江八大入海口水体中溶解相和颗粒相中OCPs的污染，2005年3月～2006年2月每月分别采集了珠江八大入海口水体样品，分析了21种OCPs，结果显示21种OCPs总浓度是2.57～41.2 ng·L^{-1}，均值是11.0 ng·L^{-1}；DDTs和HCHs是最主要的两类OCPs残留物，在大部分样品中均有检出，DDTs和HCHs的浓度分别为1.08～19.6 ng·L^{-1}和0.50～14.8 ng·L^{-1}，而均值分别为3.89 ng·L^{-1}和3.69 ng·L^{-1}[20]。杨清书等[17]研究了珠江口水体溶解相和颗粒相中OCPs的污染，结果发现雨季和干季OCPs的浓度分别为9.7～26.3 ng·L^{-1}和41.7～122.5 ng·L^{-1}。但珠江出口如伶仃洋和南海水体中OCPs的浓度远远低于这些研究数据。如罗孝俊[22]研究了伶仃洋水体中OCPs的浓度为0.92～4.8 ng·L^{-1}，并随着离河口距离的增大浓度降低，但未发现存在明显的季节性变化。Zhang等[23]研究了南海海水中DDTs和HCHs，结果发现水体中两类污染物的浓度分别为

97～1620 pg·L^{-1}和633～3760 pg·L^{-1}。因此珠江干流从广州市到南海，水体OCPs的浓度有向海逐渐降低的趋势，说明了河流输运是海洋OCPs等污染物的主要输入途径，每年径流将大量的人为的有机污染物输送到大洋中。

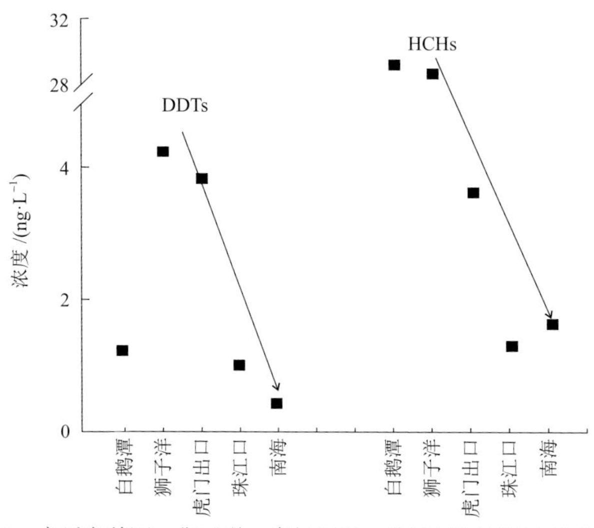

图 3-1 广州白鹅潭、狮子洋、虎门出口、珠江口和南海水体中的 DDTs 和 HCHs 浓度及其变化趋势

（2）多氯联苯（PCBs）

由于我国从20世纪70年代开始禁止PCBs的生产及销售，期间共生产 PCBs工业产品不到10 000 t，不到世界各国总量的0.6%[24]，再加上PCBs具有强烈的疏水性，不易于在水体中赋存，导致其较低的污染浓度，因此多数PCBs难以在常规的仪器上检测出来。部分研究亦发现了少量的PCBs残留，但这些污染水平远远低于发达国家。围绕珠江三角洲水体中PCBs污染研究主要集中于珠江干流及其连接的南海，聂湘平等[25]利用固相微萃取技术结合气相色谱电子捕获检测器（gas chromatography-electron capture detectors，GC-ECD）分析检测了珠江广州段水体中PCBs的污染，结果发现多个采样点处污染浓度无明显的空间差异性，可能是这一区域受到潮汐影响较大，延长了污染物在水体中滞留的时间，有利于污染物在局部区域扩散。我们研究了珠江八大入海口水体中20种PCBs的年变化规律，结果发现八大口门水体中20种PCBs的浓度是0.12～1.47ng·L^{-1}，均值是0.77 ng·L^{-1}。同时研究发现，相比较其他污染物，PCBs在八大口门处未表现出明显的时空差异性，只是8～10月水样的PCBs浓度值相对于其他时间的值略高，这说明了电子垃圾所带来的PCBs污染相对较小，该地区的PCBs污染主要来源于历史施用的残留[20]。Chen等[26]研究了珠江口伶仃洋水体中PCBs污染的季节性变化及其固液分配过程，结果发现溶解相和颗粒相中PCBs的浓度为18.0～7180 pg·L^{-1}和

21.3～41700 pg·L^{-1}，并且溶解相和颗粒相中PCBs浓度均呈现明显的季节性差异，雨季颗粒相中PCBs浓度远远高于溶解相浓度，反而干季，溶解相浓度要高于颗粒相浓度，这亦说明了河流径流是珠江口及其周边海洋环境中有机污染物的重要来源。

（3）多溴联苯醚（PBDEs）

PBDEs作为溴代阻燃剂替代PCBs，在我国的生产和使用与改革开放的时间几乎同步，因此PBDEs的污染可以潜在地反映当地社会经济发展[27]。珠江三角洲是我国社会经济发展最为快速的地区之一，再加上大量电子垃圾的非法倾卸，导致该区域污染极为严重[28]。由于PBDEs强烈的疏水性，赋存于水体中主要以颗粒态为主，在溶解相中难以检测，常常低于仪器检出限。因此针对水体中PBDEs的研究相对较少。

Yang等[29]研究了中山和东莞地区水源水中的PBDEs，结果发现两个地区水体中PBDEs总浓度分别1.57 ng·L^{-1}和7.87 ng·L^{-1}，但大部分目标物均低于检出限，仅能检测出二溴代和三溴代的PBDEs同系物。如图3-2所示，我们研究珠江八大入海口水体中PBDEs时发现，年均值变化为0.34～68.0 ng·L^{-1}，主要赋存在颗粒相中，且八大入海口呈现明显的时空分布差异性，主要表现为4月和10月水体中PBDEs的污染浓度较高，同时流经电子产业较为发达地区的口门，如虎门（流经广州、惠州和东莞）、横门（流经中山和佛山）及崖门（流经江门）水体中PBDEs浓度较高，由此可见当地的电子产业的发展对本地区水体中PBDEs污染具有重要的输入贡献[30, 31]。同时研究珠江口及其伶仃洋水体中PBDEs时亦发现，PBDEs主要赋存于颗粒相中，且这些污染物随着季节性变化而变化，其中5月（雨季）水体中浓度要明显低于10月（干季），河流径流是伶仃洋水体中PBDEs污染的重要因素，而溶解相有机碳控制着水体中PBDEs的赋存[32]。

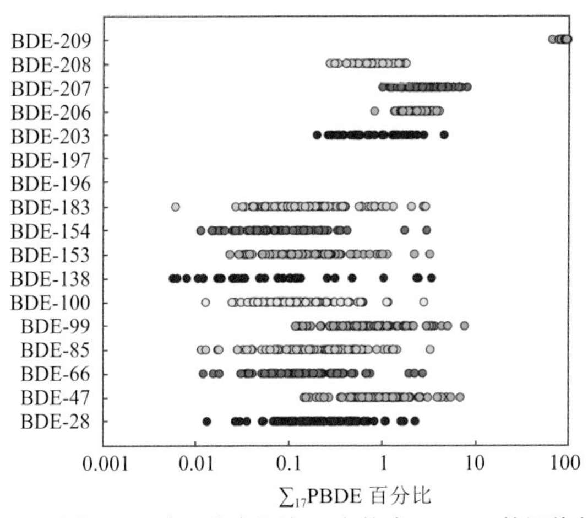

图 3-2　珠江八大入海口水体中 PBDEs 的污染特征

$\sum_{17}$PBDE 包括 BDE-28、BDE-47、BDE-66、BDE-85、BDE-99、BDE-100、BDE-138、BDE-153、BDE-154、BDE-183、BDE-196、BDE-197、BDE-203、BDE-206、BDE-207、BDE-1208、BDE-209

（4）其他持久性有机污染物

由于持久性有机污染物（POPs）水溶性差和分析方法检出限高等因素，关于水体中PCDDs和PCDFs的研究相对较少。刘艳霖系统地研究了珠江上游支流西江肇庆段水体中PCDDs和PCDFs的污染特征、垂直分布和分配过程。通过采集一年四季水体样品，利用同位素稀释法分析溶解相和颗粒相136种多氯代二苯并二噁英/呋喃（polychlorinated dibenzo-p-dioxins and furans，PCDDs/Fs），其在溶解相中浓度很低，介于1.57～8.01 $pg \cdot L^{-1}$，均值为3.69 $pg \cdot L^{-1}$，颗粒相中二噁英总浓度为569～4280 $pg \cdot g^{-1}$，均值浓度为2050 $pg \cdot L^{-1}$。溶解相和颗粒相中毒性当量（international toxic equivalence quantity，I-TEQ）分别为0.009～0.083 $pg \cdot L^{-1}$和1.12～10.8 $pg \cdot L^{-1}$。同时研究发现，雨季（2016年6月）时溶解相和颗粒相中二噁英浓度最高，而在干季（2005年12月）浓度最大，说明了雨季的污染较干季严重，其主要原因在于夏季城市地表径流的影响[33]。全氟辛烷磺酸（perfluorooctane sulfonate，PFOS）是最常见的全氟烷基酸类物质，于2009年被正式列入斯德哥尔摩受控POPs清单中，我国亦于2014年开始全面禁止生产和使用这一类POPs。珠江广州河段、东江等水体中PFOS的污染浓度介于0.52～11 $ng \cdot L^{-1}$，均值为3.36 $ng \cdot L^{-1}$，其中东江支流下游的采样点处PFOS污染浓度较大，最大值在这一区域发现[34]。氯化石蜡（chlorinated paraffins，CPs）是一组人工合成的正构烷烃氯代衍生物，其碳链长度为10～30个碳原子，氯含量通常在30%～72%，按照碳链长度不同，CPs可分为短链氯化石蜡（short chain chlorinated paraffins，SCCP）、中链氯化石蜡（medium chain chlorinated paraffins，MCCP）和长链氯化石蜡（long chain chlorinated paraffins，LCCP），2012年欧盟委员会发布法规（No 1342/2014），对欧盟POPs法规（No 850/2004）进行了修订，将SCCP认定为POPs，并加入到法规（EC）No 850/2004的禁用物质列表中。Sun等[35]研究了珠江流域典型电子拆卸区水体中SCCP，结果发现水体中SCCP总浓度为（61 ± 5.5）$ng \cdot L^{-1}$，主要含有短链和低氯代污染物。

2. 环境分子标志物

（1）多环芳烃（PAHs）

尽管PAHs是一类具有明显“三致”作用（致癌、致畸、致突变）的物质，亦有一些研究者把这些不饱和芳香烃视为POPs的一类。然而，它们的来源极为广泛，通常可以通过它们的组成特征确定污染来源，因此可以看作一类典型的环境分子标志物。

PAHs是指含有一个或一个以上苯环的芳香化合物，人为来源包括矿物燃料如煤石油天然气、木材纸或其他含碳氢化合物的不完全燃烧和还原气氛下的热解；自然源包括火山活动成岩作用等。由于它对人体具有“三致”作用而受到人们关注。并且它还具有难降解性和生物富集性，因此一旦进入环境很难消除。珠江流域是我国七大水域之一，在其流域内有工业化程度相当高的深圳、广州等城市，人类活动频繁，因此该流域环境受PAHs影响大。珠江三角洲水网发达，西面西江，东面有东江、北江、流溪河等河流，东西水系又汇合于珠江，流经众多河口后最终注入南海。如此众多的水系加之地区发达程度不同，因此珠江三角洲不同河流PAHs污染水平存在较大差异。概括来说，水源水地区、东江、西江、流溪河、珠江上游的广州河段、珠江三角洲市区的小支流水体中PAHs污染较小或中等，流经工业化、城市化较高地区或航运发达地区的水体污染较高，如珠江广州段、白鹅潭、澳门港，珠江口水体由于海水的稀释总体污染中等，但部分水道污染较严重，如虎门，具体见表3-2。刘珩等[36]采用了固相萃取-气相色谱-质谱联用技术研究了珠江部分水源地水体溶解相中PAHs浓度，结果显示其浓度为ND～12.9 ng·L^{-1}。An等[37]研究了珠江流域城市水源地水样品中PAHs，结果显示其总浓度为45.4～3770 ng·L^{-1}。Deng等[38]研究了西江水体PAHs浓度变化，发现PAHs的总浓度为21.7～138 ng·L^{-1}。李斌等[39]研究流溪河流域PAHs浓度变化，结果发现水体中PAHs浓度为108～672 ng·L^{-1}。李海燕等[40]研究了东江东莞河段水体、珠江广州河段水体PAHs浓度变化，发现两者浓度分别为19.7～140 ng·L^{-1}和34.9～129 ng·L^{-1}。Sun等[21]研究了珠江三角洲市区支流（珠江和东江的支流）中水体PAHs污染水平，发现水体中污染物浓度为2.0～48 ng·L^{-1}。Zhang等[41]研究了珠江三角洲上游和内河流PAHs含量，结果显示$\sum_{27}$PAH①、$\sum_{15}$PAH（16种优先控制PAHs除去萘）、$\sum_{7}$PAH（7种致癌PAHs）浓度分别为（260±410）ng·L^{-1}、（130±310）ng·L^{-1}、（15±12）ng·L^{-1}。押淼磊等[42]研究了珠江下游至伶仃洋水体，发现水体中污染物浓度为17.5～168 ng·L^{-1}，且PAHs浓度自下游至伶仃洋有波动降低的趋势。Luo等[16]研究了珠江广州段内的白鹅潭水柱和澳门港水柱，发现前者污染物浓度为987～2880ng·L^{-1}，后者为1850～8730 ng·L^{-1}。吴兴让等[43]研究了珠江广州段水体中微表层和次表层，结果发现水体中PAHs浓度为939～2770 ng·L^{-1}。杨清书等[44]在2001年采集了虎门潮汐水道河口水样，结果发现水体PAHs浓度为786～34338 ng·L^{-1}。Liu等于2011年1月～2011年12月采集了虎门水道水柱水样，结果显示PAHs浓度为393～1206 ng·L^{-1}，Liu等[45]采集了2011年8月潮汐期间虎门河口水柱水样，结果发现PAHs浓度为629～2019 ng·L^{-1}。我们研究了珠江八大入海口的水体，结果发现PAHs浓度为55.5～522 ng·L^{-1}。Li等[46]在研究珠江口水体中优先控制PAHs时发现其总浓度为31.9～39.9 ng·L^{-1}，罗孝俊等[47]于2002年7月（雨季）和2003年4月（干季）采集了珠

① $\sum_{27}$PAH：包括联苯、1-甲基萘、2-甲基萘、2, 6-二甲基萘、2, 3, 5-三甲基萘、苊、苊烯、菲、1-甲基菲、2-甲基菲、2, 6-二甲基菲、芴、11氢苯并[*b*]芴、蒽、荧蒽、苯并[*a*]蒽、苯并[*b*]荧蒽、苯并[*k*]荧蒽、9, 10-二苯基蒽、二苯并[*a*, *h*]蒽、芘、苯并[*e*]芘、苯并[*a*]芘、茚并[1, 2, 3-*cd*]芘、䓛、苝、苯并[*g*, *h*, *j*]苝。

江口及近表层水体，结果表明PAHs浓度为15.5～212 ng·L^{-1}。因此整个珠江三角洲PAHs浓度为ND～34338 ng·L^{-1}，总体而言，珠江三角洲地表水污染中等，其中最小值出现在水源地，最大值出现在虎门。

表 3-2 珠江三角洲不同水体中 PAHs 的污染浓度

水体	采样年份	PAHs 种类 / 种	浓度 /(ng·L^{-1})	介质
珠江水源地 [36]	2014	16	ND ～ 12.9	溶解相
珠江三角洲水源地 [37]	2008 ～ 2009	15	45.4 ～ 3770（雨季）	溶解相 + 颗粒相
			56.7 ～ 183（干季）	溶解相 + 颗粒相
西江 [38]	2016	15	21.7 ～ 138	溶解相
流溪河 [39]	2014	16	108 ～ 672	溶解相
东江东莞河段 [40]	2011	15	19.7 ～ 140	溶解相 + 颗粒相
珠江广州河段 [40]	2011	15	34.9 ～ 129	溶解相 + 颗粒相
珠江上游及内河 [41]	2008 ～ 2010	27	260	溶解相 + 颗粒相
珠江三角洲市区内支流 [21]	2008 ～ 2009	15	13.0 ～ 48（雨季）	溶解相
			2.0 ～ 47（干季）	溶解相
白鹅潭 [16]	2001	16	987 ～ 2880	溶解相 + 颗粒相
澳门港 [16]	2001	16	1850 ～ 8730	溶解相 + 颗粒相
珠江广州段 [43]	2009	16	939 ～ 2770	溶解相 + 颗粒相
珠江下游至伶仃洋 [42]	2008	16	17.5 ～ 168	溶解相 + 颗粒相
虎门潮汐水道 [44]	2004	102	786 ～ 2098（雨季）	溶解相 + 颗粒相
			11360 ～ 34338（干季）	溶解相 + 颗粒相
虎门潮汐水道 [45]	2011	62	849 ～ 1370（雨季）	溶解相 + 颗粒相
			629 ～ 2019（干季）	溶解相 + 颗粒相
珠江八大入海口 [49]	2005 ～ 2006	27	55.5 ～ 522	溶解相 + 颗粒相
珠江口 [46]	2010	16	31.9 ～ 39.9	溶解相 + 颗粒相
珠江口 [47]	2002 ～ 2003	15	15.5 ～ 54.9（雨季）	溶解相 + 颗粒相
			19.9 ～ 212（干季）	溶解相 + 颗粒相

注：ND 为 non-detected 缩写，意为未检出

围绕珠江三角洲水体中PAHs的生态风险评价研究，不同学者采用了不同的模型对水生生物或人体的健康暴露风险进行了评价。李斌等[39]研究了流溪河的生态风险，通过构建8种常见PAHs对淡水生物的物种敏感性分布曲线，计算出8种PAHs对不同淡水生物的5%危害浓度（HC_5）及其预测无效应浓度，结果得出8种PAHs对所有物种的生态风险大小依次为苯并[*a*]芘>蒽>荧蒽>菲>萘>芘>芴>苊；8种PAHs对无脊椎动物的毒性与生态风险明显高于脊椎动物，且这种毒性主要来自苯并[*a*]芘。张荧等[48]研究了西江水体的健康风险，结果发现区域地表水中具有致癌性多环芳烃的健康危害风险度远大于非致癌多环芳烃所致的风险度，但均未超过国际辐射防护委员会（International Commission on Radiation Protection,

ICRP）推荐的最大可接受限值$5.0\times10^{-5}\ a^{-1}$，其中苯并[*a*]蒽为致癌类PAHs中年平均风险最大的污染物。因此珠江三角洲水体整体上对人体的健康风险较小，但对于苯并[*a*]蒽的风险应加以重视。Sun等[21]在珠江三角洲内小河流中PAHs的风险评价中发现，5种PAHs的总非致癌风险值远低于1，因此对人体没有致癌风险，致癌风险用人接触界限值（margin of expore，MOE）评价，结果所有站点PAHs的MOE值均大于10 000，表示几乎没有致癌效果。刘珩[36]在研究珠江部分水源地风险评价时发现，9种PAHs危害指数（hazardous index，HI）为：茚并[1, 2, 3-*cd*]芘>二苯并[*a*, *h*]蒽>苯并[*a*]蒽>苯并[*a*]芘>苊烯>蒽>菲>芘>芴，表明该水域茚并[1, 2, 3-*cd*]芘是HI贡献最高的污染物，应为此水域优先控制污染物。就整体来看，珠江部分水源地流域污染物风险较低。

PAHs浓度分布存在季节性差异，受多种因素影响。李海燕等[40]研究东江、珠江水体时发现干季PAHs总浓度高于雨季，这是由干季水气交换比雨季更加频繁，雨季温度高导致PAHs光降解强烈，颗粒物输入来源不同造成的。Deng等[38]发现西江雨季溶解相浓度超过平季的1～3倍，这与大气湿沉降增加、水体的悬浮颗粒物含量、温度有关。杨清书等[44]于2001年研究虎门水道水体时发现，PAHs干季浓度为11360～34338 $ng\cdot L^{-1}$，雨季浓度为786～2098 $ng\cdot L^{-1}$，干季比雨季高出1个数量级，雨季含量低的主要原因是雨季的径流冲淡作用。Liu等[45]在研究虎门潮汐期间水体PAHs时发现，涨潮期间浓度为849～1370 $ng\cdot L^{-1}$，退潮期间浓度为629～2019 $ng\cdot L^{-1}$，退潮期间浓度明显高于涨潮，这表明虎门水道向伶仃洋传输了来自珠江三角洲的污染物。我们研究珠江八大入海口水体时发现，总体上，干季有机污染物浓度大于雨季，这是因为雨季河流径流增多，对有机污染物有稀释作用，没有明显的季节差异。但雨季时颗粒物所占总浓度比例为32%，高于干季的20%，这表明大气沉降对颗粒相有机污染物传输有重要作用[49]。罗孝俊等[47]研究了珠江口及近表层水体的季节性差异，结果表明，干季浓度大于雨季，并且干季时溶解相浓度显著升高，这与河流径流、悬浮颗粒物含量及光降解程度有关。

（2）直链烷基苯（LABs）

LABs可以看作含有10～14个碳的正烷烃碳链上一个氢原子被苯基取代的烷烃衍生物，苯基取代位置的不同构成一系列同系物，统称LABs，主要用于工业合成直链烷基苯磺酸盐（linear alkylbenzene solfonate，LAS）——自1960年以后广泛使用的阴离子洗涤剂的主要成分。由于在合成过程中LAS型洗涤剂会有少量的LABs残留[50]，因此，LABs会随着该型洗涤剂的使用及随后的处置而进入水环境。环境中LABs的另一个来源是LAS型洗涤剂合成工厂排出的废水。通常，有机污染物的环境行为可以应用某种和其理化性质类似的化合物来示踪，即所谓的分子标志物技术或分子指纹技术。鉴于此，LABs可以用作指示来源于民用污水的污染物质的环境分子标志物[51-53]。由于LABs的强憎水性，该类物质主要和颗粒物结合在一起，因此，LABs也常被作为指示工具来研究市政管道排出水体中颗粒物或其他憎水性有机污染物的来源及其随后的传输过程。

我们研究了珠江三角洲八大入海口的样品中水相和颗粒相∑LAB浓度总和[定义为：∑LAB(*D*+*P*)]。∑LAB(*D*+*P*)在同一采样点的月度变化相当明显[54]。八大入海口（虎门、蕉门、洪奇沥门、横门、磨刀门、鸡啼门、虎跳门和崖门）的∑LAB(*D*+*P*)年均值分别为44 $ng \cdot L^{-1}$、91 $ng \cdot L^{-1}$、19 $ng \cdot L^{-1}$、41 $ng \cdot L^{-1}$、46 $ng \cdot L^{-1}$、71 $ng \cdot L^{-1}$、81 $ng \cdot L^{-1}$和96 $ng \cdot L^{-1}$。整体上来自西四门（磨刀门、鸡啼门、虎跳门和崖门）的样品中∑LAB(*D*+*P*)大于东四门（虎门、蕉门、洪奇沥门、横门）相应结果，次序为崖门>蕉门>虎跳门>鸡啼门>磨刀门>横门>虎门>洪奇沥门。虽然位于东四门和西四门的人口数量很接近（西四门：1485万人；东四门：1586万人），但西四门主要是农村地区，这些地区生活污水大多未经处理而直接排放进入流经河流。另外，东四门上游水道主要流经城市，如广州、惠州、东莞等，这些地区都建有若干污水处理厂用以对民用污水进行处理。

（3）正构烷烃

珠江三角洲八大入海口水体中20种正构烷烃[从nC_{15}～nC_{34}，记作$\sum(C_{15}$～$C_{34})$]在水相中浓度为0.06～2.97 $\mu g \cdot L^{-1}$，平均浓度为0.64 $\mu g \cdot L^{-1}$；颗粒物中$\sum(C_{15}$～$C_{34})$浓度为1.00～98.8 $\mu g \cdot g^{-1}$，平均浓度为19.8 $\mu g \cdot g^{-1}$[55]。如果把颗粒物中$\sum(C_{15}$～$C_{34})$浓度单位转化为$\mu g \cdot L^{-1}$，水体中$\sum(C_{15}$～$C_{34})$浓度（水相加上颗粒物）为0.16～16.2 $\mu g \cdot L^{-1}$，平均浓度为1.47 $\mu g \cdot L^{-1}$。然而83%以上的样品浓度低于2 $\mu g \cdot L^{-1}$。虎门7月和8月的样品浓度高于6 $\mu g \cdot L^{-1}$。与世界上其他水体中正构烷烃的浓度相比较，要高于喀拉海（Kara Sea）海湾[56]和法国的罗讷河（Rhône River）；与中国的长江相当[57]，但是低于中国的黄河[57]。由此可见，珠江三角洲八大入海口水体受到正构烷烃的污染处于中等水平。通过双因子分析，空间（八大入海口）和时间（12个月）上没有差异性，这也就说明这八大入海口受到相似的正构烷烃污染，而且在一年内各个月份中八大入海口受到的污染程度没有差别。

水相和颗粒物中单个正构烷烃浓度相对于总$\sum(C_{15}$～$C_{34})$浓度的分布可以体现出正构烷烃的结构特征。珠江三角洲八大入海口水体中正构烷烃以低分子量(nC_{15}～nC_{18})为主，89%的水相样品最大量的碳原子为nC_{15}～nC_{18}。而颗粒物中以低碳正构烷烃(nC_{15}～nC_{18})和高碳原子端(nC_{29}～nC_{31})为主，其中51%的颗粒物样品中正构烷烃主要是nC_{15}～nC_{18}占最大量，而49%的样品中正构烷烃以nC_{29}～nC_{31}为最大量。从整体上看，水相中正构烷烃主要分布在低碳原子端，同时高碳原子端正构烷烃呈现一个鼓包状特点（无奇偶特征），而颗粒物中正构烷烃在低碳原子端有一个鼓包，在高碳原子端呈现一个奇偶特征状。

从溶解相浓度与颗粒相浓度的比值（*D*/*P*）可以看出正构烷烃在珠江八大入海口水体中的分配特征。如果*D*/*P*值大于1，说明珠江三角洲水体中正构烷烃主要以溶解态被输送到南海，而这个比值小于1说明该区域正构烷烃主要伴随颗粒物被输送到南海。同时用这个比值也可以粗略地判断正构烷烃以后的归趋，因为伴随颗粒物会更容易沉积到海洋底部，而以溶解态输送到海洋中更容易被海洋植物和动物吸附到体内，或者通过水动力学作用被传输到外海。珠江三角洲八大入海口中正构烷烃的*D*/*P*值大多数低于1，但是均值为1.4，说明正构烷烃在绝大部分时间主要伴随颗粒物被输送出去，而偶尔的一次输入主要以溶解态形式。同时在枯水期（10～3月）样品*D*/*P*值主要大于1，而在丰水期（4～9月）样品*D*/*P*值主要小于1，主要原因是丰水期颗粒物浓度要高于枯水期。同时在枯水期可能更多的正构烷烃可以通过水气交换进入水体，因此溶解相浓度会增加；在丰水期大气湿沉降和土壤侵蚀起主要作用，这期间更多的正构烷烃以颗粒物形式被转移到水体中。

（4）苯并噻唑类化合物（BTs）

BTs是一类在工业上用途广泛的重要的化学物质[58]。该类物质中有一大部分被作为添加剂用于橡胶工业以加速橡胶的硫化过程，如2-吗啉基硫代苯并噻唑（2-morpholinothiobenzothiazole），橡胶制品中添加量超过总量的1%[59]。在众多的BTs系列物质中，苯并噻唑（benzothiazole，BT）和2-(4-吗啉基)苯并噻唑(24MoBT)主要来源于橡胶和沥青[60]。因为该类物质具有防腐功能，BTs也常作为防冻剂和冷却液的添加剂使用[59]。此外，该类物质还有很多其他的用途，比如在造纸工业中，各种二位取代的BT也被用来作为杀黏菌剂[61]，也可用作医药中抗癌制剂的组成部分[60]和摄影师的光敏剂[62]。BT在某些酒类中也有检出[58]。除此之外，二苯噻吩（dibenzothiophene，DBT）和苯并噻吩（thianaphthene，TN）也可以从柴油机燃料和机油中流出[63-65]，而苯并菲（triphenylene，TP)虽不属于苯并噻唑系列，但也是从轮胎磨损颗粒中发现的[66]，因此BTs系列化合物通常作为环境分子标志物示踪汽车相关的污染。

我们研究珠江三角洲八大入海口河流水体（溶解态+悬浮颗粒物）中6种苯并噻唑的总浓度分别是213（虎门）～606 $ng\cdot L^{-1}$（鸡啼门）和255（横门）～611 $ng\cdot L^{-1}$（蕉门）[67]。在所有的样品中，BT是其主要成分，平均浓度范围是：水相158 (虎门)～473 $ng\cdot L^{-1}$（鸡啼门）；颗粒相148（磨刀门）～300 $ng\cdot g^{-1}$（洪奇沥门）。MBT、DBT、24MoBT和TP在颗粒物中的相对丰度（变化范围从横门24MoBT占总量的2%到蕉门TP占45%）整体上大于它们在水相中的相对丰度，实际上，在水相中的BT相对丰度远大于在颗粒相的相对丰度。每种具体目标物质在两相之间分配的巨大差异的根源是其不同的憎水性。TN、BT、MBT、DBT、24MoBT和TP在溶解相和颗粒相总浓度均值分别是：1.35 $ng\cdot L^{-1}$、24.1 $ng\cdot L^{-1}$，162 $ng\cdot L^{-1}$、476 $ng\cdot L^{-1}$，24.3 $ng\cdot L^{-1}$、87.4 $ng\cdot L^{-1}$，1.51 $ng\cdot L^{-1}$、4.79 $ng\cdot L^{-1}$，<0.40 $ng\cdot L^{-1}$、0.76 $ng\cdot L^{-1}$和1.86 $ng\cdot L^{-1}$、30.2 $ng\cdot L^{-1}$。其中BT是其最主要部分（平

均浓度254 ng·L^{-1}），占6种苯并噻唑物质总浓度的82%，其次是MBT(13%)和TN(2.5%)。余下的3种目标物（DBT、24MoBT和TP）所占相对比例都小于2%。比较发现，珠江三角洲河流水体中BT、MBT、DBT和24MoBT的浓度略低于该类物质在美国加利福尼亚白洛娜河（Ballona Creek）在1997年暴雨期间的浓度[68]。珠江三角洲河流中BT和MBT浓度也低于德国柏林和中国北京污水处理厂出水中的浓度[59]。这种浓度差异可以归功于该类物质的生物降解、光降解[68, 69]或河水径流的稀释作用。

值得注意的是，24MoBT在大多数样品中明确检出，曾经有研究指出，由于2-吗啉基硫代苯并噻唑（其中杂有24MoBT）的毒性，其作为橡胶添加剂的生产和使用逐渐减少[48]，因而环境中介质的24MoBT的排放也迅速减少，然而，我们的研究数据清楚地显示，珠江三角洲水环境中该物质仍然存在。这可能是历史的残留，如过去的废旧轮胎堆积而进入环境，否则就说明传统的橡胶硫化加速剂2-吗啉基硫代苯并噻唑仍在珠江三角洲轮胎中使用。尽管样品中的24MoBT平均浓度很小，只有0.52 ng·L^{-1}，远小于10年以前文献中报道的浓度水平[50]，但是通过比较色谱峰仍可以很确定地判断该物质的存在。在不同的采样点取得的样品中，目标化合物的浓度变化很明显，这可能与当地众多的橡胶制品生产企业有关，但不幸的是，因为橡胶产品的组成及其添加剂的成分比是商业秘密，因而无法得到需要的相关信息，目前也无法对这种橡胶产业与环境中BTs类物质关联性做进一步的讨论。

尽管除了汽车轮胎，BTs类物质还有其他来源，但是该类物质的最大部分仍然是被作为添加剂在橡胶工业中频繁使用。基于这一点，对珠江三角洲来源于汽车轮胎的该类物质的排放做估算是必要的。经过统计，可以观察到人均废旧轮胎24MoBT排放量和人均GDP之间存在良好的线性关系（图3-3），当然，这个关系实际上是废旧轮胎的人均产生量和人均GDP之间关系的反映（GDP数据来自文献[70]）。但是这种关系的获得有利于将环境调查数据和宏观社会经济水平相联系，探索两者之间的内在关系。这种线性关系的存在表明，某个具体地区的废旧轮胎排放的24MoBT可以用来指示该地区的经济发展规模，因此，某个地区的GDP数据可以用该地区来源于废旧轮胎的24MoBT排放量来粗略估算：

$$F_{24\text{MoBT}} = 1.90 + 0.62\ \text{GDP}\ (r^2 = 0.98) \tag{3-1}$$

其中，$F_{24\text{MoBT}}$和GDP为人均数据。发展中国家快速经济增长和城市化进程的加快使得机动车辆数目激增。2000年亚洲注册机动车辆大约占全球总量的9%，但这个数字仍在继续增长，2018年我国机动车保有量已达到3.2亿辆，随着亚洲各国社会经济的快速增加，源于轮胎的BTs类物质污染会越来越严重。除此之外，由于汽车轮胎还含有其他的污染物质，如多环芳烃、重金属等[71]，因此，在未来一段时期内，亚洲汽车轮胎对环境的潜在危害亦不容忽视。

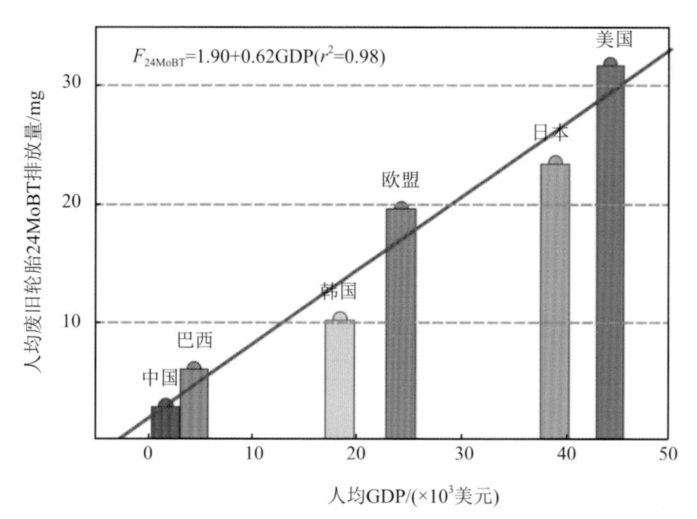

图 3-3　人均 GDP 与人均废旧轮胎 24MoBT 排放量的关系[70]

（5）甾醇

甾醇包括粪醇（coprostanol，COP）、异构粪醇（epicoprostanol，ECOP）、*β*-胆甾烷酮（*β*-cholestanone，bONE）、胆固醇（cholesterol，CHOE）、二氢胆固醇（Cholestanol，CHOA）、*α*-胆甾烷酮（*α*-cholestanone，aONE）、豆甾醇（stigmasterol，STIG）、豆甾烷醇（stigmastanol，STAN）等8种化合物。我们研究珠江三角洲八大入海口水体中8种甾醇（定义为$\sum_8$steroid）在水相和颗粒物中的浓度分别是16.7～1343 ng·L^{-1}和0.44～240 μg·g^{-1}，平均浓度分别是164 ng·L^{-1}和31.0 μg·g^{-1}，如果把颗粒物中的$\sum_8$steroid浓度单位转化成ng·L^{-1}，那么$\sum_8$steroid在珠江八大入海口水体中的浓度是199～4046 ng·L^{-1}，均值为1121 ng·L^{-1}[72]。

在水相中，以CHOE和STIG的浓度最高，分别为(79±78) ng·L^{-1}和(46±49) ng·L^{-1}，而71%的水相中COP浓度低于RL值，均值为(1.9±4.4) ng·L^{-1}；而大于78%的水相中ECOP、CHOA、bONE、aONE和STAN的浓度都低于RL（表6-1）。在颗粒物中，以CHOE、STIG和COP为主，所有的颗粒物样品都检测出CHOE和COP，93%的样品中检测到STIG，它们的浓度分别为(14.7±14.6) μg·g^{-1}、(8.4±8.5) μg·g^{-1}和(3.1±5.0) μg·g^{-1}；多于一半的样品中检测到ECOP、bONE、aONE和CHOA；然而，83个颗粒物样品中STAN的浓度低于RL值。由于甾醇的疏水性（CHOE的lg K_{ow}值大约为7.28[73]），所以甾醇更倾向于吸附在颗粒物中，因此珠江八大入海口水体中(83±15)%的$\sum_8$steroid和(97±7)%的COP都吸附在颗粒物中。

与其他水体相比较，珠江八大入海口水体中COP浓度是圣安娜河（Santa Ana River）下游水体中COP浓度（ND～26 ng·L^{-1}）的3～4倍[74]，也明显高于威尔逊河（Wilson River）上游水体[75]和一些北美表面水体中的浓度[76]，和越南一些河流相似[73]，低于意大利北部[77]、马来西亚西部[73]和瑞士[78]一些水体中的浓度，明显低于一些都市污水[73, 79, 80]和集水池[75]水体中COP浓度1～3数量级。因此，可以看出珠江八大入海口水体中COP的浓度污染位于世界水体COP浓度的中间范围。

一个的独立t检验（$p < 0.01$）显示，$\sum_8$steroid、CHOE和COP浓度在12个月之间没有差异性，然而，STIG在丰水期[(390±329) ng·L^{-1}]的浓度要明显地高于枯水期[(256±156) ng·L^{-1}]；相反，$\sum_8$steroid、COP、CHOE的浓度在空间上存在差异性，$\sum_8$steroid、COP和CHOE在东四门的浓度[分别为(1251± 657) ng·L^{-1}、(111±104) ng·L^{-1}和(540±308) ng·L^{-1}]要高于西四门[分别为(990±427) ng·L^{-1}、(60.8±79.3) ng·L^{-1}、(475±224) ng·L^{-1}]，而STIG却在八大入海口水体中没有差异性。这主要是与研究区域复杂的气候特征、社会经济状况及甾醇的来源有关。首先，珠江三角洲是典型的亚热带季风气候，年均降雨量在1200～2200 mm，而90%以上的降雨发生在丰水期；其次，珠江三角洲东部的经济发展和人口密度要明显高于西部地区，如2005年广州市和东莞市的地区生产总值是5200亿元和2200亿元，而江门市和肇庆市的地区生产总值仅为805亿元和450亿万元，广州市和东莞市的人口密度分别为1277人·km^{-2}和2662人·km^{-2}，而江门市和肇庆市的人口密度分别为430人·km^{-2}和247人·km^{-2}；同时STIG主要来源于植物体，而CHOE和COP主要来源于人类和动物。由于春季和夏季水资源和光照充足，珠江三角洲的作物生长主要集中在这两个季节，因此在丰水期期间，珠江八大入海口水体中STIG的浓度要比枯水期高，然而，主要来源于人类或者动物粪便的COP和CHOE在丰水期由于降雨作用，可以增加土壤侵蚀和生活废水的量，在增加河流径流量的情况下，浓度没有明显的变化；但是对于人口密度相对较大的东四门，排放出来的生活污染要高于西四门，因此COP和CHOE在东四门中的浓度也相应地高于西四门。

3.1.2 水体有机污染物的主要组成特征及其来源分析

1. 有机污染物在水体与颗粒物间的分配特征

污染物在两相分布和组成上，受多种因素影响。如An等[37]的研究发现污染物总浓度与颗粒态有机碳含量（particulate organic carbon，POC）有关，与溶解性有机碳（dissolved organic carbon，DOC）无关。Deng等[38]发现西江水体中溶解相对总浓度贡献更大。溶解相中主要是3环，而颗粒相中主要是3环和4环。污染物的两相分配系数与正辛醇-水分配系数存在良好的线性关系。李海燕等[40]研究东江和珠江水体发现颗粒相对总浓度贡献更大，溶解相和颗粒相中均以3～4环为主。两水体颗粒相浓度均与POC呈正相关，溶解相浓度与DOC呈正相关。研究还发现叶绿素a对颗粒相浓度有影响，因为植物可以将低环吸收至颗粒物中。

通过研究PAHs的原位K_{oc}发现，此区域PAHs仍从水相向颗粒相迁移。押淼磊等[42]在研究珠江下游的伶仃洋水体时发现PAHs组成及两相分配的变化主要受控于输入特征、悬浮颗粒物和黑炭吸附及盐析效应等环境因子。荧蒽和芘的分配系数K_p自珠江下游至伶仃洋的逐渐下降也说明了海水的稀释显著降低了悬浮颗粒物对PAHs的吸附。Luo等[16]的研究发现白鹅潭水柱中颗粒相对总浓度贡献更大，并且颗粒相有机污染物浓度大致随水深增加而增加，颗粒相主要成分是2～3环，溶解相主要成分是2～4环，水柱的组成结构表明沉积物是水体PAHs的主要来源，尤其是高环。罗孝俊等也对澳门港水柱做了分析，发现溶解相对总浓度贡献更大，水柱中2环为主要组成，其次是3环，有机污染物的颗粒相浓度在0.6 m高至底层水柱大于上部水，由于上部水主要来自上游西江径流，较低层水来自伶仃洋海水，因此可以判定河流径流不是澳门港水柱的主要污染源，伶仃洋海水是澳门港水柱PAHs的主要输入源。杨清书等[81]也研究了澳门港水柱，结果发现，悬浮颗粒物中有机污染物的质量浓度自水柱表层至底部逐步减小，PAHs的lg K_p也自上至下呈递减趋势，说明颗粒物主要以沉降作用和水平迁移过程为主；水柱下层样品中PAHs的lg K_p值异常升高、水柱下层水体的悬浮物质量浓度较高与下层水体细悬浮颗粒物含量增加有关。吴兴让等[43]的研究发现珠江广州段水体溶解相对总浓度贡献更大。颗粒相中有机污染物浓度和溶解相中有机污染物浓度分别与颗粒物浓度和溶解性有机碳存在相关关系。两相都以2～3环为主要成分，但溶解相中2～3环比例更高，这与PAHs的K_{ow}值有关。Liu等[45]的研究发现虎门涨潮时溶解相浓度占总浓度的27.2%，颗粒相占72.8%。退潮时溶解相浓度占总浓度的43.8%，颗粒相占56.2%。颗粒相浓度显然对总浓度贡献更大，特别是涨潮期间。垂直分布上，在不同潮汐期间分布模式有所不同，退潮时，PAHs总浓度总体上从表层至0.6 m水层逐渐降低，在0.6 m水层至底层又逐渐增加。涨潮时PAHs总浓度从表层至0.8 m水层逐渐增加，在0.8 m水层至底层又逐渐减少。这种差异与盐度、总悬浮颗粒物（total suspended solid，TSS）、颗粒物大小和PAHs来源有关。组成上，颗粒相和溶解相中都是以2环和3环为主。Wang等[82]的研究发现虎门水道水柱中各相态PAHs所占比例中，颗粒相占50.5%，小颗粒相占15.1%，溶解相占34.4%，大颗粒相对总浓度贡献最大，总浓度与SPM有关。水柱垂直浓度随着水深增加而升高，最大值出现在近底层水层，这是由大颗粒物的快速沉降和沉积物的再悬浮造成的。我们研究[83]发现珠江八大入海口水体中溶解相浓度占73.7%，颗粒相占26.3%，溶解相对总浓度贡献更大。溶解相中主要为2环和3环，颗粒相中4环占主导。颗粒相中有机污染物浓度与广州月降雨量一致，并且雨季时颗粒物所占总浓度比例为32%，高于干季的20%，这表明大气沉降对颗粒相有机污染物传输有重要作用。罗孝俊等[47]研究发现珠江口及近表层水体中溶解相对总浓度贡献更大，且干季表现更加明显，水体中以3环PAHs为主，伶仃洋内样品相对珠江口外样品更富集5～6环PAHs，雨季样品较干季样品更富集3环PAHs，颗粒物的来源和组成是造成这种差别的主要原因。K_p与颗粒有机碳含量、水体盐度呈正相关，与悬浮颗粒物含量呈负相关。有机碳归一化分配系数（lg K_{oc}）与正辛醇-水分配系数（lg K_{ow}）间存在明显的线性关系，但高于线性自由能关系模拟值。因此整体上珠江三角洲分布分配组成受大气沉降、污染物来源、颗粒有机碳含量、叶绿素a含量、悬浮颗粒物含量、悬浮颗粒物粒径等多种因素影响，组成上以低环为主。

与PAHs相似，水体中OCPs在水体中的赋存形态与多种因素有关。我们研究珠江八大入海口水体中OCPs时发现，溶解相的浓度占整个HCHs浓度的85%以上；而DDTs主要吸附在悬浮颗粒物上，其在颗粒物中的浓度值占总的DDTs浓度的67%左右。通过计算K_{oc}发现，DDTs的lg K_{oc}值远大于HCHs的值，表明了DDTs强的颗粒吸附倾向，同时计算获得的K_{oc}值低于理论计算值，反映了珠江水体在流经八大入海口时，水体中DDTs、HCHs等有机污染物主要吸附在颗粒物上，并未达到溶解平衡状态[20]。

2. 水体中多环芳烃的组成与来源

污染物的源解析也是污染物研究的重要内容。PAHs的源解析方法包括特征化合物法、特征比值法、主成分分析法（principal component analysis，PCA）、多元回归分析法、特征受体模型等方法。其中应用比较广泛的是特征比值法、主成分分析法、多元回归分析法[84]。特征比值法根据化合物的相对比例来定性确定污染源，主成分分析法根据PAHs在不同因子的载荷对来源进行辨析，还可以对各个因子的贡献定量。Luo等[16]利用特征比值法得出澳门港水柱中的PAHs主要来源于化石燃料的燃烧及石油的输入，白鹅潭水柱主要来源于化石燃料和煤的燃烧。押淼磊等[42]利用多元回归分析法得出珠江下游至伶仃洋水体中约80%的PAHs来自煤、木炭燃烧及机动车排放。金海燕等[85]利用特征比值法得出伶仃洋海区PAHs主要来源于高温裂解源，且主要是煤的燃烧。香港岛周围海区PAHs主要来源于石油的燃烧。与法国塞纳河及长江口等河口相比，珠江口水体中苯丙氨酸的含量较高，表明珠江三角洲存在高菲含量排放源。Zhang等[41]利用主成分分析法研究了珠江三角洲上游及内部河流27种PAHs的来源，整体上来看煤和木材燃烧、焦炭生产、汽车排放、石油泄漏分别占28%、25%、22%、21%。其中12种烷基化PAHs大多来自生物质和低温煤的燃烧，它们在珠江三角洲上游地区占主要，其余15种PAHs多来自煤和石油的燃烧，它们在珠江三角洲内部占主要。Sun等[21]利用特征比值法和主成分分析法研究了珠江三角洲小河流中PAHs来源，结果发现其主要来自石油和煤的燃烧。陆加杰等[86]利用特征比值法得出广州大学城珠江水域PAHs主要来源有泄油漏油导致的石油产品的输入和大气沉降带来的化石燃料的输入。Liu等[45]利用特征比值法得出2011年潮汐期间虎门潮汐水道水体中PAHs主要来源于石油和煤的燃烧。杨清书等[44]利用特征比值法得出2001年潮汐期间虎门潮汐水道水体中PAHs主要来源于矿物燃料燃烧和汽车排放。李海燕等[40]利用特征比值法和主成分分析法研究了珠江三角洲表层水体中PAHs来源，结果发现PAHs主要来源于石化燃料、煤和生物质的混合来源。Deng等[38]利用特征比值法研究了西江水体PAHs来源，结果发现燃烧源是主要污染源，石油泄漏为次要污染源。Wang等[83]利用特征比值法和主成分分析法得出八大入海口PAHs污染源主要为高温裂解和石油。因此珠江三角洲PAHs来源属于混合源，但高温裂解源所占比例大于石油源。

3. 水体中有机氯农药的组成与来源

地表水中OCPs来源可分为点源污染和面源污染两类，其中点源污染是指农药生产过程中对环境的污染，即农药制造厂、加工厂废水未经适当处理排入河流湖泊等水体。这些废水中含有高浓度的农药，排入水体后可直接影响水质，甚至造成水体严重污染。面源污染通常是指农药在使用过程中对环境的污染，如为了保护作物植被等免受害虫损害向空中及地面喷洒农药，施用过程中的农药可以液滴形式沉降进入土壤或水体，进而造成下游水体污染。相较于点源污染，面源污染程度低，但其影响范围很广，不可忽视。同时，OCPs已在我国禁用多年，但先前的研究认为DDTs仍然存在新鲜来源，包括三氯杀螨虫[87]和防污漆[23]。

先前研究珠江三角洲西江水体中OCPs时发现α-HCH与β-HCH的比值为0.5～0.7，反映了西江水体中HCHs来源于工业HCHs和林丹的混合使用[88]。通过研究DDTs同分异构体和同系物的比值亦发现，DDTs存在新的输入源，且在环境中以还原脱氯过程为主[88]。我们的研究结果亦表明珠江八大入海口水体中DDTs存在明显的新鲜输入，同时八大入海口水体中HCHs主要来源于工业应用和林丹混合使用[20]。Luo等研究广州水道白鹅潭水体中OCPs时发现，该区域水体中DDTs无新鲜输入源，且残留的DDTs存在着厌氧降解。相比较而言，澳门港水道中DDTs则来源于新鲜输入，且随着水深增加DDT/(DDD+DDE)值降低，反映了新鲜输入而至的DDTs对上层水体的影响较明显[16]。研究珠江三角洲封闭式鱼塘水体中DDTs时发现，(DDD+DDE)/DDTs值大于0.5，反映了DDTs的历史残留仍然是这类污染物及其代谢物的主要来源[89]。刘会会[90]利用界面通量被动采样装置研究了广东省海陵湾沉积物和水体中DDTs，结果发现靠近船舶厂的区域浓度高于对照点，反映了防污漆作为DDTs的新鲜输入源对我国近海水体的影响，同时也发现沉积物中残留的DDTs可以通过分子扩散进一步返回水体，成为水体DDTs的二次污染源。我们研究珠江三角洲八大入海口水体中DDTs时亦发现95%以上的样品中DDT/(DDD+DDE)值大于1.0，反映了该区域仍然存在明显的新鲜输入源[91]，同时三氯杀螨虫并非珠江三角洲水体中DDTs

的主要来源[23]。

4. 水体中多溴联苯醚的组成和来源

PBDEs在工业应用中多以五溴代、八溴代和十溴代PBDEs为主，随着五溴代和八溴代PBDEs被禁用后，主要以十溴代PBDEs为主。但是在实际水体中，主要以低溴代PBDEs为主，如BDE-47和BDE-99。可能的原因在于PBDEs为疏水性有机污染物，随着溴原子数的增加，疏水性逐渐增强，因此低溴代PBDEs的疏水性弱于高溴代PBDEs。高溴代PBDEs易于富集在悬浮颗粒物或者生物体内，进一步沉降至底部沉积物中，另外高溴代PBDEs在环境中易于降解为低溴代PBDEs，增加低溴代PBDEs在环境中的相对丰度。我们研究发现，珠江三角洲八大入海口水体中的PBDEs主要以BDE-47和BDE-99为主[91]，但如果考虑水体悬浮颗粒物中PBDEs时，则多以BDE-209为主。同时我们的结果亦显示，水体中PBDEs的污染状况与上游的电子信息产业有关[91]。

5. 直链烷基苯指示生活污水污染

利用LABs指示生活污水污染及污水处理效率已得到广泛研究[92, 93]。通过LABs在水体中的污染程度可以获知该水域受到生活污水污染的程度，同时可以通过$(6C_{12} + 5C_{12}) /(4C_{12} + 3C_{12} + 2C_{12})$值判断该区域污水处理效率。通常情况下洗涤用品中$(6C_{12} + 5C_{12}) /(4C_{12} + 3C_{12} + 2C_{12})$值接近于1.0，但通过污水处理系统好氧降解后，该值会明显增加。我们在研究珠江八大入海口水体中的LABs时发现，尽管东四门（虎门、蕉门、洪奇沥门和横门）位于较发达区域，但水体中LABs的浓度较西四门（磨刀门、鸡啼门、虎跳门和崖门）低，主要原因在于西四门河流径流农村区域，污水处理设施较为薄弱，很多生活污水未经处理直接排放至水体中，从而造成LABs浓度高于东四门[54]。

6. 正构烷烃的组成与来源

正构烷烃是河流水体中一类重要的痕量有机污染物，主要来源于矿物燃料的不完全燃烧和自然排放。正构烷烃碳分子结构简单且具有天然的连续性。因此正构烷烃系列化合物的分布形式具有较明确的来源意义。判断正构烷烃的来源通常是依据烷烃系列化合物不同来源其碳数分布不同的原理。

我们研究发现珠江三角洲八大入海口水体中溶解态正构烷烃在nC_{15}～nC_{18}处呈现一个峰，而在nC_{27}～nC_{33}处也呈现一个峰，没有呈现奇偶特征，颗粒物中正构烷烃主要在nC_{15}～nC_{18}处呈现一个峰，在nC_{27}～nC_{33}处也存在一个具有奇偶特征的峰，如3.1.2节中描述。说明这些烷烃主要来源于石油产品[94]或者海洋浮游植物[95]，而少量来源于陆生高等植物[96]。西地中海[97]和东地中海[98]水体中也发现具有相似的正构烷烃分布特征，而这些区域被认为是一个混合污染区域。

正构烷烃广泛分布在细菌、藻类和高等植物等生物体内，相对于其他有机质而言，正构烷烃比较稳定，它的降解速率是总有机质降解速率的1/4[99]。许多生物体内或降解产物中的正构烷烃具有奇数碳超过偶数碳的天然特性，大量繁殖于海洋的低等浮游生物（包括细菌和藻类）中，其正构烷烃分布以低碳数正构烷烃为主，主要集中在nC_{20}以前；高等植物来源的正构烷烃以高分子量正构烷烃(nC_{27}～nC_{33})为主，并且有明显的奇偶优势。因此碳优势指数（carbon preference index，CPI）可以作为正构烷烃来源的一项指标[100, 101]，而被广泛地应用到环境中。正构烷烃 CPI值高（大于3）说明来源于高等植物的贡献大，当CPI值接近1时，说明正构烷烃主要来源于石油及其产品。混合源烷烃中CPI值则随着生物源和人为源的相对贡献大小，在两者之间变化。Eglinton和Hamilton[102]研究发现，在淡水和陆生生物体内存在两类具有明显奇偶特征的正构烷烃。一类以nC_{17}为主，还有少量的nC_{15}和nC_{19}，另一类为nC_{23}～nC_{33}，其中以nC_{27}或者nC_{29}为最大量，因此用奇偶优势（odd-even predominance，OEP）来表征。另一类重要的比值是姥鲛烷（pristane，Pr）和植烷(phytane，Ph)的比值，很多研究表明姥鲛烷和植烷主要是叶绿醇（phytol）和其他的类异戊二烯（isoprenoidyl）在自然地球化学过程中生成的一类产物，而在陆生生物体中很少产生这类物质[103, 104]，在石油产品中Pr/Ph值接近于1[105, 106]。一般认为在没有污染的环境中，Pr/Ph值远大于1，一般在3～5，而Pr/Ph值接近或者小于1说明受到了石油产品的污染[107]。同时Pr/nC_{17}值和Ph/nC_{18}值可以用来判断正构烷烃在环境中的降解程度，因为降解可以增加这两个比值[108]。CPI_1、CPI_2和OEP计算公式如下：

$$CPI_1 = \frac{\sum(C_{15} \sim C_{34})_{odd}}{\sum(C_{15} \sim C_{34})_{even}} \tag{3-2}$$

$$CPI_2 = \frac{nC_{27} + nC_{29} + nC_{31} + nC_{33}}{nC_{28} + nC_{30} + nC_{32} + nC_{34}} \tag{3-3}$$

$$OEP = \frac{nC_{25} + 6nC_{27} + nC_{27}}{4(nC_{26} + nC_{28})} \tag{3-4}$$

珠江三角洲水体中平均CPI_1（从整体上判断正构烷烃的来源）值为1.10±0.34，这个值与珠江三角洲一些都市气溶胶中正构烷烃的CPI值相似[109, 110]。而平均CPI_2（判断高碳端正构烷烃的来源）为1.6±0.50。先前的研究表明，从陆生高等植物蜡质中产生的正构烷烃CPI值远大于1[96]，而从机动车排放或者其他人类活动中产生的正构烷烃 CPI值接近于1[111]。由此可见，珠江三角洲八大入海口水体中正构烷烃主要来源于人类活动，掺杂少量的陆生高等植物来源。另外颗粒物中CPI_2值（1.9±0.82）高于水相中CPI_2的值（1.5±1.3），说明来自于陆生高等植物的正构烷烃更容易结合在颗粒物被转移，其他的研究也发现类似的现象[57, 112, 113]。

OEP值为0.3～3.3，均值为1.1，相对低的OEP值说明这些正构烷烃主要来源于石油产品或者遭受到强烈的微生物降解作用。同时，相对低的Pr/Ph值（0.66±0.30）说明这些正构烷烃主要来源于石油产品中。Pr/nC_{17}值和Ph/nC_{18}值分别为0.7±0.4和1.2±0.5，说明珠江三角洲八大入海口水体中正构烷烃受到比较弱的微生物降解作用。但是，虎门8月和12月、磨刀门9月和2月，以及鸡啼门7月和8月的样品有较大的Pr/nC_{17}值和Ph/nC_{18}值，说明这几个样品受到了比较强的生物降解作用。

植物蜡碳数$\%waxC_n$可用正构烷烃浓度或相对浓度与其相邻两个碳数正构烷烃浓度或相对浓度均值之差占总浓度百分数表示[114]：

$$\%waxC_n = \frac{\sum\left[C_n - \frac{1}{2}(C_{n-1} + C_{n+1})\right]}{\sum(C_{15} \sim C_{34})} \times 100\% \tag{3-5}$$

其中，$\%waxC_n<0$时，则定义其为0[115]。当正构烷烃浓度分布呈锯齿状时，具有较大的$\%waxC_n$值，表明更多的生物来源。而没有奇偶特征的正构烷烃分布时，$\%waxC_n$值较小，说明以人为来源为主。珠江三角洲八大入海口水体中正构烷烃的$\%waxC_n$值为6%～46%，均值为22%，说明来自于陆生高等植物的正构烷烃占总的烷烃的22%。这个值比都市气溶胶中植物蜡碳数高[109, 110]，这是因为在都市有更多的石油化石燃料的输入。$\%waxC_n$值没有季节性变化，而Zheng等研究香港都市气溶胶中正构烷烃的来源时发现$\%waxC_n$值在冬季高于夏季[110]，说明冬季香港气溶胶中来自陆生高等植物的正构烷烃要高于夏季。一个主要的原因是在冬季珠江三角洲有较大的风速和相对低的湿度，正构烷烃更容易从高等植物的叶面上散发出来。因此冬季都市气溶胶中来自陆生高等植物的正构烷烃比例更大。相反，珠江八大入海口水体中正构烷烃可能通过大气沉降、地表径流、土壤侵蚀和上游的输入等多种途径输入，而$\%waxC_n$值的季节性变化可能被这些过程掩盖。

Mille等通过假设nC_{20}～nC_{34}中偶数碳原子的正构烷烃主要来源于石油产品，采用没有奇偶优势（CPI值接近1）的方法去估算来源于自然产生的正构烷烃占总浓度的比例[116]。因此自然产生的正构烷烃比例（natural *n*-alkane ratio，NAR）可以表达为

$$\mathrm{NAR}=\frac{\left[\sum(\mathrm{C}_{19}\sim\mathrm{C}_{33})-2\sum(\mathrm{C}_{20}\sim\mathrm{C}_{32})\right]}{\sum(\mathrm{C}_{19}\sim\mathrm{C}_{33})}\times100\% \tag{3-6}$$

其中，$\sum(\mathrm{C}_{19}\sim\mathrm{C}_{33})$表示$n\mathrm{C}_{19}\sim n\mathrm{C}_{33}$所有奇数碳原子正构烷烃的浓度总和，$\sum(\mathrm{C}_{20}\sim\mathrm{C}_{32})$表示$n\mathrm{C}_{20}\sim n\mathrm{C}_{32}$所有偶数碳原子正构烷烃的浓度总和。如果NAR值出现负值记为0。当NAR值接近0时，说明主要是石油产品的输入，而NAR值接近100%时说明正构烷烃主要来自于陆生高等植物的输入。八大入海口水体中正构烷烃的NAR值为0～44%，均值为9%，说明珠江八大入海口水体中正构烷烃主要来源于石油产品。

7. 粪甾醇示踪人类排泄物对水体的污染

为了评价人类排泄物对珠江八大入海口水体污染的状况，根据先前的文献报道计算了一些评价参数[73, 117]。首先是COP浓度，由于只能在厌氧的沉积物中才能产生少量的COP，在自然水体或者海洋环境下不能产生COP，因此浓度可以作为评价环境是否被人类排泄物污染的一个指标[117]，在珠江八大入海口水体颗粒物样品中均检测到COP的存在[72]，而且平均浓度为87.5 $\mathrm{ng\cdot L^{-1}}$[117]，超过了Leeming和Nichols建议的主要上限(60 $\mathrm{ng\cdot L^{-1}}$)[117]；第二组参数是用有机碳（organic carbon，OC）归一化后的COP浓度和COP浓度占所有甾醇浓度的比例(%COP)[73]，有机碳归一化的COP浓度为2～218 $\mathrm{ng\cdot mg^{-1}}$，平均浓度为29 $\mathrm{ng\cdot mg^{-1}}$，%COP是0.6%～59%，平均值为8%，这些值与那些已被证实受到人类排泄物污染过的水体中检测出来的数据相似[73, 118-120]。同时，COP浓度和有机碳归一化的COP浓度，以及%COP呈现很好的线性关系，这些都说明珠江八大入海口水体受到人类排泄物的污染。

一些研究者还利用具有相互关系的甾醇比值作为评价来源的指标，COP主要是在人体消化器官中通过微生物转化CHOE形成的，它也是人类排泄物中最主要的甾醇之一[117]，另外5α甾醇/甾酮要比5β甾醇/甾酮热稳定，因此一般用COP/(COP+CHOA)和bONE/(aONE+bONE)的值作为判断水体是否受到人类排泄物的污染的另一类重要指标，一般认为，如果COP/(COP+CHOA)和bONE/(aONE+bONE)的值都大于0.7，则水体肯定受到人类排泄物的污染，小于0.3说明未受污染[80]；另外也有人用COP/CHOE和COP/ECOP的值作为判断标准。珠江八大入海口水体中COP/(COP+CHOA)和bONE/(aONE+bONE)的值都为0～1，其中41%样品的COP/(COP+CHOA)和51%样品的bONE/(aONE+bONE)值大于0.7，而57%样品的COP/ECOP值不存在，因为ECOP的浓度低于RL值，同时平均COP的浓度是ECOP平均浓度的12倍，而CHOE的平均浓度是COP的5倍左右。因此，可以看出，珠江八大入海口水体已经受到人类排泄物的污染。

3.2 珠江三角洲河流对近海环境的污染贡献

珠江三角洲位于广东省中南部，濒临南海，毗邻香港、澳门，是我国最重要的经济区域之一。自改革开放以来，珠江三角洲的经济一直保持着飞速发展，城市化程度和城市人口密度不断提高。但随之而来的则是工业和人类生活向环境排放的污染物质急剧增加。因此，珠江三角洲工业和人类生活所释放的污染物质易通过各种途径进入水体，再通过径流进入珠江水体，进而汇入南海，给珠江三角洲及沿海生态环境带来影响。

研究表明，径流是污染物转换的一种重要途径，每年能够将大量人为排放的污染物质通过径流从陆地源运移至沿岸海域，进而汇入全球海洋。本节我们以珠江三角洲为研究区域，以我们于2005年3月～2006年2月在珠江八大入海口采集的水样分析数据为基础，评价径流在传输污染物质至沿岸海域过程中的作用和污染物质的入海通量，解析珠江三角洲污染对河流、海洋生态影响，以及对全球海洋污染贡献。所涉及的路源污染物质包括氮、磷、正构烷烃、多环芳烃、甾醇、有机氯农药、多氯联苯、多溴联苯醚、直链烷烃基苯、苯并噻唑等。详细的评估过程如下。

3.2.1 河流通量的估算

在前面的章节中提到，珠江的主要入海口有八个，依据珠江水利委员会下设的水文观测站的水文数据，我们计算了在2005年3月～2006年2月珠江的主要八大入海口每月各出口的径流量（Q_{ij}，m^3），其表达式如下：

$$Q_{ij} = (Q_X + Q_B + Q_D + Q_P) \times N \times T \times R \qquad (3\text{-}7)$$

其中，Q_X、Q_B、Q_D和Q_P分别为从西江、北江、东江和潭江、珠江三角洲其他诸河的平均径流量（$m^3 \cdot s^{-1}$）；N为每个月的天数，其中2006年2月为28天；R为各出口径流量相对于总径流量的百分比，详细的数据列在表3-3；T是常数，为每天的秒数，86 400。

表 3-3 珠江八大入海口径流分流比数据

入海口	R(4～9月)	R(10月～次年2月)	文献值[a]
虎门	0.176	0.111	0.174
蕉门	0.196	0.105	0.193
洪奇沥门	0.099	0.171	0.085

续表

入海口	R(4～9 月)	R(10 月～次年 2 月)	文献值[a]
横门	0.140.155	0.138	—
磨刀门	0.268	0.249	0.276
鸡啼门	0.039	0.018	0.035
虎跳门	0.035	0.055	0.046
崖门	0.047	0.136	0.050

a. 数据来源于文献 [121]

基于各入海口的径流量，可得污染物质的入海通量，计算如下：

$$F_{ij} = k \cdot C_{ij} \cdot Q_{ij} \qquad (3\text{-}8)$$

其中，F_{ij}是目标污染物质在i月j河口的入海通量；C_{ij}是目标污染物质的溶解态和颗粒态在i月j河口的总浓度；Q_{ij}是i月j河口的径流量(m^3)；k是单位换算因子。而通过所有出海口进入近海的年通量(F)为

$$F = \sum_{j=1}^{8}\sum_{i=1}^{12} F_{ij} \qquad (3\text{-}9)$$

值得注意的是，本书我们利用式（3-9）评估的污染物质的年径流通量是以我们仅有的各入海口的月径流量被平均化为日平均径流量后获得的结果。如需要获得更精确的结果，则需要采集更多的水样数据和水文数据。珠江八大入海口水体主要污染物质年输出量及年径流量见表3-4。

表 3-4　珠江八大入海口水体主要污染物质年输出量及年径流量

	虎门	蕉门	洪奇沥门	横门	磨刀门	鸡啼门	虎跳门	崖门	总量
Q_i/(×10^9 m^3)	45.5	49.8	30.9	39.4	73.2	9.86	10.6	17.2	276
TOC/(×10^3 t)	155	158	82.7	124	255	34.5	33.7	73.4	916
总氮 /(×10^3 t)	127	89.7	60.2	80.8	137	20.1	19.6	40.1	575
总磷 /(×10^3 t)	5.86	3.64	2.07	3.52	5.06	0.77	0.95	1.97	23.8
$\sum_{27}$PAH/t	10.8	12.0	10.5	8.7	14.1	1.81	2.27	4.03	64.2
$\sum_{15}$PAH/t	5.87	7.05	3.55	5.06	7.81	1.03	1.21	2.27	33.9
正构烷烃[a]/t	146	52	36.4	31.4	50.8	8.47	10.8	24.8	361
∑LABs[b]/t	1.88	3.21	0.63	1.74	3.26	1.84	0.5	1.2	14.3
BTs[b]/t	13.9	11.3	7.89	10.2	22.6	5.14	2.77	4.98	78.8
BT[b]/t	11.6	9.55	6.57	7.70	18.8	4.20	2.31	4.33	65.1
$\sum_{21}$OCP[c]/t	0.704	0.50	0.336	0.417	0.697	0.115	0.088	0.23	3.09
DDTs/t	0.251	0.135	0.143	0.142	0.208	0.043	0.036	0.066	1.02
HCHs/t	0.252	0.182	0.091	0.154	0.272	0.036	0.033	0.093	1.11

续表

	虎门	蕉门	洪奇沥门	横门	磨刀门	鸡啼门	虎跳门	崖门	总量
$\sum_{20}PCB^{d}$/t	0.032	0.036	0.017	0.045	0.055	0.007	0.010	0.013	0.215
$\sum_{17}PBDE$/t	0.649	0.321	0.143	0.373	0.219	0.030	0.034	0.362	2.13
BDE-209/t	0.604	0.284	0.129	0.337	0.197	0.027	0.038	0.340	1.96

a. 正构烷烃：nC_{15} ～ nC_{34} 的 20 种正构烷烃；

b. ∑LAB：包含碳链为 C_{10} ～ C_{14} 的直链烷基苯（LABs）；苯并噻唑类化合物（BTs）：包括 2- 甲硫基苯并噻唑 [2-(methylthio)benzothiazole，MBT]、苯并噻唑（benzothiazole，BT）、苯并菲（triphenylene，TP）、苯并噻吩（thianaphthene，TN）、2-(4- 吗啉基)- 苯并噻唑 [2-(4-morpholinyl)benzothiazole，24MoBT]、二苯噻吩（dibenzothiophene，DBT）；

c. $\sum_{21}OCP$：包括 α- 六六六（α-HCH）、β- 六六六（β-HCH）、γ- 六六六（γ-HCH）、δ- 六六六（δ-HCH）、七氯（heptachlor）、环氧七氯（heptachlor epoxide）、艾氏剂（aldrin）、狄氏剂（dieldrin）、异狄氏剂（endrin）、异狄氏剂酮（endrin ketone）、异狄氏剂醛（endrin aldehydes）、p, p′- 滴滴涕（p, p′-DDT）、p, p′- 滴滴滴（p, p′-DDD）、p, p′- 滴滴伊（p, p′-DDE）、o, p′- 滴滴涕（o, p′-DDT）、o, p′- 滴滴滴（o, p′-DDD）、p, p′- 滴滴伊（o, p′-DDE）、硫丹 Ⅰ（endosulfan Ⅰ）、硫丹 Ⅱ（endosulfan Ⅱ）、硫丹硫酸盐（endosulfan sulfate）和甲氧氯（methoxychlor）；

d. $\sum_{20}PCB$：包括 PCB-18、PCB-31、PCB-44、PCB-52、PCB-66、PCB-87、PCB-99、PCB-101、PCB-110、PCB-118、PCB-123、PCB-138、PCB-141、PCB-151、PCB-153、PCB-170、PCB-180、PCB-183、PCB-187 和 PCB-206

3.2.2 水体悬浮颗粒物（SPM）和总有机碳（TOC）的入海通量及影响

陆源有机碳进入水体主要是以颗粒形态，因此悬浮态颗粒物的通量就成为评估有机碳传输模式及有机碳归宿的关键因素。依据上面介绍的第一种计算通量方法，在本书采样的一个水文年内，从珠江三角洲进入近海的SPM通量为25×10^{6} $t\cdot a^{-1}$、TOC通量为0.9×10^{6} $t\cdot a^{-1}$（表3-5）。TOC通量月变化与SPM通量基本一致，在各入海口丰水期（4～9月）通量较枯水期（10月～次年2月）高，其中2005年6月为最高通量值，2006年1月为最低通量值。

与全球几个主要河流，如亚马孙河、刚果河等相比（表3-5），珠江输入近海的SPM和TOC年通量都相对小很多，主要原因可能是珠江的流域面积和径流量都小于其他河流（除黄河外）。就SPM的入海通量而言，亚马孙河和黄河是所有河流中最多的，每年携带的SPM超过6亿t；珠江和刚果河比较接近，年通量在3000万t左右[122]。在单位面积TOC年通量方面，珠江（2.0 g $C\cdot m^{-2}\cdot a^{-1}$）是密西西比河（1.0 g $C\cdot m^{-2}\cdot a^{-1}$）的两倍，但却远低于其他几个河流（表3-5）。纵观这些河流的特点来看，亚马孙河、奥里诺科河、刚果河都是流域内有着大面积的热带雨林和沼泽，雨林和沼泽的生产力远高于其他植被覆盖区域；而珠江、长江、密西西比河流域的植被覆盖比较相似，以大量开发的农田和阔叶林为主；而黄河却是以极低的植被覆盖和过度开发的耕地为主。这些对比意味着TOC的来源中，植被生产力贡献可能居于重要地位。按照全球河流年输送TOC总量3.5亿～4.0亿t计算，从珠江三角洲进入近海的TOC约占全球的0.3%[123, 124]。而珠江径流量约占全球河水入海径流量（37 400 $km^{3}\cdot a^{-1}$）的0.8%[125]。与径流量所占比例相比，珠江TOC年通量远低于全球河流的平均水平。

表 3-5　珠江及全球主要河流的径流量、SPM 和 TOC 的入海通量等

	流域面积 /($\times10^6$ km^2)	径流量 /($\times10^9$ m$^3\cdot$a^{-1})	F_{SPM}/($\times10^6$ t$\cdot$a^{-1})	F_{TOC}/($\times10^6$ t$\cdot$a^{-1})	Y_{TOC} [a]
亚马孙河 [b]	6.4	6600	600 ～ 1150	43.8	6.9
刚果河 [b]	3.7	1325	31.7	14.4	3.8
密西西比河 [b]	3	580	500	3	1.0
长江 [b]	1.8	995	480	8.1	4.5
奥里诺科河 [b]	1.1	1135	107	6.7	6.0
黄河 [b]	0.8	48	900	6.4	8.5
珠江	0.5	280	25	0.9	2.0

a. 单位面积的 TOC 年通量，单位 g C$\cdot$m$^{-2}\cdot$a^{-1}；
b. 源自文献 [122]

3.2.3　氮磷营养盐的入海通量及对近海影响

依据一个水文年的监测数据，我们得出了从珠江三角洲输入近海的氮磷营养盐入海通量。总氮（total nitrogen，TN）和总磷（total phosphorus，TP）的年入海通量分别为5.75×10^5 t和2.38×10^4 t，其中氮营养盐中以溶解态的氨氮（NH_3和NH_4^+）、硝酸氮（NO_3^-）、亚硝酸氮（NO_2^-）占主要，磷营养盐中以溶解态无机磷为主，约占23%。

Seizinger等[126]估算了全球主要河流溶解态无机氮（dissolved inorganic nitrogen，DIN）、溶解态有机氮（dissolved organic nitrogen，DON）、颗粒态氮（particulate nitrogen，PN）、TN、TP、溶解态无机磷（dissolved inorganic phosphorus，DIP）的年入海通量（表3-6）。与全球河流年入海通量相比，珠江的DIN年入海通量贡献最大，约为1.65%，其余TN、DON、DIP、TP等的贡献比例依次减少（表3-6）。珠江入海水量约为全球河流入海总水量的0.8%，因此，珠江DIN入海通量为全球平均水平2倍以上，而PN和TP的入海通量则远低于世界平均水平。

表 3-6　珠江营养盐入海通量对全球循环的贡献 [a]

	DIN	DON	PN	TN	TP	DIP
珠江 /($\times10^9$ mol$\cdot$a^{-1})	29.6	7.22	5.14	41.9	0.78	0.18
全球河流 [b]/($\times10^9$mol$\cdot$a^{-1})	1790	857	2140	4710	355	35.5
贡献量 /%	1.65	0.84	0.24	0.89	0.22	0.51

a. TN，总氮；DIN，溶解态无机氮；DON，溶解态有机氮；PN，颗粒氮；TP，总磷；DIP，溶解态无机磷；
b. 数据来源于文献 [126]

而如果将全球主要河流的流域面积列入其中评估（表3-7），我们看到，与其他几个主要河流相比，珠江具有较高的单位面积DIN入海通量（63.9 $mmol \cdot m^{-2} \cdot a^{-1}$），珠江的单位面积DIN入海通量约是长江的2倍、亚马孙河的4倍和密西西比河的6倍（表3-7）[127, 128]；珠江的单位面积DIP入海通量（0.40 $mmol \cdot m^{-2} \cdot a^{-1}$）约是密西西比河的2倍，但远低于亚马孙河的入海通量值（表3-7）[127, 128]。

表 3-7　珠江与其他河流的单位面积营养盐入海通量

	径流量 /($km^3 \cdot a^{-1}$)	流域面积 /($\times 10^9$ m^2)	DIN/($mmol \cdot m^{-2} \cdot a^{-1}$)	DIP/($mmol \cdot m^{-2} \cdot a^{-1}$)	参考文献
亚马孙河	6940	7050	16.4	0.70	[127]
密西西比河	380	3250	11.2	0.18	[128]
长江	925	1800	38.1	0.43	[129]
北美育空河	200	855	0.60	0.01	[130]
珠江	280	454	63.9	0.40	[131]

1. 珠江水体氮磷营养盐的潜在污染源

本书以DIN为例，对珠江水体潜在的营养盐污染来源进行评估。污染来源主要有生活污水、工业污水、禽畜养殖业污水、水产养殖业排水、地表径流冲刷和农田排水等[132, 133]。污染源估算所使用的农村和城镇人口数量、养殖数量、水产品产量、化肥施用量、土地不同类别使用面积等均来自《广东统计年鉴（2006）》[134]；工业污水排放量来自《2006年广东省海洋环境质量公报》[135]。表3-8汇总了这些污染源2005年的排放情况，总计2.16×10^{10} mol DIN被排入珠江水体中。分析显示，约73%来自点源污染，其中城乡生活污水4.5×10^9 mol，工业污水6.2×10^9 mol，禽畜养殖业污水3.6×10^9 mol，水产养殖业污水1.4×10^9 mol，其余来自地表径流冲刷和农田排水（表3-8）。表3-9为珠江三角洲潜在污染源DIN年排放量估算结果。

表 3-8　珠江三角洲不同潜在污染源 DIN 排放比例

DIN 源	DIN/($\times 10^9$ mol)	贡献率 /%
生活污水	4.5	20.9
工业污水	6.2	28.8
畜禽养殖业污水	3.6	16.8
水产养殖业排水	1.4	6.5
地表径流冲刷	3.2	14.9
农田排水	2.6	12.1
合计	21.5	100.0

表 3-9　珠江三角洲潜在污染源 DIN 年排放量估算结果

	排放量 /($\times 10^7$ t)	排放因子（按氮计算）/($kg \cdot d^{-1}$)	DIN/($\times 10^9$ $mol \cdot a^{-1}$)
市政污水	3.5	0.003	2.7
农村污水	1	0.007	1.8
生活污水总量	—	—	4.5
	排放量 /($\times 10^9$t)	排放因子（按氮计算）/($kg \cdot m^{-3}$)	DIN/($\times 10^9$ $mol \cdot a^{-1}$)
工业污水	5.8	0.015	6.2
	畜养数 /($\times 10^4$ 头或只)	排放因子（按氮计算）/($kg \cdot a^{-1}$)	DIN/($\times 10^9$ $mol \cdot a^{-1}$)
牛	75.60	25.150	1.360
猪	783.12	2.070	1.160
家禽	12 418.00	0.125	1.110
兔	65.00	0.250	0.012
羊	15.00	0.570	0.006
畜禽养殖业污水总量	—	—	3.648
	养殖量 /($\times 10^6$kg)	排放因子（按氮计算）/($kg \cdot kg^{-1}$)	DIN/($\times 10^9$ $mol \cdot a^{-1}$)
水产养殖业排水	277.03	0.007	1.4
	径流面积 /km^2	排放因子（按氮计算）/($kg \cdot km^{-2} \cdot a^{-1}$)	DIN/($\times 10^9$ $mol \cdot a^{-1}$)
耕地	5 421	1 540	0.596 3
城市用地	7 484	2 221	1.187 0
林地	17 720	504	0.637 9
园地	2 493	1 210	0.215 5
交通用地	895	8 007	0.511 9
水域	6 293	3	0.001 3
裸地	1 392	14	0.001 4
地表径流冲刷总量	—	—	3.151 3
	排水量 /($\times 10^4$t)	排放因子（按氮计算）/($kg \cdot kg^{-1}$)	DIN/($\times 10^9$ $mol \cdot a^{-1}$)
农田排水	24.2	0.15	2.6

以上的分析表明减少点源污染是降低珠江水体的氮磷污染的关键。其中，生活污水的氮排放取决于人口数量和污水处理能力。在珠江三角洲，生活污水处理比例还比较低，特别是农村地区。因此提高污水处理能力是降低生活污水氮排放的关键因素。公开的数据表明，珠江三角洲工业污水的处理比例很高[134]，氮排放也取决于工业污水的排放量。近些年，肉、蛋、水产品等在饮食中所占的比例越来越高，禽畜养殖数量也随之增加，因此未来禽畜和水产养殖业的氮排放可能将持续增加。综上，降低珠江三角洲的点源氮排放主要在于提高污水处理

的比例，以及增加工业废水的循环使用，降低工业废水排放量，而且提高污水处理能力也能减少城镇地表径流氮污染。

2. 氮磷营养盐与赤潮

2005年3月～2006年2月，我们的研究采样期间，珠江河口区有且仅有一次赤潮发生，即2006年2月球形棕囊藻（*Phaeocystis globosa*）赤潮，区域包括珠江口内伶仃岛和深圳湾附近[135]。相比而言，2003年该地区共发生了8次赤潮，2004年出现过4次赤潮，但2006年2月后又出现过3次赤潮[135]，为何在我们采样期间珠江河口及其附近海域出现赤潮的次数明显减少？一些研究者认为一个区域发生赤潮需要具备以下条件：首先该区域环境中营养盐浓度水平要满足赤潮发生的要求。通常情况下要达到赤潮发生的条件，水体中总氮浓度要大于7 $\mu mol \cdot L^{-1}$，磷浓度要大于0.6 $\mu mol \cdot L^{-1}$[136, 137]。其次水文气象条件如盐度、水温、洋流、风速等也要满足一定的条件。同时研究表明，南海北部发生赤潮时一般风速小于7 $m \cdot s^{-1}$，光照充足，浪高小于1.5 m，表层水温在16～30℃，且在一天内变化小于1℃，盐度小于32[138]。

比较珠江入海口的营养盐浓度数据，我们认为输入珠江河口区淡水中的营养盐浓度在过去的20年间呈现缓慢增长的趋势，即珠江河口区的营养盐浓度也一直在缓慢增加。这一结论也得到了珠江口柱状底泥中营养盐浓度的证实[139]。根据我们的研究和文献数据，评价了内伶仃岛和深圳湾附近海域的DIN浓度和N/P（表3-10）。据此，我们认为该海域全年均能满足赤潮发生所需要的营养盐浓度水平。根据过去20年营养盐浓度的变化趋势，我们认为2005年3月～2006年2月这段时间内，珠江口海域的营养盐浓度满足赤潮发生的要求。珠江口海域的全年盐度低于30，该盐度水平也满足赤潮条件。田向平[140]的研究结果表明，珠江口海域水温受陆架水和冲淡水共同影响，其年表层水温在13～30℃，其中冬季（12月～次年2月）水温最低，在13～16℃。除冬季外，其余季节水温都满足赤潮发生的要求。2005年2月的这次赤潮，则可能与水温的异常升高有关，该月该地区气温较2006年2月高2℃，进而影响到当地水温[141, 142]。珠江口海域处于亚热带季风区，洋流、风速、风向等明显受到季风的影响，不同年度季节间的变化不明显[137, 143, 144]。由于我们没有得到系统的洋流、风速、风向等监测数据，不能将采样期间的情况与其他年份进行对比。综上，对于珠江口海域，营养盐浓度、盐度、表层水温（除冬季）等都不是限制赤潮发生的因素，而同时满足洋流、风速、浪高等赤潮要求的情况时，赤潮每年肯定会出现几天。但是在2005年并没有发生赤潮，这意味着还有其他的限制因素在影响着珠江口赤潮的发生。

表 3-10　伶仃洋海域赤潮高发区营养盐浓度估算结果

时间	DIN[a]	$k_{内}$[b]	$DIN_{内}$[c]	$N/P_{内}$[d]	$k_{伶}$[e]	$DIN_{伶}$[f]	$N/P_{伶}$[g]
2005 年 3 月	120.6	0.4	69	115			
2005 年 4 月	117.9	0.3	82	137	0.45	64.8	108
2005 年 5 月	131.6	0.2	104.3	174	0.4	78.9	132
2005 年 6 月	101.4	0.15	87.7	146	0.35	65.9	110
2005 年 7 月	91.2	0.2	73	122	0.4	54.7	91
2005 年 8 月	116.7	0.25	88	147	0.4	70	117
2005 年 9 月	116.2	0.3	82.1	137			
2005 年 10 月	105.3	0.4	65.7	110			
2005 年 11 月	114.9	0.4	66.5	111			
2005 年 12 月	132.5	0.5	69.5	116			
2006 年 1 月	126.2	0.5	67.4	112			
2006 年 2 月	127.4	0.55	60.9	102			

a. DIN，主要流入伶仃洋的珠江四个入海口（虎门、焦门、洪奇沥门和横门）水体的平均浓度；
b. $k_{内}$为内伶仃岛区域水体的经验系数；
c. $DIN_{内}$为内伶仃岛区域水体中估算值浓度；
d. $N/P_{内}$为内伶仃洋区域水体的 N/P 值，溶解无机磷（DIN）浓度估算为 0.6 μmol·L^{-1}；
e. $k_{伶}$为伶仃洋龟山岛附近水体的经验系数；
f. $DIN_{伶}$为龟山岛区域水体的浓度；
g. $N/P_{伶}$为伶仃洋龟山岛附近水体 N/P 值，其中 DIP 的浓度估算为 0.6 μmol·L^{-1}

3.2.4　多环芳烃的入海通量

由式（3-2）我们评估出珠江各入海口$\sum_{27}$PAH和$\sum_{15}$PAH的月通量，详见图3-4。评估结果显示，在2005年3月～2006年2月，珠江八大入海口排出60.2 t $\sum_{27}$PAH和33.9 t $\sum_{15}$PAH，其中丰水期约占总量的81%，仅2005年6月的PAHs通量就占总通量的30%。磨刀门的PAHs入海通量最大，约占总量的24%，其次为蕉门（22%）和虎门（19%）。如图3-4和表3-4所示，珠江水体$\sum_{27}$PAH的入海通量与河流水体的径流量呈很好的线性相关，径流量是影响珠江三角洲PAHs进入邻近海洋总量的关键因子，同样，磨刀门、蕉门和虎门的PAHs入海通量大主要与丰水期磨刀门、虎门和蕉门的径流量相对较大有关。

与全球主要河流的PAHs入海通量相比，珠江排出的60.2 t $\sum_{27}$PAH年通量，是北美密西西比河PAHs（18种PAHs其中包括12种EPA优先控制化合物）年入海通量（12 t）的3倍以上[145]，比法国的塞纳河（Seine River）（7.99 t·a^{-1}）[146]、加拿大的圣劳伦斯河（St. Lawrence River）（6.49 t·a^{-1}）[147]、北美的萨斯奎汉纳河（Susquehanna River）（3.16 t·a^{-1}）和尼亚加拉河（Niagara River）（3.18 t·a^{-1}）[148]

及西班牙的埃布罗河（Ebro River）（1.30 t·a^{-1}）[149]每年输出的PAHs总量高1～2个数量级。由此可见，珠江每年向海洋输送的PAHs总量是相当大的。

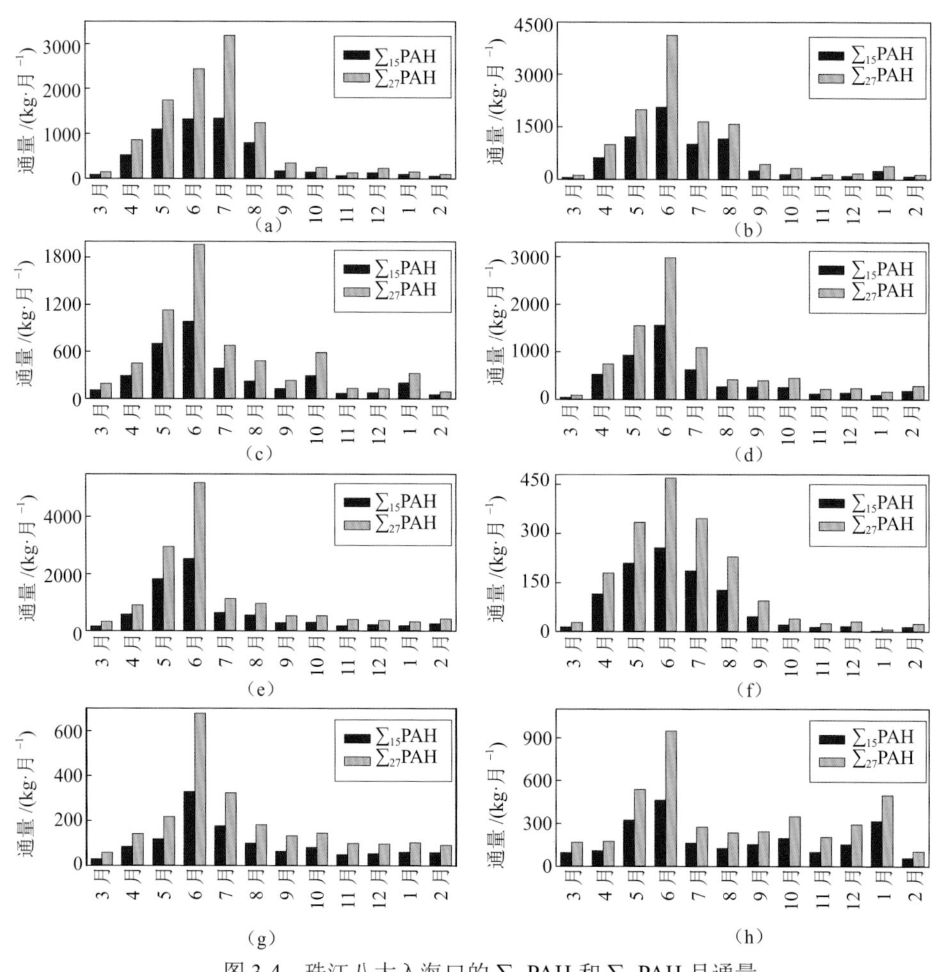

图 3-4 珠江八大入海口的 ∑27PAH 和 ∑15PAH 月通量

(a) 虎门；(b) 蕉门；(c) 洪奇沥门；(d) 横门；(e) 磨刀门；(f) 鸡啼门；(g) 虎跳门；(h) 崖门

3.2.5 正构烷烃的入海通量及影响

评估结果显示，2005年3月～2006年2月珠江八大主要入海口的正构烷烃的年入海通量为361 t（表3-4），其中虎门占有最大的比例（40.4%），蕉门和磨刀门次之（14.4%和14.1%）。详细的各入海口的正构烷烃月通量见图3-5。虎门的正构烷烃入海通量在所有入海口占最大比例，其实际贡献主要集中在2005年的7月和8月，这与2005年7月、8月虎门入海口水体显示的超高的正构烷烃浓度有关。另外，80.4%的正构烷烃入海通量主要在丰水期（4～9月），而枯水期仅占

19.6%，这与丰水期较大的河流径流量有关（表3-4）。我们的分析结果也显示水文参数是影响珠江三角洲正构烷烃入海通量的主要因素，这与该区域其他有机污染物如LABs[54]、BTs[67]、PBDEs[131]和有机碳[150]通过河流作用相似。

分析显示，珠江入海口水体中正构烷烃约有22%可能来源于高等植物，78%来源于石油产品，即2005年3月～2006年2月约有280 t石油产品的正构烷烃从珠江八大入海口流入到南海。Eganhouse和Kaplan研究表明石油烃中含有1.1%～9.1%的正构烷烃[94]，均值为3.2%。如果用3.2%这个值来估算每年珠江八大入海口排放出去的石油烃，那么每年被输送到南海石油烃约有8800 t。以前的研究表明珠江三角洲每年从不同来源产生的16种美国EPA确定的优先控制PAHs总量为150 t[151]，而每年通过这八大入海口排放的15种PAHs（16种优先控制PAHs除去萘）为33.9 t，说明该区域产生的PAHs有约23%通过河流径流作用被排放入海。利用这个比值来估算整个珠江三角洲每年从所有来源产生的石油烃总量，约为39 000 t。统计显示，2005年珠江三角洲有4500万人口[134]，那么折算成该区域每人每天排放的量则为2.4 g。这个值与美国加利福尼亚20世纪80年代每人每天排放的量（3.3～6.0 g，均值为4.9 g[94]）相似。有趣的是，2005年珠江三角洲GDP为2.2×10^{11}美元也与当时加利福尼亚地区GDP（3.3×10^{11}美元）相似，这样，我们认为可以利用人为活动产生的正构烷烃人均排放量去粗略地估算一个区域的经济状况[55]。

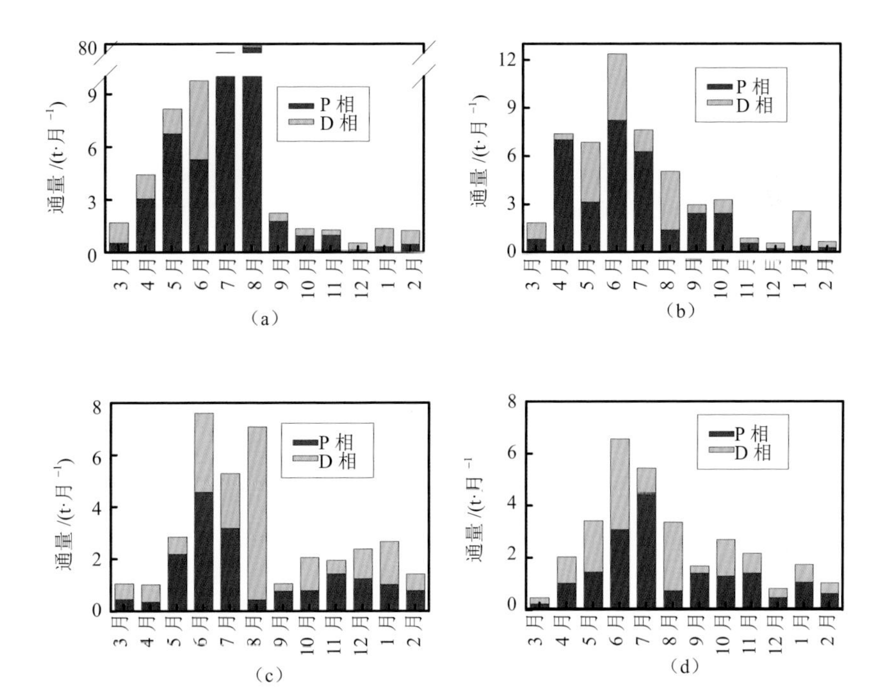

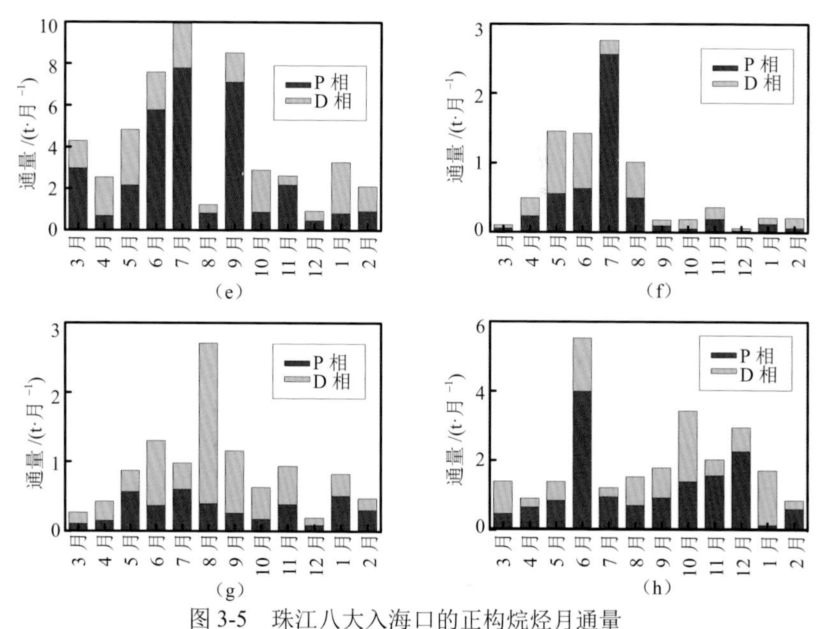

图 3-5 珠江八大入海口的正构烷烃月通量

（a）虎门；（b）蕉门；（c）洪奇沥门；（d）横门；（e）磨刀门；（f）鸡啼门；（g）虎跳门；（h）崖门

3.2.6 甾醇的入海通量

根据采样分析和径流数据，利用式（3-8）和式（3-9），我们评估出通过珠江八大入海口的各甾醇的月通量（图3-6）。结果显示，珠江八大入海口的$\sum_8$steroid年入海通量为357 t，其中CHOE的入海通量最大，为162 t·a^{-1}，其他依次是STIG（101 t·a^{-1}）和COP（31.6 t·a^{-1}）。同样地，珠江各入海口输出甾醇的量主要发生在丰水期，其中85%的$\sum_8$steroid、84%的COP、85%的CHOE和87%的STIG都是在4～9月被排出珠江入海口；虎门、蕉门、洪奇沥门和横门等东四门入海口排出的甾醇量占主要部分，其中70%的$\sum_8$steroid、75%的COP、66%的CHOE和71%的STIG是从这四个入海口被排出到伶仃洋区域。

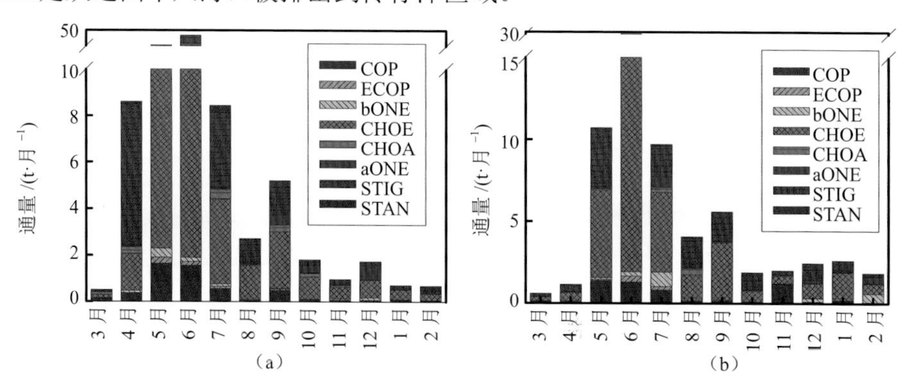

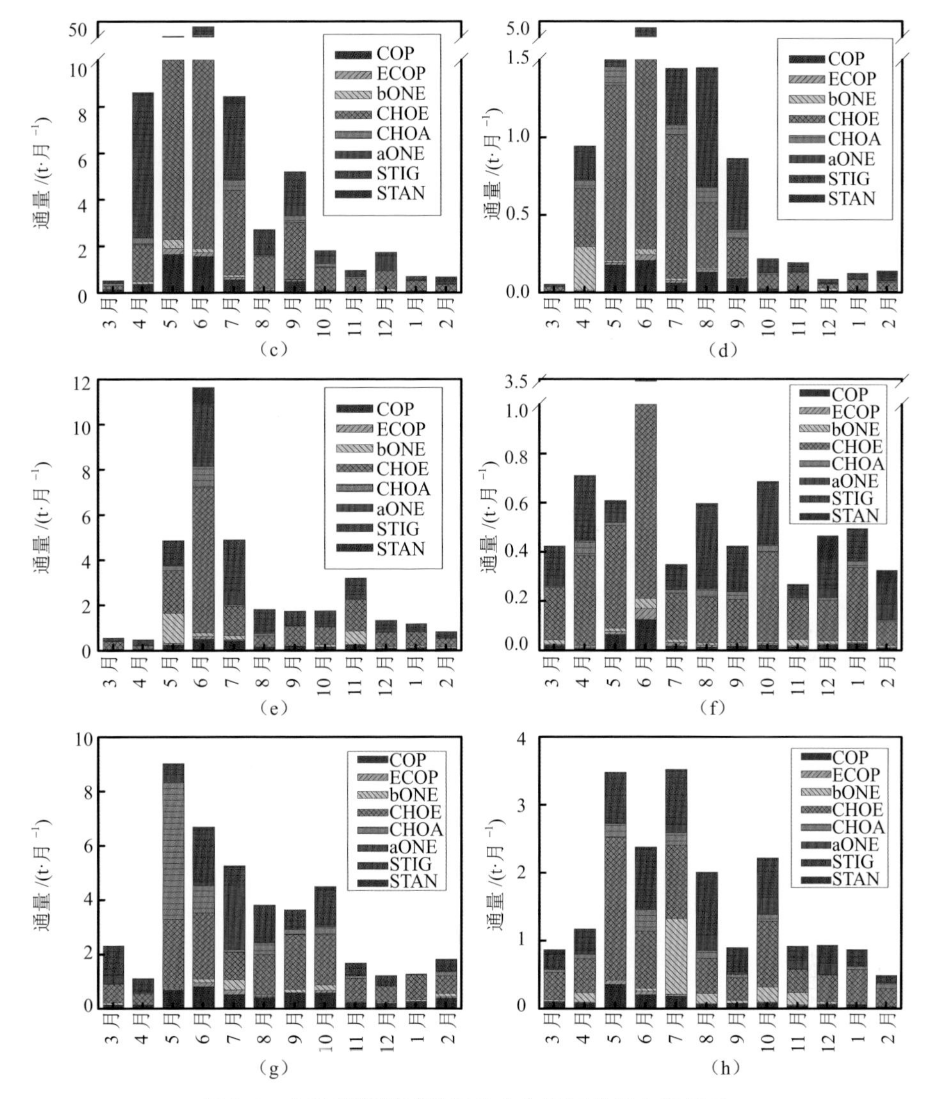

图 3-6　八种甾醇通过珠江八大入海口的月入海通量

(a) 虎门；(b) 磨刀门；(c) 蕉门；(d) 鸡啼门；(e) 洪奇沥门；(f) 虎跳门；(g) 横门；(h) 崖门

前文估算珠江三角洲各种来源排放出来的PAHs中的23%是通过珠江八大入海口输送出去的。如果把这个比例也应用在甾醇上，那么珠江三角洲每年共产生的COP约137 t，而若假设这137 t的COP均来自珠江三角洲全年29亿m^3的生活污水[134]，那么生活污水中的COP浓度约为47.4 μg·L^{-1}。这与文献报道的珠江三角洲生活污水中COP的浓度基本接近[73, 77]。若将137 t COP折算成珠江三角洲人均排泄量，其值约为8.3 mg·d^{-1}·人$^{-1}$，这与瑞典斯德哥尔摩地区人均每天排泄0.56 mg COP相似[78]。

3.2.7 直链烷基苯的河流通量及其影响

通过式（3-2）和式（3-3），我们计算了珠江八大入海口的LABs的入海通量（表3-4）。结果显示，2005年3月～2006年2月珠江入海口向南海排出的LABs总量约为14.3 t。如果以LABs在普通洗涤剂中的平均质量分数0.163%来估算，这相当于在整个采样期间，珠江三角洲直接排放入海的洗涤剂约8600 t。

文献中关于HOCs与TOC线性正相关的报道很多[152-155]。但是这些关系实际上都只是从微观角度来描述环境中物质存在状态的关联性，而没有考虑宏观因素（比如水文变化等）对污染物质环境行为的可能影响。实际上污染物质在环境中的迁移、转化等环境过程的决定性因素往往是一些宏观量。

在研究中，我们发现同期测定的珠江TOC和LABs入海通量之间存在正相关线性关系（图3-7a）。与此同时，对于与LABs性质类似的HOCs入海通量之间的关系也进行了考察，图3-7b显示LABs和PAHs的入海通量线性关系良好。众所周知，LABs主要来源于家用洗涤剂[50]，而珠江三角洲PAHs主要来源于石油及木材的不完全燃烧[38]。两者河流通量之间的线性关系说明两者来源都与该地区人类活动有关，或者说明它们具有相似的传输方式。同时这种正向关系也表明用LABs作为环境分子标志物可以鉴别或指示憎水性有机污染物（如PAHs、PCBs等）的环境迁移过程[50]。与之相反，LABs与PBDEs的入海通量之间呈现负线性关系（图3-7c），这可能表明两者源头不完全一致或者它们在环境中的迁移方式不同。

珠江三角洲河水经常用来灌溉农田。调查发现，珠江三角洲河流水体含有大量的有机污染物[156-159]，因而农业土壤可能成为许多憎水性有机污染物的储存体，如LABs等。为了安全使用河水，我们有必要估算由于河水灌溉而引入农田

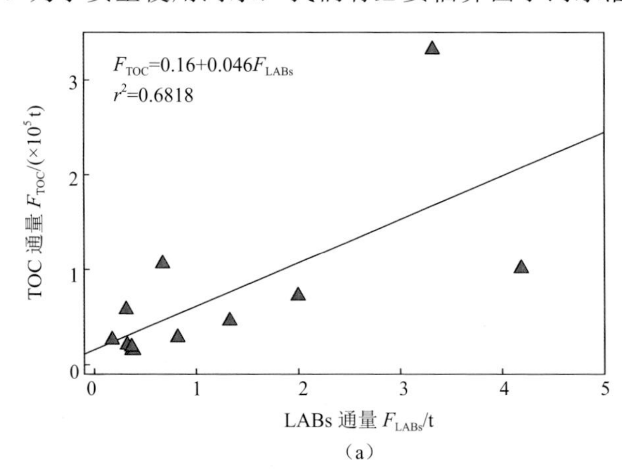

（a）

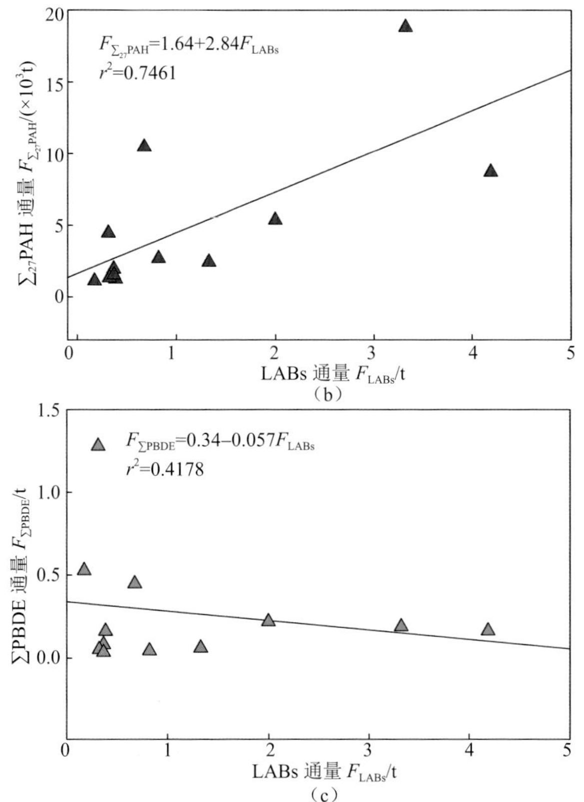

图 3-7　LABs 与 TOC、$\sum_{27}$PAH、∑PBDE 的河流通量的关系

的有机污染物的储存量。这项工作的意义在于可以根据这些数据，评估其对农作物的潜在危害，因为有机污染物质的毒性主要取决于农作物对有机污染物的吸收量，而对农田土壤中有机污染物沉积量有效估算有助于上述问题的研究。这里选择LABs作为化学指示物质，因为该物质在农田中的储存量可以用以指示与其类似的其他毒害有机物对农作物的影响。

LABs在广东省农业土壤中的储存量(I；$kg\cdot a^{-1}$)可以用下式估算：

$$I = k \sum \mathrm{LAB}(D+S)\, Q_i \tag{3-10}$$

其中，Q_i为年灌溉用水量($10^8\ m^3\cdot a^{-1}$)；k是转换系数；$\sum \mathrm{LAB}(D+S)$是水样中LABs的浓度($mg\cdot m^{-3}$)。广东省农田灌溉面积、灌溉用水量，以及LABs在各种作物农田中的储存量列入表3-11。很明显，LABs在农田的储存量主要由灌溉用水量确定。因此，早稻田和晚稻田比其他农业作物土壤沉积更多的LABs，占广东省农田LABs总存量的68%，其次是菜地（17%），再次是薯类和花生类农田。与LABs具有相似理化性质的有机污染物质有可能和该物质一起被传输至农田，并进一步在农作物体内累积，因此这些农作物有可能成为这些有机污染物的“携带者”。

表 3-11 广东省农田中每年 LABs 的储存量

主要农作物	灌溉面积 /($\times10^5$ hm^2)	灌溉用水量 /($\times10^8$ m^3)	储存量 /(kg·a^{-1})
早稻	10	55	99 ~ 576
晚稻	11	64	115 ~ 672
菜地	9.7	30	53 ~ 309
薯类	2.9	5.2	9.4 ~ 55
花生	2.7	5.1	9.1 ~ 53
其他	4.9	15	27 ~ 159
总量	41.2	174.3	313 ~ 1825

3.2.8 苯并噻唑类物质的入海通量及效应

1. 苯并噻唑类物质的入海通量

BT、苯并菲等6种化合物合称苯并噻唑类物质，记作BTs。依据测量的珠江各入海口水体BTs浓度和径流量，通过式（3-2）和式（3-3），我们评估了BTs的各化合物的入海通量。其中珠江水体TN、BT、MBT、DBT、24MoBT和TP的年入海通量分别为1.94 t·a^{-1}、65.1 t·a^{-1}、10.1 t·a^{-1}、0.63 t·a^{-1}、0.18 t·a^{-1}和0.89 t·a^{-1}，总BTs的年河流入海通量为78.7 t·a^{-1}。BT是所有BTs中最重要的组成，其年河流入海通量为65.1 t·a^{-1}，在所有入海口中都占到重要的比例（表3-4和图3-6）。目前，文献中还很少有BTs河流通量的数据可比较，类似数据有Brownlee等[62]于1992年进行的关于埃尔迈拉（Elmira）污水处理厂排入卡纳格吉格（Canagagigue）河（位于美国纽约北部）的BTs通量调查，它给出的数据为100 kg·a^{-1}。

珠江三角洲BTs月入海通量的变化较大。2005年5月，河水径流最大，而目标物质的总浓度也最大（图3-8）。2005年3～5月，河流水体中目标物质的总浓度随着径流增加而增加，而随后河水径流继续增加，至6月、7月达到峰值，但目标物总浓度却由于稀释而降低。在珠江三角洲少雨的干季（9月到来年2月），河水径流变化甚微，故目标物质浓度变化也不明显。总体的趋势是，雨季和干季相比，具有大的河水径流，因而导致雨季也具有较大的目标物入海通量（图3-8）。因此，可以明确得出结论，珠江三角洲河水径流决定BTs入海通量。

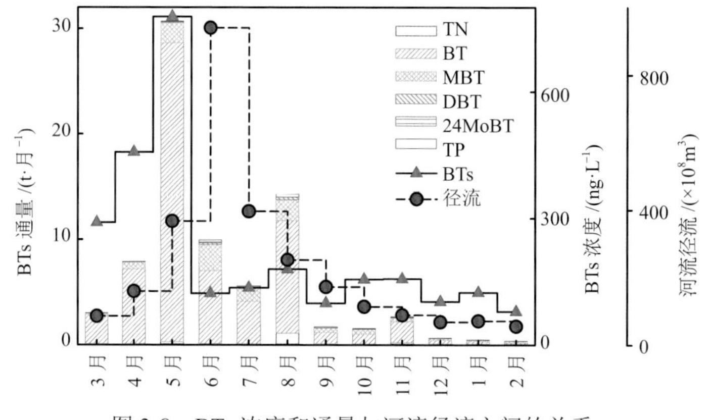

图 3-8　BTs 浓度和通量与河流径流之间的关系

2. 污水处理厂 LABs 和 BTs 对河流污染的贡献

LABs来源于日常使用的洗涤用品，BTs则与汽车轮胎相关，前者与人群密度关系密切，而后者则与社会经济发展水平和实际规模，以及地区城市化进程相关。洗涤剂在使用后主要随生活废水进入市政管道，而后进入污水处理厂进行处理。当然，也有相当部分的生活污水实际上并不经过污水处理厂，处于自由排放状态，这主要是因为在一些农村地区或城市远郊，生活污水并不进入市政管网。而汽车轮胎在行使过程中会因磨损而留存于路面，之后主要是经雨水冲刷而进入地表水体，但是不排除雨水进入污水处理厂的可能。污水处理厂排放的水是典型的点源污染，其处理污水的能力和效果直接影响当地河流水体污染状况。调查一个城市污水处理厂进水中LABs浓度水平可以帮助我们了解城市人群的日常生活对水环境的污染贡献，而了解BTs的浓度可以与城市化进程相联系，有利于更好地理解人类活动与环境的相互关系。

污水处理厂每天排出的水体中微量的有机污染物会再次进入地表径流，迄今为止，对于污水处理厂的处理效果主要是用一些宏观污染指数来表征，如总磷、总氮、化学耗氧量、生物耗氧量，而对于微量有机污染物的浓度没有体现，因而我们并不了解污水处理厂排出水的有机污染物存在水平，虽然有机污染物浓度可能不高，但这种微污染的宏观效果不能忽视。因为排出水的体积很大，每年排出的有机污染物的总量应该不能忽略。如果能估算出一个城市污水处理厂作为点源污染对于当地河流通量的贡献，那就可以帮助我们更好地了解城市生活的污染能力。对于现代化都市的污染力的确定有利于更有效地制定并实施可行的具体方案，从普通人群的城市生活着手实施污染削减。

这里我们主要讨论广州市污水处理厂接纳污水中LABs和BTs的浓度水平，了解污水处理厂对于有机污染物的削减能力，同时估算广州市污水处理厂每年对珠江通过虎门输入南海河流通量的贡献。此外，通过雨季对公路表面雨水样品的采集，分析雨水冲刷带走路面污染物质对河流污染的贡献。具体的论述如下。

以广州市废水排放总量扣除工业污水排放量得到民用废水量，其值为125837万t−20249万t = 105588万t（数值来源于文献[134]）。若假设这些民用废水都进入到了广州污水处理厂，这里我们用其值乘以污水处理厂出水中LABs和BTs的平均浓度，可得到两种物质每年来自污水厂的排放量。因为广州市河流主要通过虎门入海，因此可将污水厂的排放量和虎门河流入海通量作一比较，得出污水厂对河流污染的相对比例。估算结果如下：污水处理厂出水中LABs平均浓度为248 $ng \cdot L^{-1}$，污水厂年排放LABs为0.25 t，而虎门LABs年入海通量为1.9 t，故污水处理厂作为点源对虎门入海口的污染贡献为13%。同样的估算程序，污水处理厂出水中BTs平均浓度为198 $ng \cdot L^{-1}$，污水厂年排放BTs为0.20 t，而虎门BTs年入海通量为14 t，故污水处理厂作为点源对虎门入海口的污染贡献为1.4%。由此可见，LABs主要来自生活废水，所以污水厂输出的该类物质对河流污染贡献较大；而BTs的主要来源并不是日常生活用品，故市政污水中该类物质对河流污染的贡献较小。如果广州市人口按照1000万来计算，可以估算出LABs的人均年负荷量为 25 mg。同样的推算可得出BTs的人均年负荷量为20 mg。

3.2.9 OCPs 和 PCBs 的入海通量

利用式（3-2）和式（3-3），我们评估了珠江八大入海口OCPs和PCBs的入海通量，见表3-4。结果显示，2005～2006年，珠江八大入海口的$\sum_{21}$OCP和$\sum_{20}$PCB月径流通量分别为0.64～277 kg和0.09～19.1 kg，OCPs的两个主要组成物DDTs和HCHs的月径流通量分别为0.20～71.4 kg和0.17～102 kg。相比而言，东部四个出口（虎门、蕉门、洪奇沥门、横门）及西部磨刀门有着较多的月径流通量。河流径流量在入海通量评估中起到至关重要的作用。珠江的$\sum_{21}$OCP和$\sum_{20}$PCB的河流年径流量分别为3090 kg和215 kg，DDTs和HCHs的则分别达到1020 kg和1110 kg。

目前，有关OCPs和PCBs的河流通量的报道仍较少，为比较珠江三角洲河流对海洋污染的贡献，我们利用式（3-3）简要地评估了全球其他几个主要河流的DDTs、HCHs和PCBs的年河流通量，具体数据及结果列于表3-12。结果显示，珠江的DDTs年河流通量与长江、淮河的相当，比辽河、钱塘江及九龙江的通量多。而HCHs的年河流通量低于长江的，高于其他几个中国河流的通量值。与评估的全球其他地区的主要河流通量相比，珠江DDTs和HCHs的年通量低于俄罗斯鄂毕河等每年向北极地区输运的DDTs和HCHs通量，也低于越南红河每年向南海输运的DDTs和HCHs量。PCBs的年通量低于长江每年向中国东海输出的量，与西班牙的挨布罗河的PCBs通量相当。

表 3-12　中国及全球其他地区的主要河流水体中 DDTs、HCHs 和 PCBs 平均浓度、年径流量及年河流通量

	平均浓度 /(ng·L^{-1})			Q^a/(×10^9 m^3)	年河流通量 /(t·a^{-1})			参考文献
	DDTs	HCHs	PCBs		DDTs	HCHs	PCBs	
中国珠江	3.89	3.69	0.77	334	1.30	1.23	0.26	[20]
中国长江	1.37	4.8	2.4	951	1.30	4.56	2.28	[160]
中国辽河	2.77	14.0	—	14.8	0.041	0.21	—	[161]
中国淮河	4.45 ～ 78.9	1.11 ～ 7.55	—	62.2	0.28 ～ 4.91	0.07 ～ 47	—	[162]
中国钱塘江	4.9	27.4	—	40.4	0.2	1.11	—	[7]
中国九龙江	12.8	71.8	—	11.7	0.15	0.84	—	[163]
越南红河	54.2	23.8	—	119	6.45	2.83	—	[164]
加拿大圣劳伦斯河	1.02	—	—	—	0.28	0.28	—	[165]
西班牙挨布罗河	3.1	3.38	76.3	9.7	0.03	0.03	0.74	[166]
俄罗斯勒拿河	—	—	—	—	3.0	0.62	—	[166]
俄罗斯普尔河	—	—	—	—	1.13	5.78	—	[166]
俄罗斯鄂毕河	—	—	—	—	8.07	28.6	—	[166]

a. 数据来源于《中国统计年鉴（2006）》和《世界统计年鉴（2006）》

3.2.10　PBDEs 的入海通量

评估结果显示，所有八大入海口的$\sum_{17}$PBDE月通量为0.21～215 kg。东部四出口（虎门、蕉门、洪奇沥门和横门）的$\sum_{17}$PBDE年通量普遍高于西四门（磨刀门、鸡啼门、虎跳门和崖门），见表3-4。整个珠江三角洲河流$\sum_{17}$PBDE年入海通量为2140 kg，其中BDE-209占到约90%，年径流通量达到1960 kg；其他依次是BDE-47和BDE-99，年入海通量分别是13.8 kg和11.7 kg。Carroll等[167]测量了俄罗斯鄂毕河和叶尼塞河（Yenisey）水体溶解相中的一溴代至八溴代PBDEs的浓度水平，并评估了通过溶解相水体向海洋输送的PBDEs通量，具体是2003年从叶尼塞河输出1.92 kg的PBDEs污染物，2005年从鄂毕河输出1.84 kg的PBDEs污染物。这些值远低于珠江的河流通量。而其他河流PBDEs的通量评估还很少有相关报道。

PBDEs作为阻燃剂被广泛添加到塑料、电子元件、泡沫、纺织品等产品中，1999年全球消耗PBDEs类工业产品67 125 t[168]。在中国，2000年国内全年消耗溴代阻燃剂近10 000 t，并且还保持着约8%的增长率，而在溴代产品中，十溴代

PBDEs（deca-BDE）占有最大的国内市场份额[28]。珠江口沉积柱中PBDEs污染物分析表明，在过去20～30年，珠江三角洲环境中PBDEs污染物水平保持持续的增长，在沉积物中其增长速度接近8%[27, 28]。因此，基础于上述表述，假设珠江PBDEs河流通量也保持每年8%的增长，那么在过去20年里，珠江水系从珠江三角洲输送了约23 t的$\sum_{17}$PBDE到南海沿岸海域。

3.3 珠江三角洲珠江流域有机污染物对近海环境的影响

前文的结果显示，珠江径流输出的污染物中，大部分是从珠江东四门（虎门、蕉门、洪奇沥门和横门）排出的。而从采样图可以见到，实际上珠江的东四门所输出的污染物都排入了珠江口的伶仃洋区域，其区域周围密集地分布了香港、深圳、广州南沙、珠海、澳门等重要地区和城市。中国政府和环境科学研究者做了大量有关污染状况的监测，如土壤、大气、水体、沉积物、海产品类及人体的血清、人乳等的检测，结果也表明珠江口周围地区各环境介质都受到PAHs、OCPs、PBDEs等持久性有机污染物的影响，给人民生活带来许多潜在的危害。珠江通过河流径流每年向珠江口输送了大量污染物，但珠江口的水流又会将这些污染物输送到南海沿岸和海洋。那么在这个过程中有多少污染物对珠江口造成了影响？都被传输到了哪里？下文我们将以PAHs和PBDEs为代表，利用质量平衡模型来解析污染物对珠江口区域和南海的影响。

3.3.1 珠江口 PBDEs 的输出量

以我们的研究和有效的文献参考数据为基础，借助以下质量平衡模型帮助我们理解和认识PBDEs在珠江口的来源、传输和归宿。表达式如下：

$$F_r + F_g + F_{pw} = F_s + F_d + F_o \tag{3-11}$$

其中，F_r、F_g、F_{pw}、F_s、F_d和F_o分别为河流径流输入通量、水气交换通量、大气干湿沉降通量、沉积物沉积通量、水体中降解通量和向海洋输出通量。珠江三角洲东四门向珠江口输送的BDE-209的量（F_r）为1350 $kg \cdot a^{-1}$。根据我们的研究评估珠江口BDE-209的水气交换通量分别为−0.12 $ng \cdot m^{-2} \cdot d^{-1}$（4～9月丰水期）和−0.24 $ng \cdot m^{-2} \cdot d^{-1}$（10月～次年3月枯水期）[30]，如果设定珠江口的水域面积为2016 km^2，向其水体年输送通量（F_g）为−0.13 $kg \cdot a^{-1}$，即珠江口水体每年通过水气交换有0.13 kg的BDE-209挥发到大气中。而其水域BDE-209的年大气干湿沉降通量（F_{pw}）为235 $kg \cdot a^{-1}$（BDE-209的沉降通量为320 $ng \cdot m^{-2} \cdot d^{-1}$）[30]。Chen等[27]评估珠江口沉积物中BDE-209的沉积通量（F_s）为600 $kg \cdot a^{-1}$；而珠江口水体

BDE-209的降解年通量（F_d）为45 kg·a^{-1}[30]。综上所述，我们可得珠江口向近岸海域输出的BDE-209年通量（F_o）为940 kg·a^{-1}。具体结果及各转换机制的流程及质量转换年通量显示在图3-9中。

上述结果评估了珠江口向海洋输送的PBDEs量，而珠江三角洲的八大入海口中只有东四门的水流进入珠江口。其他几个出口（磨刀门、鸡啼门、虎跳门和崖门）每年径流也输出了大量的PBDEs污染物，如果忽略沉积作用、降解及大气输入的影响，这四个入海口每年向沿岸海域输送的BDE-209的量达到600 kg·a^{-1}。明显地，珠江径流的PBDEs等污染物大部分被输送到海洋中，给其区域的环境带来不可估量的潜在影响。

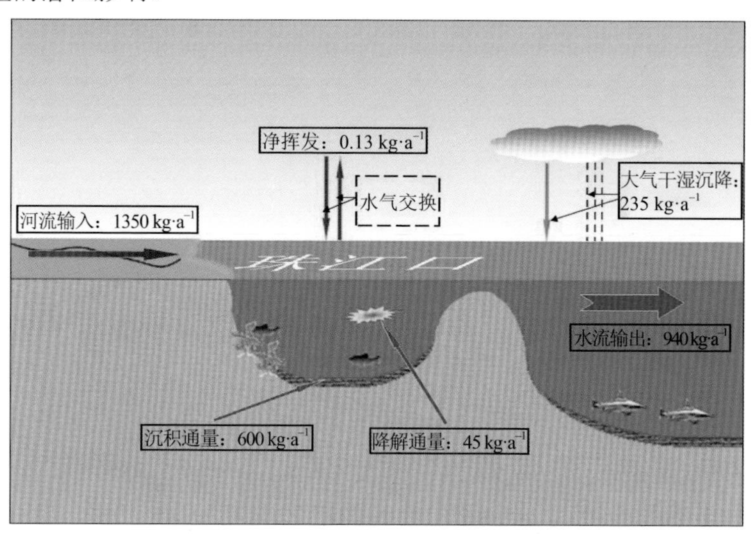

图 3-9　珠江口 BDE-209 的各输入和输出转换机制及它们的年通量

3.3.2　珠江口及南海北部 PAHs 的通量

类似地，我们也可以利用质量平衡模型式（3-11）来理解和认识PAHs在邻近海洋环境中的来源、传输和归宿。根据我们的研究数据和有效的文献分析数据，这个质量平衡的各变量的解析如下：①PAHs通过大气进入水体的主要途径是大气干湿沉降和水气交换。文献[169]报道了香港岛鹤嘴$\sum_{15}$PAH的大气干湿沉降的通量为105 ng·m^{-3}。如果按照这个沉降速率计算，每年通过大气干湿沉降进入珠江口和南海大陆架的$\sum_{15}$PAH为0.88 t。Odabasi等[170, 171]认为PAHs通过水气交换和大气干湿沉降具有同样重要的作用。Ye等[169]在研究广州麓湖PAHs的水气交换和大气干湿沉降时发现，$\sum_{15}$PAH的水气交换通量为大气干湿沉降通量的4.84倍，如果按照这个比例计算则通过水气交换进入珠江口和南海的$\sum_{15}$PAH的年通量为4.25 t，因此通过大气传输进入该地区的$\sum_{15}$PAH的年通量约5 t（图3-10）。

②我们的研究评估显示，2005～2006年珠江河流输入的$\sum_{15}$PAH的入海年通量是33.9 t（表3-4）。③PAHs在近海岸很快就伴随着颗粒物沉积下去，被深层埋藏、降解或者被再悬浮出来。Chen等[153]计算出PAHs在珠江口及南海北部的$\sum_{15}$PAH年沉积通量约为14.9 t。④Greenfield等[172]模拟了PAHs在洛杉矶湖水中PAHs的降解比例约为5%，如果按照总量5%的PAHs被生物和光降解，大约有1.9 t的$\sum_{15}$PAH被降解。因此，根据这些数据可以计算出PAHs被输出到外海的通量为22.1 t。由此可见，$\sum_{15}$PAH主要通过河流输入进入珠江口及南海北部地区，而大气作用仅占12.4%，这个结论与洛杉矶湾相似[172]。但是这里需要指明的是这个区域是中国居住人口最密集的地区之一，也是中国最繁忙港口贸易区域之一，其区域除了我们评估的河流和大气沉降输入的PAHs量外，由于缺乏沿海地区污水的直接排放及石油泄漏等方式输入的PAHs数据，这个质量平衡中总的PAHs的输入量可能被低估，相应的输出到海洋的PAHs的量也可能被低估。

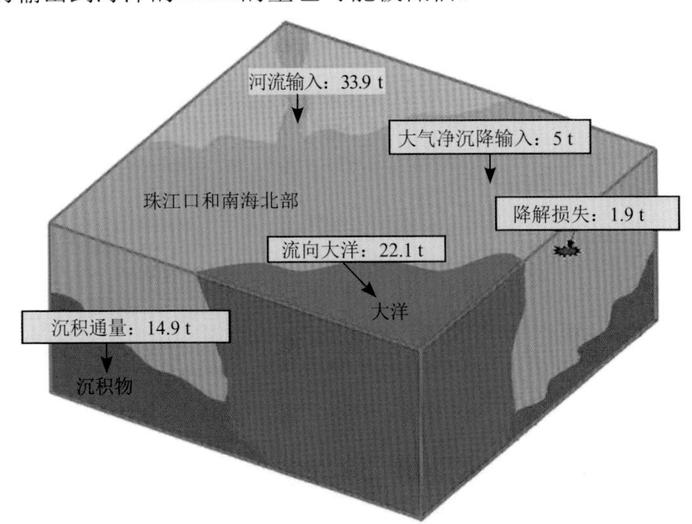

图 3-10 珠江口和南海北部 $\sum_{15}$PAH 的收支通量

3.3.3 珠江口和南海大陆架 $\sum_{15}$PAH 的收支通量

$\sum_{15}$PAH流往南海其他地方或者外海的年通量为22.1 t，占输出总量的58%，由此可见，珠江口和南海大陆架地区PAHs的输出方式主要是流往外海，如果全球海洋PAHs的背景值为90 ng·L^{-1}，而且这些污染物被平均分布到全球海洋表层200 m深的水体，那么每年从珠江口和南海大陆架流出去的22.1t $\sum_{15}$PAH约占全球海洋总的PAHs的0.4%，这一比值与正构烷烃和有机碳[150]对全球海洋的贡献接近。这说明珠江三角洲通过河流作用进入全球海洋中的有机污染仍然是世界海洋PAHs污染的一个重要来源。

参考文献

[1] Cheng H F，Hu Y A，Zhao J F. Meeting China's water shortage crisis：Current practices and challenges[J]. Environmental Science & Technology，2009，43(2)：240-244.

[2] Voldner E C，Li Y F. Global usage of selected persistent organochlorines[J]. Science of the Total Environment，1995，160-161(95)：201-210.

[3] Li Y F. Global technical HCH usage and its contamination consequences in the environment：From 1948 to 1997[J]. Science of the Total Environment，1999，232(3)：121-158.

[4] Zhang G，Parker A，House A，et al. Sedimentary Records of DDT and HCH in the Pearl River Delta，South China[J]. Environmental Science & Technology，2002，36(17)：3671-3677.

[5] Fung C N，Zheng G J，Connell D W，et al. Risks posed by trace organic contaminants in coastal sediments in the Pearl River Delta，China[J]. Marine Pollution Bulletin，2005，50(10)：1036-1049.

[6] Yang R Q，Yao Z W，Jiang G B，et al. HCH and DDT residues in molluscs from Chinese Bohai coastal sites[J]. Marine Pollution Bulletin，2004，48(7-8)：795-799.

[7] Zhou R，Zhu L，Yang K，et al. Distribution of organochlorine pesticides in surface water and sediments from Qiantang River，East China[J]. Journal of Hazardous materials，2006，137(1)：68-75.

[8] Kong K Y，Cheung K C，Wong C K C，et al. The residual dynamic of polycyclic aromatic hydrocarbons and organochlorine pesticides in fishponds of the Pearl River Delta，South China[J]. Water Research，2005，39(9)：1831-1843.

[9] Nakata H，Hirakawa Y，Kawazoe M，et al. Concentrations and compositions of organochlorine contaminants in sediments，soils，crustaceans，fishes and birds collected from Lake Tai，Hangzhou Bay and Shanghai city region，China[J]. Environmental Pollution，2005，133(3)：415-429.

[10] Maskaoui K，Zhou J L，Zheng T L，et al. Organochlorine micropollutants in the Jiulong River Estuary and Western Xiamen Sea，China[J]. Marine Pollution Bulletin，2005，51(8-12)：950-959.

[11] Zhou J L，Maskaoui K，Qiu Y W，et al. Polychlorinated biphenyl congeners and organochlorine insecticides in the water column and sediments of Daya Bay，China[J]. Environmental Pollution，2001，113(3)：373-384.

[12] 阳宇翔，刘昕宇，詹志薇，等 . 粤桂水源地有机氯农药的污染特征及生态风险 [J]. 环境科学，2016，37(6)：2131-2140.

[13] Qiao M，An T，Zeng X，et al. Safety assessment of the source water within the Pearl River Delta on the aspect of organochlorine pesticides contamination[J]. Journal of Environmental Monitoring，2010，12(9)：1666-1677.

[14] 刘艳霖 . 西江流域有机氯农药含量组成特征及年通量 [J]. 深圳信息职业技术学院学报，2008，6(4)：76-80.

[15] 汤嘉骏，刘昕宇，詹志薇，等 . 流溪河水体有机氯农药的生态风险评价 [J]. 环境科学学报，2014，34(10)：2709-2717.

[16] Luo X J，Mai B X，Yang Q S，et al. Polycyclic aromatic hydrocarbons (PAHs) and organochlorine pesticides in water columns from the Pearl River and the Macao harbor in the Pearl River Delta in South China[J]. Marine Pollution Bulletin，2004，48(11)：1102-1115.

[17] 杨清书，麦碧娴，傅家谟，等 . 珠江干流河口水体有机氯农药的研究 [J]. 中国环境科学，2005，25(S1)：47-51.

[18] 杨清书，麦碧娴，傅家谟，等 . 珠江虎门潮汐水道难降解有机污染物入海通量研究 [J]. 地理科学，2004，24(6)：704-709.

[19] 李建民，刘昕宇，何景亮 . 珠江八大出海口门水体中有机氯农药的污染状况初探 [J]. 人民珠江，2013，34(5)：52-54.

[20] Guan Y F，Wang J Z，Ni H G，et al. Organochlorine pesticides and polychlorinated biphenyls in riverine runoff of the Pearl River Delta，China：Assessment of mass loading，input source and environmental fate[J]. Environmental Pollution，2009，157(2)：618-624.

[21] Sun H，An T，Li G，et al. Distribution，possible sources，and health risk assessment of SVOC pollution in small streams in Pearl River Delta，China[J]. Environmental Science and Pollution Research，2014，21(17)：

10083-10095.
[22] 罗孝俊 . 珠江三角洲河流、河口和邻近南海海域水体、沉积物中多环芳烃与有机氯农药研究 [D]. 广州：中国科学院广州地球化学研究所，2004.
[23] Zhang G，Li J，Cheng H R，et al. Distribution of organochlorine pesticides in the northern South China Sea：Implications for land outflow and air-sea exchange[J]. Environmental Science & Technology，2007，41(11)：3884-3890.
[24] Mai B，Zeng E Y，Luo X，et al. Abundances，depositional fluxes，and homologue patterns of polychlorinated biphenyls in dated sediment cores from the Pearl River Delta，China[J]. Environmental Science & Technology，2005，39(1)：49-56.
[25] 聂湘平，蓝崇钰，栾天罡，等 . 珠江广州段水体、沉积物及底栖生物中的多氯联苯 [J]. 中国环境科学，2001，21(5)：417-421.
[26] Chen M Y，Yu M，Luo X J，et al. The factors controlling the partitioning of polybrominated diphenyl ethers and polychlorinated biphenyls in the water-column of the Pearl River Estuary in South China[J]. Marine Pollution Bulletin，2011，62(1)：29-35.
[27] Chen S J，Luo X J，Lin Z，et al. Time trends of polybrominated diphenyl ethers in sediment cores from the Pearl River Estuary，South China[J]. Environmental Science & Technology，2007，41(16)：5595-5600.
[28] Mai B X，Chen S J，Luo X J，et al. Distribution of polybrominated diphenyl ethers in sediments of the Pearl River Delta and adjacent South China Sea[J]. Environmental Science & Technology，2005，39(10)：3521-3527.
[29] Yang Y，Xie Q，Liu X，et al. Occurrence，distribution and risk assessment of polychlorinated biphenyls and polybrominated diphenyl ethers in nine water sources[J]. Ecotoxicology and Environmental Safety，2015，115：55-61.
[30] Guan Y F，Sojinu O S S，Li S M，et al. Fate of polybrominated diphenyl ethers in the environment of the Pearl River Estuary，South China[J]. Environmental Pollution，2009，157(7)：2166-2172.
[31] Guan Y F，Wang J Z，Ni H G，et al. Riverine inputs of polybrominated diphenyl ethers from the Pearl River Delta (China) to the coastal ocean[J]. Environmental Science & Technology，2007，41(17)：6007-6013.
[32] 罗孝俊，余梅，麦碧娴，等 . 多溴联苯醚 (PBDEs) 在珠江口水体中的分布与分配 [J]. 科学通报，2008，53(2)：141-146.
[33] 刘艳霖，彭平安 . 西江二恶英的季节变化、通量及来源 [J]. 科技信息，2009，(19)：8-10.
[34] Zhang Y，Lai S，Zhao Z，et al. Spatial distribution of perfluoroalkyl acids in the Pearl River of southern China[J]. Chemosphere，2013，93(8)：1519-1525.
[35] Sun R，Luo X，Tang B，et al. Bioaccumulation of short chain chlorinated paraffins in a typical freshwater food web contaminated by e-waste in South China：Bioaccumulation factors，tissue distribution，and trophic transfer[J]. Environmental Pollution，2017，222：165-174.
[36] 刘珩，李建民，刘昕宇 . 珠江流域部分水源地多环芳烃污染物的生态风险评价研究 [J]. 水利技术监督，2014，22(3)：11-15.
[37] An T，Qiao M，Li G，et al. Distribution，sources，and potential toxicological significance of PAHs in drinking water sources within the Pearl River Delta[J]. Journal of Environmental Monitoring，2011，13(5)：1457-1463.
[38] Deng H M，Peng P A，Huang W L，et al. Distribution and loadings of polycyclic aromatic hydrocarbons in the Xijiang River in Guangdong，South China[J]. Chemosphere，2006，64(8)：1401-1411.
[39] 李斌，解启来，刘昕宇，等 . 流溪河水体多环芳烃的污染特征及其对淡水生物的生态风险 [J]. 农业环境科学学报，2014，33(2)：367-374.
[40] 李海燕，段丹丹，黄文，等 . 珠江三角洲表层水中多环芳烃的季节分布、来源和原位分配 [J]. 环境科学学报，2014，34(12)：2963-2972.
[41] Zhang K，Liang B，Wang J Z，et al. Polycyclic aromatic hydrocarbons in upstream riverine runoff of the Pearl River Delta，China：An assessment of regional input sources[J]. Environmental Pollution，2012，167(6)：78-84.
[42] 押淼磊，王新红，吴玉玲，等 . 珠江下游至伶仃洋水体中多环芳烃的相态分布和传输特征 [J]. 海洋环境科学，2014，33(4)：525-530.
[43] 吴兴让，尹平河，赵玲，等 . 珠江广州段水体微表层与次表层中多环芳烃的分布与组成 [J]. 环境科学学报，2010，30(4)：868-873.
[44] 杨清书，欧素英，谢萍，等 . 珠江虎门潮汐水道水体中多环芳烃的分布及季节变化 [J]. 海洋学报，2004，

26(6)：37-48.

[45] Liu F，Yang Q，Hu Y，et al. Distribution and transportation of polycyclic aromatic hydrocarbons (PAHs) at the Humen river mouth in the Pearl River Delta and their influencing factors[J]. Marine Pollution Bulletin，2014，84(1-2)：401-410.

[46] Li H，Lu L，Huang W，et al. In-situ partitioning and bioconcentration of polycyclic aromatic hydrocarbons among water，suspended particulate matter，and fish in the Dongjiang and Pearl Rivers and the Pearl River Estuary，China[J]. Marine Pollution Bulletin，2014，83(1)：306-316.

[47] 罗孝俊，陈社军，余梅，等. 多环芳烃在珠江口表层水体中的分布与分配 [J]. 环境科学，2008，29(9)：3-9.

[48] 张荧，魏立菲，李逸，等. 西江地表水中多环芳烃的分布和健康风险评价 [J]. 人民珠江，2016，37(5)：76-79.

[49] Wang J Z，Guan Y F，Ni H G，et al. Polycyclic aromatic hydrocarbons in riverine runoff of the Pearl River Delta (China)：Concentrations，fluxes，and fate[J]. Environmental Science & Technology，2007，41(16)：5614-5619.

[50] Takada H，Eganhouse R P. Molecular markers of anthropogenic waste[M]//Meyers R A. Encyclopedia of Environmental Analysis and Remediation. New York：John Wiley & Sons，Inc.，1998：2883-2940.

[51] Eganhouse R P，Blumfield D L，Kaplan I R. Long-chain alkylbenzenes as molecular tracers of domestic wastes in the marine environment[J]. Environmental Science & Technology，1983，17(9)：523-530.

[52] Ishiwatari R，Tabaka H，Yun S J，et al. Alkylbenzene pollution of Tokyo bay sediments[J]. Nature，1983，301(5901)：599-600.

[53] Chalaux N，Takada H，Bayona J M. Molecular markers in Tokyo Bay sediments：Sources and distribution[J]. Marine Environmental Research，1995，40(1)：77-92.

[54] Ni H G，Lu F H，Wang J Z，et al. Linear alkylbenzenes in riverine runoff of the Pearl River Delta (China) and their application as anthropogenic molecular markers in coastal environments[J]. Environmental Pollution，2008，154(2)：348-355.

[55] Wang J Z，Ni H G，Guan Y F，et al. Occurrence and mass loadings of *n*-alkanes in riverine runoff of the Pearl River Delta，South China：Global implications for levels and inputs[J]. Environmental Toxicology and Chemistry，2008，27(10)：2036-2041.

[56] Fernandes M B，Sicre M A. The importance of terrestrial organic carbon inputs on Kara Sea shelves as revealed by *n*-alkanes，OC and $\delta^{13}C$ values[J]. Organic Geochemistry，2000，31(5)：363-374.

[57] Saliot A，Bigot M，Bouloubassi I，et al. Transport and fate of hydrocarbons in rivers and their estuaries. Partitioning between dissolved and particulate phases：Case studies of the Rhône，France，and the Huanghe and the Changjiang，China[J]. Science of the Total Environment，1990，97/98：55-68.

[58] Bellavia V，Natangelo M，Fanelli R，et al. Analysis of benzothiozole in Italian wines using headspace solid-phase microextraction and gas chromatography-mass spectrometry[J]. Journal of Agricultural and Food Chemistry，2000，48(4)：1239-1242.

[59] Kloepfer A，Jekel M，Reemtsma T. Occurrence，sources，and fate of benzothiazoles in municipal wastewater treatment plants[J]. Environmental Science & Technology，2005，39(10)：3792-3798.

[60] Reddy C M，Quinn J G. Environmental chemistry of benzothiazoles derived from rubber[J]. Environmental Science & Technology，1997，31(10)：2847-2853.

[61] Meding B，Torén K，Karlberg A T，et al. Evaluation of skin symptoms among workers at a Swedish paper mill[J]. American Journal of Industrial Medicine，1993，23(5)：721-728.

[62] Brownlee B G，Carey J H，Macinnis G A，et al. Aquatic environmental chemistry of 2-(thiocyanomethylthio) benzothiazole and related benzothiazoles[J]. Environmental Toxicology and Chemistry，1992，11(8)：1153-1168.

[63] Mackenzie M J，Hunter J V. Sources and fates of aromatic compounds in urban stormwater runoff[J]. Environmental Science & Technology，1979，13(2)：179-183.

[64] Takada H，Onda T，Harada M，et al. Distribution and sources of polycyclic aromatic hydrocarbons (PAHs) in street dust from the Tokyo Metropolitan area[J]. Science of the Total Environment，1991，107：45-69.

[65] Williams P T，Bottrill R P. Sulfur-polycyclic aromatic hydrocarbons in tyre pyrolysis oil[J]. Fuel，1995，74(5)：736-742.

[66] Rogge W F，Hildemann L M，Mazurek M A，et al. Sources of fine organic aerosol. 3. Road dust，tire debris，and organometallic brake lining dust：Roads as sources and sinks[J]. Environmental Science & Technology，1993，27(9)：1892-1904.

[67] Ni H G，Lu F H，Luo X L，et al. Occurrence，phase distribution，and mass loadings of benzothiazoles in riverine runoff of the Pearl River Delta，China[J]. Environmental Science & Technology，2008，42(6)：1892-1897.
[68] Zeng E Y，Tran K，Young D. Evaluation of potential molecular markers for urban stormwater runoff[J]. Environmental Monitoring and Assessment，2004，90(1-3)：23-43.
[69] Malouki M A，Richard C，Zertal A. Photolysis of 2-mercaptobenzothiazole in aqueous medium：Laboratory and field experiments[J]. Journal of Photochemistry and Photobiology A：Chemistry，2004，167：121-126.
[70] 张宝和 . 世界 2006 年鉴 [M]. 北京：中国财政经济出版社，2006.
[71] Boonyatumanond R，Murakami M，Wattayakorn G，et al. Sources of polycyclic aromatic hydrocarbons (PAHs) in street dust in a tropical Asian mega-city，Bangkok，Thailand[J]. Science of the Total Environment，2007，384：420-432.
[72] Wang J Z，Guan Y F，Ni H G，et al. Fecal steroids in riverine runoff of the Pearl River Delta，South China：Levels，potential sources and inputs to the coastal ocean[J]. Journal of Environmental Monitoring，2010，12(1)：280-286.
[73] Isobe K O，Tarao M，Zakaria M P，et al. Quantitative application of fecal sterols using gas chromatography-mass spectrometry to investigate fecal pollution in tropical waters：Western Malaysia and Mekong Delta，Vietnam[J]. Environmental Science & Technology，2002，36：4497-4507.
[74] Noblet J A，Young D L，Zeng E Y，et al. Use of fecal steroids to infer the sources of fecal indicator bacteria in the lower Santa Ana River watershed，California：Sewage is unlikely a significant source[J]. Environmental Science & Technology，2004，38：6002-6008.
[75] Shah V G，Dunstan R H，Geary P M，et al. Comparisons of water quality parameters from diverse catchments during dry periods and following rain events[J]. Water Research，2007，41(16)：3655-3666.
[76] Standley L J，Kaplan L A，Smith D. Molecular tracers of organic matter sources to surface water resources[J]. Environmental Science & Technology，2000，34(15)：3124-3130.
[77] Gilli G，Rovere R，Traversi D，et al. Faecal sterols determination in wastewater and surface water[J]. Journal of Chromatography B，2006，843(1)：120-124.
[78] Ottoson J，Stenström T A. Faecal concentration of greywater and associated microbial risks[J]. Water Research，2003，37(3)：645-655.
[79] Hughes K A，Thompson A. Distribution of sewage pollution around a maritime Antarctic research station indicated by faecal coliforms，Clostridium perfringens and faecal sterol markers[J]. Environmental Pollution，2004，127(3)：315-321.
[80] Grimalt J，Fernandez P，Bayona J M，et al. Assessment of fecal sterols and ketones as indicators of urban sewage inputs to coastal waters[J]. Environmental Science & Technology，1990，24(3)：357-363.
[81] 杨清书，麦碧娴，罗孝俊，等 . 珠江澳门水域水柱多环芳烃初步研究 [J]. 环境科学研究，2004，17(3)：28-33.
[82] Wang X，Yuan K，Chen B，et al. Monthly variation and vertical distribution of parent and alkyl polycyclic aromatic hydrocarbons in estuarine water column：Role of suspended particulate matter[J]. Environmental Pollution，2016，216：599-607.
[83] Wang J Z，Nie Y F，Luo X L，et al. Occurrence and phase distribution of polycyclic aromatic hydrocarbons in riverine runoff of the Pearl River Delta，China[J]. Marine Pollution Bulletin，2008，57(6-12)：767-774.
[84] 贺勇，徐福留，何伟，等 . 巢湖生态系统中微量有机污染物的研究进展 [J]. 生态毒理学报，2016，11(2)：111-123.
[85] 金海燕，陈建芳，潘建明，等 . 夏季珠江口水体中多环芳烃的分布、组成及来源 [J]. 海洋学研究，2006，24(3)：32-40.
[86] 陆加杰，杨琛，卢锐泉，等 . 广州大学城珠江水域多环芳烃的污染特征 [J]. 中国环境监测，2009，25(5)：86-89.
[87] Qiu X，Zhu T，Yao B，et al. Contribution of dicofol to the current DDT pollution in China[J]. Environmental Science & Technology，2005，39(12)：4385-4390.
[88] 邓红梅 . 西江流域水体有机污染物及大分子有机质的研究 [D]. 广州：中国科学院，2006.
[89] 张宝忠 . 中国南方典型淡水养殖鱼塘生态系统中持久性卤代烃的浓度分布和迁移规律初步研究 [D]. 广州：中国科学院广州地球化学研究所，2009.
[90] 刘会会 . 界面通量被动采样装置的研发与应用 [D]. 广州：中国科学院广州地球化学研究所，2014.

[91] 管玉峰. 珠江八大入海口水体持久性卤代烃的浓度分布及其入海通量 [D]. 广州：中国科学院广州地球化学研究所，2009.

[92] Luo X J，Chen S J，Ni H G，et al. Tracing sewage pollution in the Pearl River Delta and its adjacent coastal area of South China Sea using linear alkylbenzenes (LABs)[J]. Marine Pollution Bulletin，2008，56(1)：158-162.

[93] Zeng E Y，Tsukada D，Noblet J A，et al. Determination of polydimethylsiloxane-seawater distribution coefficients for polychlorinated biphenyls and chlorinated pesticides by solid-phase microextraction and gas chromatography-mass spectrometry[J]. Journal of Chormatography A，2005，1066(1-2)：165-175.

[94] Eganhouse R P，Kaplan I R. Extractable organic matter in municipal wastewaters. 2. hydrocarbons molecular characterization[J]. Environmental Science & Technology，1982，16(9)：541-551.

[95] Blumer M，Guillard R R L，Chase T. Hydrocarbons of marine phytoplankton[J]. Marine Biologoly，1971，8(3)：183-189.

[96] Rieley G，Collier R J，Jones D M，et al. The biogeochemistry of Ellesmere Lake，U.K.—I：source correlation of leaf wax inputs to the sedimentary lipid record[J]. Organic Geochemistry，1991，17(6)：901-912.

[97] Dachs J，Bayona J M，Fillaux J，et al. Evaluation of anthropogenic and biogenic inputs into the western Mediterranean using molecular markers[J]. Marine Chemistry，1999，65(3-4)：195-210.

[98] Ehrhardt M，Petrick G. On the composition of dissolved and particle-associated fossil fuel residues in Mediterranean surface water[J]. Marine Chemistry，1993，42(1)：57-70.

[99] 刘建华，祁士华，张干，等. 湖北梁子湖沉积物正构烷烃与多环芳烃对环境变迁的记录 [J]. 地球化学，2004，33(5)：501-506.

[100] Gassmann G. Detection of aliphatic hydrocarbons derived by recent "bio-conversion" from fossil fuel oil in North Sea waters[J]. Marine Pollution Bulletin，1982，13(9)：309-315.

[101] Goutx M，Saliot A. Relationship between dissolved and particulate fatty acids and hydrocarbons，chlorophyll a and zooplankton biomass in Villefranche Bay，Mediterranean Sea[J]. Marine Chemistry，1980，8(4)：299-318.

[102] Eglinton G，Hamilton R J. Leaf epicuticular waxes[J]. Science，1967，156(3780)：1322-1335.

[103] Didyk B M，Simoneit B R T，Brassell S C，et al. Organic geochemical indicators of palaeoenvironmental conditions of sedimentation[J]. Nature，1978，272(5650)：216-222.

[104] Peters K E，Moldowan J M. Effects of source，thermal maturity and biodegradation on the distribution and isomerization of homohopanes in petroleum[J]. Organic Geochemistry，1991，17(1)：47-61.

[105] Snedaker S C，Glynn P W，Rumbold D G，et al. Distribution of *n*-alkanes in marine samples from southeast Florida[J]. Marine Pollution Bulletin，1995，30(1)：83-89.

[106] Volkman J K，Holdsworth D G，Neill G P，et al. Identification of natural，anthropogenic and petroleum hydrocarbons in aquatic sediments[J]. Science of The Total Environment，1992，112(2-3)：203-219.

[107] Broman D，Colmsjö A，Ganning B，et al. "Fingerprinting" petroleum hydrocarbons in bottom sediment，plankton，and sediment trap collected seston[J]. Marine Pollution Bulletin，1987，18(7)：380-388.

[108] Hwang R J，Heidrick T，Mertani B，et al. Correlation and migration studies of North Central Sumatra oils[J]. Organic Geochemistry，2002，33(12)：1361-1379.

[109] Bi X H，Sheng G Y，Peng P A，et al. Distribution of particulate- and vapor-phase *n*-alkanes and polycyclic aromatic hydrocarbons in urban atmosphere of Guangzhou，China[J]. Atmospheric Environment，2003，37(2)：289-298.

[110] Zheng M，Fang M，Wang F，et al. Characterization of the solvent extractable organic compounds in $PM_{2.5}$ aerosols in Hong Kong[J]. Atmospheric Environment，2000，34(17)：2691-2702.

[111] Bi X，Simoneit B R T，Sheng G，et al. Characterization of molecular markers in smoke from residential coal combustion in China[J]. Fuel，2008，87(1)：112-119.

[112] Albaigés J，Grimalt J，Bayona J M，et al. Dissolved，particulate and sedimentary hydrocarbons in a deltaic environment[J]. Organic Geochemistry，1984，6：237-248.

[113] Qiu Y J，Saliot A. Non-aromatic hydrocarbons in 'dissolved phase' (<0.7 um) and their fractionation between 'dissolved' and particulate phases in the Changjiang (Yangtse River) estuary[J]. Marine Environmental Research，1991，31(4)：287-308.

[114] Kavouras I G，Koutrakis P，Tsapakis M，et al. Source apportionment of urban particulate aliphatic and polynuclear aromatic hydrocarbons (PAHs) using multivariate methods[J]. Environmental Science & Technology，2001，35(11)：2288-2294.

[115] Simoneit B R T，Sheng G Y，Chen X J，et al. Molecular marker study of extractable organic matter in aerosols from urban areas of China[J]. Atmospheric Environment. Part A. General Topics，1991，25(10)：2111-2129.
[116] Mille G，Asia L，Guiliano M，et al. Hydrocarbons in coastal sediments from the Mediterranean sea (Gulf of Fos area，France)[J]. Marine Pollution Bulletin，2007，54(5)：566-575.
[117] Leeming R，Nichols P D. Concentrations of coprostanol that correspond to existing bacterial indicator guideling limits[J]. Water Research，1996，30(12)：2997-3006.
[118] Readman J W，Fillmann G，Tolosa I，et al. The use of steroids markers to assess sewage contamination of the Black Sea[J]. Marine Pollution Bulletin，2005，50(3)：310-318.
[119] Writer J H，Leenheer J A，Barber L B，et al. Sewage contamination in the upper Mississippi River as measured by the fecal sterol，coprostanol[J]. Water Research，1995，29(6)：1427-1436.
[120] Peng X Z，Zhang G，Mai B X，et al. Tracing anthropogenic contamination in the Pearl River estuarine and marine environment of South China Sea using sterols and other organic molecular markers[J]. Marine Pollution Bulletin，2005，50(8)：856-865.
[121] 刘霞 . 珠江三角洲水文特性变异及原因浅析 [J]. 水利规划与设计，2004，(4)：9-13.
[122] Coynel A，Seyler P，Etcheber H，et al. Spatial and seasonal dynamics of total suspended sediment and organic carbon species in the Congo River[J]. Global Biogeochemical Cycles，2005，19(4)：GB4019.
[123] Ludwig W，Probst J L，Kempe S. Predicting the oceanic input of organic carbon by continental erosion[J]. Global Biogeochemical Cycles，1996，10(1)：23-41.
[124] Meybeck M，Vörösmarty C. Global transfer of carbon by rivers[J]. Global Change Newsletter，1999，37：18-19.
[125] Meybeck M. Carbon，nitrogen，and phosphorus transport by world rivers[J]. American Journal of Science，1982，282：401-405.
[126] Seizinger S P，Harrison J A，Dumont E，et al. Sources and delivery of carbon，nitrogen，and phosphorus to the coastal zone：An overview of Global Nutrient Export from Watersheds (NEWS) models and their application[J]. Global Biogeochemical Cycles，2005，19(4)：4S01.
[127] Demaster D J，Pope R H. Nutrient dynamics in Amazon shelf waters：Results from AMASSEDS[J]. Continental Shelf Research，1996，16(3)：263-289.
[128] Duan S，Bianchi T S. Seasonal changes in the abundance and composition of plant pigments in particulate organic carbon in the Lower Mississippi and Pearl Rivers[J]. Estuaries and Coasts，2006，29(3)：427-442.
[129] Liu S M，Zhang J，Chen H T，et al. Nutrients in the Changjiang and its tributaries[J]. Biogeochemistry，2003，62(1)：1-18.
[130] Guo L D，Zhang J Z，Guéguen C. Speciation and fluxes of nutrients (N，P，Si) from the upper Yukon River[J]. Global Biogeochemical Cycles，2004，18(1)：GB1038.
[131] Lu F H，Ni H G，Liu F，et al. Occurrence of nutrients in riverine runoff of the Pearl River Delta，South China[J]. Journal of Hydrology，2009，376(1-2)：107-115.
[132] 吴群河 . 区域合作与水环境综合整治 [M]. 北京：化学工业出版社，2005：308.
[133] 徐祖信 . 河流污染治理的技术与实践 [M]. 北京：中国水利水电出版社，2003：786.
[134] 广东省统计局 . 广东统计年鉴 (2006)[M]. 北京：中国统计出版社，2006.
[135] 广东省海洋与渔业厅 . 2006 年广东省海洋环境质量公报 [EB/OL]. (2019-05-20)[2019-11-28]. http://gdee.gd.gov.cn/hjzkgb/content/post_2469368.html.
[136] Hodgkiss I J，Ho K C. Are changes in N：P ratios in coastal waters the key to increased red tide blooms?[J]. Hydrobiologia，1997，352(1-3)：141-147.
[137] Yin K D. Influence of monsoons and oceanographic processes on red tides in Hong Kong waters[J]. Marine Ecology Progress Series，2003，262：27-41.
[138] Zhang J F，Bai Y P，Yu J L，et al. Forecast of red tide in the South China Sea by using the variation trend of hydrological and meteorological factors[J]. Marine Science Bulletin，2006，8(2)：60-74.
[139] 岳维忠，黄小平 . 珠江口柱状沉积物中磷的分布特征及其环境意义 [J]. 热带海洋学报，2005，24(1)：21-27.
[140] 田向平 . 珠江口伶仃洋温度分布特征 [J]. 热带海洋学报，1994，13(1)：76-80.
[141] 中华人民共和国国家统计局 . 中国统计年鉴 (2006)[M]. 北京：中国统计出版社，2006.
[142] 中华人民共和国国家统计局 . 中国统计年鉴 (2007)[M]. 北京：中国统计出版社，2007.
[143] Dong L X，Su J L，Wong L A，et al. Seasonal variation and dynamics of the Pearl River plume[J]. Continental Shelf Research，2004，24(16)：1761-1777.

[144] 赵焕庭，张乔民，宋朝景，等 . 华南海岸和南海诸岛地貌与环境 [M]. 北京：科学出版社，1999：528.

[145] Mitra S，Bianchi T S. A preliminary assessment of polycyclic aromatic hydrocarbon distributions on the lower Mississippi River and Gulf of Mexico[J]. Marine Chemistry，2003，82(3-4)：273-288.

[146] Fernandes M B，Sicre M A，Boireau A，et al. Polyaromatic hydrocarbon (PAH) distributions in the Seine River and its estuary[J]. Marine Pollution Bulletin，1997，34(11)：857-867.

[147] Mackay D，Hickie B. Mass balance model of source apportionment，transport and fate of PAHs in Lac Saint Louis，Quebec[J]. Chemosphere，2000，41(5)：681-692.

[148] Macdonald R W，Barrie L A，Bidleman T F，et al. Contaminants in the Canadian Arctic：5 years of progress in understanding sources，occurrence and pathways[J]. Science of the Total Environment，2000，254(2-3)：93-234.

[149] Lipiatou E，Tolosa I，Simo R，et al. Mass budget and dynamics of polycyclic aromatic hydrocarbons in the Mediterranean Sea[J]. Deep Sea Research II：Topical Studies in Oceanography，1997，44(3-4)：881-905.

[150] Ni H G，Lu F H，Wang J Z，et al. Linear alkylbenzenes in riverine runoff of the Pearl River Delta (China) and their application as anthropogenic molecular markers in coastal environments[J]. Environmental Pollution，2008，154(2)：348-355.

[151] Lang C，Tao S，Wang X J，et al. Modeling polycyclic aromatic hydrocarbon composition profiles of sources and receptors in the Pearl River Delta，China[J]. Environmental Toxicology and Chemistry，2008，27(1)：4-9.

[152] Hinga K R. Degradation rates of low molecular weight PAH correlate with sediment TOC in marine subtidal sediments[J]. Marine Pollution Bulletin，2003，46(4)：466-474.

[153] Chen S J，Luo X J，Mai B X，et al. Distribution and mass inventories of polycyclic aromatic hydrocarbons and organochlorine pesticides in sediments of the Pearl River Estuary and the northern South China Sea[J]. Environmental Science & Technology，2006，40(3)：709-714.

[154] Accardi-Dey A，Gschwend P M. Assessing the combined roles of natural organic matter and black carbon as sorbents in sediments[J]. Environmental Science & Technology，2002，36(1)：21-29.

[155] Chen L G，Ran Y，Xing B S，et al. Contents and sources of polycyclic aromatic hydrocarbons and organochlorine pesticides in vegetable soils of Guangzhou，China[J]. Chemosphere，2005，60(7)：879-890.

[156] Zhang J，Liu S M，Xu H，et al. Riverine sources and estuarine fates of particulate organic carbon from North China in late summer[J]. Estuarine，Coastal and Shelf Science，1998，46(3)：439-448.

[157] Peng X Z，Zhang G，Mai B X，et al. Spatial and temporal trend of sewage pollution indicated by coprostanol in Macao Estuary，southern China[J]. Marine Pollution Bulletin，2002，45(1-12)：295-299.

[158] Zhang Z，Dai M，Hong H，et al. Dissolved insecticides and polychlorinated biphenyls in the Pearl River Delta Estuary and South China Sea[J]. Journal of Environmental Monitoring，2002，4(6)：922-928.

[159] Zhang Z L，Hong H S，Zhou J L，et al. Contamination by organochlorine pesticides in the estuaries of southeast China[J]. Chemical Research in Chinese Universities，2002，18(2)：153-160.

[160] Sun C，Dong Y，Xu S，et al. Trace analysis of dissolved polychlorinated organic compounds in the water of the Yangtse River (Nanjing，China)[J]. Environmental Pollution，2002，117(1)：9-14.

[161] 张秀芳，董晓丽 . 辽河中下游水体中有机氯农药的残留调查 [J]. 大连工业大学学报，2002，21(2)：102-104.

[162] 郁亚娟，黄宏，王斌，等 . 淮河 (江苏段) 水体有机氯农药的污染水平 [J]. 环境化学，2004，23(5)：568-572.

[163] 张祖麟，陈伟琪，哈里德，等 . 九龙江口水体中有机氯农药分布特征及归宿 [J]. 环境科学，2001，22(3)：88-92.

[164] Huang H J，Liu S M，Kuo C E. Anaerobic biodegradation of DDT residues (DDT，DDT，and DDE) in estuarine sediment[J]. Journal of Environmental Science and Health，Part B，2001，36(3)：273-288.

[165] Pham T，Lum K，Lemieux C. Seasonal variation of DDT and its metabolites in the St. Lawrence River (Canada) and four of its tributaries[J]. Science of the Total Environment，1996，179：17-26.

[166] Fernández M A，Alonso C，González M J，et al. Occurrence of organochlorine insecticides，PCBs and PCB congeners in waters and sediments of the Ebro River (Spain)[J]. Chemosphere，1999，38(1)：33-43.

[167] Carroll J，Savinov V，Savinova T，et al. PCBs，PBDEs and pesticides released to the Arctic Ocean by the Russian Rivers Ob and Yenisei[J]. Environmental Science & Technology，2008，42(1)：69-74.

[168] Hites R A. Polybrominated diphenyl ethers in the environment and in people：A meta-analysis of concentrations[J]. Environmental Science & Technology，2004，38(4)：945-956.

[169] Ye Z X，Zhang G，Zou S C，et al. Dry and wet depositions of atmospheric PAHs in the Pearl River Delta region[J]. Acta Scientiarum Naturalium Universitatis Sunyatseni，2005，44(1)：49-52.

[170] Odabasi M，Fuoglu A，Vardar N，et al. Measurement of dry deposition and air-water exchange of polycyclic aromatic hydrocarbons with the water surface sample[J]. Environmental Science & Technology，1999，33(3)：426-434.

[171] Arzayus K M，Dickhut R M，Canuel E A. Fate of atmospherically deposited polycyclic aromatic hydrocarbons (PAHs) in Chesapeake Bay[J]. Environmental Science & Technology，2001，35(11)：2178-2183.

[172] Greenfield B K，Davis J A. A PAH fate model for San Francisco Bay[J]. Chemosphere，2005，60(4)：515-530.

第4章　珠江三角洲土壤污染

土壤（soil）是自然环境的重要组成之一，是处于岩石圈最外层的疏松部分，由各种有机质、微生物、矿物质、水、空气等组成。土壤的功能是支持植物和微生物的生长繁殖，土壤是人类赖以生存的基础。土壤是环境介质的重要组成部分，是污染物在环境中一个重要的“汇”；土壤中的污染物可在土壤与其他环境介质间相互交换，污染土壤可释放污染物，在这种情况下，土壤成为污染“源”。例如，土壤中的污染物可以通过土-气交换造成大气污染，通过雨水冲刷和地表径流造成河流污染，通过渗透作用造成地下水污染，也可以通过食物链传递进入生物体/人体，最终威胁生态环境和人体健康。保障土壤环境安全在保障工农业生产安全、生态平衡、人体健康等方面具有重要的意义。

改革开放以来，经济快速发展，城市化水平不断提高，我国城镇人口比例发生了巨大的变化，城镇人口占总居住人口比例不断增加。《中国新型城市化报告2012》指出，我国城市化水平达到50%，城镇人口首次超过农村人口，我国城市化进入关键发展阶段；《国家新型城镇化报告2016》指出，我国城市化水平达到57%。单个城市不断扩大、城市之间交联，逐渐演变成以大城市为中心、向周围地区辐射的城市群。在城市化演变过程中，土壤环境发生了巨大的变化：城市化建设导致农业用地面积缩减，农耕用地逐渐转变为城市居民住宅、工商业用地；工业生产由原城镇中心转移至城市周边地区，环境污染向周边地区扩散。农业生产施用的化学物质（农药、化肥、除草剂等）、工业生产及其他人为活动排放的污染物，严重影响土壤环境质量。珠江三角洲是我国经济最为发达的地区之一，也是环境污染较为严重的地区之一，面临多种污染物并存的局面，包括有机污染物。其中，持久性有机污染物可在土壤环境中长期存在，对珠江三角洲生态环境产生长期的影响。近年来，随着分析方法和检测手段的不断进步，研究者们在珠江三角洲环境中检测各类新型有机污染物。

总的来说，珠江三角洲传统的持久性有机污染物污染问题仍未解决，各种新型有机污染物随着人为活动的增加不断向环境中释放，呈现出多种污染复合并存的局面，对经济和社会的可持续发展产生极为不利的影响。厘清珠江三角洲土壤有机污染现状及其主要影响因素，是科学制定行之有效的污染控制措施的前提，也为土壤污染修复提供靶标。本章以典型传统有机污染物（PAHs、OCPs、PBDEs）和新型有机污染物（CUPs、AHFRs）为目标物，概述珠江三角洲及其周边土壤中典型有机污染物的污染水平、组成特征及空间分布，阐明影响有机污染物空间分布的主要因素。

4.1 土壤样品的采集

采用美国EPA网格法①进行布点，于2009年12月～2010年3月在珠江三角洲及其周边地区共采集了229个土壤样品，采样区域面积约为72 000 km^2。其中160个土壤样品位于正六边形的中心（网格长度为12.9 km），69个土壤样品位于工业区、垃圾填埋区和城市居民区。样品的采集和保存遵循国家标准，简述如下：在约100 m^{2}区域采集3个以上样品，合并混匀成为一个样品，保存于250 ml或500 ml的棕色广口瓶中。所有采样用具在使用之前用无水乙醇进行清洗，防止样品之间可能存在的交叉污染。样品运至实验室并冷冻保存（–20℃）直至进一步的分析处理。

根据土地利用类型将采样区域划分为6类：农业区（agriculture）、林地（forestry）、工业区（industry）、垃圾填埋区（landfill）、城市居民区（residency）和水源地（drinking water source）。按照地理位置及城市化发展程度（城市化率）[1]将采样区域划分为4个区域：珠江三角洲中心区域（深圳、东莞、珠海、中山、广州和佛山）；珠江三角洲外围区域（肇庆、清远、惠州和江门）；粤东区域（汕尾、韶关和河源）；粤西区域（云浮和阳江）。

2010年，上述4个区域的城市化率分别为84%～100%、42%～62%、40%～54%和37%～47%[1]。所采集的样品按照行政区划、城市化率、土地利用类型进行分类，3种分类条件下土壤样品数量统计于表4-1。

表 4-1 珠江三角洲及其周边地区与土地利用类型中土壤样品数统计

行政区划或土地利用类型	样品数 / 个	行政区划或土地利用类型	样品数 / 个
广州	26	珠江三角洲中心区域	83
深圳	9	珠江三角洲外围区域	108
珠海	7	粤东区域	26
佛山	11	粤西区域	12

① 具体参见 https://www.epa.gov/sites/production/files/2015-08/documents/gridsampling.pdf 和 https://www.wbdg.org/ffc/epa/criteria/epa-560-5-86-017。

续表

行政区划或土地利用类型	样品数 / 个	行政区划或土地利用类型	样品数 / 个
韶关	3	农业区	65
河源	19	林地	74
惠州	37	工业区	29
汕尾	4	垃圾填埋区	8
东莞	20	城市居民区	32
中山	10	水源地	21
江门	25		
阳江	4		
肇庆	29		
清远	17		
云浮	8		

注：珠江三角洲中心区域包括深圳、东莞、珠海、中山、广州和佛山；珠江三角洲外围区域包括肇庆、清远、惠州和江门；粤东区域包括汕尾、韶关和河源；粤西区域包括云浮和阳江

4.2　农药与杀虫剂

4.2.1　浓度水平与组成特征

11种已禁用有机氯农药（$\sum_{11}$OCP①）浓度为< RL～1750 ng·g^{-1}，均值（中值；95%置信区间）为33 ± 164 (8.1；9.7～40) ng·g^{-1}。12种现使用农药（$\sum_{12}$CUP②）浓度为< RL～380 ng·g^{-1}，均值（中值；95%置信区间）为10.0 ± 43 (0.67；4.4～15.7) ng·g^{-1}。统计分析表明，$\sum_{11}$OCP浓度显著高于$\sum_{12}$CUP（$p < 0.05$）。OCPs浓度的最高值在惠州某医院绿化带土壤样品中检出，比周边采样点的浓度高出40倍以上，组成分析显示*p*, *p'*-DDT是主要的化合物，占总浓度的78%，表明可能存在工业DDT的输入源[2]。因此在后续的分析和讨论中，去掉该样点的数据。

搜集1999～2013年发表的关于珠江三角洲土壤DDXs和HCHs（α-HCH、γ-HCH、β-HCH和δ-HCH）污染的数据，整理于表4-2。将我们获得的数据与文献报道的数据进行比较发现，珠江三角洲及其周边地区土壤中HCHs污染在1999～2010年达到了稳定的水平。DDXs（*o*, *p'*-DDE、*p*, *p'*-DDE、*o*, *p'*-DDD、*p*, *p'*-DDD、*o*, *p'*-DDT、*p*, *p'*-DDT和*p*, *p'*-DDMU）浓度则呈现出不同的现象，我

① $\sum_{11}$OCP：*o*, *p'*-DDE、*p*, *p'*-DDE、*o*, *p'*-DDD、*p*, *p'*-DDD、*o*, *p'*-DDT、*p*, *p'*-DDT、*p*, *p'*-DDMU、α-HCH、γ-HCH、β-HCH、δ-HCH 之和；

② $\sum_{12}$CUP：bifenthrin（联苯菊酯）、fenpropathrin（甲氰菊酯）、tefluthrin（七氟菊酯）、*lambda*-cyhalothrin（高效氯氟氰菊酯）、permethrin（苄氯菊酯）、cyfluthrin（氟氯氰菊酯）、cypermethrin（氯氰菊酯）、esfenvalerate（高氰戊菊酯）、deltamethrin（溴氰菊酯）、parathion-methyl（甲基对硫磷）、malathion（马拉松）与 chlorpyrifos（毒死蜱）之和。

们获得的数据与Yang等[3]在广东省7个行政区域（汕头、湛江、东莞、惠州、中山、珠海和佛山）土壤的浓度水平相当，但显著低于其他文献报道的浓度值（表4-2）。与全球范围内DDXs和HCHs浓度水平进行比较，珠江三角洲及其周边地区土壤污染程度处于世界中等水平。

表 4-2 珠江三角洲及其他地区土壤中 HCHs 和 DDXs 的浓度水平 [范围（均值 ± 标准偏差）]

（单位：$ng \cdot g^{-1}$ 干重）

采样区域	采样年份	∑HCH[a]	∑DDX	参考文献
珠江三角洲及其周边地区[b]	2009 ～ 2010	< RL[c] ～ 1400 (14.2 ± 93)	< RL ～ 820 (10.8 ± 57)[d]	本书
珠江三角洲	2006	ND ～ 62 (3.4)	ND ～ 110 (2.3)[e]	[4]
广州	2005	(4.46)	(89.7)[e]	[5]
佛山	2005	(3.22)	(88.3)[e]	[5]
东莞	2005	(5.69)	(56.3)[e]	[5]
广州	2004	0.2 ～ 104 (6.2)	7.6 ～ 660 (65)[e]	[6]
珠江三角洲	2002	< DL[f] ～ 24.1 (3.4)	0.27 ～ 414 (38)[g]	[7]
广东省 7 个行政区[h]	2002	ND ～ 104 (5.9)	ND ～ 158 (10.2)[e]	[3]
广州	1999，2002	0.19 ～ 42 (4.4)	3.58 ～ 831 (81)[e]	[8]
西藏	冬季，2011	0.14 ～ 10.8 (1.53)	0.37 ～ 179 (22)[g]	[9]
西藏	夏季，2011	0.55 ～ 33 (7.7)	0.32 ～ 43 (7.1)[g]	[9]
北京	2007	1.2 ～ 11.4 (3.7 ± 2.6)	4.0 ～ 156 (31 ± 34)[i]	[10]
上海（农业区）	2007	ND[j] ～ 10.4	0.77 ～ 250[g]	[11]
四川卧龙保护区	春季，2005	0.15 ～ 1.35 (0.64)	0.34 ～ 3.15 (0.64)[g]	[12]
四川卧龙保护区	秋季，2005	0.23 ～ 0.80 (0.40)	0.21 ～ 0.66 (0.37)[g]	[12]
海河平原	2004	(3.9 ± 26)	(64 ± 260)[e]	[13]
官厅水库	2003	ND ～ 9.0	ND ～ 94[g]	[14]
北京郊区	—	0.76 ～ 6.9 (2.9 ± 1.84)	2.4 ～ 26 (8.4 ± 7.5)[e]	[15]
北京郊区	—	1.36 ～ 57 (10.4)	0.77 ～ 2200 (141)[g]	[16]
山东淄博	—	0.25 ～ 43	0.78 ～ 230[e]	[17]
印度东北部三大城市	2006 ～ 2009	9.5 ～ 2900	50 ～ 5100[i]	[18]
越南河内	2006	< 0.05 ～ 21 (7.1 ± 3.9)	< 0.02 ～ 172 (79 ± 48)[e]	[19]
亚拉巴马州、路易斯安那州、得克萨斯州东部	1999 ～ 2000	—	0.10 ～ 1490 (210 ± 340)[k]	[20]
阿根廷布宜诺斯艾利斯省（保护区）	1999	10.2 ～ 25 (16.7)	17.8 ～ 570 (220)[e]	[21]
阿根廷布宜诺斯艾利斯省（农业用地）	1999	5.4 ～ 10.3 (7.6)	3.2 ～ 16.0 (7.7)[e]	[21]
阿根廷布宜诺斯艾利斯省（旅游区）	1999	8.3 ～ 13.8 (11.8)	3.0 ～ 51 (26)[e]	[21]

a. α-HCH、β-HCH、γ-HCH、δ-HCH之和；
b. 除去惠州某居民区的异常高浓度值（1750 $ng \cdot g^{-1}$干重）；
c. 报道检出限；
d. *o,p'*-DDE、*p,p'*-DDE、*o,p'*-DDD、*p,p'*-DDD、*o,p'*-DDT、*p,p'*-DDT、*p,p'*-DDMU之和；
e. *p,p'*-DDE、*p,p'*-DDD、*p,p'*-DDT之和；
f. 检出限；
g. *p,p'*-DDE、*p,p'*-DDD、*p,p'*-DDT、*o,p'*-DDT之和；
h.广东省7个行政区，包括汕头、湛江、东莞、惠州、中山、珠海、佛山；
i. *o,p'*-DDE、*p,p'*-DDE、*o,p'*-DDD、*p,p'*-DDD、*o,p'*-DDT、*p,p'*-DDT之和；
j. 未检出；
k. *o,p'*-DDE、*p,p'*-DDE、*p,p'*-DDD、*o,p'*-DDT、*p,p'*-DDT之和

4.2.2　空间分布及其影响因素

珠江三角洲及其周边地区土壤中农药的空间分布显示，高浓度的OCPs（$\sum_{11}$OCP）主要集中在珠江三角洲中心经济快速发展区域。现使用农药（$\sum_{12}$CUP）的空间分布与$\sum_{11}$OCP的空间分布基本相似，但存在细微的差别：高浓度的$\sum_{12}$CUP除了分布在珠江三角洲中心区域外，还扩散到了周边区域（惠州和肇庆）。这个结果表明土壤中杀虫剂的空间分布可能受到经济发展的影响。广州、东莞和佛山早在20世纪90年代就已经是经济比较发达的大城市，在DDTs和HCHs被禁用之前，这些地区已经施用了大量的DDTs和HCHs[22]。低浓度的$\sum_{11}$OCP和$\sum_{12}$CUP分布在经济水平和人口密度比较低的粤西和粤东区域[1]。拟除虫菊酯被大量施用于城市环境中，如城市绿化带需要使用大量拟除虫菊酯以防治蚊虫，蚊香中添加拟除虫菊酯以达到灭蚊效果[23]。美国加利福尼亚州的一项研究发现，大约70%的拟除虫菊酯被用于城市相关环境中[24]。珠江三角洲城市环境中拟除虫菊酯施用量数据比较匮乏，即便如此，根据以上分析，我们仍然可做出合理推测：有相当比例的拟除虫菊酯被施用于珠江三角洲城市环境中。已有研究表明杀虫剂的内分泌干扰作用会破坏人体的荷尔蒙功能，从而对人体的生殖系统造成负面影响[25-27]。杀虫剂的空间分布结果表明，珠江三角洲中心区域高浓度水平的杀虫剂可能会对该区域的人群健康产生一定的风险。

影响OCPs和杀虫剂空间分布的因素可能是多样化的，主要包括土壤环境因素和人为活动因素。有机污染物在土壤中的吸附在一定程度上与土壤TOC呈正相关关系。分析珠江三角洲土壤OCPs、杀虫剂与TOC之间的关系发现，$\sum_{11}$OCP或$\sum_{12}$CUP浓度与土壤TOC含量之间不存在正相关关系（$r^2 = 0.14$和0.15，$p > 0.05$），这意味着土壤TOC并不是影响珠江三角洲及其周边地区土壤中杀虫剂空间分布的主要因素。复杂的人为活动因素可能掩盖了传统意义上有机污染物与TOC之间的关系。因此，需要进一步分析人为活动因素对该区域土壤环境中农药和杀虫剂空间分布的影响。

中国31个省份（不包含香港、澳门和台湾的数据）农药施用量与区域GDP呈正相关关系（$r^2 = 0.42$，$p < 0.001$）[28]，说明区域人为活动因素（如GDP、人口密度等）可能是影响农药和杀虫剂空间分布的重要因素。分析发现，珠江三角洲及其周边地区土壤中$\sum_{11}$OCP和$\sum_{12}$CUP的空间分布特征与地区GDP和人口密度的分布高度相似，即高浓度的$\sum_{11}$OCP、$\sum_{12}$CUP、GDP和人口密度都集中分布在珠江三角洲的中心区域[1]。进一步分析农药和杀虫剂与人为活动因素之间的相关性，发现珠江三角洲及其周边地区不同行政区域土壤中$\sum_{11}$OCP或$\sum_{12}$CUP浓度水平与地区GDP和人口密度[1]均呈正相关关系（$r^2 = 0.30$～0.41，$p < 0.05$）。这就

证实了人为活动因素是影响珠江三角洲及其周边地区土壤中农药和杀虫剂空间分布的重要因素。

农业种植是一类重要的人为活动因素，进一步分析不同行政区域农作物播种面积或产量和农药与杀虫剂空间分布的关系，结果发现，两者之间的相关性较弱（$r^2 = 0.09 \sim 0.18$，$p > 0.05$）。这在一定程度上表明农业因素（农作物播种面积和产量）并非影响珠江三角洲及其周边地区土壤中农药和杀虫剂空间分布的主要因素。我们认为这是合理的，理由如下：①杀虫剂的施用范围并不局限于农业种植；②不同区域使用的杀虫剂的类型可能存在差别；③由于农民缺乏农药的相关使用知识，出现了一些农药滥用和过量施用的情况[28]。

4.3 卤代阻燃剂

阻燃剂常被添加至各类产品以增加防火性能，在火灾发生时减缓火势蔓延，从而达到保护人们生命财产安全的目的。PBDEs是历史上广泛使用的一类溴代阻燃剂，其主要商业产品包括五溴、八溴、十溴混合物。研究证明，PBDEs在环境中具有持久性、生物富集性，对生物和人体具有毒害性。因此，全球的阻燃剂生产制造厂商停止了其生产和使用，逐渐开发出一系列的替代产品，包括新型卤代阻燃剂[hexabromobenzene（HBB）、dechlorane plus（DP）、和decabromodiphenylether（DBDPE）等]、有机磷酸酯类阻燃剂。本节系统研究PBDEs、HBB、DP和DBDPE在珠江三角洲及其周边地区土壤中的浓度水平、组成特征和空间分布，评价城市化快速发展区域经济水平和工业化发展对卤代阻燃剂空间分布的影响。

4.3.1 浓度水平与组成特征

各个PBDEs同系物的检出率均超过50%，检出率范围为64%～100%。在所有土壤样品中，BDE-209的浓度[范围；均值；95%置信区间：0.20～4400 $ng \cdot g^{-1}$；(211 ± 620) $ng \cdot g^{-1}$；130～290 $ng \cdot g^{-1}$]都高于RL。土壤中BDE-209的浓度远远高于其他的PBDE同系物的浓度[< RL～500 $ng \cdot g^{-1}$；(0.06 ±0.26)～(11.9 ± 43) $ng \cdot g^{-1}$；1.46～2.2 $ng \cdot g^{-1}$]（$p < 0.05$）。PBDEs同系物浓度从低溴取代到高溴取代同系物呈现逐渐递增的趋势（图4-1）。珠江三角洲及其周边地区土壤中∑BDE（排除BDE-209，所有同系物加和）的浓度（均值）为< RL～1320（43 ± 133）$ng \cdot g^{-1}$，与2007年在北京通州[均值：(31 ± 53) $ng \cdot g^{-1}$][10]、2004年在越南垃圾填埋堆（均值：56 $ng \cdot g^{-1}$）[29]土壤中所测得的∑BDE浓度相当（$p > 0.05$）；高于清远龙塘某电子垃圾拆卸地区附近农田土壤（1.7～29 $ng \cdot g^{-1}$）、电子垃圾焚烧点附近农田土壤（1.6～26 $ng \cdot g^{-1}$）[30]、广州市工业区农田土壤（3.3～6.0 $ng \cdot g^{-1}$）[30]、广东省边

远地区农田土壤（0.10～0.58 ng·g^{-1}）[30]、太原城市地区土壤[（1.14 ± 2.4）ng·g^{-1}]、哈尔滨（0.026 ng·g^{-1}）[31]、青藏高原（0.011 ng·g^{-1}）[32]、柬埔寨某城市（垃圾填埋堆：8.3 ng·g^{-1}，城市：1.1 ng·g^{-1}）[29]、印度某城市（垃圾填埋堆：0.81 ng·g^{-1}和农田：0.02 ng·g^{-1}）[29]；低于贵屿电子垃圾拆卸地（均值：1140 ng·g^{-1}）塑料燃烧点（均值：1110 ng·g^{-1}）[33]、中国南方废弃的电子垃圾填埋堆（22 000 ng·g^{-1}）[34]、浙江省电子垃圾拆卸燃烧点（均值：640 ng·g^{-1}）和电子垃圾填埋堆（均值：760 ng·g^{-1}）[35]，以及加拿大北部垃圾填埋区（均值：69 ng·g^{-1}）[36]土壤中∑BDE浓度（$p < 0.05$）。根据以上数据可知，珠江三角洲及其周边地区土壤中BDE-209、∑BDE污染处于世界中等水平。

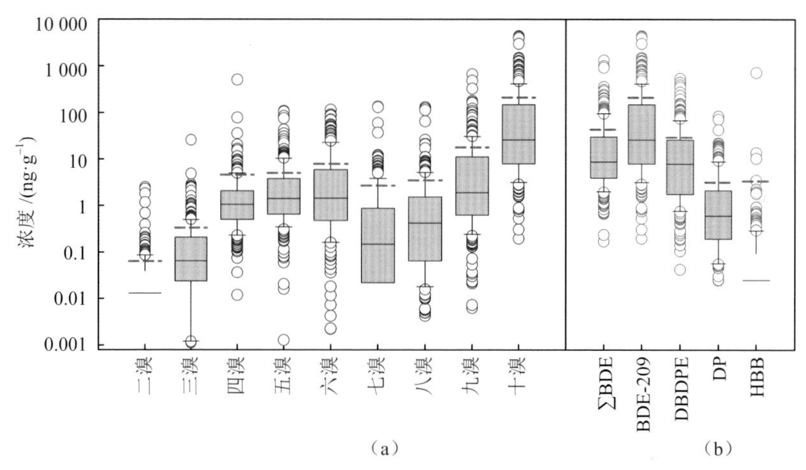

图 4-1　珠江三角洲及其周边地区土壤中不同溴取代 PBDEs（a）和不同类型卤代阻燃剂（b）的浓度水平

∑BDE 为除去 BDE-209 之外所有 BDE 同系物之和

本节主要关注的新型卤代阻燃剂包括DBDPE、DP和HBB，其在珠江三角洲及其周边地区土壤样品中均有被检出，检出率分别为99%、90%和61%。DBDPE的浓度[范围；均值；95%置信区间：< RL～530；(29 ± 66) ng·g^{-1}；21～38 ng·g^{-1}]显著高于HBB[< RL～720 ng·g^{-1}；（3.4 ± 48）ng·g^{-1}；< RL～9.6 ng·g^{-1}]与DP的浓度[< RL～83 ng·g^{-1}；(3.2 ± 8.6) ng·g^{-1}；2.0～4.3 ng·g^{-1}]（$p < 0.05$），而HBB与DP的浓度相当（$p > 0.05$；图4-1），这与珠江三角洲电子垃圾回收地区和广州城市灰尘中新型卤代阻燃剂的结果一致[37]。也就是说，DBDPE在新型卤代阻燃剂中占主要的贡献，与DBDPE大量使用的情况相符。珠江三角洲及其周边地区土壤中DBDPE的浓度[范围（均值）：< RL～530(29 ± 66) ng·g^{-1}]与广州和清远农田土壤中浓度[均值：(28 ± 8.5) ng·g^{-1}][38]相当，高于印度尼西亚泗水（苏腊巴亚，Surabaya）工业区[(2.7 ± 1.94) ng·g^{-1}]和城区[(4.2 ± 2.3) ng·g^{-1}]、印度尼西亚Benowo市政垃圾堆放区[均值：(1.67±0.74) ng·g^{-1}]和Sukolilo农田[均值：(0.11 ±

0.05) ng·g^{-1}]土壤中DBDPE的浓度[39]（$p < 0.05$），低于山东省寿光市溴代阻燃剂制造区附近农田土壤中的DBDPE浓度[均值：(111 ± 107) ng·g^{-1}][40]（$p < 0.05$）。珠江三角洲及其周边地区土壤中DP的浓度[均值：(3.2 ± 8.6) ng·g^{-1}]与淮安市土壤[均值：(5.1 ±4.6) ng·g^{-1}][41]及广东省贵屿电子垃圾回收地区土壤（2.6 ng·g^{-1}）[42]中DP浓度相当（$p > 0.05$），低于浙江省台州市电子垃圾拆卸地区附近农田[均值：(280 ± 550) ng·g^{-1}][43]、淮安市制造工厂附近[均值：(1240 ± 3300) ng·g^{-1}][44]、哈尔滨[均值：(11.3 ± 4.6) ng·g^{-1}][45]和清远电子垃圾回收地区及其附近（3300 ng·g^{-1}和7.3 ng·g^{-1}）[42]土壤中的浓度（$p < 0.05$），高于珠江三角洲工业区（0.24～0.87 ng·g^{-1}）[42]及巴基斯坦拉维河（Rā Ravi River）附近[(0.8 ± 2.1)ng·g^{-1}][46]土壤中DP的浓度（$p < 0.05$）。Wei等[47]搜集整理了不同国家和地区土壤中DBDPE和DP的浓度数据，结果表明我国土壤中DBDPE和DP的浓度处于较高水平，说明我国土壤受DBDPE和DP的污染比较严重；我国不同区域土壤中数据比对表明，相对于哈尔滨市、淮安市、浙江省台州市而言，珠江三角洲及其周边地区土壤中的DBDPE和DP的污染程度较低。

珠江三角洲及其周边地区土壤中HBB的浓度[< RL～720(3.4 + 48) ng·g^{-1}]显著低于电子垃圾回收地区[3.2～660(69) ng·g^{-1}]及广州城市灰尘[1.95～480(50) ng·g^{-1}][37]中HBB的浓度水平（$p < 0.05$）。总的来说，珠江三角洲及其周边地区土壤中受HBB污染程度较轻（图4-1）。

4.3.2 空间分布及其影响因素

居民区、工业区和垃圾填埋场土壤中卤代阻燃剂（∑HFR：包括∑BDE、BDE-209、HBB、DBDPE和DP）的浓度两两之间没有显著差异（$p>0.05$）。同样地，农业区、林地和水源地土壤中∑HFR浓度两两之间也没有显著的差异（$p>0.05$）；而其他土地使用类型相互间具有显著差异（$p<0.05$）。结果表明，∑HFR浓度在不同土地使用类型工业区、垃圾填埋区和居民区并没有明显的不一致性，但是高于农业区、林地和水源地中∑HFR的浓度（图4-2）。这个结果与LABs的研究结果一致[48]，表明居民区、农业区和垃圾填埋区这三个地方有机污染物浓度水平高。在采样过程中，对采样区域进行类型划分时，在某些区域，尤其是快速城市化发展的珠江三角洲中心区域难以明确区分为哪一种土地使用类型。这是因为随着经济的快速发展，不同土地使用类型之间相互交叉，从而造成不同土地使用类型之间的边界变得模糊不清。进一步导致不同土地使用类型之间HFRs（卤代阻燃剂）浓度水平没有显著差异。此外，分析的结果与LABs[48]和PAHs的结果一致，进一步表明珠江三角洲及其周边地区土地使用类型不是影响土壤中有机污染物空间分布的主要因素。

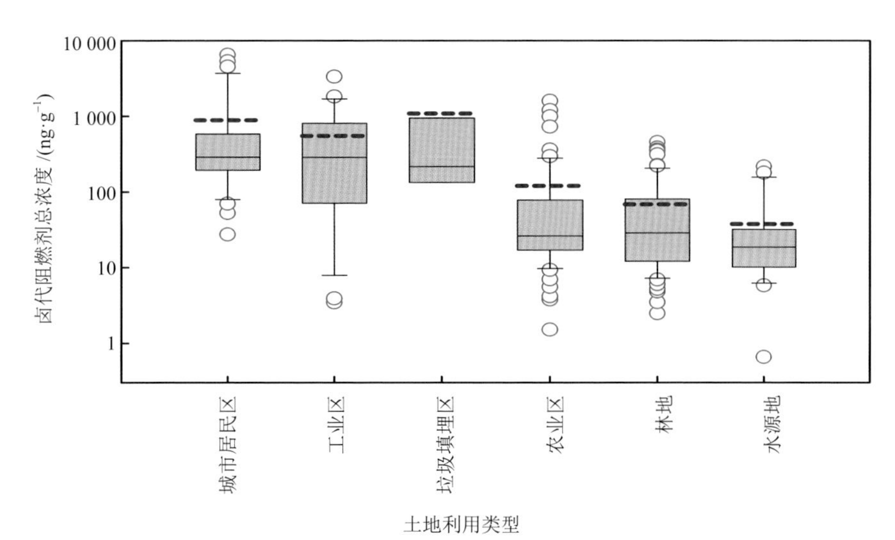

图 4-2　不同土地使用类型卤代阻燃剂总浓度水平

在空间上，粤西区域土壤中∑HFR的浓度水平与别的区域都没有显著差异（$p > 0.05$），而珠江三角洲中心区域土壤中∑HFR的浓度显著高于珠江三角洲外围及粤东区域中的∑HFR浓度（$p < 0.05$）。高浓度的∑HFR主要集中在珠江三角洲中心区域，也就是广州市、佛山市、中山市、东莞市和深圳市，然而在珠江三角洲的外围区域，如江门市和惠州市∑HFR的浓度水平也比较高（图4-3）。总的来说，∑HFR浓度在珠江三角洲及其周边地区土壤的分布规律是按照从珠江三角洲中心区域向周边区域扩散的分布模式。同样地，珠江三角洲及其周边地区土壤中∑BDE、BDE-209和DBDPE的空间分布的模式与∑HFR的分布规律相似。此外，HFRs的空间分布与区域社会经济发展因素（人口密度、GDP和城市化水平）趋势一致，高浓度的HFRs集中在人口密度、GDP和城市化水平较高的珠江三角洲中心区域，而相对来说低浓度的HFRs出现在人口密度、GDP和城市化水平较低的珠江三角洲外围、粤东和粤西区域（图4-4a）。珠江三角洲及其周边地区不同行政区域HFRs的浓度水平与人口密度、GDP和城市化水平的相关性分析结果表明，HFRs浓度与人口密度（$r^2 = 0.44$，$p < 0.01$；图4-4b）、GDP（$r^2 = 0.32$，$p < 0.05$；图4-4c）和城市化水平（$r^2 = 0.57$，$p < 0.01$；图4-4d）有一定的正相关关系，表明这些社会经济发展因素对土壤中HFRs的空间分布有积极的影响。此外，珠江三角洲及其周边地区土壤中经过对数转换的HFRs浓度水平与经过对数转换的TOC含量的相关性较弱（$r^2 = 0.13$，$p < 0.001$；图4-5），表明在HFRs的环境行为过程中TOC对其空间分布的影响不大。

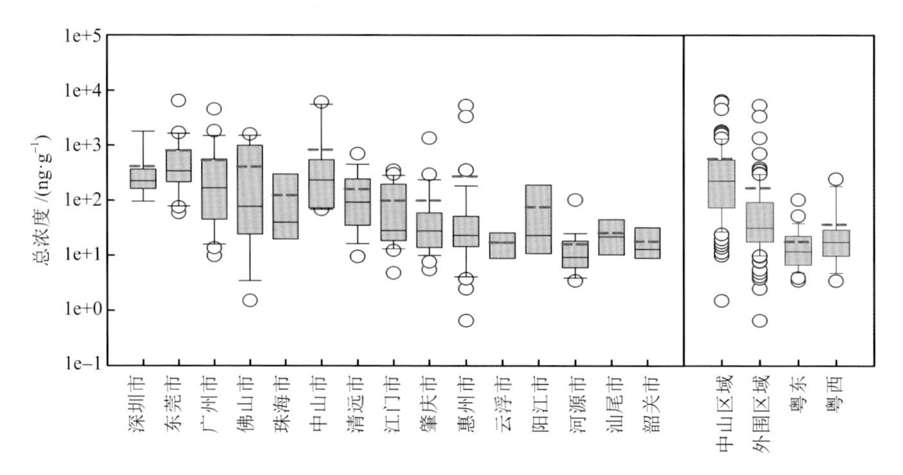

图 4-3 珠江三角洲及其周边地区各行政区域和地理区域卤代阻燃剂（HFRs）的总浓度水平

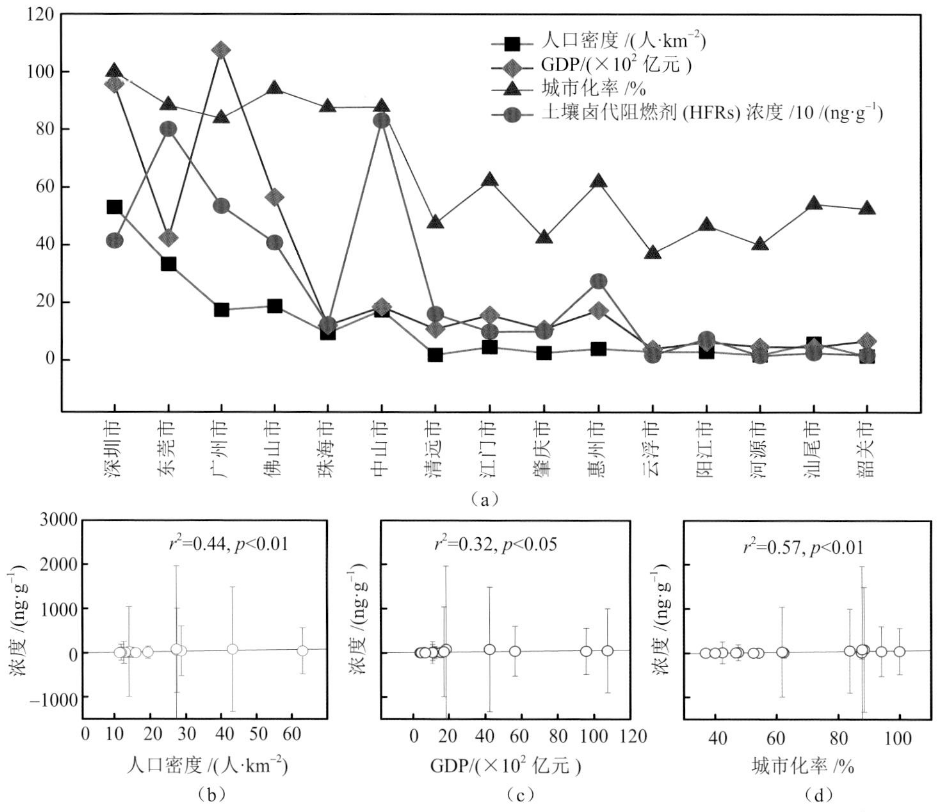

图 4-4 珠江三角洲及其周边地区不同行政区域人口密度、GDP 及城市化率和土壤卤代阻燃剂（HFRs）浓度的趋势（a）；人口密度与卤代阻燃剂浓度（b）、GDP 与卤代阻燃剂浓度（c）、城市化率和卤代阻燃剂浓度（d）在 15 个行政区域中的相关关系

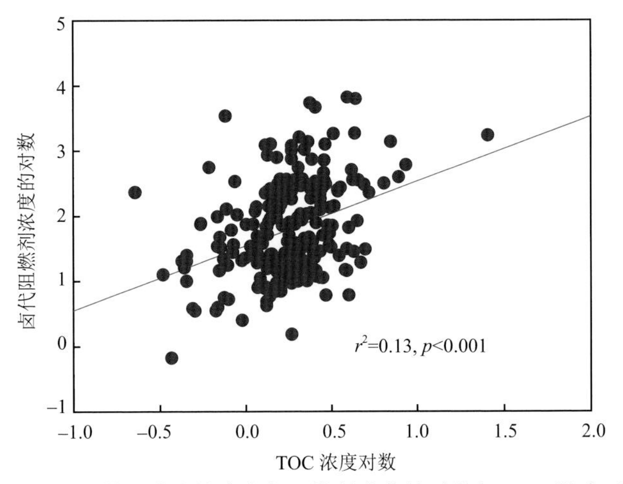

图 4-5　珠江三角洲及其周边土壤中卤代阻燃剂浓度的对数与 TOC 浓度对数的相关关系

数据经过对数转换。卤代阻燃剂为 BDE-15、BDE-17、BDE-28、BDE-47、BDE-66、BDE-71、BDE-77、BDE-85、BDE-99、BDE-100、BDE-126、BDE-138、BDE-153、BDE-154、BDE-166、BDE-181、BDE-183、BDE-190、BDE-196、BDE-203、BDE-204、BDE-206、BDE-207、BDE-208 和 BDE-209、HBB、DBDPE 与 DP 之和

4.4　多环芳烃

珠江三角洲及其周边地区土壤中Σ_{28}PAH① 浓度为8.2～21000 ng·g^{-1}，平均浓度、中值分别为399 ng·g^{-1}、145 ng·g^{-1}。Σ_{15}PAH浓度为5.1～12000 ng·g^{-1}，平均浓度、中值分别为268 ng·g^{-1}、97 ng·g^{-1}（表4-3）。Σ_{28}PAH和Σ_{15}PAH高浓度值在中山市的垃圾填埋区（5500 ng·g^{-1}和4400 ng·g^{-1}）、广州的居民区（8800 ng·g^{-1}和7500 ng·g^{-1}）和东莞工业区（21 000 ng·g^{-1}和12 000 ng·g^{-1}）检出。调查发现，这些高浓度点周边的环境具有如下特点：存在交通拥挤的道路、石油公司或受生活污水（或工业废水）严重污染的河流。去除以上三个可能受点源污染的样品，$\sum_{28}$PAH和$\sum_{15}$PAH的浓度分别为8.2～3300 ng·g^{-1}（均值：248 ng·g^{-1}；中值：144 ng·g^{-1}）和5.1～2380 ng·g^{-1}（均值：166 ng·g^{-1}；中值：96 ng·g^{-1}）。通过与其他国家土壤PAHs浓度对比发现，珠江三角洲及其周边地区土壤中PAHs的浓度处于世界中等水平[49]。

① $\sum_{28}$PAH：1-methylnaphthalene（1- 甲基萘）、2-methylnaphthalene（2- 甲基萘）、2,6-dimethylnaphthalene（2,6- 二甲基萘）、2,3,5-trimethylnaphthalene（2,3,5- 三甲基萘）、biphenyl（联苯）、acenaphthylene（苊烯）、acenaphthene（苊）、fluorene（芴）、phenanthrene（菲）、1-methylphenanthrene（1- 甲基菲）、2-methylphenanthrene（2- 甲基菲）、2,6-dimethylphenanthrene（2,6- 二甲基菲）、anthracene（蒽）、fluoranthene（荧蒽）、pyrene（芘）、11*H*-benzo[*b*]fluorene（11*H*- 苯并 [*b*] 芴）、benzo[*a*]anthracene（苯并 [*a*] 蒽）、chrysene（䓛）、benzo[*b*]fluoranthene（苯并 [*b*] 荧蒽）、benzo[*k*]fluoranthene（苯并 [*k*] 荧蒽）、benzo[*e*]pyrene（苯并 [*e*] 芘）、benzo[*a*]pyrene（苯并 [*a*] 芘）、perylene（苝）、9,10-diphenylanthracene（9,10- 二苯基蒽）、indeno[1,2,3-*cd*]pyrene（茚并 [1,2,3-*cd*] 芘）、dibenzo[*a,h*]anthrancene（二苯并 [*a,h*] 蒽）、benzo[*g,h,i*]perylene（苯并 [*g,h,i*] 苝）与 coronene（六苯并苯）之和。

表 4-3　珠江三角洲及其周边地区土壤中 PAHs 的干重浓度水平

	样品数/个	$\sum_{28}$PAH 浓度 /(ng·g^{-1})			$\sum_{15}$PAH 浓度 /(ng·g^{-1})		
		浓度	均值 ± 标准偏差	中值	浓度	均值 ± 标准偏差	中值
东莞市	20	50.6 ～ 21000	1530 ± 4630	313	25.4 ～ 12000	930 ± 2660	210
广州市	26	44.5 ～ 8790	714 ± 1670	207	27.4 ～ 7510	548 ± 1450	137
中山市	10	33.9 ～ 5460	814 ± 1650	280	24.7 ～ 4410	590 ± 1350	136
珠海市	7	89.3 ～ 2100	484 ± 724	151	54.9 ～ 1770	331 ± 634	96.6
佛山市	11	16.1 ～ 1690	304 ± 480	177	9.15 ～ 1370	210 ± 394	66.3
深圳市	9	37.1 ～ 411	162 ± 121	152	22.7 ～ 224	110 ± 74.3	103
肇庆市	29	15.6 ～ 1600	294 ± 377	164	8.36 ～ 1390	202 ± 303	105
江门市	25	29.1 ～ 411	179 ± 106	169	14.4 ～ 258	116 ± 65.9	120
清远市	17	22.0 ～ 802	197 ± 180	150	14.8 ～ 557	126 ± 122	109
惠州市	37	16.5 ～ 480	120 ± 109	90.7	12.0 ～ 404	75.3 ± 73.2	54.6
阳江市	4	21.2 ～ 500	187 ± 224	113	12.7 ～ 267	101 ± 119	62.7
云浮市	8	28.4 ～ 376	151 ± 108	134	12.7 ～ 240	96.9 ± 68.1	96.7
汕尾市	4	56.2 ～ 174	121 ± 58.3	126	33.8 ～ 144	94.6 ± 56.1	100
韶关市	3	39.8 ～ 177	112 ± 68.9	120	18.4 ～ 120	80.8 ± 54.7	104
河源市	19	8.2 ～ 424	115 ± 132	50.7	5.1 ～ 329	77.2 ± 92.9	41
所有样品 [a]	229	8.2 ～ 21000	399 ± 1560	145	5.1 ～ 12000	268 ± 997	97
所有样品 [b]	226	8.2 ～ 3300	248 ± 362	144	5.1 ～ 2380	166 ± 273	96

a.所有样品；

b.去除三个具有极高浓度值的样品

在与其他国家和地区土壤PAHs进行比较的时候，发现一个有趣的结果：珠江三角洲土壤中$\sum_{15}$PAH的浓度低于我国乌鲁木齐市土壤中PAHs的浓度（范围：263～14100 ng·g^{-1}；均值：4430 ng·g^{-1}）[50]。查阅资料发现，乌鲁木齐市的能源消耗总量远低于珠江三角洲：以2010年数据为例，乌鲁木齐市的能源消耗总量为2900万t，而珠江三角洲的能源消耗总量为22 000万t[1, 51]。分析原因发现，两个地区土壤PAHs浓度水平与当地能源消耗总量之间的不一致性可能是由区域森林覆盖率的差别引起的。研究认为，树叶能捕获大气中的颗粒相[52]。因此，森林覆盖率高的地区，与颗粒相结合的PAHs先沉积到植物叶片，然后再到土壤[53]。《广东统计年鉴（2011）》和《乌鲁木齐统计年鉴（2011）》给出的珠江三角洲和乌鲁木齐市森林覆盖率数据（分别为54%和4.9%）在一定程度上证实了以上推测的合理性。另外，珠江三角洲雨量充沛，可将土壤中的PAHs冲刷进入河流，从而降低其在土壤中的浓度。

采用组成分析、主因子分析、PAHs同分异构体的比值对PAHs进行来源解析，三种方法得到较为一致的结论：珠江三角洲及其周边地区土壤中的PAHs主要来源于煤炭和精炼石油的燃烧，这正是人为生产生活活动引起的[49]。

对不同土地利用类型土壤中PAHs进行统计分析，结果发现不同土地使用类型土壤中，PAHs浓度不存在显著差异。进一步利用地理统计学软件进行空间分析，珠江三角洲的中心区域土壤存在高浓度PAHs，而周边区域土壤中PAHs的浓度则较低。PAHs的空间分布特征与人为活动密切相关，相对来说，珠江三角洲中心区域比周边区域具有更多的石化厂、机动车，这两类活动排放大量的PAHs，是产生该空间分布的主要原因之一。按照土地利用类型和区域划分，得到不同的结果，意味着根据土地使用类型来区分土壤受PAHs的污染情况是不合适的，这是因为在珠江三角洲及其周边地区不同土地使用类型之间是相互交叉的，而且不同土地使用类型的边界由于城市化程度的不断提高而逐渐变得模糊。

接下来将进一步分析人为活动对PAHs空间分布的影响。区域人口密度和PAHs浓度无直接的正相关关系（$r^2 = 0.20$，$p > 0.05$；图4-6a）。然而，去掉深圳的土壤样品后，两者之间出现了良好的正相关关系（$r^2 = 0.84$，$p < 0.0001$；图4-6b）。究其原因，深圳的城市化率非常高，无法在其中心区域采集到土壤样品，只能从其周边城市化程度和人口密度相对比较低的地区采集，因此不能代表高城市率的深圳土壤样品。城市化率与PAHs浓度存在很强的正相关关系（$r^2 = 0.95$或$r^2 = 0.96$；图4-7a）。土壤中PAHs浓度和GDP的相关性是指示人为活动影响的另一个指标。珠江三角洲及其周边地区四个地理区域的GDP与$\sum_{28}$PAH或$\sum_{15}$PAH浓度存在很强的正相关关系（两条回归线：$r^2 = 0.99$，$p < 0.05$；图4-7b），表明人为活动对PAHs的空间分布具有很强的影响。

能源消耗总量在很大程度上反映人为活动的强度，能源消耗总量与PAHs浓度存在非常好的线性关系（$r^2 = 0.98$，$p < 0.05$）。从《广东统计年鉴（2011）》[1]得知煤炭和石油是广东省的主要能源消耗类型，2002～2010年其消耗量增长了2.4倍。PAHs浓度与人为活动参数直接良好的相关性，再次确证了区域人为活动强度是影响珠江三角洲及周边地区土壤中PAHs空间分布的重要因素。

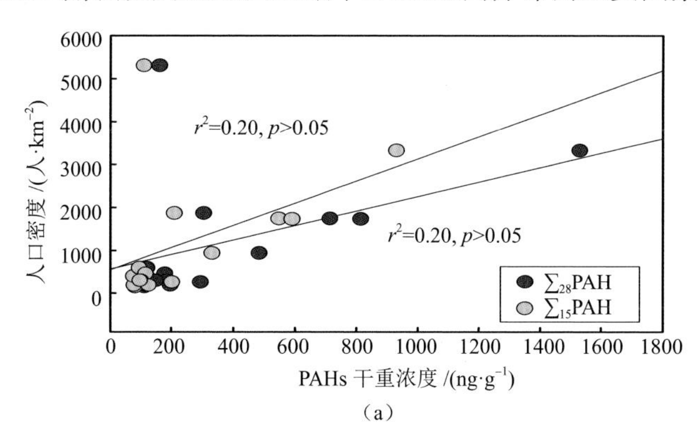

（a）

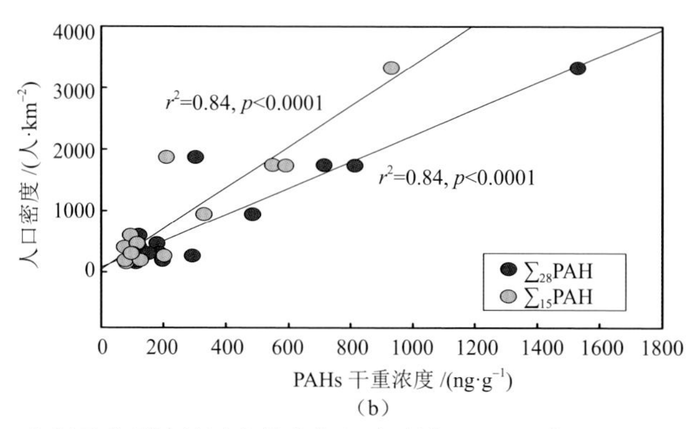

（b）

图 4-6 珠江三角洲及其周边地区土壤中各行政区域 $\sum_{28}$PAH 或 $\sum_{15}$PAH 干重浓度与人口密度的相关关系

（a）15 个行政区域；（b）14 个行政区域（排除深圳）

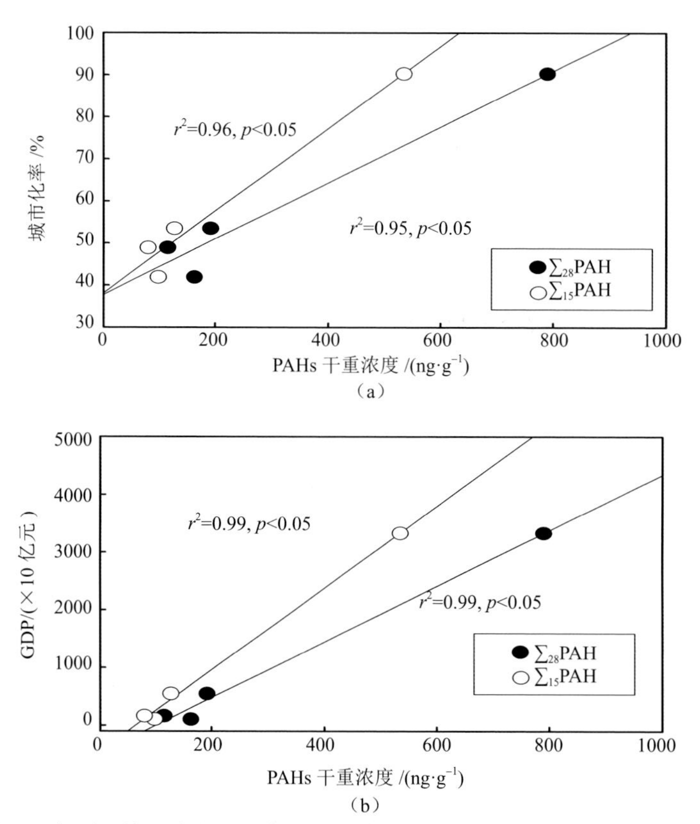

（b）

图 4-7 珠江三角洲及其周边地区四个地理区域（珠江三角洲中心区域、珠江三角洲外围区域、粤西和粤东区域）土壤中 $\sum_{28}$PAH 或 $\sum_{15}$PAH 干重浓度和城市化率及 GDP 的相关关系

4.5　环境分子标志物

4.5.1　珠江三角洲及其邻近地区土壤中环境分子标志物的空间分及影响因素

我们在所有的土壤样品中都检出了LABs，按照土地利用类型的描述性统计数值总结于表4-4。总的来说，LABs浓度为1.20～2025 ng·g^{-1}，其中两个样品中LABs浓度高于1%致死浓度的最低水平（80 ng·g^{-1}）[54]。最大浓度值（2025 ng·g^{-1}）在东莞市造纸厂附近的土壤中检出，属于点源污染，因此该异常高值未纳入后续的统计分析和克里格插值分析。

不同土地利用类型土壤中LABs的赋存水平存在显著差异（图4-8；p = 0.0067）：垃圾填埋区>工业区>城市居民区>农业区>林地>水源地。垃圾堆放点较高LABs浓度可能是由生活污水和造纸工业废水排放导致的。

按照行政单元的描述性统计数值总结于表4-5。各个行政单元的经济社会条件和自然条件存在差异，通过对不同行政单元土壤中LABs浓度水平进行对比，可以为进一步了解珠江三角洲及其邻近地区土壤中LABs的空间差异特征及其影响因素提供基础。多个独立样本非参数检验结果表明，不同行政单元土壤中LABs浓度水平存在显著差异（图4-9，$p < 0.01$），均值按照以下顺序依次降低：中山市>东莞市>清远市>深圳市>广州市>佛山市>肇庆市>珠海市>江门市>惠州市>云浮市>阳江市>韶关市>河源市>汕尾市。

表 4-4　珠江三角洲及其邻近地区土壤中 LABs 的干重浓度水平

土地利用类型	样品数 / 个	浓度 /(ng·g^{-1})	均值 /(ng·g^{-1})	中值 /(ng·g^{-1})
农业区	64	1.35 ～ 47.7	8.37	5.66
林地	74	1.20 ～ 16.4	6.13	5.15
工业区 [a]	28	1.87 ～ 44.0	12.5	8.73
垃圾填埋区	7	6.96 ～ 122	32.4	10.0
城市居民区	30	1.84 ～ 38.1	9.84	9.47
水源地	21	1.50 ～ 6.90	3.61	3.48

a. 在某造纸厂附近的土壤样品中检出异常高的 LABs 干重浓度值（2025 ng·g^{-1}），在计算总体均值等时，该异常值未纳入分析

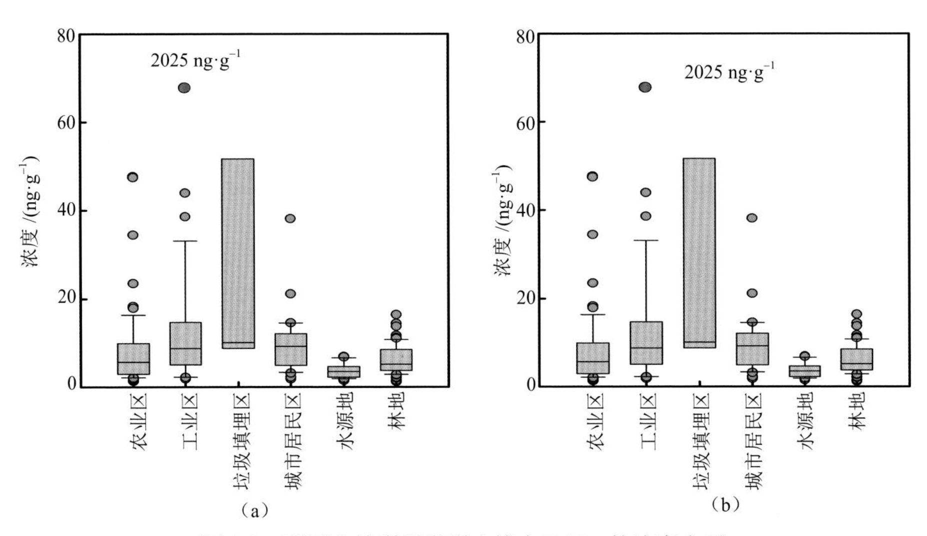

图 4-8 不同土地利用类型土壤中 LABs 的浓度水平

(a) 五位综合箱线图(10 分位, 25 分位, 50 分位, 75 分位及 90 分位); (b) 均值图。红色圆圈表示土壤中 LABs 的异常值

表 4-5 珠江三角洲及其邻近地区土壤中 LABs 的干重浓度水平

城市	样品数 / 个	浓度 /(ng·g^{-1})	均值 /(ng·g^{-1})	中值 /(ng·g^{-1})
广州市	26	1.81 ～ 21.1	8.97	9.08
佛山市	11	1.20 ～ 47.5	8.52	3.17
东莞市[a]	18	2.28 ～ 47.7	16.6	11.7
中山市	9	3.65 ～ 122	21.8	8.57
珠海市	7	3.56 ～ 13.6	6.92	5.77
惠州市	37	1.75 ～ 17.9	6.02	4.80
汕尾市	4	1.84 ～ 2.81	2.32	2.32
河源市	19	1.88 ～ 10.6	4.22	3.10
韶关市	3	1.50 ～ 8.80	4.32	2.67
清远市	17	1.51 ～ 51.7	11.3	7.59
肇庆市	29	1.35 ～ 38.1	7.97	6.09
云浮市	8	1.87 ～ 10.0	5.68	5.67
江门市	24	0.45 ～ 6.66	6.92	5.71
阳江市	3	1.58 ～ 6.35	4.35	5.12

a. 东莞市一工业区土壤样品中检出异常高的 LABs 浓度 (2025 ng·g^{-1})，未纳入计算

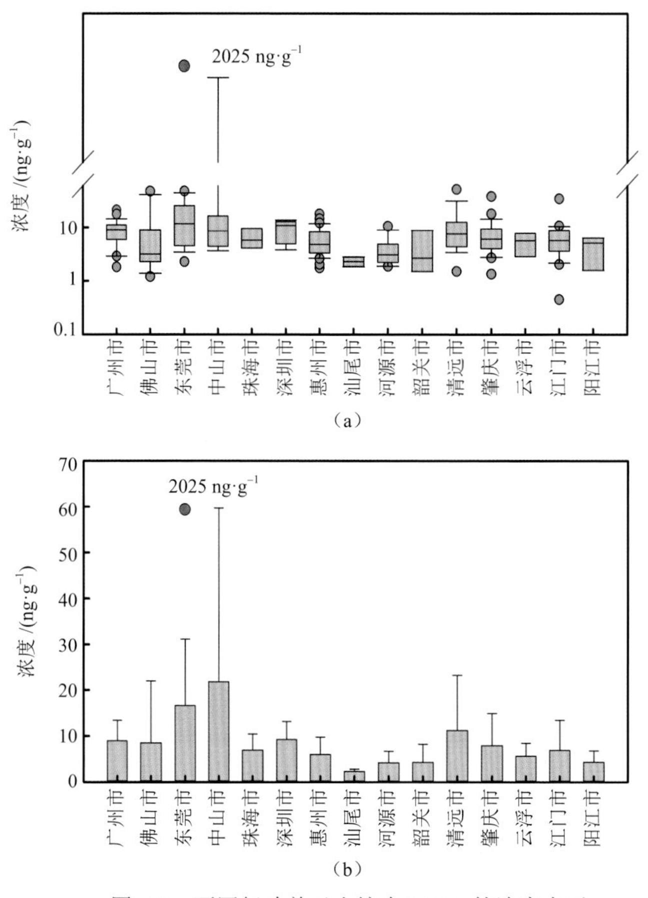

图 4-9　不同行政单元土壤中 LABs 的浓度水平

（a）五位综合箱线图（10 分位、25 分位、50 分位、75 分位及 90 分位）；（b）均值图。红色圆圈表示土壤中 LABs 浓度的异常值

为了更直观地解析珠江三角洲及邻近地区土壤中LABs的空间分布特征及其影响因素，我们应用克里格插值法对土壤中LABs浓度及TOC归一化的LABs浓度进行空间统计分析。LABs浓度与TOC归一化的LABs浓度具有相似的空间分布规律。高浓度区集中分布在珠江三角洲中心地区，如中山市、东莞市、珠海市、广州市、佛山市和深圳市，分析发现这些地区具有共同的特征：经济高度发达、人口稠密、河网系统发达。而在经济发展相对落后的其余地区，土壤中LABs浓度较低($< 8\ ng \cdot g^{-1}$)。据此空间分布特征，我们可以合理推测，人口密度和经济发展水平，即人为活动是影响珠江三角洲及其邻近区域土壤中LABs空间分布的主要因素，此推测将由以下的分析进一步佐证。

LABs浓度水平与区域人口密度呈中等线性正相关（$r^2 = 0.44$），洗涤剂的使用及生活污水排放是LABs的主要来源之一，因此区域人口密度是影响土壤中

LABs空间分布的主要因素之一。LAS可作为蒸煮料浆助剂、废纸脱墨助剂、合成树脂胶乳助剂等，广泛应用于造纸工业，是导致工业土壤中数个LABs高浓度值的主要原因，在一定程度上削弱了LABs浓度水平与区域人口密度之间的相关性。土壤中LABs浓度与经济发展水平相关。LABs浓度水平与区域人均GDP的相关性较差($r^2 = 0.19$)，如果将中山市、东莞市、清远市三个数据去掉，则两者之间存在很强的线性正相关关系($r^2 = 0.75$)，这是因为中山市、东莞市和清远市土壤中高浓度LABs主要由造纸工业废水导致。LABs浓度与土壤TOC含量之间无线性相关关系（$r^2 = 0.06$），说明有机质不是影响土壤中LABs空间分布的主要因素。以上分析表明城市化水平是影响珠江三角洲及其邻近地区土壤中LABs空间分布的决定性因素。

4.5.2 LABs 在土壤中的降解

对比分析土壤和洗涤剂等源样品中LABs的同系物组成，即LABs同系物的相对丰度，可为LABs在土壤中的降解提供初步信息。按土地利用类型和行政单元将样品进行分类，得到的LABs同系物的组成特征均与洗涤剂中组成特征相似：C_{12}-LABs > C_{13}-LABs > C_{11}-LABs > C_{10}-LABs。多个独立样本非参数检验未发现LABs同系物组成特征在空间分布上存在显著差异（$p > 0.05$）。尽管如此，土壤中LABs组成相对洗涤剂来说，发生了轻微的变化（图4-10）：土壤中C_{11}-LABs比例明显下降，其余碳数同系物的比例均略微升高，这就意味着某些未知环境过程可能导致了土壤中LABs的选择性降解。

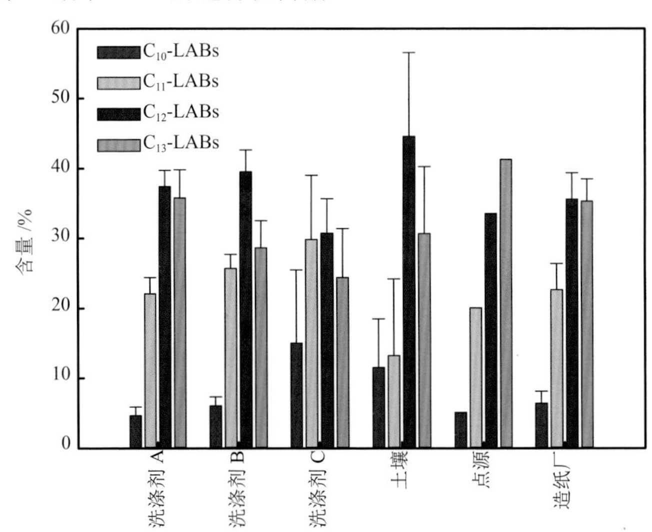

图 4-10 洗涤剂[55]、珠江三角洲及其邻近区域土壤、点源土壤和造纸厂排水口沉积物[56]中不同碳数的 LABs 含量

实际上，LABs同系物在环境中确实存在选择性降解[57]，即内构型较外构型更容易发生降解。据此，研究者们提出了几个参数并将其广泛用于指示LABs在水环境中的降解情况。这些参数包括I/E值[(6-C_{12} + 5-C_{12})/(4-C_{12} + 3-C_{12} + 2-C_{12})]、L/S值[(5-C_{13} + 5-C_{12})/(5-C_{11} + 5-C_{10})]和C_{13}/C_{12}值[56,58-62]。这三个参数在应用时存在一些争议，比如，在解析离岸水环境中LABs降解所得到的结论不一致[55,56,61,62]。并且，未有研究应用这些参数解析土壤中LABs的降解，其在指示土壤中LABs降解情况的适用性有待进一步的讨论。

土壤LABs的I/E值、L/S值和C_{13}/C_{12}值（图4-11）用于指示土壤中LABs的降解情况时也得到互相矛盾的结论。结合土壤中LABs的同系物组成特征和降解参数的特点，我们认为土壤中LABs发生一定程度的降解。至于是何种因素导致的，则需要进一步的研究来确定。

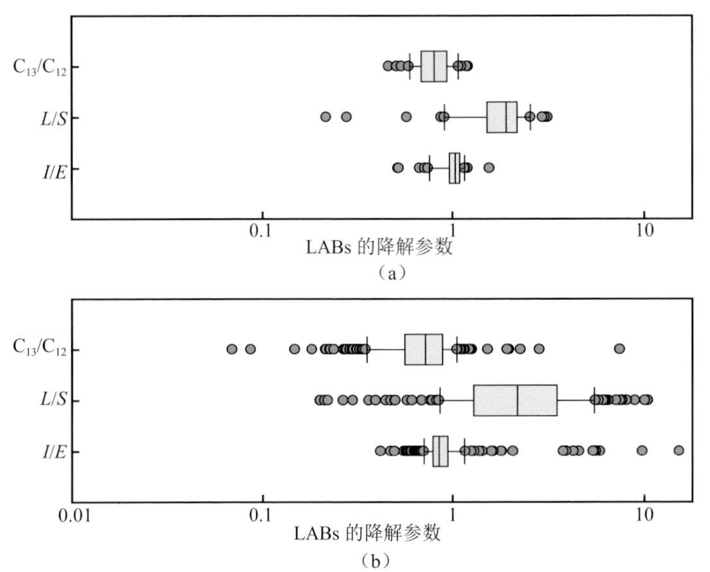

图 4-11 洗涤剂[55]和珠江三角洲及其邻近区域土壤中 LABs 的降解参数（10 分位、25 分位、50 分位、75 分位、90 分位及均值）

（a）洗涤剂；（b）土壤。I/E：(6-C_{12} + 5-C_{12})/(4-C_{12} + 3-C_{12} + 2-C_{12})；L/S：(5-C_{13} + 5-C_{12})/(5-C_{11} + 5-C_{10})；C_{13}/C_{12}：$\sum i$-C_{13}/$\sum i$-C_{12}；i-C_n：i代表苯基取代位，n代表烷基碳链长度

4.5.3 土壤中 LABs 的输入途径

LABs降解参数L/S值的空间分布特征与LABs的空间分布规律存在极大的反差。LABs低浓度区域（珠江三角洲周边的林地和水源地）具有较高的L/S值，表明该区域土壤中LABs发生了较大程度的降解；反之亦然。因此，我们推测林地和水源地土壤中LABs主要来源于大气长距离迁移和大气沉降[48]。雨水中高浓度的LABs表明LABs能够挥发进入大气，这为LABs的大气迁移和大气沉

降提供了一个可能性，即具有较强疏水性的LABs挥发进入大气后较易附着于颗粒物，从而进行大气长距离迁移，后经大气沉降而落回地面，从而进入到土壤环境。此外，根据土壤中LABs浓度和降解参数*L*/*S*值的空间分布特征，我们认为大气迁移和大气沉降作用可能是土壤中LABs主要的输入途径。而在大气迁移和大气沉降过程中可能会发生某些未知的反应，从而能解释土壤中LABs的组成特征。而土壤中LABs浓度与降解参数*L*/*S*值的推论相互呼应和印证，说明*L*/*S*值更适合用于指示土壤中LABs的降解，也解释了土壤中LABs的组成变化。但土壤的环境很复杂，因此，土壤中LABs的降解情况需要进行进一步的研究。

4.6 土壤中有机污染物的蓄积和时间变化趋势

污染物通过人为活动直接排放、大气干沉降、大气湿沉降、地表径流、污染水体灌溉等途径进入土壤，土壤为污染物一个重要的汇。另外，土壤中的污染物可通过挥发、土-气交换等方式释放进入大气，通过雨水冲刷等方式进入水体，通过渗透作用等向下迁移进入地下水，因此，土壤也是污染物的源。厘清土壤中污染物的浓度水平及储量对了解土壤污染现状具有重要的意义，评估预测土壤中污染物的时间变化趋势，可揭示土壤中污染物造成影响的时间尺度。本节以农药和BDE-209为目标物，计算了其在珠江三角洲及其周边土壤中的储量，利用模型预测了未来几十年的时间变化趋势。详细的储量计算方法可参考已发表论文[63, 64]，这里不做赘述。

4.6.1 农药的储量及趋势预测

以行政区域为单位，分别计算了不同行政区域土壤中农药的储量（表4-6）。其中，不同行政区域土壤中的$\sum_4$HCH、$\sum_7$DDX、$\sum_9$PYRE和$\sum_3$OP的土壤储量分别为0.90 ～18.9 t、0.36 ～32 t、0.06 ～8.2 t和0.02 ～1.28 t。HCHs和DDTs已经禁用30年，拟除虫菊酯和有机磷在近30年大量使用。土壤中$\sum_{11}$OCP的储量为(183±160) t，远高于现使用农药$\sum_{12}$CUP的储量(67±71) t（$p<0.05$）。我国现使用农药的年施用量为4.0×10^5 t，其中有机磷农药约占70%[65]，由此估算近30年现使用农药的总施用量约为8.4×10^6 t，与OCPs历史上的施用量相当（HCHs和DDTs：4.9×10^6 t和4.0×10^5 t）[66]。这可能是因为OCPs的半衰期（2.0～41年）[67-69]远远长于现使用农药的半衰期（0.012～0.45年）[70, 71]。这个结果也进一步表明对于OCPs，CUPs具有环境友好性。

表 4-6　珠江三角洲及其周边地区土壤农药的储量　（单位：t）

	$\sum_4$HCH[a]	$\sum_7$DDX[b]	$\sum_{11}$OCP	$\sum_9$PYRE[c]	$\sum_3$OP[d]	$\sum_{12}$CUP
深圳市	1.74 ± 2.1	0.42 ± 0.34	2.2 ± 2.2	0.67 ± 1.67	0.13 ± 0.26	0.80 ± 1.92
东莞市	18.9 ± 67	3.4 ± 7.8	22 ± 74	5.0 ± 18.7	0.10 ± 0.21	5.1 ± 18.7
珠海市	0.90 ± 0.68	0.36 ± 0.40	1.26 ± 0.81	0.06 ± 0.09	0.02 ± 0.02	0.08 ± 0.11
中山市	3.2 ± 5.9	1.13 ±1.24	4.4 ± 6.9	4.3 ± 11.4	0.77 ± 1.42	5.1 ± 12.5
广州市	7.8 ± 10.2	12.1 ± 17.7	19.9 ± 24	24 ± 66	0.65 ± 1.15	25 ± 66
佛山市	2.1 ± 1.96	5.3 ± 11.5	7.4 ± 12.6	2.7 ± 5.7	0.21 ± 0.32	2.9 ± 6.0
清远市	11.2 ± 12.3	13.7 ± 33	25 ± 44	2.4 ± 3.9	1.28 ± 1.80	3.7 ± 5.3
惠州市	4.70 ± 5.6	3.1 ± 6.5	7.8 ± 9.5	3.4 ± 8.6	1.10 ± 2.3	4.5 ± 10.4
江门市	5.2 ± 4.3	32 ± 144	38 ± 144	1.35 ± 2.4	0.87 ± 1.49	2.2 ± 3.1
肇庆市	12.9 ± 12.7	5.5 ± 9.3	18.3 ± 19.6	8.2 ± 30	1.04 ± 1.86	9.2 ± 30
汕尾市	1.27 ± 0.85	1.46 ± 1.49	2.7 ± 1.66	0.30 ± 0.23	0.23 ± 0.21	0.53 ± 0.38
河源市	3.5 ± 3.5	1.25 ± 1.74	4.7 ± 4.1	0.26 ± 0.19	0.25 ± 0.20	0.51 ± 0.27
韶关市	2.5 ± 2.3	1.11 ± 0.94	3.6 ± 3.0	1.13 ± 1.44	0.38 ± 0.22	1.50 ± 1.65
云浮市	2.9 ± 2.7	4.4 ± 8.2	7.3 ± 8.5	1.22 ± 2.0	0.72 ± 1.27	1.94 ± 2.7
阳江市	3.9 ± 7.5	13.9 ± 27	17.9 ± 35	4.2 ± 7.9	0.19 ± 0.24	4.4 ± 8.2
总体	83 ± 70	100 ± 134	183 ± 160	59 ± 77	7.9 ± 4.4	67 ± 71

a. $\sum_4$HCH 为 α-HCH、γ-HCH、β-HCH 与 δ-HCH 之和；
b. $\sum_7$DDX 为 o,p'-DDE、p,p'-DDE、o,p'-DDD、p,p'-DDD、o,p'-DDT、p,p'-DDT 与 p,p'-DDMU 之和；
c. $\sum_9$PYRE 为联苯菊酯、甲氰菊酯、七氟菊酯、高效氯氟氰菊酯、苄氯菊酯、氟氯氰菊酯、氯氰菊酯、高氰戊菊酯与溴氰菊酯之和；
d. $\sum_3$OP 为甲基对硫磷、马拉松与毒死蜱之和

对土壤中农药的历史趋势分析表明，珠江三角洲及其周边地区土壤中除了γ-HCH以外，历史残留的各OCPs同系物的土壤储量将不断地降低直至趋向于零（图4-12和图4-13）。DDTs的土壤储量的时间变化趋势与DDTs各同系物趋势一致，呈现降低趋势，半衰期约为21年（图4-13）。Zhang等[63]在2010年以p, p'-DDT为目标物，预测其在珠江三角洲土壤中储量的半衰期约为22年，与我们前后两个研究预测的结果一致，也就是说p, p'-DDT在珠江三角洲土壤中的储量会在22年之后降低至一半。珠江三角洲及其周边地区土壤中$\sum_4$HCH储量的半衰期为9年，预测分析表明$\sum_4$HCH储量在25年之后趋向于零（图4-12）。各个HCHs同系物（α-HCH、γ-HCH、β-HCH和δ-HCH）的储量分别在8年、6年、16年和13年后降低一半（图4-13），以上结果表明珠江三角洲及其周边地区土壤中蓄积的HCHs污染的持续时间短于DDTs。

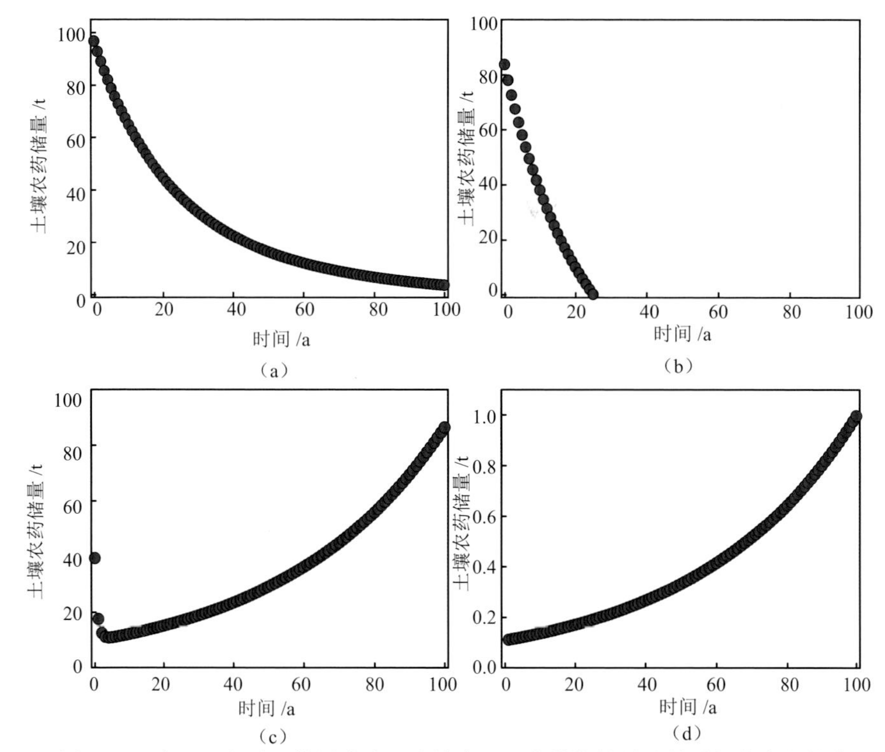

图 4-12 珠江三角洲及其周边地区土壤中不同农药的储量随着时间的变化趋势

（a）DDTs；（b）HCHs；（c）拟除虫菊酯；（d）毒死蜱。HCHs 为 α-HCH、γ-HCH、β-HCH 与 δ-HCH 之和；DDTs 为 o,p'-DDE、p,p'-DDE、o,p'-DDD、p,p'-DDD、o,p'-DDT 与 p,p'-DDT 之和；拟除虫菊酯为联苯菊酯、高效氯氟氰菊酯、苄氯菊酯与氯氰菊酯之和

珠江三角洲及其周边土壤中现使用农药储量的时间变化趋势表明，尽管个别CUPs化合物在前二三年呈现下降趋势，但在现有的评估条件下，各个CUPs化合物在未来的100年内呈现上升的趋势（图4-12c、图4-12d和图4-13c）。珠江三角洲及其周边地区土壤中$\sum_4$PYRE（包括联苯菊酯、高效氯氟氰菊酯、苄氯菊酯和氯氰菊酯）的储量（39 t）在开始几年持续下降，到5年降到最低值（10.9 t），从5年之后开始缓慢上升，在1996年之后翻倍（77 t），并在100年后达到86 t，是模拟所得土壤储量最低值的7.9倍。此外，模拟计算时，毒死蜱的土壤储量（6.2 t）在时间t为1年时降为0.11 t，在2年后开始缓慢上升，在100年之后会达到1.0 t，是t为1年时土壤储量的9.1倍（图4-12d）。在这种情况下，高浓度的拟除虫菊酯（100年之后土壤中$\sum_4$PYRE的浓度大约为7.4 ng·g^{-1}）将会导致珠江三角洲及其周边地区的居民遭受较高的拟除虫菊酯暴露风险。模型预测结果表明，降低珠江三角洲及其周边地区土壤中现使用农药的污染程度是很有必要的。可从以下几个方面着手：研发并使用更容易降解及低毒高效的杀虫剂、生产安全的生物农药、制定相应的法律措施、加强农民使用农药知识的培训、防止发生过量使用或者滥用

农药的情况、技术工艺的革新[28]。

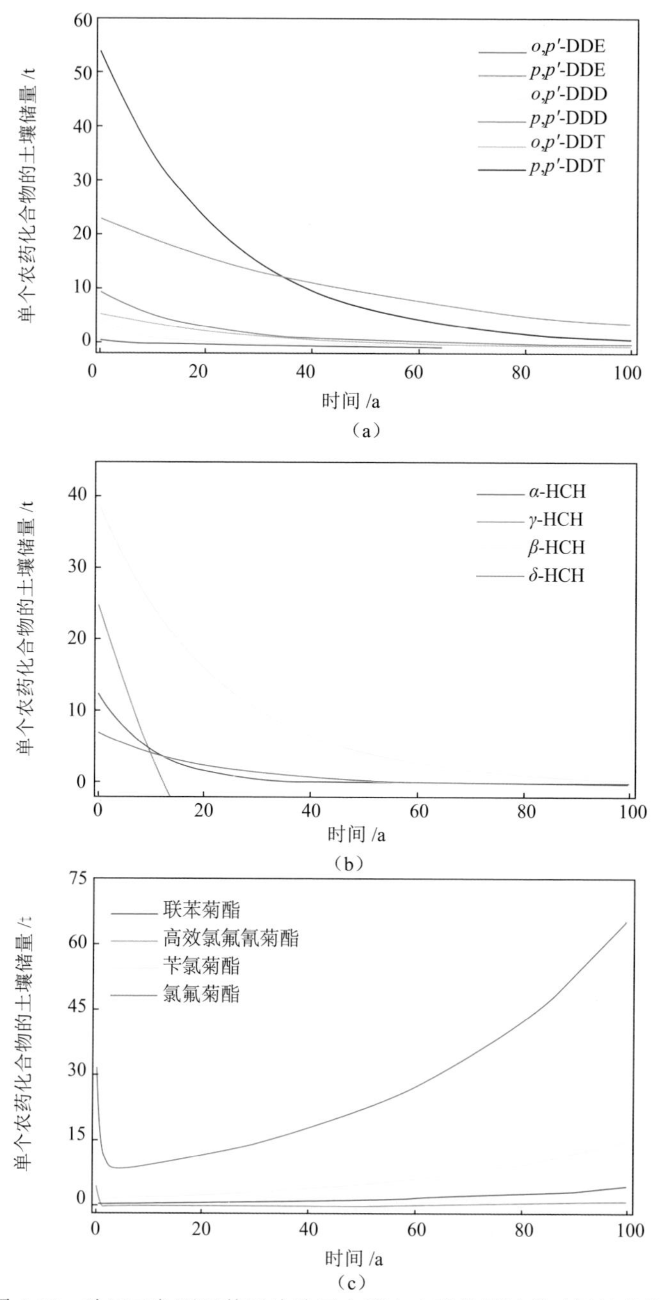

图 4-13　珠江三角洲及其周边地区土壤中农药储量随着时间的变化趋势

（a）DDTs；（b）HCHs；（c）拟除虫菊酯

4.6.2　多溴联苯醚的储量与趋势预测

我们估算了珠江三角洲BDE-209的土壤储量，并预测了其时间变化趋势（图4-14）[63]。在珠江三角洲，电子电器产品的生产使用、电子垃圾的拆解是BDE-209的主要来源。BDE-209在表层土壤中的初始储量为44 t，根据不同时间的储量表达式[$I_{BDE\text{-}209}(t)=108\times1.05^t-64\times e^{-0.211t}$]可知，BDE-209在表层土壤中的储量将随时间逐渐增加。从实际情况来看，随着电子垃圾回收技术的改进，以及BDE-209使用的限制，BDE-209的释放速率将在一定时期以后达到稳定状态。假设40年后BDE-209的释放速率达到稳定状态，届时其大气年沉降通量为198 t，那么根据40年以后珠江三角洲表层土壤中BDE-209储量的表达式[$I_{BDE\text{-}209}(t)=938-178\times e^{-0.211(t-40)}$ $(t>40)$]，珠江三角洲表层土壤中的BDE-209储量将显著增加，并将于60年后达到稳定值，约为940 t。

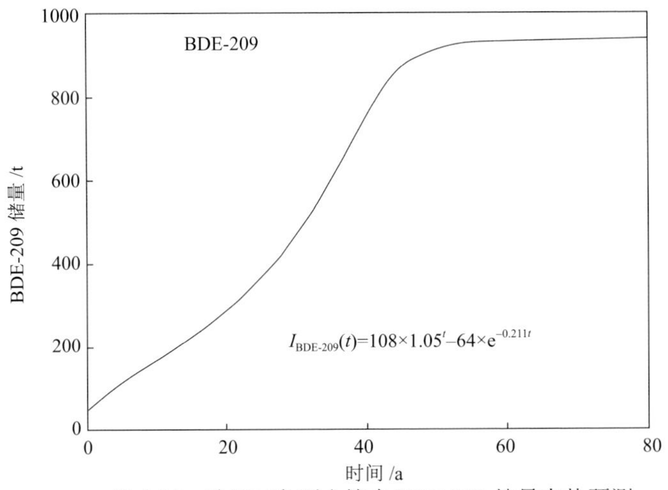

图 4-14　珠江三角洲土壤中 BDE-209 储量态势预测

参考文献

[1] 广东省统计局 . 广东统计年鉴（2011）[EB/OL]. (2012-10-27)[2019-09-24]. https://gdidd.jnu.edu.cn/doc/gdtjnj/gdtjnj/2011/main.htm.

[2] Metcalf R L. Century of DDT[J]. Journal of Agricultural and Food Chemistry，1973，21(4)：511-519.

[3] Yang G Y，Wan K，Zhang T B，et al. Residues and distribution characteristics of organochlorine pesticides in agricultural soils from typical areas of Guangdong Province[J]. Journal of Agro-Environment Science，2007，26(5)：1619-1623.

[4] Yu H Y，Li F B，Yu W M，et al. Assessment of organochlorine pesticide contamination in relation to soil

properties in the Pearl River Delta, China[J]. Science of the Total Environment, 2013, 447: 160-168.
[5] Ma X X, Ran Y, Gong J, et al. Concentrations and inventories of polycyclic aromatic hydrocarbons and organochlorine pesticides in watershed soils in the Pearl River Delta, China[J]. Environmental Monitoring and Assessment, 2008, 145(1-3): 453-464.
[6] Gao F, Jia J, Wang X. Occurrence and ordination of dichlorodiphenyltrichloroethane and hexachlorocyclohexane in agricultural soils from Guangzhou, China[J]. Archives of Environmental Contamination and Toxicology, 2008, 54(2): 155-166.
[7] Li J, Zhang G, Qi S, et al. Concentrations, enantiomeric compositions, and sources of HCH, DDT and chlordane in soils from the Pearl River Delta, South China[J]. Science of the Total Environment, 2006, 372(1): 215-224.
[8] Chen L, Ran Y, Xing B, et al. Contents and sources of polycyclic aromatic hydrocarbons and organochlorine pesticides in vegetable soils of Guangzhou, China[J]. Chemosphere, 2005, 60(7): 879-890.
[9] Liu H, Qi S, Yang D, et al. Soil concentrations and soil-air exchange of organochlorine pesticides along the Aba profile, east of the Tibetan Plateau, western China[J]. Frontiers of Earth Science, 2013, 7(4): 395-405.
[10] Sun K, Zhao Y, Gao B, et al. Organochlorine pesticides and polybrominated diphenyl ethers in irrigated soils of Beijing, China: Levels, inventory and fate[J]. Chemosphere, 2009, 77(9): 1199-1205.
[11] Jiang Y F, Wang X T, Jia Y, et al. Occurrence, distribution and possible sources of organochlorine pesticides in agricultural soil of Shanghai, China[J]. Journal of Hazardous Materials, 2009, 170(2-3): 989-997.
[12] Zheng X Y, Liu X D, Liu W J, et al. Concentrations and source identification of organochlorine pesticides (OCPs) in soils from Wolong Natural Reserve[J]. Chinese Science Bulletin, 2009, 54(5): 743-751.
[13] Tao S, Liu W, Li Y, et al. Organochlorine Pesticides contaminated surface soil as reemission source in the Haihe Plain, China[J]. Environmetal Science and Technology, 2008, 42(22): 8395-8400.
[14] Zhang H, Lu Y, Dawson R W, et al. Classification and ordination of DDT and HCH in soil samples from the Guanting Reservoir, China[J]. Chemosphere, 2005, 60(6): 762-769.
[15] Chen Y, Wang C, Wang Z. Residues and source identification of persistent organic pollutants in farmland soils irrigated by effluents from biological treatment plants[J]. Environment International, 2005, 31(6): 778-783.
[16] Zhu Y, Liu H, Xi Z, et al. Organochlorine pesticides (DDTs and HCHs) in soils from the outskirts of Beijing, China[J]. Chemosphere, 2005, 60(6): 770-778.
[17] Zhao C, Xie H J, Zhang J, et al. Spatial distribution of organochlorine pesticides (OCPs) and effect of soil characters: A case study of a pesticide producing factory[J]. Chemosphere, 2013, 90(9): 2381-2387.
[18] Devi N L, Chakraborty P, Shihua Q, et al. Selected organochlorine pesticides (OCPs) in surface soils from three major states from the northeastern part of India[J]. Environmental Monitoring and Assessment, 2013, 185(8): 6667-6676.
[19] Toan V D, Thao V D, Walder J, et al. Contamination by selected organochlorine pesticides (OCPs) in surface soils in Hanoi, Vietnam[J]. Bulletin of Environmental Contamination and Toxicology, 2007, 78(3-4): 195-200.
[20] Bidleman T F, Leone A D. Soil-air exchange of organochlorine pesticides in the Southern United States[J]. Environmental Pollution, 2004, 128(1-2): 49-57.
[21] Miglioranza K S B, Aizpún de Moreno J E, Moreno V J. Dynamics of organochlorine pesticides in soils from a southeastern region of Argentina[J]. Environmental Toxicology and Chemistry, 2003, 22(4): 712-717.
[22] 环保部公告：禁止使用滴滴涕、氯丹等 [EB/OL]. (2009-04-28)[2019-09-24]. http://www.instrument.com.cn/news/20090428/031474.shtml.
[23] Li H, Mehler W T, Lydy M J, et al. Occurrence and distribution of sediment-associated insecticides in urban waterways in the Pearl River Delta, China[J]. Chemosphere, 2011, 82(10): 1373-1379.
[24] Spurlock F, Lee M. Synthetic pyrethroid use patterns, properties, and environmental effects[J]. ACS Symposium Series, 2008, 991: 3-25.
[25] Bretveld R W, Thomas C M, Scheepers P T, et al. Pesticide exposure: The hormonal function of the female reproductive system disrupted?[J]. Reproductive Biology and Endocrinology, 2006, 4(1): 30.
[26] Crain D A, Janssen S J, Edwards T M, et al. Female reproductive disorders: The roles of endocrinedisrupting compounds and developmental timing[J]. Fertility and Sterility, 2008, 90(4): 911-940.
[27] Whorton D, Krauss R M, Marshall S, et al. Infertility in male pesticide workers[J]. The Lancet, 1977, 310(8051): 1259-1261.

[28] Li H，Zeng E Y，You J. Mitigating pesticide pollution in China requires law enforcement，farmer training，and technological innovation[J]. Environment Toxicology and Chemistry，2014，33(5)：963-971.

[29] Eguchi A，Isobe T，Ramu K，et al. Soil contamination by brominated flame retardants in open waste dumping sites in Asian developing countries[J]. Chemosphere，2013，90(9)：2365-2371.

[30] Luo Y，Luo X J，Lin Z，et al. Polybrominated diphenyl ethers in road and farmland soils from an e-waste recycling region in Southern China：Concentrations，source profiles，and potential dispersion and deposition[J]. Science of the Total Environment，2009，407(3)：1105-1113.

[31] Wang X，Ren N Q，Qi H，et al. Levels and distribution of brominated flame retardants in the soil of Harbin in China[J]. Journal of Environmental Sciences，2009，21(11)：1541-1546.

[32] Wang P，Zhang Q，Wang Y，et al. Altitude dependence of polychlorinated biphenyls (PCBs) and polybrominated diphenyl ethers (PBDEs) in surface soil from Tibetan Plateau，China[J]. Chemosphere，2009，76(11)：1498-1504.

[33] Wang D，Cai Z，Jiang G，et al. Determination of polybrominated diphenyl ethers in soil and sediment from an electronic waste recycling facility[J]. Chemosphere，2005，60(6)：810-816.

[34] Yang Z Z，Zhao X R，Zhao Q，et al. Polybrominated diphenyl ethers in leaves and soil from typical electronic waste polluted area in South China[J]. Bulletin of Environmental Contamination and Toxicology，2008，80(4)：340-344.

[35] Wang H M，Yu Y J，Han M，et al. Estimated PBDE and PBB congeners in soil from an electronics waste disposal site[J]. Bulletin of Environmental Contamination and Toxicology，2009，83(6)：789-793.

[36] Danon-Schaffer M N，Grace J R，Ikonomou M G. PBDEs in waste disposal sites from Northern Canada[J]. Organohalogen Compounds，2008，70：365-368.

[37] Wang J，Ma Y J，Chen S J，et al. Brominated flame retardants in house dust from e-waste recycling and urban areas in South China：Implications on human exposure[J]. Environment International，2010，36(6)：535-541.

[38] Shi T，Chen S J，Luo X J，et al. Occurrence of brominated flame retardants other than polybrominated diphenyl ethers in environmental and biota samples from southern China[J]. Chemosphere，2009，74(7)：910-916.

[39] Ilyas M，Sudaryanto A，Setiawan I E，et al. Characterization of polychlorinated biphenyls and brominated flame retardants in surface soils from Surabaya，Indonesia[J]. Chemosphere，2011，83(6)：783-791.

[40] Zhu Z C，Chen S J，Zheng J，et al. Occurrence of brominated flame retardants (BFRs)，organochlorine pesticides (OCPs)，and polychlorinated biphenyls (PCBs) in agricultural soils in a BFR-manufacturing region of North China[J]. Science of the Total Environment，2014，481：47-54.

[41] Wang B，Iino F，Huang J，et al. Dechlorane Plus pollution and inventory in soil of Huai'an City，China[J]. Chemosphere，2010，80(11)：1285-1290.

[42] Yu Z，Lu S，Gao S，et al. Levels and isomer profiles of Dechlorane Plus in the surface soils from e-waste recycling areas and industrial areas in South China[J]. Environmental Pollution，2010，158(9)：2920-2925.

[43] Xiao K，Wang P，Zhang H，et al. Levels and profiles of Dechlorane Plus in a major e-waste dismantling area in China[J]. Environmental Geochemistry and Health，2013，35(5)：625-631.

[44] Wang D G，Yang M，Qi H，et al. An Asia-specific source of Dechlorane Plus：Concentration，isomer profiles，and other related compounds[J]. Environmental Science & Technology，2010，44(17)：6608-6613.

[45] Ma W L，Liu L Y，Qi H，et al. Dechlorane plus in multimedia in northeastern Chinese urban region[J]. Environment International，2011，37(1)：66-70.

[46] Syed J H，Malik R N，Li J，et al. Levels，profile and distribution of Dechloran Plus (DP) and Polybrominated Diphenyl Ethers (PBDEs) in the environment of Pakistan[J]. Chemosphere，2013，93(8)：1646-1653.

[47] Wei Y L，Bao L J，Wu C C，et al. Characterization of anthropogenic impacts in a large urban center by examining the spatial distribution of halogenated flame retardants[J]. Environmental Pollution，2016，215：187-194.

[48] Wei G L，Bao L J，Guo L C，et al. Utility of soil linear alkylbenzenes to assess regional anthropogenic influences in a rapidly urbanizing watershed[J]. Science of the Total Environment，2014，487：528-536.

[49] Wei Y L，Bao L J，Wu C C，et al. Association of soil polycyclic aromatic hydrocarbon levels and anthropogenic impacts in a rapidly urbanizing region：Spatial distribution，soil-air exchange and ecological risk[J]. Science of

the Total Environment，2014，473-474：676-684.

[50] Chen M，Huang P，Chen L. Polycyclic aromatic hydrocarbons in soils from Urumqi，China：Distribution，source contributions，and potential health risks[J]. Environmental Monitoring and Assessment，2013，185(7)：5639-5651.

[51] 乌鲁木齐市统计局 . 乌鲁木齐统计年鉴（2011）[M]. 北京：中国统计出版社，2011.

[52] Terzaghi E，Wild E，Zacchello G，et al. Forest filter effect：Role of leaves in capturing/releasing air particulate matter and its associated PAHs[J]. Atmospheric Environment，2013，74：378-384.

[53] Manzetti S. Polycyclic aromatic hydrocarbons in the environment：Environment fate and transformation[J]. Polycyclic Aromatic Compounds，2013，33(4)：311-330.

[54] Johnson S J，Castan M，Proudfoot L，et al. Acute toxicity of linear alkylbenzene to *Caenorhabditis elegans* maupas，1900 in soil[J]. Bulletin of Environmental Contamination and Toxicology，2007，79(1)：41-44.

[55] Ni H G，Lu F H，Wang J Z，et al. Linear alkylbenzenes in riverine runoff of the Pearl River Delta (China) and their application as anthropogenic molecular markers in coastal environments[J]. Environmental Pollution，2008，154(2)：348-355.

[56] Zhang K，Wang J Z，Liang B，et al. Assessment of aquatic wastewater pollution in a highly industrialized zone with sediment linear alkylbenzenes[J]. Environmental Toxicology and Chemistry，2012，31(4)：724-730.

[57] Takada H，Ishiwatari R. Biodegradation experiments of linear alkylbenzenes (LABs)：Isomeric composition of C_{12} LABs as an indicator of the degree of LAB degradation in the aquatic environmental[J]. Environmental Science & Technology，1990，24(1)：86-91.

[58] Eganhouse R P，Blumfield D L，Kaplan I R. Long-chain alkylbenzenes as molecular tracers of domestic wastes in the marine environment[J]. Environmental Science & Technology，1983，17(9)：523-530.

[59] Raymundo C C，Preston M R. The distribution of linear alkylbenzenes in coastal and estuarine sediments of the western North Sea[J]. Marine Pollution Bulletin，1992，24(3)：138-146.

[60] Isobe K O，Zakaria M P，Chiem N H，et al. Distribution of linear alkylbenzenes (LABs) in riverine and coastal environments in South and Southeast Asia[J]. Water Research，2004，38(9)：2449-2459.

[61] Gustafsson Ö，Long C M，Macfarlane J，et al. Fate of linear alkylbenzenes released to the coastal environment near Boston Harbor[J]. Environmental Toxicology & Chemistry，2001，35(10)：2040-2048.

[62] Luo X J，Chen S J，Ni H G，et al. Tracing sewage pollution in the Pearl River Delta and its adjacent coastal area of South China Sea using linear alkylbenzenes (LABs)[J]. Marine Pollution Bulletin，2008，56(1)：158-162.

[63] Zhang K，Zhang B Z，Li S M，et al. Regional dynamics of persistent organic pollutants (POPs) in the Pearl River Delta，China：Implications and perspectives[J]. Environmental Pollution，2011，159(10)：2301-2309.

[64] Wei Y L，Bao L J，Wu C C，et al. Assessing the effects of urbanization on the environment with soil legacy and current-use insecticides：A case study in the Pearl River Delta，China[J]. Science of the Total Environment，2015，514：409-417.

[65] Tang Q，Tao X，Li S. The research development of rapid detectors of organophosphorous pesticides residued in agricultural products[J]. Chemical Industry Times，2008，22(8)：49-51.

[66] Hua X M，Shan Z J. The production and application of pesticides and factor analysis of their pollution in environment in China[J]. Advances in Environmental Science，1996，4(2)：33-45.

[67] Meijer S N，Halsall C J，Harner T，et al. Organochlorine pesticide residues in archived UK soil[J]. Environmental Science & Technology，2001，35(10)：1989-1995.

[68] Mackay D，Shiu W Y，Ma K C，et al. Handbook of Physical-Chemical Properties and Environmental Fate for Organic Chemicals[M]. 2nd ed. Boca Raton：CRC Press，2006：925.

[69] Dem S B，Cobb J M，Mullins D E. Pesticide residues in soil and water from four cotton growing areas of Mali，West Africa[J]. Journal of Agricultural，Food and Environment Science，2007，1(1)：1-12.

[70] Laskowski D A. Physical and chemical properties of pyrethroids[J]. Review of Environmental Contamination and Toxicology，2002，174：49-170.

[71] Mackay D. Multimedia Environmental Models：The Fugacity Approach[M]. 2nd ed. Boca Raton：CRC Press，2001.

第5章　珠江三角洲大气有机污染物的分布及迁移行为

随着城市化、工业化进程加速，大气污染问题日益严峻，严重威胁着人类健康，已经成为全球性的环境问题。大气污染物种类繁多，气态和颗粒态是大气污染物的两种主要物理形态，特别是颗粒物可作为环境介质积累大量有机、无机污染物。2010年科学家根据卫星数据绘制的全球$PM_{2.5}$浓度分布得出，我国华北地区、长江三角洲地区和珠江三角洲污染最为严重[1]。据估算我国北方因冬季取暖用煤导致大气总悬浮颗粒物浓度比南方高55%，造成预期居民平均寿命比南方减少5.5年以上[2]。

大气颗粒物粒径从几纳米到几十微米跨越几个数量级，粒径大小决定其理化特征及在大气的停留时间和迁移反应机制等[3]。比如，大气能见度受大气颗粒物浓度、粒径分布、几何形状、化学成分等因素的影响。大气沉降和大气反应是有机污染物进入大气后的主要去除方法。大气沉降包括大气湿沉降、大气干沉降及气相沉降。大气湿沉降按照机制的不同分为雨滴等对气态有机污染物的吸收和雨雪等对颗粒物的冲刷作用[4]。值得注意的是，颗粒物的大气湿沉降不受颗粒物自身粒径的影响；而在大气干沉降过程中，粒径较大的颗粒物由于沉降速率较大而优先沉降。气相沉降是一个可逆的扩散过程，一般与地表扩散过程统称大气-地表交换，包括大气-水界面交换和大气-土壤界面交换。

在某种意义上，城市大气污染程度是地区经济发展水平的反映。珠江三角洲是我国三大城市群之一，区域经济发展快，能源消耗量大，大气污染问题也呈现区域性、复合型、压缩型特征。污染物从污染源排放到大气，随大气湍流稀释扩散传输引起区域环境污染问题。本章主要从大气有机污染物的污染现状、颗粒物的粒径分布、大气干湿沉降及大气-土壤/水界面迁移等方面讨论珠江三角洲典型有机污染物的大气污染过程和机制，这有助于了解有机污染物大气污染水平、形成机制、大气沉降迁移规律及人体呼吸暴露风险，这对于大气污染防治、维护生态系统的健康平衡、降低居民对大气有机污染物的呼吸暴露风险等均具有重要的现实意义。

5.1　大气污染现状及时间演化

5.1.1　珠江三角洲大气有机污染物污染时间演化

我国科学家早在2000年开始对珠江三角洲大气污染问题展开了系列研究，揭示了珠江三角洲大气污染特征。整体而言，珠江三角洲大气平均浓度远高于欧洲城市，区域分布呈现出南北低中部高、城区高农村低等特点[5-7]。本节以OCPs和PBDEs为例讨论珠江三角洲大气区域演化特征。珠江三角洲城区、郊区和农村地区DDTs的平均浓度都显著高于香港农村地区（表5-1）。广州城区和郊区的DDTs浓度远远高于东莞和顺德的农村地区[8]。2003～2004年广州城区的DDTs水平高于郊区，而香港城区的DDTs浓度则明显低于郊区[9]。类似于大气DDTs的分布，珠江三角洲周围农村地区的大气HCHs浓度远低于广州、香港和肇庆的城区（表5-1）。从时间趋势来看，广州和香港2006～2007年大气中DDTs和HCHs的浓度与2003～2004年浓度近似，表明两个地区DDTs和HCHs的使用并未得到有效控制。

珠江三角洲大气PBDEs浓度在东亚地区居于较高水平，已成为全球PBDEs污染严重区域[10]。大气中PBDEs主要以悬浮态颗粒存在，其中BDE-209是最主要成分[6, 7]。例如，广州城区PBDEs（不包括BDE-209）和BDE-209的平均浓度分别为(956±1839) $pg\cdot m^{-3}$和(1350±2277) $pg\cdot m^{-3}$[11, 12]。电子垃圾回收是PBDEs的重要来源，汕头贵屿电子垃圾回收地区大气中PBDEs的浓度比广州和香港地区高几个数量级[11, 13]。同时贵屿电子垃圾回收地区白天和夜间[白天：(11700±5780) $pg\cdot m^{-3}$和夜晚：(4830±2300) $pg\cdot m^{-3}$]的PBDEs浓度比参考点高20倍[白天：(376±255) $pg\cdot m^{-3}$，夜晚：(237±161) $pg\cdot m^{-3}$][11, 12]。同样，家庭和办公室电子/电器也是PBDEs的重要来源。东莞和顺德农村地区的大气中PCBs浓度较低[(439±354) $pg\cdot m^{-3}$][11, 14]，而广州城区则较高（表5-1）。

表 5-1　珠江三角洲大气 OCPs 和 PBDEs 的区域分布与时间演化

有机污染物	地点	浓度 /($pg\cdot m^{-3}$)	年份	参考文献
DDTs	广州城区	1970	2003 ～ 2004	[9]
		351±312	2005 ～ 2006	[15]
		1640±723	2006 ～ 2007	[16]
	广州郊区	1360	2003 ～ 2004	[9]
		399±347	2005 ～ 2006	[15]

续表

有机污染物	地点	浓度 /(pg·m^{-3})	年份	参考文献
DDTs	东莞农村	170±120	2006 ～ 2007	[8]
	顺德农村	240±120	2006 ～ 2007	[8]
	肇庆城区	810±372	2006 ～ 2007	[16]
	香港城区	620	2003 ～ 2004	[9]
		76.2±221	2004 ～ 2005	[17]
		606±244	2006 ～ 2007	[16]
	香港郊区	1360	2003 ～ 2004	[9]
		15.9±14.9	2004 ～ 2005	[17]
	香港农村	28.6±38.6	2004 ～ 2005	[17]
		335±124	2006 ～ 2007	[16]
	香港全境	810±780 (280 ～ 2600)	2005 ～ 2006	[18]
	珠江三角洲全境	1300±1000 (280 ～ 3700)	2005	[18]
HCHs	东莞农村	110 (45 ～ 280)	2006 ～ 2007	[19]
	顺德农村	106 (39 ～ 180)	2006 ～ 2007	[19]
	肇庆城区	605	2006 ～ 2007	[16]
	广州城区	666	2003 ～ 2004	[9]
		93±73	2005 ～ 2006	[15]
		509	2006 ～ 2007	[16]
	广州郊区	396	2003 ～ 2004	[9]
		94±68	2005 ～ 2006	[15]
	香港城区	97	2003 ～ 2004	[9]
		308	2006 ～ 2007	[16]
	香港郊区	103	2003 ～ 2004	[9]
	香港农村	75	2006 ～ 2007	[16]
PBDEs	广州城区	1350±2280 (99.9 ～ 11400)	2004	[20]
		14100	2004 ～ 2005	[21]
	汕头贵屿电子垃圾回收地区	21500±7240	2004	[13]
		11700±5780	2005	[12]
	香港	146±143	2004	[13]
		172 (8.5 ～ 895)	2003 ～ 2004	[11]

注：有机污染物同系物具体组成详见文献 [6]

5.1.2 PAHs 和 PBDEs 的昼夜和季节变化

为了阐明有机污染物的昼夜和季节变化特征，选择广州城区距离地面高度100 m和150 m处的大气为研究对象。从距离地面高度100 m和150 m处大气中气态

PAHs（苯并[*a*]蒽、䓛、苯并[*b*]荧蒽、苯并[*k*]荧蒽、苯并[*e*]芘、苯并[*a*]芘、茚并[1,2,3-*cd*]芘和苯并[*g*,*h*,*i*]苝，统称$\sum_8$PAH）总浓度的时空变化来看（图5-1），夏季白天距离地面高度100 m处的浓度显著高于同期距离地面高度150 m处浓度，稍高于同高度夏季夜晚及冬季白天的浓度；夏季夜晚距离地面高度100 m处浓度则稍低于同期距离地面高度150 m处浓度及同高度冬季夜晚浓度；夏季白天距离地面高度150 m处浓度远高于同高度夏季夜晚及冬季白天的浓度；夏季夜晚距离地面高度150 m处浓度则稍高于同高度冬季夜晚浓度。此外，从颗粒态PAHs的总浓度时空变化来看，在夏季和冬季，距离地面高度100 m处及150 m处的浓度在夜晚均高于白天；在同一高度，夏季白天及夜晚浓度都相应地远远低于冬季白天及夜晚的浓度。

广州城区气象条件、大气混合层高度季节昼夜变化可解释PAHs浓度的昼夜和垂直变化。广州属于亚热带季风气候区，夏季降雨多、气温高，大气湿沉降速率快，造成了PAHs浓度的季节差异[22]。城区夜晚大气边界层的稳定度高于白天，对大气颗粒物的扩散具有相对较高的阻力[23]，而冬季夜晚大气稳定度也高于夏季夜晚[23]，这些因素可能导致冬季夜晚城区颗粒态PAHs的浓度高于夏季夜晚的浓度。

颗粒态PBDEs（包含BDE-47、BDE-99、BDE-183、BDE-207和BDE-209，简称为$\sum_5$PBDE）的总浓度为400～1300 pg·m^{-3}，均值为745 pg·m^{-3}；气态$\sum_5$PBDE的浓度为13.1～35.3 pg·m^{-3}，均值为21.6 pg·m^{-3}。从$\sum_5$PBDE浓度的时间变化和垂直高度变化来看（图5-1），距离地面不同高度，夏季白天和夜晚颗粒态$\sum_5$PBDE的浓度均稍高于冬季，且白天颗粒态$\sum_5$PBDE的浓度相应地均稍高于夜晚浓度，在同一采样时间段大气两相中$\sum_5$PBDE的浓度不存在显著差异。从PBDE单体在大气中的相对丰度（包含气相和颗粒相）来看，BDE-209的相对丰度最高，在夏季和冬季分别占空气中总浓度的(72.2±8.3)%和(78.5±6.9)%。与此类似，前人在研究周围不同环境介质中PBDEs时均发现，相对于其他PBDE单体，BDE-209的含量最高[24-26]，这可能是由于目前使用的溴代阻燃剂工业品中BDE-209的含量最高，而且BDE-209的正辛醇-水分配系数（K_{ow}）更大，更容易与颗粒物结合，难以扩散[25, 27]。

$\sum_5$PBDE浓度的季节变化，以及在垂直高度上的对比与样品中PAHs浓度的情况类似，然而PAHs的浓度呈现出明显的昼夜差异（夜晚浓度显著高于白天）[28]。PBDEs和PAHs浓度昼夜变化的差异可能是两类化合物的不同来源所引起的。在城区，PAHs主要来源于化石燃料的不完全燃烧，包括工厂废气、汽车尾气等[28]，其排放形式包括颗粒态和气态；相比较而言，大气中的PBDEs则可能主要来自于含阻燃剂物体中PBDEs的挥发过程[29]，且有研究表明大气中PBDEs的浓度与环境温度存在相关性[30]。虽然有研究表明，BDE-209从含PBDEs产品中转移进入室内环境主要由该产品材料的破碎和风化过程所引起[31]，然而机械过程所产生的颗粒物的动力学粒径大于2 μm[29]，如果广州城区大气中的PBDEs主要与含PBDEs材料的破碎和风化过程有关，那么PBDEs则应主要存在于动力学粒径大于2 μm的颗粒物中，因此广州城区大气中PBDEs的主要来源为含阻燃剂材料中PBDEs的挥发过程。

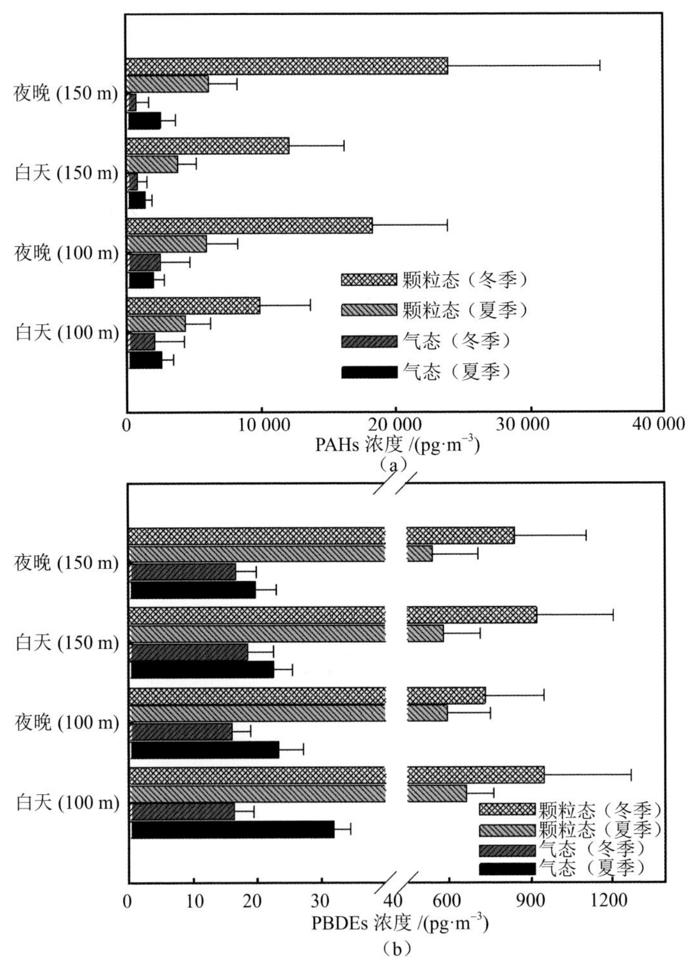

图 5-1 广州地区大气 PAHs 和 PBDEs 时间和垂直高度变化特征

5.2 颗粒态有机污染物的粒径分布特征

有机污染物在颗粒物上分布特征与颗粒物的粒径大小有关。大量研究表明，一部分有机物主要分布在粒径小于2.5 μm的细颗粒上，一部分有机物平均分布在各个粒径颗粒物上，也有一部分有机物在粗颗粒上占的比例比较大。有机物的粒径分布特征与有机污染物的来源和排放方式、有机污染物的物理化学性质及采样点的气象条件等因素有关。因此，研究有机污染物粒径分布特征，为准确估算颗粒态有机污染物的大气干湿沉降通量、有机污染物大气迁移潜力及人体呼吸暴露奠定基础。本节运用气溶胶多级撞击采样器采集广州城区和电子垃圾拆解区不同高度（距离地面1.5 m、5 m、20 m、100 m和150 m）和不同粒径的大气颗粒物样品，重点以PAHs和PBDEs为例阐述颗粒态有机污染物的粒径分布特征和形成机制。该气溶胶多级撞击采样器可将大气颗粒物分级为11级：0.056～0.1 μm、0.1～0.18 μm、0.18～0.32 μm、0.32～0.56 μm、0.56～1.0 μm、1.0～1.8 μm、1.8～3.2 μm、3.2～5.6 μm、5.6～10 μm、10～18 μm和>18 μm，具体采样过程可参见相关文献[28, 32-36]。

5.2.1 颗粒态 PAHs 的粒径分布

在距离地面1.5 m到150 m不同高度PAHs的粒径分布特征是相似的，即2～3环PAHs的粒径分布没有显著的峰（除了荧蒽），4～6环PAHs的粒径分布呈现单峰模式，最大峰值在0.32～1.8 μm[28, 33]。将大气颗粒物按照粒径范围划分为三类，即超细颗粒（粒径小于0.1 μm）、积聚态颗粒（粒径范围为0.1～1.8 μm）及粗颗粒（粒径大于1.8 μm），其中超细颗粒和积聚态颗粒统称细颗粒。研究表明，粒径小于0.1 μm的大气颗粒物主要来源于燃烧过程或者气体分子到颗粒物的成核和冷凝过程[37, 38]，粒径为0.1～2 μm的大气颗粒物主要来自于较小颗粒物的凝结现象[39]，而粒径大于2 μm的大气颗粒物则主要源自机械磨损等过程[40]。

在近地面1.5～20 m高度范围，电子垃圾拆解区和广州城区大气颗粒物中4～6环PAHs分别平均有72%～94%和61%～93%是分布在细颗粒上（图5-2），其中0.56～1.8 μm的颗粒物是最主要的。低分子量PAHs在粗颗粒中含量高于高分子量PAHs，这归因于燃烧过程（如机动车尾气）产生的细颗粒上的低分子量PAHs易通过挥发和凝聚等过程重新分配到粗颗粒中[28, 41]。颗粒态PAHs在电子垃圾拆解区和广州城区的几何平均粒径（geometric mean diameter，GMD）值分别为0.46～1.86 μm和0.58～1.40 μm。较高分子量的PAHs具有较低GMD和几何标准偏差（geometric standard deviation，GSD）值，挥发性高的PAHs通过挥发作用易呈现更大的GSD值，这也与挥发性高的PAHs易于吸附在气溶胶多级撞击采样器的粗颗粒单元有关。广州城区4～6环PAHs在细颗粒的质量分数低于电子垃圾拆解区，表明两个采样区域颗粒态PAHs的来源不同[42]。一般来说，除了生物质燃烧以外，电子垃圾回收和拆解行为（如塑料和电子垃圾的露天焚烧等）是电子垃圾拆解区大气中PAHs的重要来源[42]。而在城区，大气中PAHs的主要来源则包括化石燃料、汽车尾气（含亚微米颗粒）和生物质燃烧等[43]。

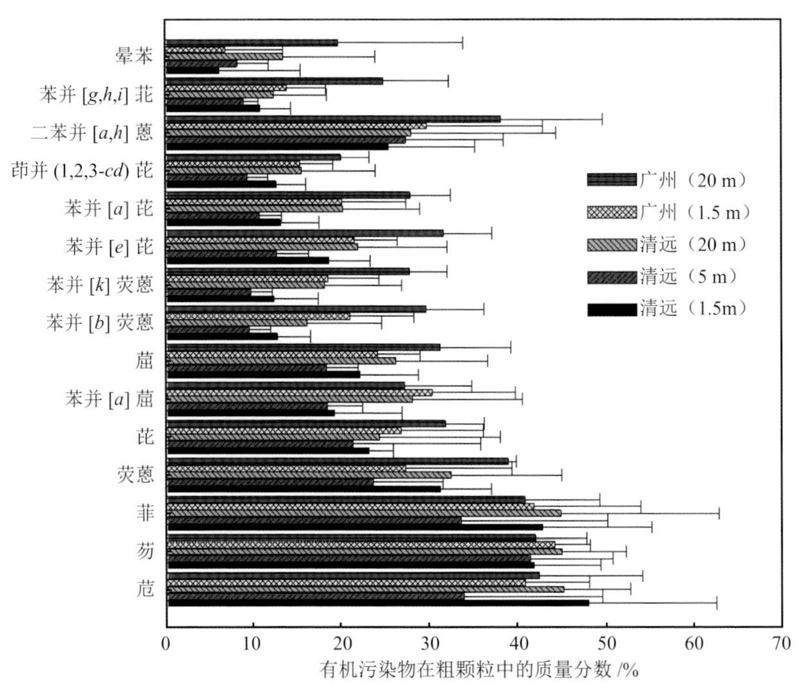

图 5-2 电子垃圾拆解区和广州城区距离地面不同高度 PAHs 在粗颗粒中的质量分数

在广州城区100～150 m的高海拔点位，夏季PAHs总浓度的粒径分布呈单峰状，峰值处于0.32～0.56 μm，而冬季粒径分布的峰形变粗且向较大粒径尺度转移（如0.56～1.0 μm和1.0～1.8 μm），呈现出明显的季节性差异[28]。如果夏冬季大气颗粒物和PAHs的来源相同，由于冬季的日平均气温和相对湿度低于夏季，那么冬季PAHs峰值所处的粒径范围应该小于夏季。因为在冬季的低温条件下，PAHs的挥发速率较夏季低，且在冬季低相对湿度条件下大气细颗粒凝聚难度较夏季高。这一假设与研究结果相矛盾，因此大气颗粒物与PAHs的来源存在季节性差异。PAHs的粒径分布受PAHs自身挥发和凝结过程的影响，也受到颗粒物和PAHs来源的影响。例如，液体化石燃料燃烧过程所产生的单峰态PAHs的峰值分布在超细颗粒中[37, 38, 44]，相比而言，玉米和水稻秸秆等燃点较低燃料的燃烧过程所产生的单峰态PAHs的峰值分布在较大粒径范围内[45-47]。广州地处我国沿海地区，属于亚热带季风气候区，冬季盛行的东北季风可携带内陆农业地区所产生的颗粒物，经过长距离迁移进入广州城区，包括源自生物质（如秸秆等）的燃烧，燃烧所产生的颗粒物粒径较大，而在长距离迁移过程中，颗粒物经历的老化时间较长，具有较大粒径。另外，研究表明，冬季广州及周边地区煤和生物质的燃烧较夏季高[48]，这些燃烧过程相对本地交通来源的颗粒物粒径较大，而夏季由于海源季风所带来的颗粒物较少，大气中颗粒物更多的受到本地排放（如汽车尾气）的影响。这些因素造成了广州地区大气中颗粒态PAHs的粒径分布的季节性变化。

大气中PAHs在粗颗粒中的质量分数随着PAHs的过冷液体饱和蒸气压降低而降低（图5-3），这一结果与大气颗粒物中PAHs非平衡分配的假设相一致，即饱和蒸气压较高（挥发性较强）的PAHs会优先从细颗粒中挥发并迁移至粗颗粒物中，而饱和蒸气压较低（挥发性较弱）的PAHs则会更倾向于保存在细颗粒物中[28, 33, 49]。因此，大气中PAHs的粒径分布可能受到PAHs从细颗粒向粗颗粒迁移过程的影响。另外，由于冬季气温较夏季低，冬季PAHs的挥发速率较夏季慢，会使得粗颗粒中PAHs的质量占比在冬季低于夏季（图5-3），这一结果与PAHs的粒径分布受到PAHs从细颗粒向粗颗粒迁移过程的影响相一致。

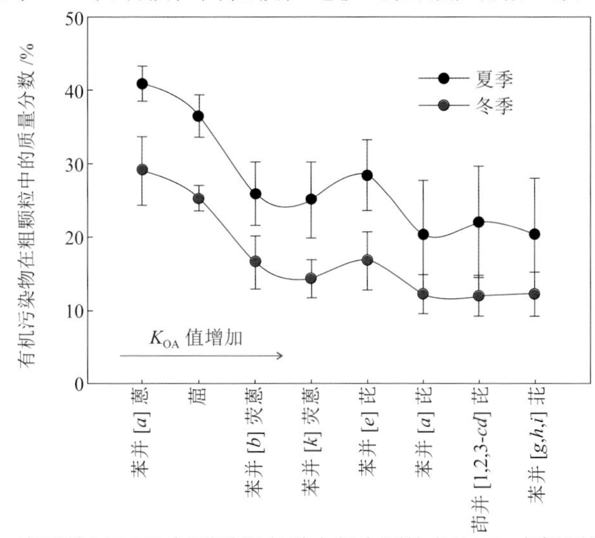

图 5-3　广州地区 2010 年夏季和冬季大气中颗粒态 PAHs 在粗颗粒中的质量分数

5.2.2　颗粒态 PBDEs 的粒径分布

在近地面1.5～20 m高度的电子垃圾拆解区大气颗粒态$\sum_{18}$PBDE（BDE-28、BDE-47、BDE-66、BDE-85、BDE-99、BDE-100、BDE-153、BDE-154、BDE-181、BDE-183、BDE-190、BDE-196、BDE-203、BDE-204、BDE-206、BDE-207、BDE-208和BDE-209）粒径分布在距离地面1.5 m处呈现三个峰，峰值分别位于0.10～0.18 μm、1.8～3.2 μm和10～18 μm，在5 m处呈现一个主峰（峰值位于3.2～10 μm）和一个次峰（峰值位于0.10～0.18 μm），而在20 m处呈现单峰分布，其峰值位于1.0～1.8 μm。值得注意的是，当考虑相对偏差时，$\sum_{18}$PBDE的粒径分布距离地面5 m处的双峰分布并不显著[35]。而在广州城区100～150 m的高海

拔点位，PBDEs浓度的粒径分布呈单峰状，峰值位于0.56～1.0 μm，其峰值出现的粒径范围更小[36]。类似地，也有研究者在希腊伊拉克利翁城区（峰值位于<0.57 μm和>8.1 μm）[50]和广州城区（峰值位于0.56～1.0 μm和5.6～10 μm）的近地面[36]也观察到PBDEs的双峰粒径分布。距离地面1.5～150 m，PBDEs在不同粒径颗粒物的分布逐渐趋向于中间粒径颗粒物上，且峰值粒径逐渐变小。以BDE-209为例，颗粒态BDE-209的粒径分布在距离地面1.5 m处是双峰分布（峰值位于0.56～1.0 μm和5.6～10 μm），而距离地面100 m和150 m处是单峰分布（峰值位于0.56～1.0 μm），这是由不同粒径颗粒物的不同沉降速率及细颗粒的团聚行为造成的[36]。

由于在电子垃圾拆解区检测到的PBDEs同系物种类较多，浓度更高，下面主要以电子垃圾拆解地颗粒态PBDEs的粒径分布特征来重点阐述PBDEs同系物在不同粒径颗粒物上的来源和分布机制。电子垃圾拆解区距离地面1.5～20 m高度处大气中结合在细颗粒上的∑PBDE浓度分别占其在总颗粒浓度的47%～59%，略微低于广州城区（63%～69%）[36]和希腊（PBDEs在<1.66 μm的颗粒物上的浓度占总浓度的72%～87%）[50]。城市区域和电子垃圾拆解区大气中PBDEs在粗颗粒和细颗粒的不同分布情况归因于两个区域大气中PBDEs的不同排放源和排放机制。一般而言，大气中PBDEs的来源包括含PBDEs产品的挥发[25, 30]、物理机械磨损（如磨损和风化）[31]和燃烧[51, 52]等。挥发产生的PBDEs主要通过气粒分配吸附在颗粒物上，并且受颗粒物比表面积的影响，优先分布在较细的颗粒物上。吸附和吸收模型经常用来解释PBDEs在气相和颗粒相之间的分配机制[20, 30, 53]。机械磨损和燃烧过程一般分别产生粗颗粒和细颗粒。因此，非电子垃圾拆解区的城区如广州[36]和希腊[50]大气中PBDEs的主要来源于挥发过程，所以PBDEs主要分布在细颗粒上。在电子垃圾拆解区，对电子垃圾的回收和拆卸仍采用比较原始的粗放式处理方法（如手工拆解、露天焚烧、低温熔化金属及强酸浸泡等回收处理方法[54]），以上三个来源都应该是大气中PBDEs的重要来源。另外，电子垃圾拆解区的PBDEs的排放机理也不同于PAHs[39, 55, 56]和二噁英（PCDD/Fs）[57]，后者主要是不完全燃烧过程产生，主要分布在细颗粒上。

此外，由风和交通运输工具等引起的地表土壤和灰尘的再悬浮也常被认为是颗粒态有机污染物的来源之一[58-60]。地表土壤和灰尘的再悬浮易产生较大颗粒物，而且土壤和灰尘的再悬浮能力也是随着高度的增加而逐渐减弱的，因为较大颗粒具有较大的大气干沉降速率。随着高度的增加，粒径大于10 μm颗粒物上PBDEs的比例逐渐降低，即在距离地面1.5 m、5 m和20 m处，∑PBDE在粒径大于10 μm颗粒物上的浓度分别占其在总颗粒物浓度的30%、18%和11.1%，这表明了存在地表土壤和灰尘再悬浮是PBDEs来源的可能性。当然，地面其他源的存在也可能是这种现象的原因之一。即便如此，土壤和灰尘的再悬浮应该是大气PBDEs

的来源之一，加上地表的排放源使地面粗颗粒中PBDEs在距离地面1.5 m处的浓度要高于5 m和20 m。电子垃圾拆解区距离地面不同高度颗粒态低溴代BDEs和高溴代BDEs的粒径分布存在一定的差异。随着距离地面的高度增加，绝大多数高溴代BDEs的粒径分布特征从三峰分布逐渐过渡到单峰分布，而低溴代BDEs的粒径分布却不太明显，这暗示了电子垃圾拆解区大气颗粒态低溴代BDEs和高溴代BDEs的大气环境行为或者来源机制不同。此外，在距离地面20 m处，颗粒态PBDEs主要分布在中间粒径（0.56～1.8 μm），有利于PBDEs通过气团长距离迁移。

电子垃圾拆解区距离地面20 m处颗粒态PBDEs的GMD值为0.98～1.98 μm[35]，与广州城区距离地面100 m和150 m处颗粒态PBDEs的GMD值（均值：0.85～1.38 μm）接近[36]，但明显大于希腊颗粒态PBDEs的GMD值（0.14～0.63 μm）[50]。这种差异可能是由于不同区域颗粒态PBDEs的来源不同。除了低挥发性的BDE-206、BDE-207和BDE-209随着距离地面高度的增加而有所增加，绝大多数PBDEs同系物的GMD值逐渐降低。随着距离地面高度的增加，细颗粒结合PBDEs的GMD值逐渐增加，而粗颗粒结合PBDEs的GMD值却逐渐降低。随着高度的增加，粗颗粒逐渐沉降和细颗粒逐渐凝聚结合，颗粒态PBDEs主要分布在中间粒径颗粒物范围。电子垃圾拆解区颗粒态PBDEs的GSD值在距离地面1.5 m处大于20 m，表明距离地面1.5 m处颗粒态PBDEs呈现相对更宽的粒径分布。近地表更宽的粒径分布及PBDEs在粗颗粒上更高的浓度分布证实了显著的地表土壤和灰尘的再悬浮过程对颗粒态PBDEs粒径分布特征的影响。

为了降低地面土壤和灰尘再悬浮过程对结果的干扰，这里仅使用20 m的数据讨论挥发性对颗粒态PBDEs粒径分布的影响。在298 K下PBDEs的过冷液体蒸气压与颗粒态PBDEs的GMD之间并没有观察到显著的相关关系。然而GSD值随着PBDEs同系物蒸气压的降低略有增加（图5-4a），即挥发性高的PBDEs呈现更宽的粒径分布。主要原因是挥发性高的化合物更容易从颗粒物挥发到气相中，然后重新分配在所有粒径颗粒物组分上，而挥发性低的化合物易于保留在颗粒物中。

此外，前期的研究表明有机污染物在粗颗粒中质量百分比随着其饱和蒸气压的降低而逐渐降低[28, 41, 61]。低溴代BDEs（三溴至六溴BDEs）在粗颗粒的质量分数与298 K过冷液体蒸气压的对数值（lg P_L/Pa）[62]呈正相关关系（r=0.865；p<0.01），而与高溴代同系物（七溴至十溴BDEs）则呈负相关关系（r=−0.762；p=0.01）（图5-4b），说明颗粒态低溴代BDEs和高溴代BDEs同系物在不同粒径颗粒物上的环境行为不同。通常由于辛醇-气分配系数的差异，高溴代同系物（七溴至十溴BDEs）主要分布在颗粒相中，而低溴代同系物（三溴至六溴BDEs）主要以气态形式存在。因此，颗粒态高溴代同系物易分布在某些特定粒径的颗粒物上，而低溴代同系物则易于通过挥发过程在不同粒径颗粒物中重新分配。不同PBDEs同系物往环境中的排放源或排放方式不同，即大气颗粒物中低溴代同系物主

要来源于挥发和再吸附，而高溴代同系物则主要通过电子垃圾处理过程（如燃烧和机械过程）以颗粒物形式直接排放。类似地，Tian等也猜测电子拆解地大气中低溴代同系物（二溴至六溴BDEs）主要来源于挥发过程[63]，Wilford等认为机械过程是灰尘中高溴代同系物（七溴至十溴BDEs）的主要产生源[64]。此外，PBDEs同系物与大气颗粒物之间的化学亲和性常被用来解释PBDEs的粒径分布特征[50]。理论上，高分子量的PBDEs由于其强疏水性特征更易吸附在比表面积大的细颗粒上[61]。然而该机理并不能解释当前研究中观察到的PBDEs粒径分布特征。主要原因是高溴代同系物在气相和颗粒相之间质量迁移速度慢，气粒分配平衡难以达到，仅仅维持在稳态[65-67]。而从化学亲和力角度去解释PBDEs的粒径分布特征需要PBDEs在气相和颗粒相间达到分配平衡。

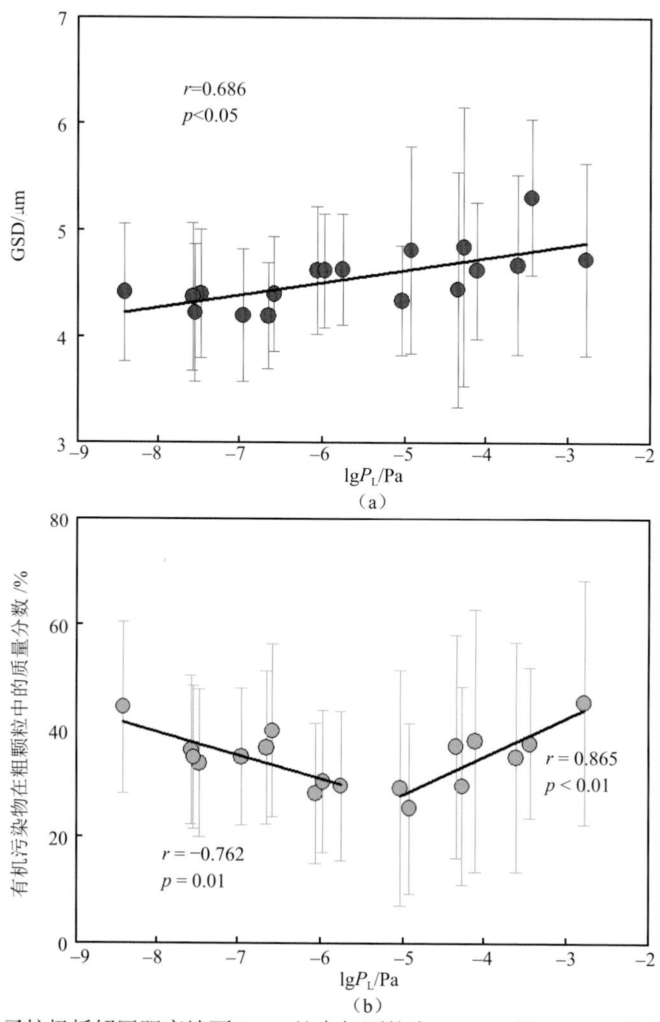

图 5-4　电子垃圾拆解区距离地面 20 m 处大气颗粒态 PBDEs 的 GSD 及其在粗颗粒中的质量分数与 PBDEs 在 298 K 过冷液体蒸气压的对数值之间的相关性

5.3　有机污染物的大气干沉降

5.3.1　大气干沉降通量测定方法

目前报道的有机污染物大气干沉降速率为0.01～10 cm·s^{-1}（表5-2）。一般为了简单起见，常运用经验沉降速率来研究有机污染物大气干沉降通量，此方法在很多地区得到应用，比如我们早期在研究珠江三角洲PBDEs的大气干沉降通量时采用经验沉降速率0.5 cm·s^{-1}[25]。由于化合物种类、采样位置及采样方法上的差异，所报道的数值之间差异较大。目前对颗粒态有机污染物大气干沉降的研究依然缺乏权威的采样方法，研究方法主要可以分为两类（表5-2）：

1）通过设计不同材料的沉降表面替代物来收集颗粒物大气干沉降样品，如聚四氟乙烯盘、培养皿、装水的盘、涂上油脂的玻璃盘等。这些方法通常是用来模拟水表面的大气干沉降，很难模拟真实的沉降情形，且对于相同的化合物，使用不同材料替代沉降表面得到的结果差别很大，因此该方法不确定性较大，实用性不高。另外，在采样过程中有机污染物可能从表面挥发重新进入大气。

2）通过测定有机污染物的浓度，确定有机污染物的大气干沉降速率，然后计算有机污染物的大气干沉降通量[28, 36]。有机污染物的大气干沉降速率受到颗粒物自身物理化学性质的影响，不同粒径颗粒物的大气干沉降速率之间可能达到几个数量级，如果简单运用某一个数值来作为化合物的经验沉降速率，其引入的误差无法估计。为了解决这一问题，研究人员将气溶胶进行分级采样，从而降低在计算有机污染物大气干沉降通量时的误差。

表 5-2　颗粒态有机污染物的大气干沉降速率　（单位：cm·s^{-1}）

方法	应用地点	化合物	大气干沉降速率	参考文献
干沉降面（盘、桶等）	美国芝加哥	PCBs	0.5	[68]
	美国密歇根湖	PCBs	0.9	[69]
	美国芝加哥	PCBs	5.2±2.9	[70]
	日本	PAHs	(0.98±0.59) ～ (1.39±0.82)	[71]
	美国芝加哥	PAHs	6.7±2.8	[72]
	美国芝加哥	PAHs	0.4 ～ 3.7	[69]
	加拿大	PAHs	0.11	[73]
	中国台湾	PCDD/Fs	0.42	[74]
	美国布卢明顿	PCDD/Fs	0.2	[75]

续表

方法	应用地点	化合物	大气干沉降速率	参考文献
干沉降面（盘、桶等）	加拿大	PBDEs	0.8	[73]
	土耳其	OCPs	4.9±4.1	[76]
沉降通量计算	中国台湾	PCBs	0.39 ～ 0.68	[77]
	美国旧金山	PCBs	0.2	[78]
	加拿大	PBDEs	0.11	[79]

下面介绍基于有机污染物粒径分布的大气干沉降通量的计算方法。

颗粒态和气相目标物的大气干沉降通量F可用目标物的浓度C与其大气干沉降速率V_d的乘积来表示，计算方法如下：

$$F = C \times V_d \tag{5-1}$$

对于颗粒态目标物，其大气干沉降速率可用如下公式进行计算[80]：

$$V_d = V_{gi} + 1/(R_a + R_s) \tag{5-2}$$

其中，V_g是重力沉降速率；R_a是空气动力学阻力；R_s是表面阻力。关于模型及其参数的具体描述，以及模型的修订参见文献[80]和[81]。颗粒态目标物的总大气干沉降通量F_p可以用不同粒径范围内目标物的沉降通量之和来表示，即为

$$F = \sum C_{pi} \times V_{di} \tag{5-3}$$

其中，C_{pi}为粒径范围i内颗粒态目标物的浓度；V_{di}是该粒径范围内颗粒物的平均沉降速率。

颗粒态目标物大气干沉降的平均速率$V_{d,p}$和整体平均大气干沉降速率V的计算方法如下：

$$V_{d,p} = F_p / \sum C_{pi} \tag{5-4}$$

$$V = F / (\sum C_{pi} + C_g) \tag{5-5}$$

其中，C_g为气态目标物浓度。

5.3.2 大气干沉降通量

1. 广州城区颗粒态有机污染物的大气干沉降通量与速率

大气干沉降的测定容易受到地表颗粒物再悬浮及大气局地湍流的影响，且常规测量方法存在一定的缺陷，结果偏差较大。本节选择受地面干扰影响较低的广州城区高海拔点位（距离地面100 m和150 m），重点介绍大气有机污染物干沉降

通量和沉降速率。

（1）大气干沉降通量

广州城区夏季距离地面高度100 m和150 m处颗粒态$\sum_8$PAH的大气干沉降通量分别为(623±146) ng·m^{-2}·d^{-1}和(604±177) ng·m^{-2}·d^{-1}，冬季则分别为(1140±350) ng·m^{-2}·d^{-1}和(1190±324) ng·m^{-2}·d^{-1}。不同的垂直高度之间，在同一采样时间段颗粒态$\sum_8$PAH的大气干沉降通量没有显著差异（p>0.05）。广州城区夏季和冬季距离地面高度100～150 m处颗粒态$\sum_5$PBDE的大气干沉降通量分别为(116±26) ng·m^{-2}·d^{-1}和(146±54) ng·m^{-2}·d^{-1}。与其他研究结果相比较，广州城区颗粒态BDE-47、BDE-99、BDE-183、BDE-207和BDE-209五种PBDE单体的大气干沉降通量均显著低于东莞地区；BDE-47、BDE-99和BDE-183的大气干沉降通量较顺德地区高，而BDE-209则较顺德地区低[25, 36]。

不同的PAHs大气干沉降通量的昼夜、季节，以及垂直高度变化都相似，如冬季大气干沉降通量远高于夏季，而在同一季节不存在明显昼夜差异及垂直高度上的差异（图5-5）。不同季节和垂直高度，夜间粗颗粒沉降对颗粒态$\sum_8$PAH大气干沉降通量的贡献高于白天。粗颗粒的大气干沉降速率不存在明显昼夜变化，贡献的昼夜变化是由PAHs浓度的昼夜变化所引起的。虽然超过60%的颗粒态PAHs集中于积聚态颗粒物中，但是这部分颗粒物的大气干沉降仅贡献PAHs大气干沉降速率的5.1%～39%，远远低于粗颗粒的贡献值（大于50%），主要原因在于相对粗颗粒，积聚态颗粒物在空气中受到的滞留阻力较大，其沉降速率远低于粗颗粒。

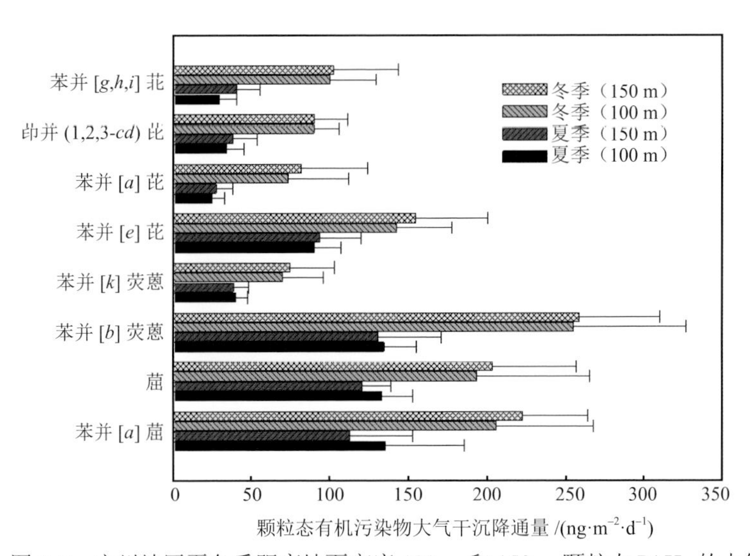

图 5-5　广州地区夏冬季距离地面高度 100 m 和 150 m 颗粒态 PAHs 的大气干沉降通量

而PBDEs存在明显昼夜、季节及垂直高度变化的不同（图5-6），夏季白天不同PBDE单体的大气干沉降通量为夜晚的1.2～1.9倍，而冬季白天的大气干沉降通量则为夜晚的1.1～1.7倍，不同季节昼夜差异相近且夜晚沉降通量均显著低于白天。由于同一季节，PBDE浓度的昼夜差异很小，影响颗粒态PBDEs大气干沉降的昼夜变化的直接原因为颗粒物大气干沉降速率的昼夜变化。夜晚大气稳定度相对白天较高，对颗粒物的沉降和扩散形成的阻力较大，因此颗粒物的沉降速率较小。从季节变化来看，BDE-47、BDE-99和BDE-183的大气干沉降通量在冬季显著低于夏季（冬季的通量为夏季通量的0.6～0.8倍），BDE-207的大气干沉降通量则没有显著季节差异，而BDE-209的大气干沉降通量在冬季显著高于夏季（冬季的通量为夏季通量的1.4倍）。

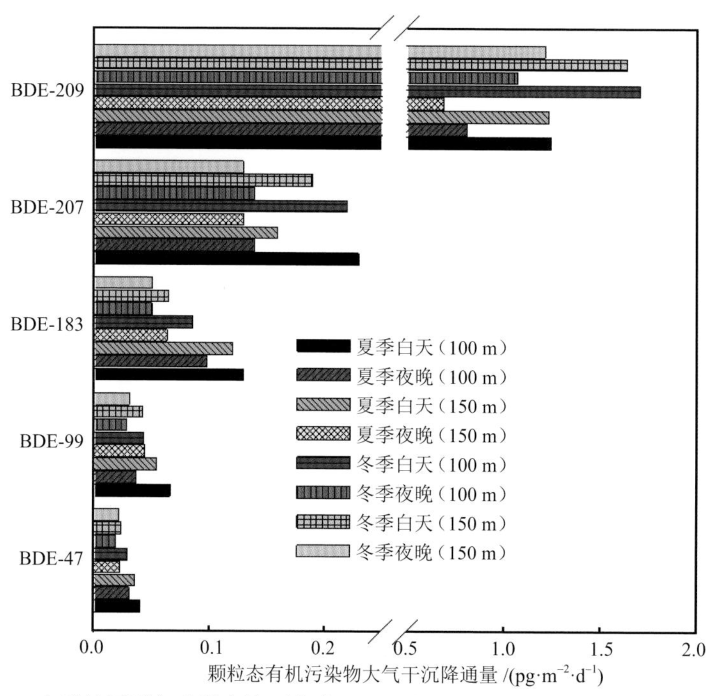

图 5-6　广州地区夏冬季距离地面高度 100 m 和 150 m 颗粒态 PBDEs 的大气干沉降通量

气态PAHs的大气干沉降过程主要是通过气体的扩散作用进行，其沉降速率通常低于颗粒态PAHs，存在较大的不确定性。如果运用一个较为保守的大气干沉降速率2×10^{-4} $m\cdot s^{-1}$来计算广州城区气态$\sum_8$PAH的沉降通量，那么得到夏季距离地面100m和150m处的大气中$\sum_8$PAH每日沉降通量（包含颗粒态和气态）分别为(662±161) $ng\cdot m^{-2}\cdot d^{-1}$和(638±191) $ng\cdot m^{-2}\cdot d^{-1}$，其中气态$\sum_8$PAH的大气干沉降贡献率分别仅为5.9%和5.3%；冬季距离地面100 m和150 m处的大气中每日沉降通量分别为(1180±388) $ng\cdot m^{-2}\cdot d^{-1}$和(1203±338) $ng\cdot m^{-2}\cdot d^{-1}$，其中气态的贡献率分别为3.3%和1.1%。整体而言，广州城区大气中PAHs的干沉降以颗粒态干沉降为主。然而，如果采用一个较高的大气干沉降速率0.005 $m \cdot s^{-1}$来计算气态$\sum_8$PAH的大气干沉降通量，则对$\sum_8$PAH总的大气干沉降的贡献量与颗粒态$\sum_8$PAH的贡献量相当。然而利用大气中气态$\sum_5$PBDE的大气干沉降通量估算，运用的气态分子大气沉降速率为$2\times10^{-4}$$m \cdot s^{-1}$，气态$\sum_5$PBDE的大气干沉降通量低于0.9 $ng \cdot m^{-2} \cdot d^{-1}$，低于颗粒态$\sum_5$PBDE的大气干沉降通量的1/60；如果采用一个较高的经验大气沉降速率0.05 $m \cdot s^{-1}$，气态$\sum_5$PBDE的大气干沉降通量低于4.3 $ng \cdot m^{-2} \cdot d^{-1}$，低于颗粒态$\sum_5$PBDE的大气干沉降通量的5%。由此可见，广州城区大气中PBDEs的大气干沉降以颗粒态干沉降为主。

（2）大气干沉降速率

不同颗粒态PAH单体的大气干沉降速率随着PAHs的过冷液体饱和蒸气压的降低而减少，这一趋势与不同PAH单体在粗颗粒中的质量分数一致（图5-7）。从昼夜变化来看，白天颗粒态PAHs的大气干沉降速率明显高于夜晚，而从季节变化来看，夏季颗粒态PAHs的大气干沉降速率明显高于冬季（图5-7），其原因可能是由于白天的大气热力扰动高于夜晚，而夏季则高于冬季。总PAHs的大气干沉降速率V的变化趋势与$V_{d,p}$大体相同，这可能是由于PAHs大气干沉降过程中颗粒态PAHs占绝大部分。此外，研究发现不同地区总PAHs的大气干沉降速率V与PAHs的过冷液体饱和蒸气压之间的关系存在差异，这可能与气象条件有关，不同的气象条件下大气有机污染物的弥散、分配及沉降等行为差异较大[28, 82]。

颗粒态有机污染物的大气干沉降速率取决于颗粒物的物理化学性质及当地的气象条件，因此其变化范围很大。如果选取0.005 $m \cdot s^{-1}$作为经验大气干沉降速率来计算PAHs的沉降通量，大多数PAHs的大气干沉降通量将被放大，尤其是在冬季，运用经验值计算得到的沉降通量将超过基于污染物粒径分布的干沉降通量的150%～2400%。如果选取0.0028 $m \cdot s^{-1}$作为经验大气干沉降速率来计算PAHs的沉降通量，那么夏季夜晚运用经验值计算得到的沉降通量将达到基于污染物粒径分布的干沉降通量的105%～1350%，而冬季则会达到102%～790%。因此，在计算颗粒态有机污染物的大气干沉降通量时，经验干沉降速率的运用应十分谨慎。

从昼夜变化来看，广州城区夜晚PBDEs的大气干沉降速率显著低于白天（表5-3），与PAHs的结果一致，体现了大气活动的昼夜差异，夜晚大气稳定度高于白天，有机污染物沉降能力较差。值得注意的是，与BDE-47和BDE-99相比，苯并[*g*,*h*,*i*]苝的大气干沉降速率较低，这可能是由于苯并[*g*,*h*,*i*]苝的挥发性较低，其在粗颗粒中的含量比例较BDE-47和BDE-99低，而这一原因不能用来解释苯并[*g*,*h*,*i*]苝与BDE-209之间大气干沉降速率的大小关系，因为苯并[*g*,*h*,*i*]苝的挥发性远远高于BDE-209。在计算化合物大气干沉降过程中借用其他化合物的大气干沉降速率不一定合适。

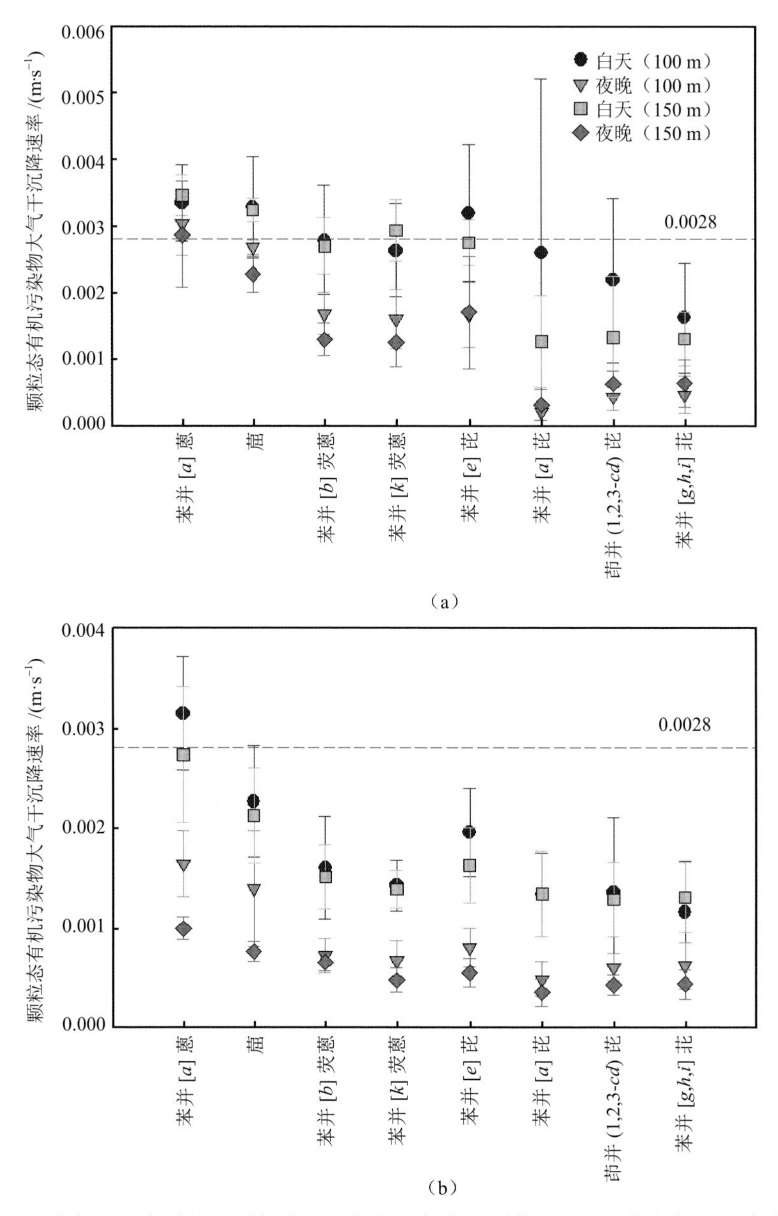

图 5-7 广州地区夏冬季不同高度昼夜大气颗粒态 PAHs 的大气干沉降速率

（a）夏季；（b）冬季

表 5-3 广州城区颗粒态 PBDEs 的大气干沉降速率 （单位：$m \cdot s^{-1}$）

	BDE-47	BDE-99	BDE-183	BDE-207	BDE-209
夏季白天（100 m）	0.26±0.07	0.28±0.03	0.25±0.03	0.27±0.05	0.25±0.03
夏季夜晚（100 m）	0.23±0.04	0.18±0.04	0.19±0.05	0.19±0.01	0.18±0.05

续表

	BDE-47	BDE-99	BDE-183	BDE-207	BDE-209
夏季白天（150 m）	0.28±0.04	0.26±0.05	0.28±0.06	0.26±0.03	0.28±0.03
夏季夜晚（150 m）	0.19±0.05	0.20±0.02	0.16±0.03	0.22±0.10	0.19±0.06
冬季白天（100 m）	0.28±0.06	0.24±0.02	0.24±0.06	0.17±0.02	0.22±0.02
冬季夜晚（100 m）	0.21±0.03	0.17±0.03	0.18±0.03	0.11±0.02	0.19±0.02
冬季白天（150 m）	0.25±0.03	0.27±0.03	0.26±0.02	0.17±0.02	0.21±0.03
冬季夜晚（150 m）	0.25±0.03	0.18±0.01	0.22±0.02	0.12±0.02	0.17±0.02

2. 电子垃圾拆解区的大气干沉降通量估算

采用上述方法和相关结果对电子垃圾拆解区大气中颗粒态有机污染物的大气干沉降通量进行估算（图5-8）。颗粒态$\sum_{18}$PBDE大气干沉降通量的主要贡献来自粗颗粒（平均占总干沉降通量的64%；范围：50%～79%）。这类似于Holsen等的研究结果[68]，他们发现城市区域粒径D_p>6.5 μm颗粒物结合的PCBs的大气干沉降通量占PCBs总大气干沉降通量的62%～94%[68]。主要的原因是粗颗粒比细颗粒在大气中有更短的停留时间和更大的沉降速率[83]。电子垃圾拆解区PBDEs同系物的平均大气干沉降速率为0.23～0.29 cm·s^{-1}[35]，与之前在香港（0.24～0.28 cm·s^{-1}）[84]和广州城区（0.11～0.28 cm·s^{-1}）[36]测定的结果相当。此外，不同PBDEs同系物的大气干沉降速率并不存在显著差异（p>0.05）。对电子垃圾拆解区大气中新型卤代阻燃剂、有机磷阻燃剂和PAHs、重金属等污染物均有类似的结论[32-34, 85]，这里不再展开论述。

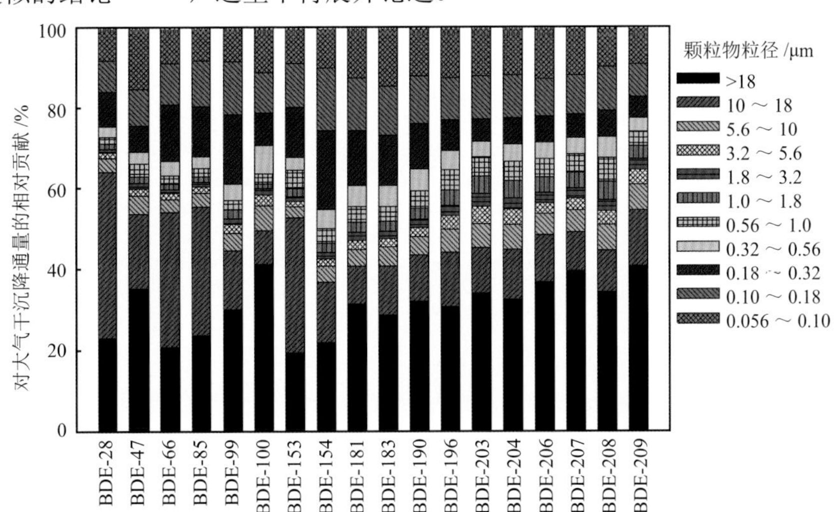

图 5-8　电子垃圾拆解区距离地面 20 m 处不同粒径颗粒物对 PBDEs 的大气干沉降通量的相对贡献

5.4 有机污染物的大气湿沉降

5.4.1 测定方法

1. 大气湿沉降的直接收集与计算方法

以广州城区为例说明大气湿沉降的收集和通量的估算方法。在广州海珠区、天河区、萝岗区（现黄埔区）各选择一个采样点，分别代表广州城市化由高到低的三个阶段。在三个采样点采集2010年所有场次的降雨水样（157个样品），每一场降雨水样作为一个大气湿沉降样品，用6个不锈钢盆（直径76.5 cm）采集，盆只有在降雨时人工开启，其他时候都闭合；如果48 h内有多场降雨，并且每场降雨雨量小于1 mm，这几场的降雨水样合并为一个样品。收集水样的时候，黏附在盆壁上的颗粒物用不锈钢刷扫入水中一并收集，水样用10 L棕色玻璃瓶装载。所有水样都在降雨后24 h内运回实验室处理。

所有样品浓度都使用体积浓度表示。目标物的体积加权平均浓度（volume weighted mean concentration，C_{VWM}）定义为

$$C_{VWM} = \sum(C_i \times V_i) / \sum V_i \tag{5-6}$$

其中，C_i为每个大气湿沉降中目标物浓度；V_i为对应的样品体积；体积加权平均浓度用来表示一段时间内（通常为一月或一年）降雨的平均浓度。除非特殊注明，本书以下讨论的浓度都是体积加权平均浓度。体积加权平均浓度的偏差采用加权标准偏差（SD_w）衡量，定义为

$$SD_w = \sqrt{\frac{N \times \sum[(C_i - C_{VWM})^2 \times V_i]}{(N-1) \times \sum V_i}} \tag{5-7}$$

其中，N为样品数量。冲刷率定义为

$$W_T = C_{rain} / C_{air} \tag{5-8}$$

其中，C_{rain}和C_{air}分别为目标物在大气湿沉降和对应气溶胶样品中的浓度。月大气湿沉降通量（F_{wet}）定义为

$$F_{wet} = C_{VWM} \times Q \times 10^{-3} \tag{5-9}$$

其中，Q为月降雨量。单位场次大气湿沉降通量（$F_{wet,each}$）定义为

$$F_{wet,each} = C_i \times V_i / A_{wet} \tag{5-10}$$

其中，A_{wet}为大气湿沉降采集面积。由于绝大多数大气湿沉降样品都是完整采集（从降雨开始到降雨结束），所以V_i / A_{wet}可以用来表示每场雨降雨量。大气干沉降通量（F_{dry}）可以通过两种方法计算，一种是

$$F_{dry} = M / A \tag{5-11}$$

其中，M为目标物在大气干沉降颗粒物中的质量，用颗粒物质量乘以目标物在颗粒物中的质量浓度获得；A为大气干沉降采集面积。大气干沉降通量还可通过下式估算：

$$F_{dry} = C_p \times v_d \tag{5-12}$$

其中，C_p为颗粒相气溶胶浓度；v_d为沉降速率。

2. 基于大气颗粒态有机污染物粒径分布的估算

以清远电子垃圾拆解区为例说明大气颗粒态有机污染物湿沉降通量的估算方法。颗粒态PBDEs的大气湿沉降通量（F_{wet}）采用不同粒径颗粒物的大气湿沉降去除率（η_i）计算，计算方法如下[57]：

$$F_{wet} = W_T \times Q \times \sum(C_i \times \eta_i) \tag{5-13}$$

其中，W_T为冲刷率，定义为目标物在雨水与其对应气相中浓度的比值；Q为月降雨量（mm）；η_i为一次降雨事件对大气不同粒径颗粒物去除的百分比，采用Radke等提供的数据[86]。据研究报道，PBDEs的冲刷率在10^3～10^6[25, 87]。为了保守估计，PBDEs的大气湿沉降冲刷率采用10^5[57]。月降雨量采用清远过去多年干季（10月和11月）月降雨量的均值55 mm。

5.4.2　大气湿沉降通量

广州城区颗粒物（particulate matter，PM）、颗粒相有机碳（POC）、溶解相有机碳（DOC）和$\sum_{15}$PAH浓度呈现时空变化特征，即干季（1～3月和10～12月）浓度高于雨季（4～9月）；海珠区浓度最高，萝岗区浓度最低[88]。城区的颗粒物和有机碳主要来自建筑粉尘和汽车尾气，集中在人口、建筑密集区域；而PAHs主要来自家庭燃煤、秸秆的不完全燃烧，以及石油化工工业、汽车尾气的排放；由于来源较为分散，导致PAHs在整个广州均匀地分布[88]。PM、POC和$\sum_{15}$PAH的年大气湿沉降通量分别是17 $g \cdot m^{-2} \cdot a^{-1}$、2.7 $g \cdot m^{-2} \cdot a^{-1}$和$3.4 \times 10^2$ $\mu g \cdot m^{-2} \cdot a^{-1}$。PM和

$\sum_{15}$PAH的年大气干沉降通量分别是17 $g·m^{-2}·a^{-1}$和$2.6×10^2$ $μg·m^{-2}·a^{-1}$。显然，大气干沉降、大气湿沉降总量相近。大气干湿沉降对有机污染物在不同区域的去除效果（capacity for removal，CR）存在较大差异，主要取决于以下两方面：①不同区域年降雨量。广州年降雨量2100 mm，而泽西市为1180 mm，尽管两个地方有相似的大气干湿沉降总量（广州和泽西市分别是600 $μg·m^{-2}·a^{-1}$和590 $μg·m^{-2}·a^{-1}$）[89]，CR_{PAHs}在广州（0.57）和泽西市（0.27）差别迥异。②不同区域有机污染物的沉降通量。尽管不同区域可能有相似的降雨量和大气湿沉降通量，比如泽西市、新不伦瑞克和塔克顿有相似的大气湿沉降通量（分别是76 $μg·m^{-2}·a^{-1}$、160 $μg·m^{-2}·a^{-1}$和84 $μg·m^{-2}·a^{-1}$），但大气干沉降通量差异很大（泽西市、新不伦瑞克和塔克顿大气干沉降通量分别是430 $μg·m^{-2}·a^{-1}$、220 $μg·m^{-2}·a^{-1}$和38 $μg·m^{-2}·a^{-1}$），这使得塔克顿的CR_{PAHs}值很高（0.69）而另外两地很低（泽西市和新不伦瑞克分别是0.27和0.26）[89]。因此，增加降雨量或者降低有机污染物的排放，可以改善大气湿沉降对PAHs的去除效果。

大气湿沉降是大气有机污染物的重要去除机制。广州PBDEs同系物的冲刷率（W_T）是$(1.9×10^4)$～$(2.5×10^5)$，与前人在波罗的海地区测得的范围$[(8×10^4)$～$(1.3×10^6)]$[90]接近。多数PBDEs的冲刷率与降雨强度（0～4.3 $mm·h^{-1}$）呈负相关关系（r^2=0.44～0.91，$p<0.05$），这与PAHs冲刷率有相似的特点。值得注意的是，PAHs关于W_T和I的相关系数可以用对数形式的气溶胶中颗粒物比例来优化，可是PBDEs的相关系数则不然[88, 91]。PBDEs和PAHs在这方面的差异可能归结于它们不同的输入途径。在城区，PAHs来自化石燃料的不完全燃烧，经由气相和颗粒相排放到大气；PBDEs主要通过阻燃剂的挥发，以及再吸附作用进入大气颗粒物中。因此，PBDEs在气相和颗粒相之间的分配相比PAHs需要多一些时间。这一结果说明，PBDEs在大气气相和颗粒相之间的分配时间可能是影响冲刷率的一个关键因素，导致干燥气候条件下偶然的降雨可能更有效地去除大气PBDEs。

5.4.3 大气湿沉降主要影响因素

本节以PBDEs为例来论述影响有机污染物大气湿沉降的主要因素，重点讨论研究采样点、气温、大气湿沉降中颗粒物浓度、降雨量等因素对大气湿沉降通量的影响。气温影响产品中PBDEs的挥发；大气湿沉降中颗粒物影响PBDEs在溶解相、颗粒相之间的分配，进而影响其浓度；降雨量通过影响雨水中有机污染物的稀释效应，影响其浓度。通过构建条件推断树（conditional inference tree，CIT）辨识其中的关键因素[91, 92]。依据条件推断树的结果，几乎所有PBDE同系物根节点分裂点依次是颗粒物浓度、降雨量和采样点[91]，说明其影响因素对所有PBDE同系物的作用是一致的，具体分析如下。

首先，影响PBDEs根节点分裂的因素是大气湿沉降中颗粒物浓度，指示强烈的颗粒物影响，是多个PBDE同系物左分支的第一个分裂影响因素。因此，大气湿沉降中PBDEs浓度的分配由颗粒物决定，PBDEs和颗粒物浓度存在显著正相关（r^2=0.36，$p < 0.05$）也证实了这一点。另外，低分子量同系物（包括二溴到七溴BDEs）根节点分裂对应的颗粒物浓度值较低，高分子量同系物（包括八溴到十溴BDE）根节点分裂对应的颗粒物浓度值较高。比如BDE-209根节点分裂对应的颗粒物浓度是30 mg·L^{-1}，高于BDE-47和BDE-17根节点分裂对应的颗粒物浓度43 mg·L^{-1}和60 mg·L^{-1}[91]。这种现象可能归结于不同同系物的正辛醇-水分配系数不同；比如所有高分子量同系物的颗粒相冲刷率都高于气相冲刷率（$p < 0.05$），而低分子量同系物的颗粒相冲刷率和水相冲刷率大部分没有显著区别（除了BDE-138 和BDE-153）。

其次，降雨量作为重要的分裂影响因素，出现在PBDEs的CIT图中；降雨量较低的分裂旁支对应较高的目标物浓度，这验证了稀释效应的重要性。比如降雨量小于33 mm时对应的PBDEs浓度中值（38 mg·L^{-1}）是降雨量大于33 mm时对应的∑PBDE浓度中值（7.7 mg·L^{-1}）的5倍。其他因素并不像颗粒物浓度和降雨量一样具有决定性影响力。采样点只在∑PBDE和5个PBDE同系物（包括BDE-15、BDE-47、BDE-153、BDE-208和BDE-209）的CIT中出现，所以采样点并不是影响PBDEs浓度的决定性因素。而且，没有任何一个BDE的CIT按照气温分裂，尽管气温被认为是影响阻燃剂中PBDEs挥发进入大气的重要因素[30, 53]。在控制大气湿沉降中PBDEs浓度方面，颗粒物浓度和降雨量比采样点和气温更重要，可能因为颗粒物浓度和降雨量影响冲刷过程及有机污染物在不同相之间的分配，而采样点位置和气温影响有机污染物排放到气溶胶的量[93, 94]。

PBDEs和BDE-209的沉降通量（分别是210 ng·m^{-2}·d^{-1}和170 ng·m^{-2}·d^{-1}）高于其他城区，如瑞典隆德测得的∑PBDE为58 ng·m^{-2}·d^{-1}[90]；韩国釜山测得的∑PBDE为140 ng·m^{-2}·d^{-1}，BDE-209为130 ng·m^{-2}·d^{-1}[95]；与前人在广州所测数值（∑PBDE为220 ng·m^{-2}·d^{-1}，BDE-209为200 ng·m^{-2}·d^{-1}）相近（$p<0.05$）[63]。但低于广东龙塘（我国最大的电子垃圾回收处理地之一）（∑PBDE为400 ng·m^{-2}·d^{-1}，BDE-209为360 ng·m^{-2}·d^{-1}）[63]。有意思的是，5个城区（隆德、釜山、广州、香港、马山）的PBDEs的大气沉降通量与人口密度呈正相关关系（r^2 =0.81，$p < 0.05$）[91]，说明城区PBDEs主要来自家用电器中阻燃剂的挥发。

按照季度划分，PBDE的沉降通量在第一季度[1～3月；(1.4±1.2)×10^4 ng·m^{-2}·季$^{-1}$]和第四季度[10～12月；(1.3±0.46)×10^4 ng·m^{-2}·季$^{-1}$]没有显著差别（$p >0.05$）。可是PAHs的沉降通量在第一季度[(15± 5.1)×10^4 ng·m^{-2}·季$^{-1}$]大于第四季度[(8.3 ± 2.0)×10^4 ng·m^{-2}·季$^{-1}$][88, 91]，而且第四季度气溶胶样品中的∑PBDE浓度[(0.67 ± 0.52) ng·m^{-3}]也和其他三个季度没有显著差别[第一季度、第二季度（4～6月）、第三季度（7～9月）浓度分别是(0.48±0.60) ng·m^{-3}、(0.77±0.44) ng·m^{-3}和

(0.80±0.54) ng·m^{-3}]（p>0.05）。相对地，第四季度气溶胶样品中的PAHs浓度(58±31) ng·m^{-3}则低于第二季度的浓度(106±48) ng·m^{-3}（p<0.05）。∑PBDE和$\sum_{15}$PAH浓度的季度性差异说明政府对污染源采取的控制措施仅仅部分有效。这些控制措施是基于第16届亚运会和第10届亚残会的召开而实行的，包括每天8:00～20:00根据机动车尾号奇偶数来限制并减少一半的道路机动车数量、关闭部分污染严重的企业（如电厂和工业锅炉）及餐馆停止使用高污染排放的燃料（如煤和重油）等。这些措施确实减少了PAHs的排放，但是对PBDEs则没起到同样的效果。显然，任何用于控制有机污染物排放的措施或法规需要考虑不同排放来源的有机污染物，如PBDEs和PAHs。值得注意的是，PM_{10}的空气质量分指数月均值在11月最高（59），这可能和11月人工消雨导致没有大气湿沉降有关。假定2010年11月降雨量为78 mm，颗粒物浓度和$\sum_{15}$PAH的大气湿沉降通量将分别是0.84 g·m^{-2}·月$^{-1}$和15 μg·m^{-2}·月$^{-1}$，这是根据月大气湿沉降通量（F_{wet}）和降雨量（Q）的相关性计算得到的（$F_{wet,\ PM}=0.004Q_{2010}+0.71$，$F_{wet,\ PAHs}=0.10Q_{2010}+11$）。这个估算说明亚运会的人工消雨措施可能是11月空气质量恶化的原因。亚运会的减排措施对OCPs也是类似的结果，对HCHs有减排效果，对DDTs几乎没有影响[96]，说明政府采取的污染源控制措施仅对部分有机污染物有效。

此外，大气湿沉降通量也受有机污染物在颗粒上的粒径分布特征的影响[32, 33, 35]。在电子垃圾拆解区、广州、清远研究发现，颗粒态PBDEs平均有68%（范围：65%～72%）由大气湿沉降去除，高于前人研究的PAHs的去除率（50%～60%）[57, 97]。细颗粒是PBDEs（除了BDE-28和BDE-209）大气湿沉降通量的主要贡献者（图5-9）。Kaupp等也发现<1.35 μm的颗粒物分别贡献了PCDD/Fs和PAHs的大气湿沉降通量的79%～85%和77%～92%[57]。在电子垃圾拆解区和广州城区，粗颗粒贡献了颗粒态PAHs大气湿沉降通量的(36±11)%和(41±3)%，表明了细颗粒主导着有机污染物（PBDEs和PAHs）的大气湿沉降通量[28, 35]。

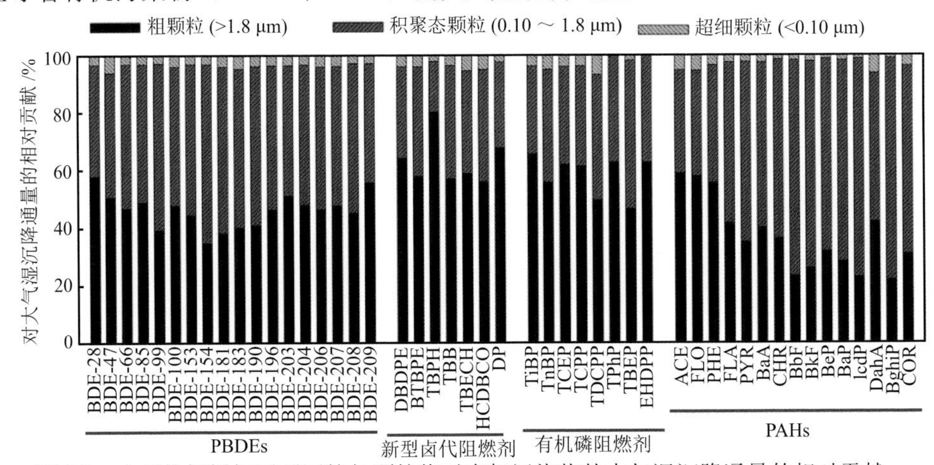

图 5-9 电子垃圾拆解区不同粒径颗粒物对有机污染物的大气湿沉降通量的相对贡献

5.5　有机污染物的土壤–大气交换过程

5.5.1　土壤–大气交换通量计算方法

有机污染物的土壤–大气交换过程对于识别其源汇机制具有重要意义。本节有机污染物在大气和土壤间的交换通量采用逸度模型进行计算[7, 98-100]。化合物的土壤–大气交换通量（D_{flux}；$\mu g \cdot m^{-2} \cdot a^{-1}$）用如下公式计算：

$$D_{flux} = D_{SA}(f_S - f_A) \tag{5-14}$$

其中，f_S（Pa）和f_A（Pa）分别为化合物土壤和大气中的逸度值；D_{SA}（$mol \cdot Pa^{-1} \cdot m^{-2} \cdot h^{-1}$）为化合物通过土壤–大气界面层的扩散系数。

逸度f_S和f_A用以下公式计算：

$$f_S = C_sRT/(0.41\varphi \cdot K_{oa}) \tag{5-15}$$

$$f_A = C_aRT \tag{5-16}$$

其中，C_s和C_a分别为化合物在土壤（$ng \cdot g^{-1}$）和大气（$ng \cdot m^{-3}$）中的浓度；φ为土壤有机质质量分数，一般用1.7倍的有机碳含量代替；K_{oa}为化合物辛醇–大气分配系数。

化合物在土壤–大气交换中的迁移方向采用逸度分数（ff）来鉴定：

$$ff = f_s/(f_s + f_a) \tag{5-17}$$

理论上，当$ff > 0.5$表明化合物从土壤向大气迁移，而$ff < 0.5$则表明化合物从大气向土壤沉降，$ff = 0.5$表明化合物在土壤和大气之间达到平衡。现实中需要考虑环境和参数选择的不确定性，一般认为0.3和0.7为化合物在土壤和大气间明显指示扩散方向的分界点，即$ff > 0.7$表明化合物从土壤向大气挥发，而$ff < 0.3$表明化合物从大气向土壤沉降，当$0.3 \leqslant ff \leqslant 0.7$时表明化合物在土壤和大气之间达到基本平衡[101, 102]。

扩散系数D_{SA}用以下模型计算得到：

$$D_{SA} = 1/[1/D_{SAB} + 1/(D_{SAA} + D_{SAL})] \tag{5-18}$$

D_{SAB}、D_{SAA}和D_{SAL}是传质系数，其中，

$$D_{SAB} = K^*_{SA} \cdot Z_A \tag{5-19}$$

$$D_{SAA} = K_{SAP} \cdot Z_A \tag{5-20}$$

$$D_{SAL} = K_{SWP} \cdot Z_1 \tag{5-21}$$

$$Z_A = 1/RT \tag{5-22}$$

$$Z_1 = 1/(RTK_{AW}) \tag{5-23}$$

$$K_{aw} = H/(RT) \tag{5-24}$$

其中，Z_A和Z_l分别是化合物在大气和水中的逸度容量（$mol \cdot m^{-3} \cdot Pa^{-1}$）；$K^*_{SA}$、$K_{SAP}$和$K_{SWP}$分别为土壤-大气的边界层（$m \cdot h^{-1}$）、土壤-大气（$m \cdot h^{-1}$）和土壤-水质（$m \cdot h^{-1}$）量迁移系数；$R$和$T$分别表示理想气体常数（$8.31\ J \cdot mol^{-1} \cdot K^{-1}$）和热力学温度（298 K）；$K_{aw}$为空气-水扩散系数；$H$为亨利定律常数（$Pa \cdot m^3 \cdot mol^{-1}$）。本书中$K^*_{SA}$、$K_{SAP}$和$K_{SWP}$的取值分别为$5\ m \cdot h^{-1}$、$0.02\ m \cdot h^{-1}$和$0.000\ 01\ m \cdot h^{-1}$[98, 103]。本节用于计算不同区域中土壤-大气交换所使用的参数详见我们前期的研究[99, 100]。

5.5.2 土壤-大气交换通量

珠江三角洲的土壤-大气交换通量存在区域差异，珠江三角洲中心区域的$\sum_{15}$PAH平均土壤-大气交换通量为(852±1140) $\mu g \cdot m^{-2} \cdot a^{-1}$，高于珠江三角洲外围[(195 ± 165) $\mu g \cdot m^{-2} \cdot a^{-1}$]、粤西[(322±243) $\mu g \cdot m^{-2} \cdot a^{-1}$]和粤东[(84.9 ± 62.5) $\mu g \cdot m^{-2} \cdot a^{-1}$]区域。具体而言，珠江三角洲中心区域除了芴以外，3环PAHs的扩散通量是其他三个区域的1.2～9.5倍，而高分子量的PAHs（除了荧蒽和芘的4～6环PaHs）的年沉积通量则远小于其他三个区域年沉积通量（图5-10）。对比珠江三角洲土壤-大气交换通量发现，土壤为低分子量PAHs的二次源，是高分子量PAHs的一个汇[99]。具体而言，3环PAHs（苊烯、苊、芴、菲和蒽）倾向于从土壤挥发到大气中，扩散通量为79～713 $\mu g \cdot m^{-2} \cdot a^{-1}$；而5～6环PAHs（苯并[*a*]芘、二苯并[*a*,*h*]蒽、茚并[1,2,3-*cd*]芘和苯并[*g*,*h*,*i*]苝）则倾向于从大气沉积到土壤中，沉积通量范围变化很大，为0.99～10.2 $\mu g \cdot m^{-2} \cdot a^{-1}$。该趋势与前期在我国北京[104]、大连[105]、杭州[106]和西藏高原[107]，以及土耳其[108]等地区的研究结果相似，即土壤为低分子量PAHs的二次源，是高分子量PAHs的汇。另外，荧蒽和芘平均扩散或者沉积通量分别为1.3～1.41 $\mu g \cdot m^{-2} \cdot a^{-1}$和0.17～1.7 $\mu g \cdot m^{-2} \cdot a^{-1}$，土壤-大气逸度分数（*ff*）为0.27～0.67[99]，基本在0.30～0.70，可认为这两个化合物在珠江三角洲及其周边地区的土壤-大气交换过程中达到了平衡。

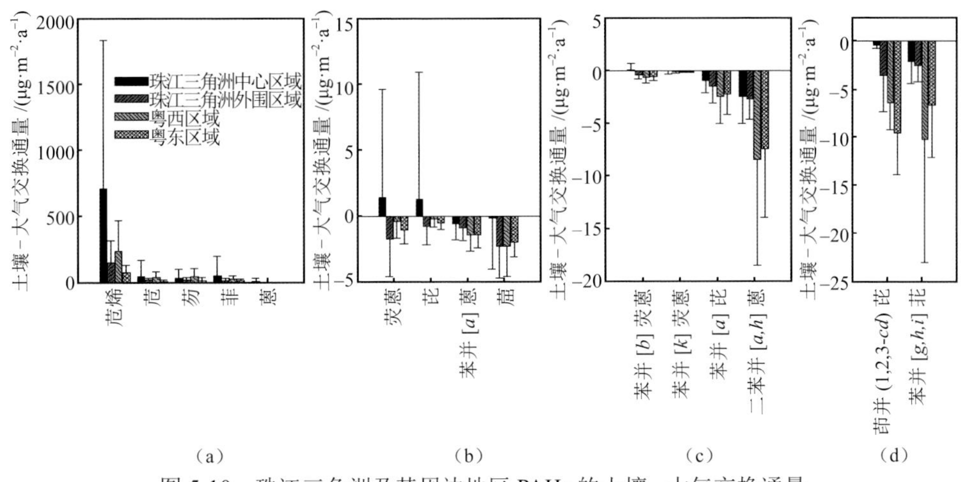

图 5-10　珠江三角洲及其周边地区 PAHs 的土壤－大气交换通量

（a）3 环 PAHs；（b）4 环 PAHs；（c）5 环 PAHs；（d）6 环 PAHs

2001年对广东省10个城市（广州、东莞、珠海、肇庆、清远、番禺、南海、顺德、中山和江门）土壤–大气交换的研究结果表明，菲和荧蒽倾向于从大气沉积到土壤中，其沉积通量为5.1～285 $\mu g \cdot m^{-2} \cdot a^{-1}$[109]。而本书中2010年菲表现为从土壤向大气扩散，通量为13.9～51.5 $\mu g \cdot m^{-2} \cdot a^{-1}$。可见，2001～2010年土壤已经从菲的汇转变为源，这可能是珠江三角洲及其周边地区能源消耗模式改变，导致积累在土壤中PAHs的组成不断改变。一方面，广东省致力于推进清洁能源（天然气和电力）的使用，在过去的十几年中，清洁能源的使用增长速度快，年增长率约为50%。截止到2010年，清洁能源已占能源消耗总量的23%。有研究发现，广州市大气中$\sum_{12}$PAH（$\sum_{15}$PAH除了苊、苊烯和茚并[1, 2, 3-*cd*]芘）浓度从2001年的300 $ng \cdot m^{-3}$降到2010年的71 $ng \cdot m^{-3}$[88, 110]。另一方面，2010年，煤和石油依然是广东省主要的化石燃料，占能源消耗总量的77%。大气干湿沉降是煤和石油燃烧所释放的PAHs在土壤与大气中迁移的重要过程。研究发现，2001～2010年PAHs的大气干湿沉降通量从460 $\mu g \cdot m^{-2} \cdot a^{-1}$增长到600 $\mu g \cdot m^{-2} \cdot a^{-1}$[88, 110]。因此，区域上能源不断地消耗及不断改变能源消耗模式而持续排放的PAHs最终会导致土壤成为大气中PAHs的二次污染源。珠江三角洲中心区域的PAHs可能会作为PAHs的二次污染源而扩散到另外三个区域，使周边地区居民面临PAHs的暴露风险。

HCHs倾向于从土壤蒸发到大气中，在珠江三角洲中心区域和外围区域的扩散通量分别为3.8～62 $\mu g \cdot m^{-2} \cdot a^{-1}$和0.20～18.7 $\mu g \cdot m^{-2} \cdot a^{-1}$。由图5-11可以看出，土壤是大气HCHs的二次源。大部分的DDTs（*o*, *p*′-DDE、*o*, *p*′-DDD、*p*, *p*′-DDD和*o*, *p*′-DDT）倾向于从大气沉积到土壤中，逸度分数*ff*低于0.30[100]。然而，*p*, *p*′-DDE的*ff*为0.33～0.47，表明在珠江三角洲中心区域和外围区域*p*, *p*′-DDE的土壤–大气

交换达到平衡状态。另外，*p, p'*-DDT倾向于从土壤溢出到大气中，在珠江三角洲中心区域和外围区域的平均溢出通量分别为0.39 $\mu g \cdot m^{-2} \cdot a^{-1}$和1.28 $\mu g \cdot m^{-2} \cdot a^{-1}$，这与我们之前计算珠江三角洲*p, p'*-DDT土壤-大气交换通量所得到的结果一致[7]。此外，珠江三角洲中心地区各个HCHs的溢出通量是珠江三角洲外围区域的3.3～26倍，表明珠江三角洲中心区域HCHs可能是珠江三角洲外围区域的发散源，珠江三角洲中心地区的HCHs可能迁移到其外围区域并造成环境污染，这与PAHs土壤-大气交换通量的研究结果相似。随着有机污染物排放量和人为活动强度的增加，快速城市化发展区域及其周边地区均会受到有机污染物的污染。

此外，广州土壤和大气中拟除虫菊酯和有机磷的土壤-大气交换研究表明拟除虫菊酯[联苯菊酯（bifenthrin）、高效氯氟氰菊酯（*lambda*-cyhalothrin）和苄氯菊酯（permethrin）]和有机磷（毒死蜱）倾向于从大气沉积到土壤中，沉积通量为(0.001 ±0.006)～(0.64 ± 0.58) $\mu g \cdot m^{-2} \cdot a^{-1}$。然而，苄氯菊酯则倾向于从土壤扩散到大气中，扩散通量为(0.018 ± 0.014) $\mu g \cdot m^{-2} \cdot a^{-1}$。不同类型杀虫剂（HCHs、DDTs、拟除虫菊酯和有机磷）的土壤-大气交换过程存在差异，这可能是这些杀虫剂使用时期不同所致[100]。总的来说，不同类型杀虫剂土壤-大气交换的扩散方向：历史残留的HCHs由土壤扩散到大气，当前使用的拟除虫菊酯和有机磷则是由大气沉积到土壤，这意味着表层土壤可能会逐渐由汇转变成杀虫剂的源。而且随着经济的发展，杀虫剂逐渐被禁用，土壤累积的杀虫剂会不断地扩散到大气中。

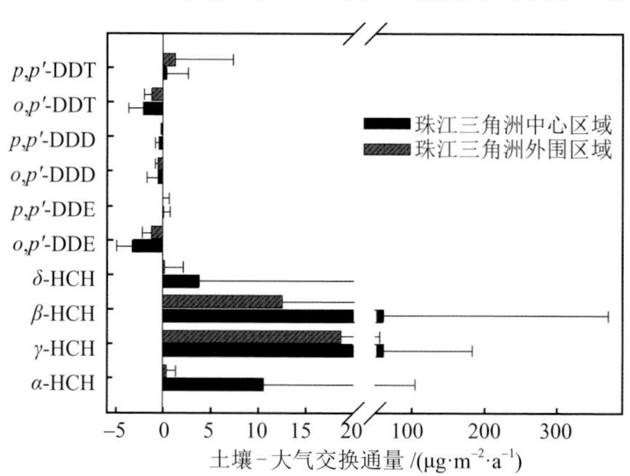

图 5-11 珠江三角洲中心区域和外围区域有机氯杀虫剂土壤－大气交换通量

5.6 有机污染物的大气－水交换过程

疏水性有机污染物在大气-水界面的质量交换是一重要地球化学过程，调控着有机污染物短/长距离大气运输机制，对疏水性有机污染物的全球的循环具有重要意义。量化疏水性有机污染物在大气-水界面的跨介质传递的主要挑战是疏水性有机污染物在大气-水界面处浓度的测量。一般而言，大气-水交换通量由大气-水界面两侧厚度只有数厘米乃至几毫米甚至更小的逸度梯度控制，易导致测量结果具有极大的不确定性。针对目前方法的缺陷和不足，我们利用LDPE膜为吸附相的大气-水界面被动采样装置（专利气-水界面通量检测方法；申请号：201510182147.1）来测定典型疏水性有机污染物（主要是PAHs和OCPs）在近大气-水界面处逸度分布，探讨疏水性有机污染物在大气-水界面的迁移过程[111]。

大气-水界面被动采样装置分别放置在广东省海陵湾和海珠湖临近船只停泊处和交通要通。在每一个采样点各布设一采样装置，用于采集近大气-水界面处自由溶解态疏水性有机污染物浓度的连续分布，通过沉石作锚固定位点并用浮球使采样装置漂浮于水体表层。此外，布设多个单一采样单元以采集距大气-水界面不同距离的单点浓度。其中，大气采样单元，通过不锈钢平板以阻挡太阳光的垂直照射，同时利用不同厚度垫片进行适当调整，并呈水平状放置，利用玻璃平板法采集水体微表层水样，将玻璃（–50 cm×60 cm）垂直浸没通过水表层，其后以匀速（–15 $cm \cdot s^{-1}$）取回玻璃[112]，并通过硅橡胶刮刀拭去玻璃表面双层所附着的水膜于玻璃瓶中。通过主动法（玻璃平板及大体积采水）所得到的两个采样点中PAHs浓度皆为水体微表层高于次水层（130～830 $ng \cdot L^{-1}$与10～60 $ng \cdot L^{-1}$）。在海珠湖大气中，由多个不同高度单一采样单元所得到菲、荧蒽、芘和甲基菲的逸度分布曲线从5 cm至大气-水界面呈递减的趋势（图5-12）。另外，在海陵湾中菲、荧蒽、芘和烷基菲为大气向水体的净沉降，而*p*, *p*′-DDD则倾向于从水体挥发至大气中（图5-12）。

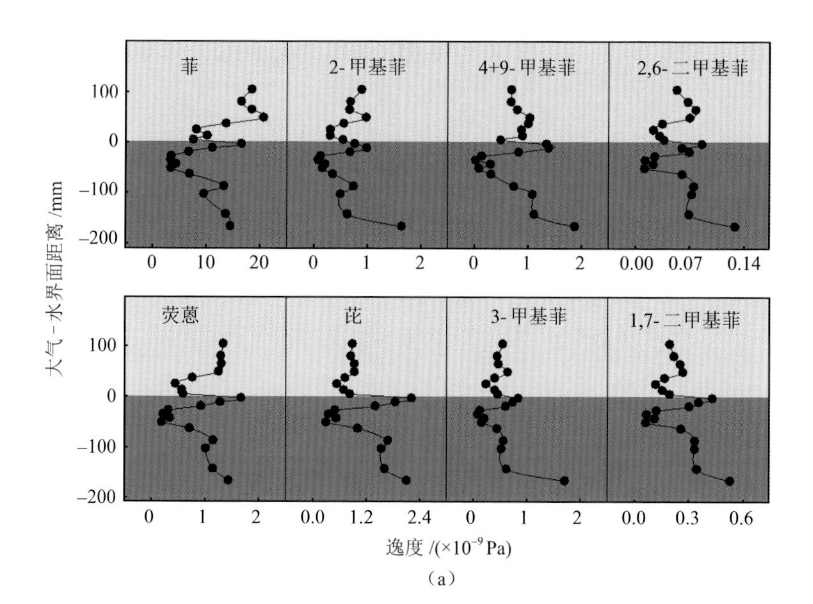

（a）

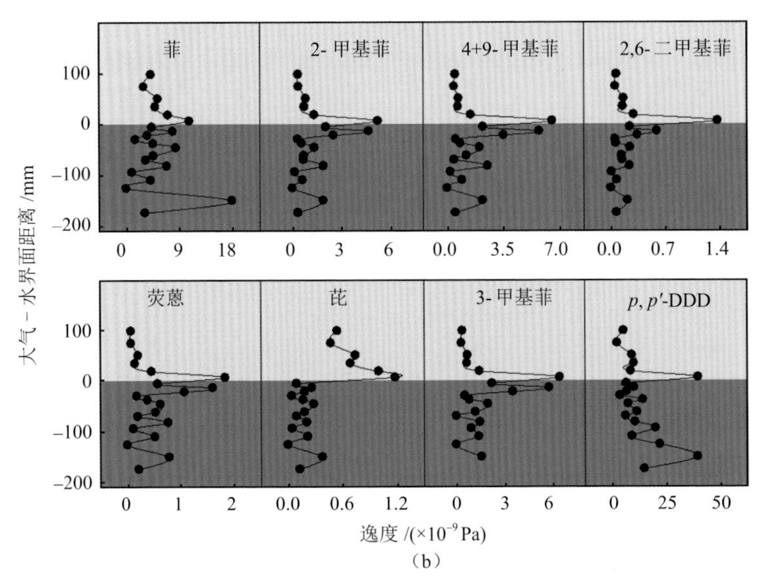

图 5-12 海珠湖和海陵湾的有机污染物大气 - 水界面垂直非连续逸度分布曲线

（a）海珠湖；（b）海陵湾

总体上，大气-水界面采样器所得到的逸度分布曲线表明不同目标化合物具有不同的逸度变化趋势。两个采样点中可检出PAHs的逸度分布曲线均为积累于近大气-水界面；而在海陵湾，*p, p'*-DDD则倾向自水体挥发至大气中。虽然，被动采样装置在野外会与波浪一同上下波动而造成在近大气-水界面处的少许扰动，但该被动采样法（由连续采样单元组成的被动采样装置及多个单一采样单元）得到的逸度分布曲线趋势与主动采样法（玻璃法及大体积采水）结果相一致。

疏水性有机污染物的大气-水传递主要发生在大气-水界面的气相与液相之间。在大气-水界面，水体微表层是一层极薄的边界层且含有大量的有机物，对于疏水性有机污染物的跨介质传递扮演着重要的角色。例如，水体微表层作为表面活性剂膜，可阻碍气体的交换。然而，水体微表层和/或疏水性有机污染物的逸度（或气态浓度）梯度往往是难以衡量的，尤其是传统方法。我们尚不清楚水体微表层是如何影响疏水性有机污染物在大气-水界面处的交换通量，而专注于大气-水界面处逸度分布曲线的特征描述。由于采样器配置的物理限制及强波浪下的湍流作用，使用的被动采样装置仍无法获得大气-水界面处化合物的浓度水平，以至于计算相关的交换通量时超出该采样装置的能力范畴。

在大气及水体中任一单点的采样方法是无法获取疏水性有机污染物在近大气-水界面处实际精确的逸度梯度的，这是因为化合物在近大气-水界面处的逸度有可能完全不同于其主体基质。在海陵湾水体附近不同高度的主动采样发现，荧蒽及部分烷基菲倾向于从大气沉降至水体；然而，由被动采样装置在近大气-水界面处所获取的高分辨率连续逸度分布曲线则显示这些化合物为近平衡状态。上述的趋势也会对气-水交换通量的估算引入不确定性，除了所使用的物理化学参数[如亨利定律常数、分配常数和总质量传递系数（overall mass transfer coefficients）]自身固有误差。例如，不同测量点的菲和荧蒽的逸度分数（f）不同，其由沉降（f= 0.80～0.86）变化至挥发（f= 0.21～0.33）。这也可通过PAHs平衡浓度的气-水交换比值（r）得到进一步的验证[111]。因此，获取近气-水界面处疏水性有机污染物高分辨率连续浓度分布，对于任何试图更好认识区域及全球尺度下疏水性有机污染物的迁移和归趋是极其重要的。

参考文献

[1] van Donkelaar A，Martin R V，Brauer M，et al. Global estimates of ambient fine particulate matter concentrations from satellite-based aerosol optical depth：Development and application[J]. Environmental Health Perspectives，2010，118(6)：847-855.

[2] Chen Y，Ebenstein A，Greenstone M，et al. Evidence on the impact of sustained exposure to air pollution on life expectancy from China's Huai River policy[J]. Proceedings of the National Academy of Sciences of the United States of America，2013，110(32)：12936-12941.

[3] Mcmurry P H. A review of atmospheric aerosol measurements[J]. Atmospheric Environment，2000，34(12-14)：1959-1999.

[4] Bidleman T F. Atmospheric processes[J]. Environmental Science & Technology，1988，22(4)：361-367.

[5] Guo Y，Yu H Y，Zeng E Y. Occurrence，source diagnosis，and biological effect assessment of DDT and its metabolites in various environmental compartments of the Pearl River Delta，South China：A review[J]. Environmental Pollution，2009，157(6)：1753-1763.

[6] Zhang K，Wei Y L，Zeng E Y. A review of environmental and human exposure to persistent organic pollutants in the Pearl River Delta，South China[J]. Science of the Total Environment，2013，463-464(5)：1093-1110.

[7] Zhang K，Zhang B Z，Li S M，et al. Regional dynamics of persistent organic pollutants (POPs) in the Pearl River Delta，China：Implications and perspectives[J]. Environmental Pollution，2011，159(10)：2301-2309.

[8] Yue Q，Zhang K，Zhang B Z，et al. Occurrence，phase distribution and depositional intensity of dichlorodiphenyltrichloroethane (DDT) and its metabolites in air and precipitation of the Pearl River Delta，China[J]. Chemosphere，2011，84(4)：446-451.

[9] Li J，Zhang G，Guo L，et al. Organochlorine pesticides in the atmosphere of Guangzhou and Hong Kong：Regional sources and long-range atmospheric transport[J]. Atmospheric Environment，2007，41(18)：3889-3903.

[10] Jaward F M，Zhang G，Nam J J，et al. Passive air sampling of polychlorinated biphenyls，organochlorine compounds，and polybrominated diphenyl ethers across Asia[J]. Environmental Science & Technology，2005，39(22)：8638-8645.

[11] Wong M H，Wu S C，Deng W J，et al. Export of toxic chemicals：A review of the case of uncontrolled electronic-waste recycling[J]. Environmental Pollution，2007，149(2)：131-140.

[12] Chen D，Bi X，Zhao J，et al. Pollution characterization and diurnal variation of PBDEs in the atmosphere of an e-waste dismantling region[J]. Environmental Pollution，2009，157(3)：1051-1057.

[13] Deng W J，Zheng J S，Bi X H，et al. Distribution of PBDEs in air particles from an electronic waste recycling site compared with Guangzhou and Hong Kong，South China[J]. Environment International，2007，33(8)：1063-1069.

[14] Wang H M，Yu Y J，Han M，et al. Estimated PBDE and PBB congeners in soil from an electronics waste

disposal site[J]. Bulletin of Environmental Contamination and Toxicology，2009，83(6)：789-793.
[15] Yang Y，Li D，Mu D. Levels，seasonal variations and sources of organochlorine pesticides in ambient air of Guangzhou，China[J]. Atmospheric Environment，2008，42(4)：677-687.
[16] Ling Z，Xu D，Zou S，et al. Characterizing the gas-phase organochlorine pesticides in the atmosphere over the Pearl River Delta Region[J]. Aerosol and Air Quality Research，2011，11(3)：238-246.
[17] Choi M P K，Kang Y H，Peng X L，et al. Stockholm Convention organochlorine pesticides and polycyclic aromatic hydrocarbons in Hong Kong air[J]. Chemosphere，2009，77(6)：714-719.
[18] Wang J，Guo L，Li J，et al. Passive air sampling of DDT，chlordane and HCB in the Pearl River Delta，South China：Implications to regional sources[J]. Journal of Environmental Monitoring，2007，9(6)：582-588.
[19] Zhang B Z，Yu H Y，You J，et al. Input pathways of organochlorine pesticides to typical freshwater cultured fish ponds of South China：Hints for pollution control[J]. Environmental Toxicology and Chemistry，2011，30(6)：1272-1277.
[20] Chen L G，Mai B X，Bi X H，et al. Concentration levels，compositional profiles，and gas-particle partitioning of polybrominated diphenyl ethers in the atmosphere of an urban city in South China[J]. Environmental Science & Technology，2006，40(4)：1190-1196.
[21] Chen L G，Mai B X，Xu Z C，et al. In- and outdoor sources of polybrominated diphenyl ethers and their human inhalation exposure in Guangzhou，China[J]. Atmospheric Environment，2008，42(1)：78-86.
[22] Fang G C，Chang K F，Lu C，et al. Estimation of PAHs dry deposition and BaP toxic equivalency factors (TEFs) study at Urban，Industry Park and rural sampling sites in central Taiwan，Taichung[J]. Chemosphere，2004，55(6)：787-796.
[23] Dario Camuffo. Chapter 7 Atmospheric stability and pollutant dispersion[J]. Developments in Atmospheric Science，1998，23：195-234.
[24] Zou M Y，Ran Y，Gong J，et al. Polybrominated diphenyl ethers in watershed soils of the Pearl River Delta，China：Occurrence，inventory，and fate[J]. Environmental Science & Technology，2007，41(24)：8262-8267.
[25] Zhang B Z，Guan Y F，Li S M，et al. Occurrence of polybrominated diphenyl ethers in air and precipitation of the Pearl River Delta，South China：Annual washout ratios and depositional rates[J]. Environmental Science & Technology，2009，43(24)：9142-9147.
[26] Guan Y F，Wang J Z，Ni H G，et al. Riverine inputs of polybrominated diphenyl ethers from the Pearl River Delta (China) to the coastal ocean[J]. Environmental Science & Technology，2007，41(17)：6007-6013.
[27] Li J，Liu X，Zhang G，et al. Particle deposition fluxes of BDE-209，PAHs，DDTs and chlordane in the Pearl River Delta，south China[J]. Science of the Total Environment，2010，408(17)：3664-3670.
[28] Zhang K，Zhang B Z，Li S M，et al. Diurnal and seasonal variability in size-dependent atmospheric deposition fluxes of polycyclic aromatic hydrocarbons in an urban center[J]. Atmospheric Environment，2012，57：41-48.
[29] Hazrati S，Harrad S. Causes of variability in concentrations of polychlorinated biphenyls and polybrominated diphenyl ethers in indoor air[J]. Environmental Science & Technology，2006，40(24)：7584-7589.
[30] Tian M，Chen S J，Wang J，et al. Brominated flame retardants in the atmosphere of e-waste and rural sites in southern China：Seasonal variation，temperature dependence，and gas-particle partitioning[J]. Environmental Science & Technology，2011，45(20)：8819-8825.
[31] Webster T F，Harrad S，Millette J R，et al. Identifying transfer mechanisms and sources of decabromodiphenyl ether (BDE 209) in indoor environments using environmental forensic microscopy[J]. Environmental Science & Technology，2009，43(9)：3067-3072.
[32] Luo P，Bao L J，Guo Y，et al. Size-dependent atmospheric deposition and inhalation exposure of particle-bound organophosphate flame retardants[J]. Journal of Hazardous Materials，2016，301(7)：504-511.
[33] Luo P，Bao L J，Li S M，et al. Size-dependent distribution and inhalation cancer risk of particle-bound polycyclic aromatic hydrocarbons at a typical e-waste recycling and an urban site[J]. Environmental Pollution，2015，200：10-15.
[34] Luo P，Bao L J，Wu F C，et al. Health risk characterization for resident inhalation exposure to particle-bound halogenated flame retardants in a typical e-waste recycling zone[J]. Environmental Science & Technology，2014，48(15)：8815-8822.
[35] Luo P，Ni H G，Bao L J，et al. Size distribution of airborne particle-bound polybrominated diphenyl ethers and its implications for dry and wet deposition[J]. Environmental Science & Technology，2014，48(23)：13793-

13799.

[36] Zhang B Z，Zhang K，Li S M，et al. Size-dependent dry deposition of airborne polybrominated diphenyl ethers in urban Guangzhou，China[J]. Environmental Science & Technology，2012，46(13)：7207-7214.

[37] Miguel A H，Kirchstetter T W，Harley R A，et al. On-road emissions of particulate polycyclic aromatic hydrocarbons and black carbon from gasoline and diesel vehicles[J]. Environmental Science & Technology，1998，32(4)：450-455.

[38] Phuleria H C，Geller M D，Fine P M，et al. Size-resolved emissions of organic tracers from light- and heavy-duty vehicles measured in a California roadway tunnel[J]. Environmental Science & Technology，2006，40(13)：4109-4118.

[39] Kawanaka Y，Tsuchiya Y，Yun S J，et al. Size distributions of polycyclic aromatic hydrocarbons in the atmosphere and estimation of the contribution of ultrafine particles to their lung deposition[J]. Environmental Science & Technology，2009，43(17)：6851-6856.

[40] Cousins I T，Beck A J，Jones K C. A review of the processes involved in the exchange of semi-volatile organic compounds (SVOC) across the air-soil interface[J]. Science of the Total Environment，1999，228(1)：5-24.

[41] Zhang K，Zhang B Z，Li S M，et al. Calculated respiratory exposure to indoor size-fractioned polycyclic aromatic hydrocarbons in an urban environment[J]. Science of the Total Environment，2012，431(5)：245-251.

[42] Wang J，Chen S，Tian M，et al. Inhalation cancer risk associated with exposure to complex polycyclic aromatic hydrocarbon mixtures in an electronic waste and urban area in South China[J]. Environmental Science & Technology，2012，46(17)：9745-9752.

[43] Zhang Y，Tao S. Global atmospheric emission inventory of polycyclic aromatic hydrocarbons (PAHs) for 2004[J]. Atmospheric Environment，2009，43(4)：812-819.

[44] Shi J P，Mark D. Harrison R M. Characterization of particles from a current technology heavy-duty diesel engine[J]. Environmental Science & Technology，2000，34(5)：748-755.

[45] Hays M D，Fine P M，Geron C D，et al. Open burning of agricultural biomass：Physical and chemical properties of particle-phase emissions[J]. Atmospheric Environment，2005，39(36)：6747-6764.

[46] Zhang G，Li J，Cheng H R，et al. Distribution of organochlorine pesticides in the northern South China Sea：Implications for land outflow and air-sea exchange[J]. Environmental Science & Technology，2007，41(11)：3884-3890.

[47] Zhang H，Hu D，Chen J，et al. Particle size distribution and polycyclic aromatic hydrocarbons emissions from agricultural crop residue burning[J]. Environmental Science & Technology，2011，45(13)：5477-5482.

[48] Yang Y，Guo P，Zhang Q，et al. Seasonal variation，sources and gas/particle partitioning of polycyclic aromatic hydrocarbons in Guangzhou，China[J]. Science of the Total Environment，2010，408(12)：2492-2500.

[49] Allen J O，Dookeran N M，Smith K A，et al. Measurement of polycyclic aromatic hydrocarbons associated with size-segregated atmospheric aerosols in Massachusetts[J]. Environmental Science & Technology，1996，30(3)：1023-1031.

[50] Mandalakis M，Besis A，Stephanou E G. Particle-size distribution and gas/particle partitioning of atmospheric polybrominated diphenyl ethers in urban areas of Greece[J]. Environmental Pollution，2009，157(4)：1227-1233.

[51] Gullett B K，Wyrzykowska B，Grandesso E，et al. PCDD/F，PBDD/F，and PBDE emissions from open burning of a residential waste dump[J]. Environmental Science & Technology，2010，44(1)：394-399.

[52] Chang S S，Lee W J，Holsen T M，et al. Emissions of polychlorinated-p-dibenzo dioxin, dibenzofurans (PCDD/Fs) and polybrominated diphenyl ethers (PBDEs) from rice straw biomass burning [J]. Atmospheric Environment，2014，94：573-581.

[53] Yang M，Qi H，Jia H L，et al. Polybrominated diphenyl ethers in air across China：Levels，compositions，and gas-particle partitioning[J]. Environmental Science & Technology，2013，47(15)：8978-8984.

[54] Zhang K，Schnoor J L，Zeng E Y. E-waste recycling：Where does it go from here?[J]. Environmental Science & Technology，2012，46(20)：10861-10867.

[55] Offenberg J H，Baker J E. Aerosol size distributions of polycyclic aromatic hydrocarbons in urban and over-water atmospheres[J]. Environmental Science & Technology，1999，33(19)：3324-3331.

[56] Kameda Y，Shirai J，Komai T，et al. Atmospheric polycyclic aromatic hydrocarbons：Size distribution，estimation of their risk and their depositions to the human respiratory tract[J]. Science of the Total Environment，2005，340(1-3)：71-80.

[57] Kaupp H，Mclachlan M S. Atmospheric particle size distributions of polychlorinated dibenzo-p-dioxins and dibenzofurans (PCDD/Fs) and polycyclic aromatic hydrocarbons (PAHs) and their implications for wet and dry deposition[J]. Atmospheric Environment，1998，33(1)：85-95.
[58] Harrison R M，Jones A M，Gietl J，et al. Estimation of the contributions of brake dust，tire wear，and resuspension to nonexhaust traffic particles derived from atmospheric measurements[J]. Environmental Science & Technology，2012，46(12)：6523-6529.
[59] Sabin L D，Lim J H，Venezia M T，et al. Dry deposition and resuspension of particle-associated metals near a freeway in Los Angeles[J]. Atmospheric Environment，2006，40(39)：7528-7538.
[60] Young T M，Heeraman D A，Sirin G，et al. Resuspension of soil as a source of airborne lead near industrial facilities and highways[J]. Environmental Science & Technology，2002，36(11)：2484-2490.
[61] La Guardia M J，Hale R C，Harvey E. Detailed polybrominated diphenyl ether (PBDE) congener composition of the widely used penta-，octa-，and deca-PBDE technical flame-retardant mixtures[J]. Environmental Science & Technology，2006，40(20)：6247-6254.
[62] Wang Z Y，Zeng X L，Zhai Z C. Prediction of supercooled liquid vapor pressures and *n*-octanol/air partition coefficients for polybrominated diphenyl ethers by means of molecular descriptors from DFT method[J]. Science of the Total Environment，2008，389(2-3)：296-305.
[63] Tian M，Chen S J，Wang J，et al. Atmospheric deposition of halogenated flame retardants at urban，e-waste，and rural locations in southern China[J]. Environmental Science & Technology，2011，45(11)：4696-4701.
[64] Wilford B H，Thomas G O，Jones K C，et al. Decabromodiphenyl ether (deca-BDE) commercial mixture components，and other PBDEs，in airborne particles at a UK site[J]. Environment International，2008，34(3)：412-419.
[65] Yu H，Yu J Z. Polycyclic aromatic hydrocarbons in urban atmosphere of Guangzhou，China：Size distribution characteristics and size-resolved gas-particle partitioning[J]. Atmospheric Environment，2012，54：194-200.
[66] Li Y F，Ma W L，Yang M. Prediction of gas/particle partitioning of polybrominated diphenyl ethers (PBDEs) in global air：A theoretical study[J]. Atmospheric Chemistry and Physics，2015，15(4)：1669-1681.
[67] Li Y F，Jia H L. Prediction of gas/particle partition quotients of polybrominated diphenyl ethers (PBDEs) in north temperate zone air：An empirical approach[J]. Ecotoxicology and Environmental Safety，2014，108：65-71.
[68] Holsen T M，Noll K E，Liu S P，et al. Dry deposition of polychlorinated biphenyls in urban areas[J]. Environmental Science & Technology，1991，25(6)：1075-1081.
[69] Franz T P，Eisenreich S J，Holsen T M. Dry deposition of particulate polychlorinated biphenyls and polycyclic aromatic hydrocarbons to Lake Michigan[J]. Environmental Science & Technology，1998，32(23)：3681-3688.
[70] Tasdemir Y，Vardar N，Odabasi M，et al. Concentrations and gas/particle partitioning of PCBs in Chicago[J]. Environmental Pollution，2004，131(1)：35-44.
[71] Shannigrahi A S，Fukushima T，Ozaki N. Comparison of different methods for measuring dry deposition fluxes of particulate matter and polycyclic aromatic hydrocarbons (PAHs) in the ambient air[J]. Atmospheric Environment，2005，39(4)：653-662.
[72] Odabasi M，Sofuoglu A，Vardar N，et al. Measurement of dry deposition and air-water exchange of polycyclic aromatic hydrocarbons with the water surface sampler[J]. Environmental Science & Technology，1999，33(3)：426-434.
[73] Su Y，Wania F，Harner T，et al. Deposition of polybrominated diphenyl ethers，polychlorinated biphenyls，and polycyclic aromatic hydrocarbons to a boreal deciduous forest[J]. Environmental Science & Technology，2007，41(2)：534-540.
[74] Shih M，Lee W S，Chang-Chien G P，et al. Dry deposition of polychlorinated dibenzo-p-dioxins and dibenzofurans (PCDD/Fs) in ambient air[J]. Chemosphere，2006，62(3)：411-416.
[75] Koester C J，Hites R A. Wet and dry deposition of chlorinated dioxins and furans[J]. Environmental Science & Technology，1992，26(7)：1375-1382.
[76] Bozlaker A，Muezzinoglu A，Odabasi M. Processes affecting the movement of organochlorine pesticides (OCPs) between soil and air in an industrial site in Turkey[J]. Chemosphere，2009，77(9)：1168-1176.
[77] Lee W J，Lin Lewis S J，Chen Y Y，et al. Polychlorinated biphenyls in the ambient air of petroleum refinery，urban and rural areas[J]. Atmospheric Environment，1996，30(13)：2371-2378.
[78] Tsai P，Hoenicke R，Yee D，et al. Atmospheric concentrations and fluxes of organic compounds in the northern

San Francisco Estuary[J]. Environmental Science & Technology，2002，36(22)：4741-4747.

[79] St-Amand A D，Mayer P M，Blais J M. Modeling atmospheric vegetation uptake of PBDEs using field measurements[J]. Environmental Science & Technology，2007，41(12)：4234-4239.

[80] Zhang L，Gong S，Padro J，et al. A size-segregated particle dry deposition scheme for an atmospheric aerosol module[J]. Atmospheric Environment，2001，35(3)：549-560.

[81] Zhang L，Blanchard P，Gay D，et al. Estimation of speciated and total mercury dry deposition at monitoring locations in eastern and central North America[J]. Atmospheric Chemistry and Physics，2012，12(9)：4327-4340.

[82] Lang Q，Zhang Q，Jaffé R. Organic aerosols in the Miami area，USA：Temporal variability of atmospheric particles and wet/dry deposition[J]. Chemosphere，2002，47(4)：427-441.

[83] Okonski K，Degrendele C，Melymuk L，et al. Particle size distribution of halogenated flame retardants and implications for atmospheric deposition and transport[J]. Environmental Science and Technology，2014，48(24)：14426-14434.

[84] Li J，Zhang G，Xu Y，et al. Dry and wet particle deposition of polybrominated diphenyl ethers (PBDEs) in Guangzhou and Hong Kong，South China[J]. Journal of Environmental Monitoring，2010，12(9)：1730-1736.

[85] Huang C L，Bao L J，Luo P，et al. Potential health risk for residents around a typical e-waste recycling zone via inhalation of size-fractionated particle-bound heavy metals[J]. Journal of Hazardous Materials，2016，317：449-456.

[86] Radke L F，Hobbs P V，Eltgroth M W. Scavenging of aerosol particles by precipitation[J]. Journal of Applied Meteorology，1980，19(6)：715-722.

[87] Ter Schure A F H，Larsson P，Agrell C，et al. Atmospheric transport of polybrominated diphenyl ethers and polychlorinated biphenyls to the Baltic Sea[J]. Environmental Science & Technology，2004，38(5)：1282-1287.

[88] Guo L C，Bao L J，She J W，et al. Significance of wet deposition to removal of atmospheric particulate matter and polycyclic aromatic hydrocarbons：A case study in Guangzhou，China[J]. Atmospheric Environment，2014，83：136-144.

[89] Gigliotti C L，Totten L A，Offenberg J H，et al. Atmospheric concentrations and deposition of polycyclic aromatic hydrocarbons to the Mid-Atlantic East Coast Region[J]. Environmental Science & Technology，2005，39(15)：5550-5559.

[90] Ter Schure A F H，Agrell C，Bokenstrand A，et al. Polybrominated diphenyl ethers at a solid waste incineration plant II：Atmospheric deposition[J]. Atmospheric Environment，2004，38(30)：5149-5155.

[91] Guo L C，Bao L J，Wu F C，et al. Seasonal deposition fluxes and removal efficiency of atmospheric polybrominated diphenyl ethers in a large urban center：Importance of natural and anthropogenic factors[J]. Environmental Science & Technology，2014，48(19)：11196-11203.

[92] Hu Y，Cheng H. Application of stochastic models in identification and apportionment of heavy metal pollution sources in the surface soils of a large-scale region[J]. Environmental Science & Technology，2013，47(8)：3752-3760.

[93] Cetin B，Odabasi M. Atmospheric concentrations and phase partitioning of polybrominated diphenyl ethers (PBDEs) in Izmir，Turkey[J]. Chemosphere，2008，71(6)：1067-1078.

[94] Pranesha T S，Kamra A K. Scavenging of aerosol particles by large water drops 3. washout coefficients，half-lives，and rainfall depths[J]. Journal of Geophysical Research，1997，102(D20)：23947-23953.

[95] Moon H B，Kannan K，Lee S J，et al. Atmospheric deposition of polybrominated diphenyl ethers (PBDEs) in coastal areas in Korea[J]. Chemosphere，2007，66(4)：585-593.

[96] Guo L C，Bao L J，Li S M，et al. Evaluating the effectiveness of pollution control measures via the occurrence of DDTs and HCHs in wet deposition of an urban center，China[J]. Environmental Pollution，2017，223：170-177.

[97] Masclet P，Pistikopoulos P，Beyne S，et al. Long range transport and gas/particle distribution of polycyclic aromatic hydrocarbons at a remote site in the Mediterranean Sea[J]. Atmospheric Environment，1988，22(4)：639-650.

[98] Mackay D. Multimedia Environmental Models：The Fugacity Approach[M]. Boca Raton：CRC press，2001.

[99] Wei Y L，Bao L J，Wu C C，et al. Association of soil polycyclic aromatic hydrocarbon levels and anthropogenic impacts in a rapidly urbanizing region：Spatial distribution，soil-air exchange and ecological risk[J]. Science of the Total Environment，2014，473：676-684.

[100] Wei Y L，Bao L J，Wu C C，et al. Assessing the effects of urbanization on the environment with soil legacy and current-use insecticides：A case study in the Pearl River Delta，China[J]. Science of the Total Environment，2015，514：409-417.

[101] Harner T，Bidleman T F，Jantunen L M，et al. Soil-air exchange model of persistent pesticides in the United States cotton belt[J]. Environmental Toxicology and Chemistry，2001，20(7)：1612-1621.

[102] Meijer S N，Shoeib M，Jantunen L M M，et al. Air-soil exchange of organochlorine pesticides in agricultural soils. 1. Field measurements using a novel in situ sampling device[J]. Environmental Science & Technology，2003，37(7)：1292-1299.

[103] KobližKová M，RůŽIčKová P，ČUpr P，et al. Soil burdens of persistent organic pollutants：Their levels，fate，and risks. Part IV. Quantification of volatilization fluxes of organochlorine pesticides and polychlorinated biphenyls from contaminated soil surfaces[J]. Environmental Science & Technology，2009，43(10)：3588-3595.

[104] Zhang Y，Deng S，Liu Y，et al. A passive air sampler for characterizing the vertical concentration profile of gaseous phase polycyclic aromatic hydrocarbons in near soil surface air[J]. Environmental Pollution，2011，159(3)：694-699.

[105] Wang D，Yang M，Jia H，et al. Seasonal variation of polycyclic aromatic hydrocarbons in soil and air of Dalian areas，China：An assessment of soil-air exchange[J]. Journal of Environmental Monitoring，2008，10(9)：1076-1083.

[106] Zhong Y，Zhu L. Distribution，input pathway and soil-air exchange of polycyclic aromatic hydrocarbons in Banshan Industry Park，China[J]. Science of the Total Environment，2013，444：177-182.

[107] Wang C，Wang X，Gong P，et al. Polycyclic aromatic hydrocarbons in surface soil across the Tibetan Plateau：Spatial distribution，source and air-soil exchange[J]. Environmental Pollution，2014，184：138-144.

[108] Bozlaker A，Muezzinoglu A，Odabasi M. Atmospheric concentrations，dry deposition and air-soil exchange of polycyclic aromatic hydrocarbons (PAHs) in an industrial region in Turkey[J]. Journal of Hazardous Materials，2008，153(3)：1093-1102.

[109] Liu G，Yu L，Li J，et al. PAHs in soils and estimated air-soil exchange in the Pearl River Delta，south China[J]. Environmental Monitoring and Assessment，2011，173(1-4)：861-870.

[110] Li J，Cheng H，Zhang G，et al. Polycyclic aromatic hydrocarbon (PAH) deposition to and exchange at the air-water interface of Luhu，an urban lake in Guangzhou，China[J]. Environmental Pollution，2009，157(1)：273-279.

[111] Wu C C，Yao Y，Bao L J，et al. Fugacity gradients of hydrophobic organics across the air-water interface measured with a novel passive sampler[J]. Environmental Pollution，2016，218：1108-1115.

[112] Harvey G W，Burzell L A. A simple microlayer method for small samples[J]. Limnology and Oceanography，1972，17(1)：156-157.

第6章 珠江三角洲生物体内的持久性有机污染物及其人体暴露

持久性有机污染物在环境中较难降解，半衰期长，可以长距离迁移，往往具有比较高的脂溶性而容易被生物吸收富集，可沿食物链传递，在食物链终端引起高浓度累积。研究生物体内持久性有机污染物的污染状态可以了解多种有机污染物暴露下生物体对有机污染物的真实富集情况、探讨有机污染物在生物体内可能发生的生物转化，也为评价有机污染物对环境、生物及人体健康的影响提供基础数据。

珠江三角洲是我国工农业最发达地区之一，历史上使用的持久性有机污染物在环境中仍有残留，且近年来快速的城市化进程、大规模土地使用方式的转变、蓬勃的轻工业、电子产业和汽车产业的发展，使持久性有机污染物在该地区不断产生，在环境介质中广泛存在，且具有新的输入源。这些有机污染物中，以农业生产中广泛使用的OCPs，以及工业生产中大量使用的PCBs和PBDEs为典型代表。例如，虽然1983年我国就禁止滴滴涕类农药在农业中使用，但近期仍有大量文献表明珠江三角洲船只防腐漆和三氯杀螨醇的使用是其新的输入源。持久性有机污染物在环境中广泛存在，必然造成该地区生物体内对这类污染物的累积。

珠江三角洲地处亚热带地区，气候温和，雨量充沛，环境介质中的持久性有机污染物迁移速率相对较快。各种来源的污染物通过地表径流和大气干湿沉降等方式进入河口和邻近海域水体及沉积物，而进入沉积物中的持久性有机污染物一方面直接影响水生生物（特别是底栖生物），另外通过再悬浮、解析及扩散等作用再循环进入水体，给生态环境带来严重的威胁。此外，进入水生生物体内的有机污染物还可能通过食物链的形式进行传递，对高营养级生物甚至居民的健康产生影响，这点对珠江三角洲的居民生活意义重大，因为该地区渔业发达，海鲜产量在全国名列前茅，居民对海鲜的食用量较大。

2001年5月，在瑞典召开的由联合国环境规划署和瑞典政府联合主持的《关于持久性有机污染物的斯德哥尔摩公约》全权代表会议上，将具有长期残留性、生物累积性、半挥发性和高毒性的12种持久性有机污染物列为所有缔约国优先消除的对象。它们包括几种OCPs、工业产品PCBs，以及工业副产品二噁英和呋喃。近年来，不断有有机污染物被加入到公约的控制名单上，如电子产品的使用、废弃、回收使溴代阻燃剂也颇受人们关注。

本章将主要论述珠江三角洲各种生物体，特别是水生生物体内持久性有机污染物的浓度水平、分布形式、可能的生物转化及污染来源。此外，将初步评估人体通过海鲜类食品暴露于持久性有机污染物所带来的健康风险。

6.1 珠江三角洲生物体内持久性有机污染物的浓度水平

持久性有机污染物能够在环境中持久存在，最终被生物吸收、转化、蓄积、代谢。生物体内有机污染物的状态能够有效地反映周围环境中有机污染物的污染情况。用量相对较大、毒性较强的持久性有机污染物，如OCPs、PCBs及PBDEs等，在珠江三角洲生物体内有机的研究较多，反映了该地区这些有机污染物的生物累积情况。

6.1.1 珠江河口野生生物

珠江水系发达，各支流经虎门、蕉门、洪奇沥门等八大主要河口最终汇入我国南海，其水体承载了各种有机污染物在珠江三角洲流域的传输，水体中的生物也不同程度地受到有机污染物影响，有可能在体内富集一定浓度的有机污染物。过去几十年，已有大量研究报道了珠江水系各种生物体内有机污染物的情况。生物富集的往往是较难降解或者是水体中浓度较高的有机污染物，其体内有机污染物浓度水平短期内变化不大。持久性有机污染物、全氟化合物、有机磷阻燃剂、短链氯化石蜡等经常在生物体内被检出。表6-1中给出了近年来一些热点有机污染物在珠江三角洲生物体内的污染情况，可以看出，鱼类、无脊椎水生生物、水鸟、陆鸟等经常被用来作为指示生物来反映水体中、陆地上有机污染物的分布情况。

表 6-1 珠江三角洲生物体内有机污染物的浓度水平

化合物	生物样本（个数／个）	采样地点、时间	有机污染物浓度水平	参考文献
全氟化合物	牡蛎（27）贻贝（12）	珠江河口、南海；2008年7月	中值：牡蛎，0.46～1.96 $ng\cdot g^{-1}$（湿重）；贻贝，0.66～3.43 $ng\cdot g^{-1}$（湿重）	[1]
持久性有机污染物	鱼类（38）、虾类（10）、蟹类（4）、双壳类（11）、头足类（3）	珠江河口；2013年10月	中值：DDTs，63～710 $ng\cdot g^{-1}$（脂重）；PCBs，27～570 $ng\cdot g^{-1}$（脂重）；PBDEs，2.3～38 $ng\cdot g^{-1}$（脂重）	[2]

续表

化合物	生物样本（个数 / 个）	采样地点、时间	有机污染物浓度水平	参考文献
短链氯化石蜡	淡水塘食物链，无脊椎动物（10）、鱼类（22）	清远电子垃圾回收区；2016 年	无脊椎动物，12000～44000 ng·g^{-1}（脂重）；鱼类，2100～9800 ng·g^{-1}（脂重）	[3]
持久性有机污染物	鱼类（112）	珠江水系；2014 年 9 ～ 12 月	中值：DDTs，380～57000 ng·g^{-1}（脂重）；HCHs，5.5～100 ng·g^{-1}（脂重）；PCBs，30～4200 ng·g^{-1}（脂重）；PBDEs，6.9～690 ng·g^{-1}（脂重）；HBCDs，5.90～640 ng·g^{-1}（脂重）	[4] [5]
有机磷阻燃剂	鱼类	珠江水系，电子垃圾回收区；2014 年 7 ～ 9 月	3.0 ～ 30 ng·g^{-1}（湿重）	[6]
持久性有机污染物	定居鸟类（36）	石门台自然保护区；2012 年 6 月～ 2013 年 10 月	中值：DDTs，47～1060 ng·g^{-1}（脂重）；PCBs，53～401 ng·g^{-1}（脂重）；PBDEs，27～92 ng·g^{-1}（脂重）	[7]
持久性有机污染物	浮游植物、藻类	沿海海湾；2007 年 6 月～ 2008 年 1 月	均值：浮游植物，DDTs，398 ng·g^{-1}（干重）；HCHs，241 ng·g^{-1}（干重）；蚤类，DDTs，8.4 ng·g^{-1}（干重）；HCHs，33.1 ng·g^{-1}（干重）	[8]
持久性有机污染物	青蛙（54）	稻田	DDTs在肌肉、肝脏、卵中的浓度是154～915 ng·g^{-1}（脂重）、195～1400 ng·g^{-1}（脂重）、165～1930 ng·g^{-1}（脂重）	[9]
持久性有机污染物	鱼类、蟹（78）	珠江、东江	中值：DDTs，601～5550 ng·g^{-1}（脂重）；HCHs，14.3～102 ng·g^{-1}（脂重）；PCBs，82.1～3610 ng·g^{-1}（脂重）；PBDEs，46.2～890 ng·g^{-1}（脂重）	[10]
持久性有机污染物	陆生鸟类（22）	清远电子垃圾回收区；2012 年 3 月	浓度：PCBs，1260～279000 ng·g^{-1}（脂重）；PBDEs，121～14200 ng·g^{-1}（脂重）；DDTs，31～7910 ng·g^{-1}（脂重）	[11]
持久性有机污染物	鸟类各组织（34）	清远电子垃圾回收区；2005 ～ 2007 年	浓度：PCBs，0.9～2400 ng·g^{-1}（湿重）；HCHs，3.5～37 ng·g^{-1}（湿重）；DDTs，7.9～67 ng·g^{-1}（湿重）	[12]
持久性有机污染物	鱼类（43）	南海；2012 年	浓度：PBDEs，2.0～117 ng·g^{-1}（脂重）；PCBs，6.3～199 ng·g^{-1}（脂重）；DDTs，9.7～5831 ng·g^{-1}（脂重）	[13]
持久性有机污染物	红树林生物（22）	珠海红树林保护区；2012 年 10 月	浓度：PCBs，32.1～466 ng·g^{-1}（脂重）；DDTs，153～3819 ng·g^{-1}（脂重）；PBDEs，3.88～59.8 ng·g^{-1}（脂重）	[14]

从表6-1可以看出，持久性有机污染物和一些新型污染物在珠江三角洲各种生物体内都有检出，但浓度范围大，一般在ng·g^{-1}或μg·g^{-1}级别，伴随有机污染物的种类而有变化。一般来说，持久性有机污染物浓度水平较高，以OCPs中的DDTs和PCBs为主，溴代阻燃剂PBDEs的浓度水平低于前两者2个数量级。有机磷阻燃剂、全氟化合物等新型污染物在生物体内的浓度不高，为0.1～10 ng·g^{-1}水平，而短链氯化石蜡在生物内也可富集，如电子垃圾回收区淡水鱼塘中所采集的无脊椎动物和鱼类体内，其脂重浓度水平高达12000～44000 ng·g^{-1}和2100～9800 ng·g^{-1}[3]。值得注意的是，被禁止使用的DDTs和HCHs在该地区生物体内仍然能够检出，且浓度水平高于溴代阻燃剂和PCBs，表明持久性有机污染物对环境的影响时间长，短期内很难消退。麦碧娴等用野生黄花鱼和鲢鱼作为指示生物，探讨了2005年和2013年珠江河口水体中卤代有机污染物随时间的变化情况[15]，发现

PCBs、HCHs、PBDEs、DDTs在鱼体内的脂重浓度分别为150～8100 ng·g^{-1}、1.4～120 ng·g^{-1}、22～560 ng·g^{-1}、2.2～280 ng·g^{-1}，2005～2013年浓度水平显著降低，且同系物单体的相对丰度也不相同。如DDTs在2005年/2013年的黄花鱼和鲢鱼中值浓度分别为1800/200 ng·g^{-1}和5800/820 ng·g^{-1}，其他目标污染物情况也与其非常类似。该研究结果表明，这些有机污染物，特别是DDTs在珠江三角洲浓度水平有所降低，且不同时间，该地区这些有机污染物的污染来源可能发生了改变。

广东地区电子垃圾回收产业发达，由此带来的污染也比较显著。麦碧娴等就电子垃圾回收点持久性有机污染物在生物体内的污染情况进行了研究。该研究组测定了清远地区鸟类肌肉中持久性有机污染物的浓度，结果表明该地区陆生鸟类体内PCBs、PBDEs、DDTs的脂重浓度水平高达300 μg·g^{-1}、14 μg·g^{-1}、8 μg·g^{-1}[11]，该浓度水平远远高于石门台自然保护区鸟类体内相应物质的浓度：PCBs、PBDEs、DDTs的脂重浓度水平最高为0.4 μg·g^{-1}、0.01 μg·g^{-1}、1.0 μg·g^{-1}[7]。这充分说明了电子垃圾可以造成当地持久性有机污染物的高度积累。此外，电子垃圾污染地PCBs的污染程度要高于PBDEs，且以DDTs为最低。该地区的鸟体内的DDTs和自然保护区鸟体内的浓度水平在一个数量级上，有可能都是历史上大量使用的残留结果。

生物体内持久性有机污染物会随着食物链进行迁移，最终对食物链顶端，如人体健康造成一定的影响。

6.1.2 广东沿海城市食用鱼体内持久性有机污染物及居民食用暴露

广东海岸线长，渔业发展迅猛，水产品总产量在全国名列第二，当地居民消费量和外销消费量巨大。厘清水产品中有机污染物的污染情况，对了解当地有机污染物的生态效应和由食用水产品带来的居民健康影响意义重大。2004年起，我们开始就珠江三角洲持久性有机污染物在水产品中的污染情况展开调查。2004年11月～2005年1月，我们以广东省11个沿海城市为采样目的地，包括广州、东莞、佛山、中山、江门、珠海、阳江、茂名、湛江、汕头和汕尾等，在当地最大水产市场或者超市随机购买13种食用鱼，包括7种淡水养殖鱼类（罗非鱼、草鱼、鳙鱼、团头鲂、加州鲈鱼、桂花鱼和乌鳢），3种海洋野生鱼类（带鱼、金丝鱼和乌鲻）和3种海水养殖鱼类（美国红鱼、卵圆鲳鲹和红笛鲷）（图6-1），并就食用鱼背部肌肉中持久性有机污染物的污染情况进行分析。与此同时，为了进行人体有机污染物暴露评估，我们就当地居民饮食习惯进行了问卷调查。

研究结果显示，DDTs、HCHs和PBDEs检出率为100%，PCBs检出率为57%，表明DDTs、HCHs和PBDEs在中国的污染非常普遍，而较低检出率的

PCBs为非面源污染，可能是一些养殖区域存在的点源污染。所有样本中，DDTs、HCHs、PCBs和PBDEs是主要的有机污染物，其湿重浓度（$ng \cdot g^{-1}$）中值及范围分别是：6.0 (0.14～699)、0.50 (0.13～24.1)、0.10 (< 0.02～7.65)和0.15 (< 0.001～3.85)。通过鱼体内有机污染物浓度及渔业进出口值估计，2005年由中国通过渔业出口向其他国家输送的DDTs、HCHs、PCBs和PBDEs分别为185 kg、5.51 kg、1.86 kg和1.22 kg[16]。从有机污染物的浓度水平来看，鱼体内DDTs的含量是其他有机污染物种类的数十倍到百倍。其中，DDTs的浓度居于全球高端，HCHs居于中端，而PCBs和PBDEs居于全球低端。需要特别注意的是，我们发现各种有机污染物在海水养殖鱼体内要显著高于淡水养殖鱼类和海洋捕捞鱼类，这个问题，我们后面将具体讨论。

图 6-1　广东沿海食用鱼采集种类示意图

从有机污染物的单体组成来看，OCPs以DDTs和HCHs为主要成分。淡水养殖鱼类中的DDTs以*p*, *p*′-DDE为主，海水养殖鱼类中主要是*p*, *p*′-DDD和*p*, *p*′-DDT，而海洋野生鱼类中主要是*p*, *p*′-DDE和*p*, *p*′-DDT。*p*, *p*′-DDT在海水养殖鱼类中的丰度要高于淡水养殖鱼类（图6-2），*o*, *p*′-DDT在某些淡水养殖鱼体内含量较高，如草鱼、鳙鱼。所有鱼类中HCHs的存在形式主要是α-HCH和β-HCH，这可能主要受历史上大量使用的混合型HCHs残留影响，也可能是因为γ-HCH在环境中并不稳定，容易转化为其他异构体。鱼体内PCBs残留以PCB-153、PCB-31(28)和PCB-52为主，PBDEs残留以BDE-47、BDE-28、BDE-154和BDE-100为主，在90%的样本中均有检出。在所有鱼类样品中BDE-47所占比例最高，均值为53.2%，而BDE-99在鱼体内所占比例的均值仅为5.4%。这两种物质在鱼体内的丰度都和它们在五溴联苯醚的工业产品中的丰度显著不同，BDE-47丰度增高，BDE-99丰度减小[17]。其原因一方面可能是BDE-99可以在生物体内发生脱溴反应生成BDE-47[18]，另一方面是鱼体肠胃对BDE-47较BDE-99和BDE-153有更高的吸收速率，三者的吸收速率分别为90%、66%和40%，这主要是因为三种化合物有效分子界面（effective molecular cross-section，EMCS）的不同，低EMCS的化合物更容易在生物体内富集。BDE-47和BDE-100的EMCS（8.1 Å）小于BDE-99的EMCS（9.6 Å），所以在鱼体内BDE-47的浓度高于BDE-99。

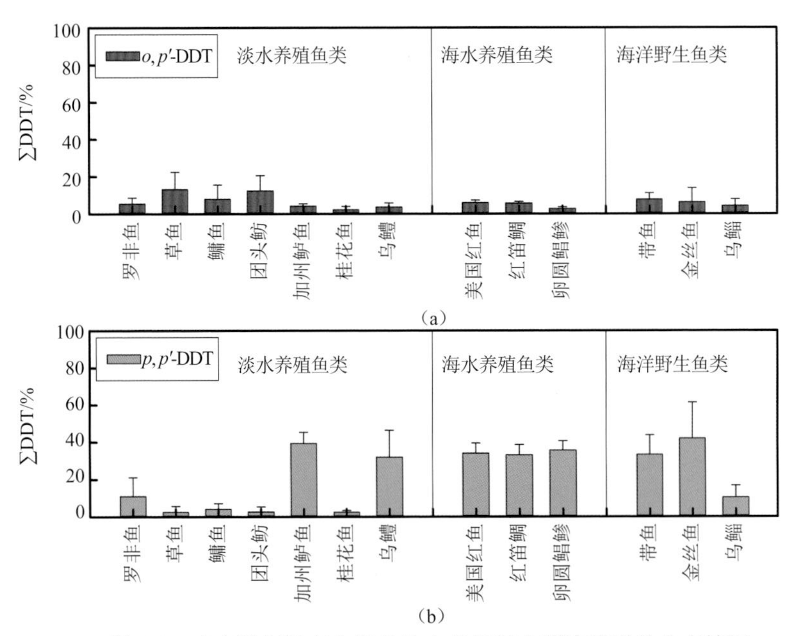

图 6-2 广东沿海城市食用鱼体内有机氯农药滴滴涕的分布情况

广东居民爱好海鲜，对海鲜的使用量要高于其他内陆地区。海鲜体内的有机污染物通过食用途径进入人体，可能对人体健康造成潜在危害。用联合国粮食及农业组织和世界卫生组织推荐的可接受的每日摄入量（acceptable daily intake，ADI）来评估人体持久性有机污染物的暴露水平。数据统计显示，我国城市居民每日食鱼量为34.19 g，农村人口为12.30 g[19]。我们使用下列公式计算居民通过食用鱼类食物每天摄入的有机污染物量（estimated daily intake，EDI）：

$$\mathrm{EDI}=C\times M/BW \tag{6-1}$$

其中，C为鱼类食物中持久性有机污染物的浓度；M为每天鱼类食物的消费量；BW为人的体重（人均体重60 kg）。

以广东省食用鱼体内持久性有机污染物浓度为基础，通过计算，我国城市居民和农村居民通过食用鱼类食物摄入的DDTs平均水平分别为3.66 $\mathrm{ng\cdot kg^{-1}\cdot d^{-1}}$和1.27 $\mathrm{ng\cdot kg^{-1}\cdot d^{-1}}$，最高水平分别为45.5 $\mathrm{ng\cdot kg^{-1}\cdot d^{-1}}$和15.9 $\mathrm{ng\cdot kg^{-1}\cdot d^{-1}}$；摄入HCHs平均水平分别为0.30 $\mathrm{ng\cdot kg^{-1}\cdot d^{-1}}$和0.11 $\mathrm{ng\cdot kg^{-1}\cdot d^{-1}}$，最高水平分别为1.35 $\mathrm{ng\cdot kg^{-1}\cdot d^{-1}}$和0.47 $\mathrm{ng\cdot kg^{-1}\cdot d^{-1}}$；摄入PCBs平均水平分别为0.06 $\mathrm{ng\cdot kg^{-1}\cdot d^{-1}}$和0.02 $\mathrm{ng\cdot kg^{-1}\cdot d^{-1}}$，最高水平分别为0.46 $\mathrm{ng\cdot kg^{-1}\cdot d^{-1}}$和0.16 $\mathrm{ng\cdot kg^{-1}\cdot d^{-1}}$。摄入PBDEs平均水平分别为0.09 $\mathrm{ng\cdot kg^{-1}\cdot d^{-1}}$和0.03 $\mathrm{ng\cdot kg^{-1}\cdot d^{-1}}$，最高水平分别为0.30 $\mathrm{ng\cdot kg^{-1}\cdot d^{-1}}$和0.10 $\mathrm{ng\cdot kg^{-1}\cdot d^{-1}}$。世界卫生组织和联合国粮食及农业组织提出了每日可接受摄入量的标准，DDTs和HCHs分别为10 000 $\mathrm{ng\cdot kg^{-1}\cdot d^{-1}}$和5000 $\mathrm{ng\cdot kg^{-1}\cdot d^{-1}}$。我们的数据表明，我国居民通过鱼类食物消费对DDTs和HCHs的摄入量远远低于这些标准。此外，通过对比其他暴露途径，我们发现与呼吸暴露相比，鱼类食物是人体摄入PBDEs的主要途径，婴儿通过母乳摄入PBDEs具有较高的暴露风险。

在此基础上，我们用美国EPA评价致癌可能性的复合暴露效应的方法[20]，使用式（6-2）、式（6-3）计算了具有十万分之一致癌风险的中国食用鱼类消费建议值。

$$CR_{\mathrm{lim}}=\frac{ARL\cdot BW}{\sum_{m=1}^{x}C_m\cdot CSF} \tag{6-2}$$

$$CR_{\mathrm{mm}}=\frac{CR_{\mathrm{lim}}\cdot T_{\mathrm{ap}}}{MS} \tag{6-3}$$

其中，CR_{lim}为每天最大可摄入量（$\mathrm{kg\cdot d^{-1}}$）；CR_{mm}为每月最大摄入量（kg·月$^{-1}$）；ARL为暴露风险因子（1×10^{-5}）；BW为人的体重（70 kg）；C_m为鱼体内持久性有机污染物浓度；CSF为致癌斜率参数（DDTs和PCBs分别为0.34和2.0，g-HCH为1.3）；MS为每次吃鱼的量（227 g）；T_{ap}为每月的天数（30.44 天）；式（6-2）用于计算每种鱼类每天的可食用量；式（6-3）用于计算每月食用鱼的次数。

如图6-3所示（包括中值和90%上限值），我们给出了不会带来健康风险情况下，每月可以食用鱼类的次数，可以看出，居民食用海水养殖鱼类的健康风险比淡水养殖鱼类和海洋野生鱼类要高，致癌风险最大的是红笛鲷（海水养殖鱼类），每月食用建议不超过一次。每月食用其他鱼类的次数不宜超过16次。需要注意的是，由于毒理数据的缺乏，我们计算的致癌风险因子没有包括PBDEs，所以有可能低估了食用鱼类持久性有机污染物所带来的风险。

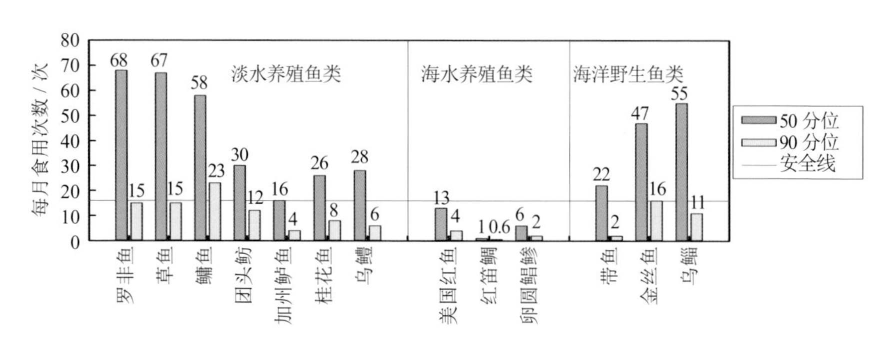

图 6-3 以风险为基础的食用鱼消费建议

6.1.3 广东沿海城市非鱼类海鲜体内持久性有机污染物及居民食用暴露

珠江三角洲水系发达，降水充沛，有机污染物在水环境中的循环十分显著。一些海鲜类，如贝类常被用作生物指示物来监测有机污染物对水生环境的污染情况；同时各种非鱼类海鲜也是居民餐桌上常见的食品，有必要对非鱼类海鲜体内有机污染物的情况进行监测。我们以广东省沿海地区市场上采集的非鱼类海鲜产品（包括虾类、蟹类和贝类）为研究对象，分析了其中一系列持久性有机污染物的残留状况，探讨了有机污染物在不同生物体内的残留状况、来源，以及食用海鲜时带来的人体暴露情况。

我们于2005年6～10月在广东省11个沿海城市进行了大规模采样，具体采样区域包括湛江、茂名、阳江、江门、佛山、广州、中山、珠海、东莞、汕尾和汕头等城市。这些地区代表广东省主要的渔产区（水产品总和占广东省水产品总产量的81%）和受有机污染较为严重的地区，因此我们把它们作为重点研究的区域。样品包括6种虾类（刀额新对虾、克氏鳌虾、罗氏沼虾、日本对虾、斑节对虾、虾蛄）、2种蟹类（锯缘青蟹、远海梭子蟹）和13种贝类（杂色鲍、海湾扇贝、虾夷扇贝、毛蚶、泥蚶、栉江珧、大竹蛏、文蛤、青蛤、杂色蛤仔、翡翠贻贝、缢蛏、牡蛎）。样品以随机的方式从当地的水产品市场购得。我们将这些海鲜整体粉碎来测定有机污染物浓度。

结果表明，对于OCPs，海鲜产品体内的残留以DDTs和HCHs为主（表6-2）。DDTs在不同种类的海鲜之间的富集有差异，其中牡蛎（*Crassostrea gigas*）体内DDTs的残留最高，湿重中值达到179.7 ng·g^{-1}，其次为缢蛏（*Sinonovacula constricta*，湿重中值为65.7 ng·g^{-1}）、杂色蛤仔（*Venerupis variegata*，湿重中值为29.2 ng·g^{-1}）和翡翠贻贝（*Perna uiridis*，湿重中值为23.6 ng·g^{-1}）。而DDTs

残留最低的样品为刀额新对虾（*Metapenaeus ensis*），其中DDTs的湿重浓度中值只有0.20 $ng \cdot g^{-1}$，比牡蛎体内DDTs的残留要低到2～3个数量级。HCHs（包括α-HCH、β-HCH、γ-HCH和δ-HCH四种异构体）在大部分海鲜体内也有检出，但残留水平比DDTs要低得多，其残留水平随生物种类和地区的变化趋势与DDTs的基本类似，在牡蛎体内的残留量最高，而大部分虾类体内HCHs的残留也都相对较低。从全球范围来看，中国非鱼类海鲜体内滴滴涕的污染仍然相对较高，其污染程度明显高于其他大多数国家。

表 6-2　非鱼类海鲜体内 HCHs 和 DDTs 的湿重浓度　（单位：$ng \cdot g^{-1}$）

生物种类	HCHs 浓度			DDTs 浓度		
	范围	均值 [a]	中值	范围	均值 [a]	中值
蟹类						
锯缘青蟹 [b]	0.18～6.82	1.54	0.60	0.52～44.9	14.3	7.79
锯缘青蟹 [c]	0.04～2.33	0.60	0.17	0.83～19.4	7.38	5.51
远海梭子蟹 [b]	0.26～0.61	0.42	0.42	6.27～56.3	35.6	49.3
远海梭子蟹 [c]	0.12～0.97	0.38	0.29	1.71～36.1	15.1	9.99
虾类						
刀额新对虾	0.09～0.40	0.20	0.18	0.10～1.28	0.37	0.20
克氏鳌虾	0.08～0.19	0.11	0.09	0.34～1.73	0.91	0.78
罗氏沼虾	0.03～0.43	0.22	0.20	0.13～5.12	1.42	0.75
日本对虾	0.11～0.42	0.28	0.30	0.20～14.4	6.67	5.35
斑节对虾	0.09～0.53	0.34	0.15	0.30～5.71	1.60	1.20
虾蛄	0.14～0.39	0.28	0.19	2.40～52.3	20.3	16.9
贝类						
杂色鲍	0.17～0.96	0.40	0.33	0.05～43.8	7.77	0.31
大竹蛏	0.14～0.49	0.25	0.23	0.08～12.5	4.54	3.53
毛蚶	0.09～1.07	0.30	0.23	1.32～50.0	8.81	3.41
泥蚶	0.21～0.78	0.39	0.35	1.63～83.5	14.0	4.93
海湾扇贝	0.08～0.50	0.29	0.27	0.11～3.43	1.68	1.34
虾夷扇贝	0.07～0.54	0.27	0.27	0.08～22.8	8.62	8.20
栉江珧	0.13～0.31	0.19	0.16	1.32～90.4	15.2	5.30
文蛤	0.05～7.00	1.07	0.36	0.95～39.9	12.2	9.01
青蛤	0.22～2.22	0.67	0.36	1.45～45.2	10.7	5.20
杂色蛤仔	0.14～0.99	0.45	0.44	2.27～122	34.1	29.2
翡翠贻贝	0.11～1.17	0.51	0.46	3.95～507	70.9	23.6
缢蛏	0.03～1.57	0.52	0.38	11.7～315	116.2	65.7
牡蛎	0.31～3.68	1.13	0.72	65.7～620	210	180

a. 算术平均值；
b. 雄性；
c. 雌性

对于PBDEs，结果表明，低溴代的单体的检出率明显高于高溴代的单体。BDE-47在大部分（75.9%）的样品中都有检出，随后依次是BDE-99（50.5%）、BDE-28（36.8%）和BDE-154（29.2%）等。而高溴代单体除了BDE-209存在于少数样品中（12.7%）中之外，几乎没有检出，其各种浓度水平如表6-3所示。

表 6-3 中国沿海地区的非鱼类海鲜体内 PBDEs 的干重浓度 （单位：$ng \cdot g^{-1}$）

生物种类	N^a	PBDEs 浓度		
		范围	均值	中值
虾类[b]	39	ND ～ 3.21	0.45	0.23
虾蛄	11	0.27 ～ 2.33	1.75	0.71
蟹类[c]	32	0.14 ～ 9.50	2.58	1.49
蚶类[d]	15	ND ～ 3.34	0.41	0.14
扇贝类[e]	14	ND ～ 6.59	0.94	0.27
其他贝类[f]	18	ND ～ 4.23	0.88	0.39
蛤类[g]	32	0.01 ～ 6.85	1.47	0.54
竹蛏类[h]	18	0.05 ～ 7.31	2.36	1.23
翡翠贻贝	10	0.54 ～ 4.56	1.74	1.30
牡蛎	10	4.66 ～ 29.7	11.2	9.11

注：ND 表示未检出；
a. 样品数；
b. 包括刀额新对虾、克氏螯虾、罗氏沼虾、日本对虾和班节对虾；
c. 包括锯缘青蟹和远海梭子蟹；
d. 包括毛蚶和血蚶；
e. 包括海湾扇贝和虾夷扇贝；
f. 包括杂色鲍和栉江珧；
g. 包括文蛤、青蛤和杂色蛤仔；
h. 包括大竹蛏和缢蛏

生活习性和食性的差异导致不同类型的生物体内PBDEs浓度的差别。通过对比发现，牡蛎体内PBDEs的残留最高（干重浓度中值为9.11 $ng \cdot g^{-1}$），其次为蟹类、翡翠贻贝、竹蛏类（包括缢蛏和大竹蛏）和虾蛄，它们体内PBDEs干重浓度中值分别为1.49 $ng \cdot g^{-1}$、1.30 $ng \cdot g^{-1}$、1.23 $ng \cdot g^{-1}$和0.71 $ng \cdot g^{-1}$，但彼此之间的残留水平并没有显著差异。PBDEs残留最低的生物是蚶类（包括毛蚶和血蚶）和虾类（不包括虾蛄），干重浓度的中值分别只有0.14 $ng \cdot g^{-1}$和0.23 $ng \cdot g^{-1}$。其他类型的生物体的PBDEs干重浓度的中值为0.27～0.54 $ng \cdot g^{-1}$，但它们之间也没有显著差异。PBDEs在不同贝类体内的浓度差别较大，其中牡蛎体内PBDEs的浓度比其他贝类要高出1～2个数量级，大致的情况是：牡蛎>竹蛏类≈翡翠贻贝>蛤类≈扇贝类≈其他贝类>蚶类。

广大居民在食用海鲜的同时，海鲜体内的各类有机污染物也会同时进入人体内。使用和上面计算食用鱼有机污染物人体暴露估计相同的方法，我们也对食用非鱼类海鲜给居民带来的有机污染物暴露进行了估算，并与美国EPA设定的致癌基准浓度及口服参考剂量进行比较，结果如表6-4所示。居民食用海鲜时，*p, p′*-DDT主要来自贝类产品（96.7%），而甲壳类贡献较小（3.3%），七氯和狄氏剂则全部来自贝类。与表6-4中的参考值相比较，由食用海鲜带来的*p, p′*-DDT和狄氏剂的每日摄入量高于EPA的致癌基准浓度，也高于EPA的口服参考剂量。而七氯的每日摄入量虽然低于美国EPA的口服参考剂量，但也远远超过了相关的致癌基准浓度。因此，通过食用海鲜带来的OCPs的人体暴露值得关注，尤其是*p, p′*-DDT。

表 6-4　通过食用海鲜摄入的有机氯农药 EDI

有机污染物	生物种类	消费量[a] /(g·d^{-1})	EDI[b] /(ng·kg^{-1}·d^{-1})	总 EDI /(ng·kg^{-1}·d^{-1})	口服参考剂量 /(ng·kg^{-1}·d^{-1})	致癌基准浓度 /ng·kg^{-1}·d^{-1})
p, p′-DDT	贝类	17.1	6.07	6.28	0.5	0.003
	甲壳类	8.3	0.21	—	—	—
七氯	贝类	17.1	0.04	0.04	0.5	0.000 22
	甲壳类	8.3	0	—	—	—
狄氏剂	贝类	17.1	0.11	0.11	0.05	0.000 062 5
	甲壳类	8.3	0	—	—	—

a. 原始数据来自联合国粮食及农业组织（http://faostat.fao.org/site/346/default.aspx.）；
b. 有机污染物的 EDI 是以人均 60 kg 的体重来进行估算的

6.1.4　广东沿海养殖区鱼体内持久性有机污染物

我们在研究广东沿海城市食用鱼时就发现，海水养殖鱼类体内持久性有机污染物浓度水平高于其他鱼类。针对这个现象，我们重点对海水养殖区的鱼体内持久性有机污染物的污染情况进行了调查。2007年7月～2008年1月，我们从大亚湾和海陵湾采集了两种不同体重和年龄的肉食性海水养殖鱼：卵圆鲳鲹和红笛鲷，对其进行全鱼打碎，或取其腹中半消化食物，进行有机污染物分析（表6-5）。

表 6-5　大亚湾和海陵湾海水养殖鱼基本分组情况

	数量 / 个	体重 /g	体长 /cm	湿重脂含量 /%
红笛鲷（大亚湾）				
组 1	5	10 ～ 105	3.5 ～ 15	1.7 ～ 5.2
组 2	8	210 ～ 340	20 ～ 24	2.7 ～ 5.4
组 3	4	410 ～ 460	23 ～ 25	3.7 ～ 8.3
组 4	3	500 ～ 780	27 ～ 29	12 ～ 14
红笛鲷（海陵湾）				
组 1	3	<100	8.5 ～ 11	0.5 ～ 3.6
组 2	4	150 ～ 380	20 ～ 23	2.8 ～ 12
组 3	3	475 ～ 485	22 ～ 24	5.8 ～ 7.6

续表

	数量/个	体重/g	体长/cm	湿重脂含量/%
组 4	3	600 ～ 700	27 ～ 31	5.3 ～ 14
组 5	1	1110	32	18
卵圆鲳鲹（大亚湾）				
组 1	3	30 ～ 75	<10	1.1 ～ 9.7
组 2	4	130 ～ 400	14 ～ 23	5.6 ～ 7.4
组 3	4	480 ～ 580	22 ～ 25	8.7 ～ 17
组 4	5	610 ～ 810	24 ～ 30	8.0 ～ 15
卵圆鲳鲹（海陵湾）				
组 1	3	45 ～ 130	11 ～ 14	6.0 ～ 14
组 2	6	290 ～ 620	20 ～ 24	7.1 ～ 17
组 3	5	710 ～ 940	27 ～ 29	17 ～ 21
组 4	3	1680 ～ 2400	30 ～ 40	15 ～ 21
红笛鲷胃中半消化食物	10	120 ～ 930	15 ～ 29	3.3 ～ 12
卵圆鲳鲹胃中半消化食物	7	126 ～ 1990	15 ～ 36	1.4 ～ 2.8

将大亚湾和海陵湾中卵圆鲳鲹和红笛鲷具有相同体重范围的样本个体混合起来看，相同体重下（可以理解为相同年龄段）红笛鲷体内PBDEs的浓度高于卵圆鲳鲹（图6-4），这种分布趋势和我们对沿海城市食用鱼体内PBDEs的调查研究结果一致[16]。比较Meng等研究中鱼体背部肌肉中PBDEs的浓度和本书研究的全鱼体内PBDEs的浓度，发现本书研究两种全鱼体内PBDEs的浓度远远高于其背部肌肉中的浓度。从图6-4可以看出，两个海湾中两种养殖鱼体内PBDEs的浓度随着鱼体体重和体长的增加而增加，说明年龄越大的海水养殖鱼体内PBDEs的浓度水

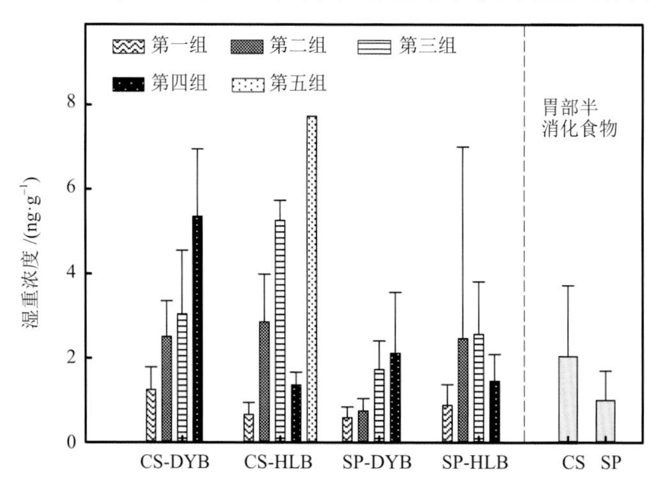

图 6-4 不同体重红笛鲷和卵圆鲳鲹及胃中半消化食物中 PBDEs 浓度分布

CS = crimson snapper（红笛鲷），SP = snubnose pompano（卵圆鲳鲹）；DYB = Daya Bay（大亚湾），HLB = Hailing Bay（海陵湾）

平越高。此外，有18个全鱼样本体内检出BDE-209，其湿重浓度为0.07～11.5 ng·g^{-1}。对于胃中的半消化食物，与鱼体内的情况相似，红笛鲷体内PBDEs浓度高于卵圆鲳鲹，其湿重浓度分别为(2.04±1.67) ng·g^{-1}和(1.00±0.70) ng·g^{-1}（均值±标准偏差）。造成这样的浓度差别，可能和两种鱼体里食物的脂含量有关，例如，红笛鲷和卵圆鲳鲹体内的脂含量分别为(5.3±1.9)%和(2.2±0.5)%。

6.1.5　珠江三角洲内陆养殖区鱼体内持久性有机污染物

对于淡水养殖鱼类，2006年9月～2007年9月，我们在广州、东莞和佛山选取4 个典型淡水养殖鱼塘进行淡水养殖鱼采样，共计采集各营养级别鱼类12种，包括鲫鱼、鳙鱼、草鱼、鲮鱼、罗非鱼、加州鲈鱼、麦鲮、乌头鱼、鲤鱼、鲳鱼、鲢鱼和太阳鱼等。其中鲮鱼、鲫鱼、太阳鱼、鲤鱼、麦鲮为杂食性鱼类，鳙鱼、草鱼、鲢鱼、鲳鱼为草食性，罗非鱼、乌头鱼为腐食性鱼类，加州鲈鱼为肉食性鱼类。我们将所采集的鱼类整体打碎，取全鱼样本进行目标污染物分析。

从有机污染物浓度水平来看，对于OCPs，淡水养殖鱼也是以DDT类有机污染物为主要成分（图6-5）。在12种淡水鱼中，DDT类农药湿重浓度是0.4～41.8 ng·g^{-1}，加州鲈鱼体内DDTs的平均浓度在所研究的12种鱼中最高，太阳鱼最低。就地区来看，顺德采集的鱼类样本体内DDT类农药的浓度水平显著高于东莞样本。与我们前期开展的广东沿海城市中食用鱼的污染情况相比较，该研究中DDT类农药的浓度变化范围比较小，但基本和前研究保持一致。

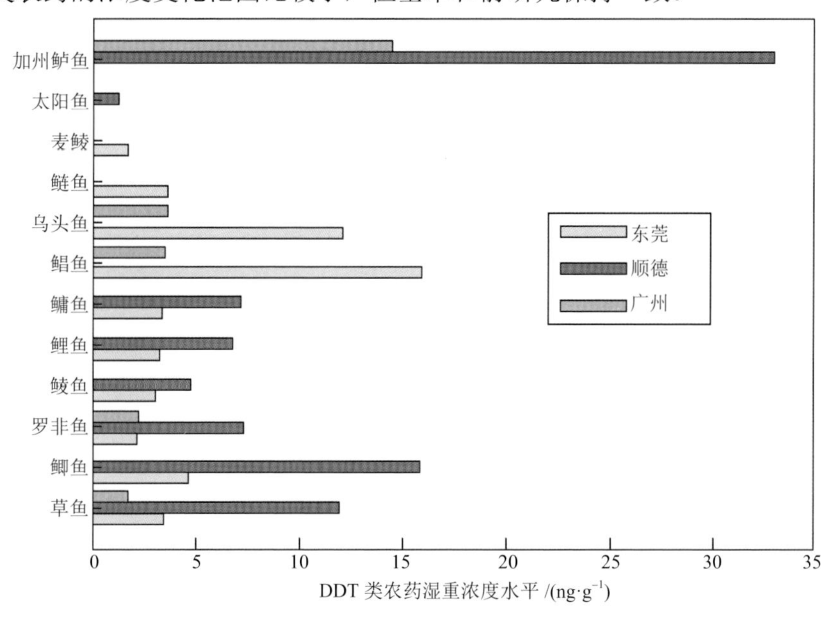

图 6-5　淡水养殖鱼体内 DDT 类农药的污染情况

6.2 珠江三角洲生物体内持久性有机污染物的来源

6.2.1 广东沿海城市鱼体内持久性有机污染物的污染来源分析

对于珠江三角洲鱼体内、海鲜体内持久性有机污染物的来源，我们在不同的实验项目中进行着判别和验证，主要使用的方法包括：生物体内各种有机污染物的相关性、主成分分析，以及一些分子标志物比值的判断法等。例如，对于OCPs中的DDTs，从污染源进入环境后会氧化生成DDE或还原生成DDD[21]，而工业DDTs中含有较高丰度的DDT（约80%），因此，DDD/DDE的值可以用来比较不同环境中氧化还原强弱的状况，而DDT/(DDD+DDE)的值可以用来判断DDT输入时间的长短[22]，一般较高的值表示较新近的输入。此外，有研究表明，三氯杀螨醇农药中会有较高比例的*o, p*′-DDT。每千克这种农药中含有114 g的*o, p*′-DDT、69 g的*p, p*′-Cl-DDT、44 g的*o, p*′-DDE和17 g的*p, p*′-DDT。三氯杀螨醇带来的DDTs污染主要表现为*o, p*′-DDT/*p, p*′-DDT的值较高，约为7。对于OCPs中的HCHs，中国曾使用两种形式的HCHs，一种是工业HCHs(α-HCH/γ-HCH值为3～7)，另一种是林丹（γ-HCH > 99%)，所以环境介质中高α-HCH/γ-HCH值一般认为是林丹污染造成的[23, 24]。

在研究持久性有机污染物在11个沿海城市食用鱼体内的污染情况时，我们对各种有机污染物之间的关系做了主成分分析，结果显示，鱼体内各类有机污染物之间没有显著的相关性，表明其有机污染物的来源可能有所不同。对于OCPs，所有样本体内(DDD+DDE)与DDT的比值在0.19～1.0，且有部分鱼类体内(DDD+DDE)与DDT比值在0.5以下，表明近期还有新的DDT输入。另外，许多鱼体内DDD/DDE大于1，最大值为5，特别是在海水养殖鱼类体内，这表明DDT在这些环境中以还原降解为主，这主要是因为在目前的水产养殖中，普遍采取鱼种苗高密度放养、高密度投饵方法，鱼类高排泄物，加上一些工农业和生活废水的排入，使周围水体中的硫化物、氨氮、有机质和营养盐达到很高的浓度，水体下层缺氧，形成还原环境[25]。也有研究表明，*p, p*′-DDD也是一种杀虫剂，有可能在使用过程中直接排入水体被生物体富集[26]。此外，在本书研究中，*o, p*′-DDT在379个样品中检出，占总样品数的97%，其所占比例为0.3%～47.9%，*o, p*′-DDT/*p, p*′-DDT为0.02～28.8，均值仅为1.0，这表明我国部分地区的食用鱼类体内可能已受到三氯杀螨醇农药的污染。而对于HCHs，b-HCH和a-HCH所占比例较高，其均值分别为48.3%和36.3%，这表明鱼体内HCH的残留有可能主要是以前混合型HCH（包括65%～70%

的α-HCH、5%～6%的β-HCH、12%～14%的γ-HCH和6%的δ-HCH）的大量使用造成的，而不是由于近期林丹（含γ-HCH > 99%）的使用。这些来源分析的结果，在我们研究持久性有机污染物在鱼体各种器官中的分布时再次得到证明[27, 28].

6.2.2　广东沿海城市非鱼类海鲜体内持久性有机污染物的污染来源分析

对所有样本中DDTs的DDT/(DDE+DDD)值进行计算并判断来源，从全部样品来看，DDT/(DDE+DDD)的值在0～4.8，均值为0.7。这说明环境中的DDT大部分已经降解，现存环境中的DDT主要来自历史的残留。然而，由于有超过20%的样品DDT/(DDE+DDD)值大于1，因此不能排除该地区环境中仍有新的DDT输入。从不同类型的样品来看，蟹类样品体内DDT/(DDE+DDD)值均小于1，而且DDE/DDD值都超过了1（图6-6），这说明蟹类样品基本生活在氧化性的环境中，而且受新输入DDT的影响很小。虾类样品体内DDT的组成和蟹类基本一致。其中绝大多数虾类样品体内DDT/(DDE+DDD)值小于1，而且大部分样品DDE/DDD值也大于1。

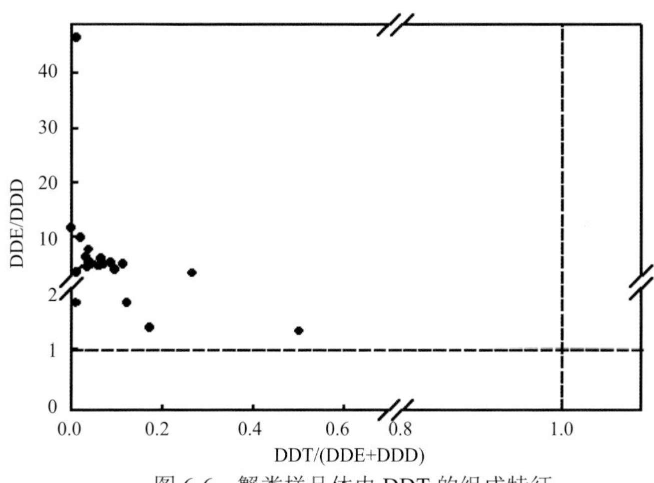

图 6-6　蟹类样品体内 DDT 的组成特征

从非鱼类海鲜体内PBDEs单体分布来看（图6-7），在低溴代组分的百分组成中，BDE-47是主要成分（47.5%），其次是BDE-99（15.8%）和BDE-154（11.9%）。另外两个低溴代单体BDE-28和BDE-66的含量也相对较高，分别占8.8%和9.1%。剩下几个溴代程度相对较高的低溴代单体的百分组成都在5%以下。此外，不同海鲜体内低溴代单体的分布状况也有明显的差别，基本有三个层次，贝类低溴代单体的分布状况相对近似，虾类（除虾蛄外）低溴代单体的分布状况类似，而蟹类和虾蛄低溴代单体的分布状况比较接近。贝类低溴代单体的分布以BDE-47和BDE-99为主，虾类的这两类物质的丰度明显增大，在蟹类和虾蛄低溴代单体的分布中，BDE-47则成了主要的单体，百分组成高达71%。这种低溴代PBDE以BDE-47和BDE-99为主的模式，与五溴阻燃剂的组成相似，但BDE-47 和BDE-99的丰度相对工业产品偏高，不同类型生物体内PBDEs分布状况的差异可能和不同生物对环境中不同BDE单体的选择性吸收有关，也可能和某些单体在生物体内的降解有关。

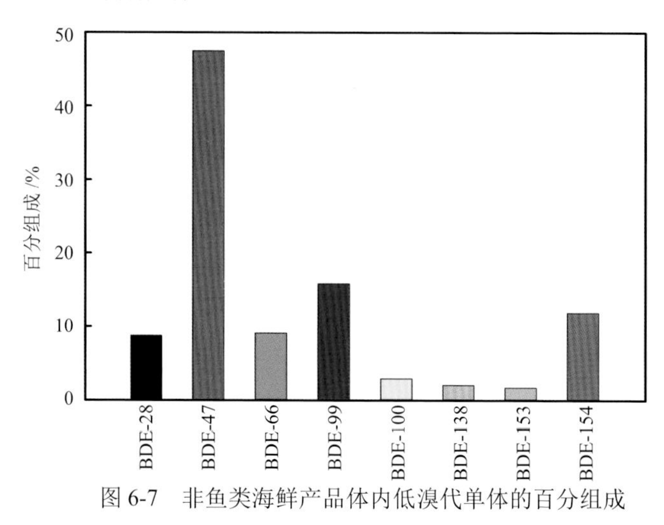

图 6-7 非鱼类海鲜产品体内低溴代单体的百分组成

6.2.3 广东海水养殖区鱼体内持久性有机污染物的污染来源分析

除上述有关食用鱼体内和海鲜体内持久性有机污染物的来源讨论外，我们还就海水养殖鱼体内持久性有机污染物浓度水平较高，而淡水养殖鱼体内的浓度水平较低的事实，分两个实验体系，具体研究了海水养殖区鱼体内和淡水养殖区鱼体内持久性有机污染物的来源。

对于海水养殖鱼，我们以广东省典型海水养殖区为研究区域，对其区域内海洋环境介质和生物样本体内持久性有机污染物的污染情况进行了研究。该项目选取广东省阳江市海陵湾，以及大亚湾作为研究区域，其中大亚湾以浅海养殖为主，周边地区经济发达，工业化和城市化程度高，而海陵湾则以浅海养殖和滩涂养殖为主，周边历史上曾是农业较发达地区，现在则主要以旅游开发为主。

2007年7月～2008年1月，我们对这两个区域的各种环境介质包括海水、大气、养殖鱼、底泥及鱼饲料进行样本采集，环境样本包括海水样本（上下层）、各种品牌的鱼饲料；生物样本包括海水养殖鱼、冰鲜杂鱼、海草、海藻等。项目所采集养殖鱼为不同年龄的卵圆鲳鲹和红笛鲷。卵圆鲳鲹和红笛鲷均为肉食性鱼类，是我国南方常见海水养殖鱼类。此外，我们于2010年1月在海陵湾地区采集了表层沉积物及沉积柱样，并在当地的商店及附近的一个船排厂购买了当地经常使用的几个品牌的防腐漆样品。我们对所有的环境样本、生物样本、船体防腐漆、鱼饲料进行持久性有机污染物分析。

从浓度水平来看，所有样本中DDXs（DDTs及其二级降解产物之和）>PBDEs>PCBs，符合我国PCBs生产量和使用量都小的情况[29]。此外，DDTs（*o, p'*-DDT及*p, p'*-DDT、*o, p'*-DDT及*p, p'*-DDD、*o, p'*-DDE及*p, p'*-DDE之和）是所有环境样品中检出率最高的，而*p, p'*-DDMU在大气、水体及藻类中却很少被检出。杂鱼体内DDTs的湿重浓度水平为2.5～421 $ng \cdot g^{-1}$，高于配合饲料（0.33～37.0 $ng \cdot g^{-1}$）（图6-8）。DDTs在海陵湾样本中高于大亚湾：养殖鱼体内湿重浓度中值分别为159 $ng \cdot g^{-1}$和73 $ng \cdot g^{-1}$；沉积物中干重浓度中值为46.2 $ng \cdot g^{-1}$和12.5 $ng \cdot g^{-1}$；海

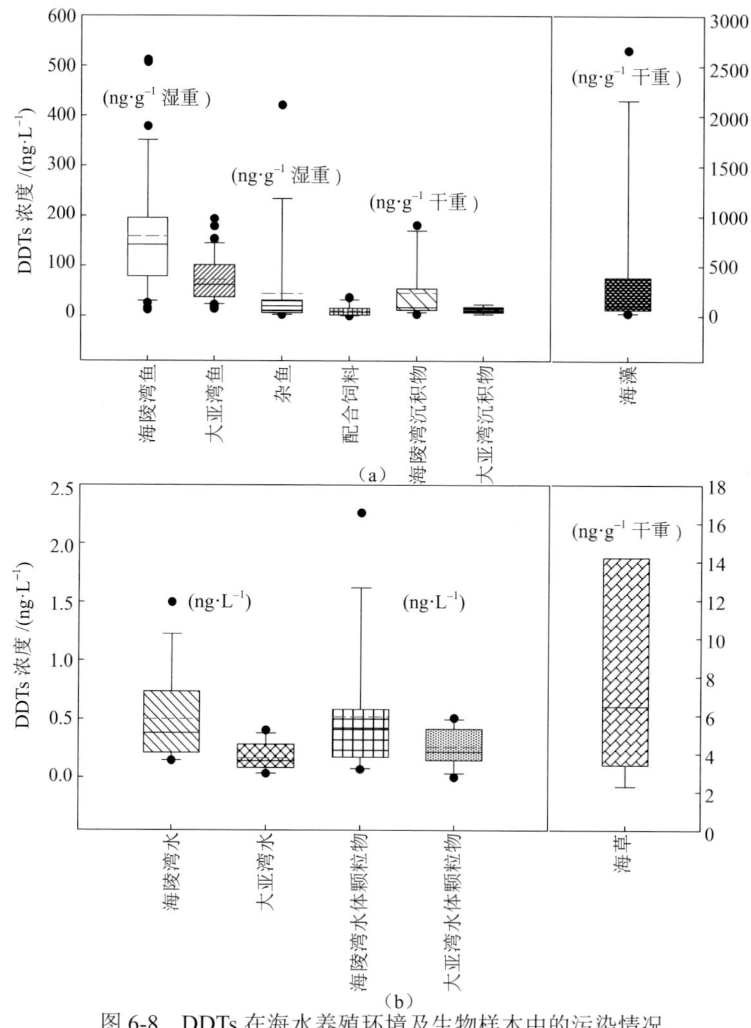

图 6-8　DDTs 在海水养殖环境及生物样本中的污染情况

水水相浓度中值为0.50 $ng·L^{-1}$和0.17 $ng·L^{-1}$，颗粒相浓度水平相当，为（<DL～0.5）$ng·L^{-1}$，均值：0.3 $ng·L^{-1}$。此外，DDTs在大气颗粒相及气相中的浓度在海陵湾为2.2～58.6 $pg·m^{-3}$及15.6～187 $pg·m^{-3}$，在大亚湾为1.3～9.4 $pg·m^{-3}$及8.7～105 $pg·m^{-3}$，并且DDTs在海陵湾气相中的浓度水平显著高于大亚湾。

与OCPs的情况相反，PBDEs在海陵湾各类样本中的浓度水平低于大亚湾：PBDEs（除去BDE-209）在鱼体内的湿重浓度分别为0.23～23.4 $ng·g^{-1}$和0.3～13.5 $ng·g^{-1}$；沉积物中PBDEs的干重浓度分别为0.35～16.3 $ng·g^{-1}$和6.7～275 $ng·g^{-1}$；水体中的浓度水平相当，浓度为0.02～0.36 $ng·L^{-1}$；PBDEs在大气颗粒相及气相中的浓度水平在海陵湾分别为4.7～542 $pg·m^{-3}$和6.3～47.0 $pg·m^{-3}$，在大亚湾分别为2.3～228 $pg·m^{-3}$及2.1～67.3 $pg·m^{-3}$。尽管气相中PBDEs的浓度水平在两个研究区域无差别，但在颗粒相中，海陵湾PBDEs的浓度水平显著高于大亚湾。PCBs在中国使用量及生产量较小，因而只在鱼体及鱼饲料样品中有检出。大亚湾和海陵湾养殖鱼体内PCBs的浓度水平相当，没有差别，湿重浓度是0.39～12.2 $ng·g^{-1}$。鱼食配合饲料及杂鱼体内PCBs的湿重浓度水平分别为0.5～4.3 $ng·g^{-1}$及0.68～9.1 $ng·g^{-1}$，并且PCBs在杂鱼体内的浓度水平显著高于配合饲料。

总的来讲，海陵湾鱼体和环境样本中DDTs的浓度水平显著高于大亚湾，而水体和沉积物中PBDEs的浓度水平低于大亚湾，这种差异可能主要与两个区域的经济发展模式有关。大亚湾和海陵湾分别位于广东省的东部和西部。紧邻海陵湾的阳江市以农业和渔业发展为主，但工业不发达，其农业和渔业中使用的DDT应该是环境介质中DDT的主要来源之一；而大亚湾临近深圳和惠州，工业应该是其环境PBDEs的主要来源。

鱼体内持久性有机污染物的来源，可能是水，也可能是食物。我们具体看两个地区采集的商品鱼饲料和冰鲜杂鱼体内有机污染物的浓度（图6-9）。OCPs在所有海水养殖鱼饲料中的脂重浓度为16.2～7120 $ng·g^{-1}$；在淡水养殖鱼配合饲料中的脂重浓度为91.0～348 $ng·g^{-1}$。PBDEs在所有海水养殖鱼饲料中的脂重浓度为4.18～278 $ng·g^{-1}$；在淡水养殖鱼配合饲料中的浓度为28.9～148 $ng·g^{-1}$。在所有饲料中，DDXs是OCPs中最主要的成分，杂鱼、海水养殖鱼和淡水养殖鱼饲料中DDXs分别占OCPs总量的(87±10)%、(64±27)%和(68±20)% (均值±标准偏差)。杂鱼体内DDXs的脂重浓度水平（417/343 $ng·g^{-1}$，均值/中值）显著高于海水养殖鱼配合饲料（151/102 $ng·g^{-1}$）和淡水养殖鱼饲料（97/101 $ng·g^{-1}$），而两种配合饲料之间DDXs的浓度水平没有显著差别。OCPs中HCHs丰度也较高，在杂鱼和配合饲料中约占10%和20%。HCHs浓度水平在杂鱼和配合饲料，以及两种配合饲料之间并没有显著的差别，脂重均值约为28 $ng·g^{-1}$。总之，中国南方鱼饲料中的OCPs，特别是DDTs的浓度在全球处于高端，而PBDEs相对处于低端，但海水养殖鱼配合饲料中BDE-209的污染问题比较突出。

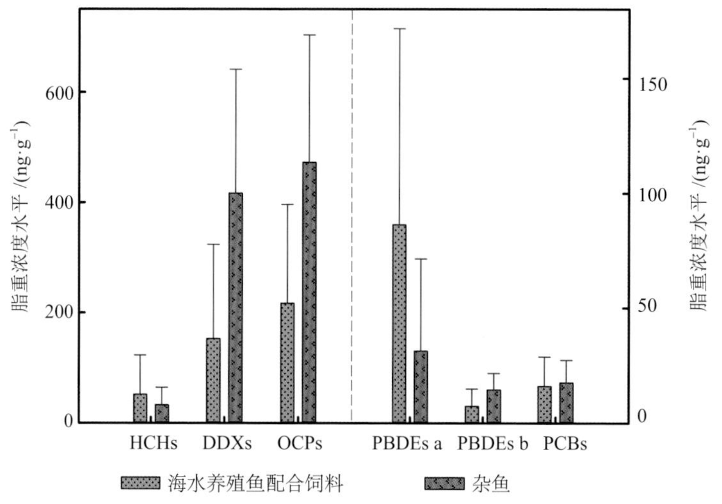

图 6-9 持久性有机污染物在鱼饲料中的脂重浓度分布

PBDEs a 表示所有目标 PBDEs 之和；PBDEs b 不包括 BDE-209

鱼饲料是海水养殖鱼体内PBDEs和DDTs的重要来源。通过对比有机污染物在海水养殖鱼、鱼饲料和鱼肠胃的半消化食物中同系物的分布情况（图6-10），我们发现，红笛鲷半消化食物中PBDEs同系物情况和杂鱼类似，而卵圆鲳鲹半消化食物中PBDEs同系物分布和海水养殖鱼配合饲料类似。这种相似情况非常合理，因为红笛鲷通常是用杂鱼饲养的，而卵圆鲳鲹则一般使用配合饲料。红笛鲷全鱼、半消化食物和杂鱼以低溴代PBDEs同系物为主，如BDE-28、BDE-47、BDE-49、BDE-66和BDE-99的丰度显著高于卵圆鲳鲹；而卵圆鲳鲹、半消化食物和海水养殖鱼配合饲料中高溴代PBDEs同系物相对较高，如BDE-153、BDE-154、BDE-183和BDE-209的丰度显著高于红笛鲷。通过比较，显然鱼体内的PBDEs和食物中的PBDEs有密切的关系。认为食物是海水养殖鱼体内PBDEs的一个重要来源还在于BDE-209可被鱼体吸收、降解。实验室鱼体暴露实验证明BDE-209可以被鱼代谢为一些低溴代PBDEs，如BDE-153、BDE-154、BDE-99和BDE-47等[30]。通过图6-10的分析比较，认为本书研究中BDE-209在鱼体内可能也存在降解现象。例如，海水养殖鱼配合饲料中BDE-100、BDE-126、BDE-153和BDE-154的丰度显著高于杂鱼体内的丰度，而且BDE-183在两种饲料之间没有显著差异。但是到了两种鱼体内，与他们各自放的饲料中的情况截然不同，卵圆鲳鲹体内BDE-126、BDE-153、BDE-154和BDE-183的丰度高于其在红笛鲷体内的浓度，而且BDE-100的丰度在两种全鱼体内没有显著差异，考虑卵圆鲳鲹主要以配合饲料为食而红笛鲷主要以杂鱼为食，我们有理由认为BDE-209在鱼体内，尤其是在卵圆鲳鲹体内进一步代谢为一些低溴代产物，如BDE-183、BDE-154、BDE-153、BDE-126和BDE-100。当然，在这个过程中也有可能是红笛鲷比较容易富集低溴代同系物，而卵圆鲳鲹容易富集高溴代物质，即生物富集PBDEs时有可能具有生物选择性。

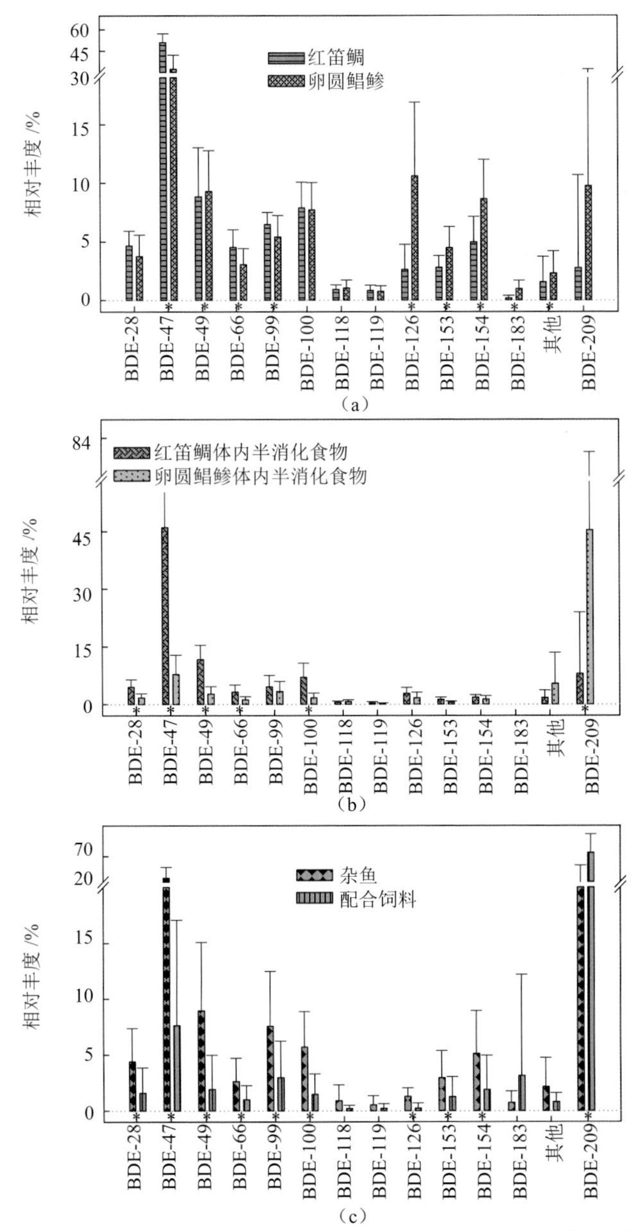

图 6-10 海水养殖鱼及其半消化食物、鱼饲料中 PBDEs 的同系物分布
*表示差异显著

对于海水养殖鱼类，我们也通过代质量平衡模型估计了持久性有机污染物进入鱼体和排出鱼体的途径，认为海水养殖鱼体内DDXs及PBDEs（BDE-209除

外）化合物，通过鱼食摄入的量显著高于通过鱼鳃及浮游植物摄入的量，鱼食摄入是海水养殖鱼暴露这些持久性有机污染物的主要途径。

6.2.4　广东淡水养殖区鱼体内持久性有机污染物的污染来源分析

针对淡水养殖鱼体内持久性有机污染物的来源，我们以广东省4个典型的淡水养殖鱼鱼塘为研究体系，2006年9月～2007年9月，采集鱼、塘水、鱼塘底泥、鱼饲料、塘基土壤、大气和雨水等7种鱼塘环境介质，分析14种OCPs、12种PCBs和39种PBDEs单体在鱼塘各介质间的分布和鱼体内持久性有机污染物的来源。

我们发现淡水养殖鱼塘中，对于OCPs，尤其是DDT类物质，(DDD+DDE)/∑DDX值在底泥、塘基土壤、塘水、饲料，以及大部分雨水、部分大气（约1/2样品）中大于0.5；在所分析的各种淡水养殖鱼体内，(DDD+DDE)/∑DDX 值也都大于0.5（图6-11），可以初步判断，在珠江三角洲淡水养殖鱼塘生态中，DDTs的历史残留仍然是DDTs及其代谢物（∑DDX）的主要来源，但鱼体内的DDTs的污染来源，仍然需要进一步的研究。PCBs的情况与之类似，历史工业残留的PCBs可能是环境中PCBs的主要来源。对于PBDEs，鱼体内的主要来源是大气的传输和鱼饲料沉积，而鱼体内的主要是BDE-47。我们通过对所研究的每一个全鱼样本目标PBDEs单体与其生活鱼塘介质中所对应的单体之间的关系归纳后，初步认为鱼饲料中的PBDEs是淡水养殖鱼体内PBDEs污染的主要来源。

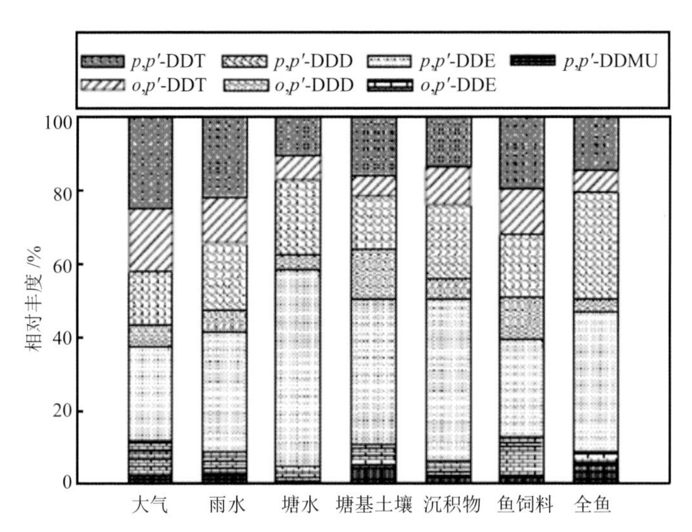

图 6-11　DDT 及其二级代谢物单体在淡水鱼塘各种介质中对于 DDT 类物质总量的相对丰度

6.3 珠江三角洲生物体内持久性有机污染物的吸收与转化

有机污染物进入生物体后，会进行一系列生物转化，以代谢物或者母体的形式在生物体内再分布或者排出体外。我们针对这个过程，也展开相应地研究。具体主要包括有机污染物在鱼体各器官中的分布情况、持久性有机污染物在生物体内的状态与环境污染浓度之间的关系、有机污染物在生物体内可能的转化情况等。

6.3.1 持久性有机污染物在鱼体器官中的分布与转化

如前文所述，珠江三角洲各种环境介质已经普遍受到DDTs和PBDEs的污染（珠江三角洲十溴联苯醚阻燃剂污染问题比较突出），并且这些污染已经在鱼体内显现出来，这也为研究PBDEs在生物体内的转化提供了一个契机。我们以广东省沿海食用鱼中具有代表性的鱼类为研究对象，对持久性有机污染物在鱼体内分布和可能的转化进行研究。与以往实验室研究不同，本书研究将各种类型的鱼放在珠江三角洲这个实际的环境中来研究这些有机污染物，特别是BDE-209在鱼体内的迁移转化。该研究对进一步了解十溴联苯醚阻燃剂对珠江三角洲生态环境的影响具有重要意义。

本部分所使用样品来自于我们2005～2006年对珠江三角洲各种食用鱼体内持久性有机污染物的研究[31]。为了研究不同类型鱼体内的有机污染物分布情况，我们从当时的13个种类中选取有机污染物浓度水平相对较高的5个不同生活习性的种类，包括3种淡水养殖鱼类（桂花鱼、鳙鱼和乌鳢鱼）、1种海水养殖鱼类（红笛鲷）和1种海洋野生鱼类（金丝鱼）。我们将所选的鱼类进行解剖，取其主要器官，包括鱼皮、肝脏、鱼鳃、消化道和肌肉。通过对这些鱼体样本的有机污染物分析，我们旨在研究在野外环境中，持久性有机污染物在鱼体内的可能的生物转化。在研究广东沿海食用鱼体内持久性有机污染物的污染状态时我们就发现，PCBs的浓度水平相对于OCPs和PBDEs是比较低的，在鱼体各器官中也是类似的状况，因此我们就没有继续考虑PCBs在鱼体内的分布和转化情况。

首先，阻燃剂PBDEs广泛存在于所有鱼体器官样品中，总体来看，除去BDE-209，其余PBDEs之和在肝脏、鱼鳃、消化道、鱼皮和肌肉中的干重浓度分别为0.25～21.0 $ng \cdot g^{-1}$、0.02～6.99 $ng \cdot g^{-1}$、0.13～27.4 $ng \cdot g^{-1}$、0.07～5.98 $ng \cdot g^{-1}$和0.01～3.65 $ng \cdot g^{-1}$（图6-12）。在目标器官中，一般以肝脏中PBDEs浓度最高，其次为鱼鳃、鱼皮，再次为消化道和肌肉。在所检测的11种PBDEs同系物中，只有

BDE-47在所有样品中检出，BDE-28、BDE-66、BDE-85、BDE-99、BDE-100、BDE-138、BDE-153、BDE-154、BDE-183和BDE-209的检出率分别为90%、67%、19%、75%、82%、11%、63%、86%、54%和37%。对比PBDEs在不同种类的鱼体内同系物的分布，淡水养殖鱼含有较高丰度的BDE-28和BDE-47，海水养殖鱼含较高丰度的BDE-99、BDE-66和BDE-100。此外，桂花鱼、鳙鱼和金丝鱼的鱼皮中含有较高丰度的BDE-85、BDE-138和BDE-183。不同鱼类体内PBDEs相对丰度的不同可能和鱼的摄食习惯、生活习性及富集有机污染物的能力有关。比较同一种鱼不同的器官中PBDEs的丰度分布，大多数同系物（BDE-99除外）的丰度在各器官之间并没有显著的差异，也就是说，鱼体的每一个器官都能部分地反映出环境中有机污染物的污染情况。

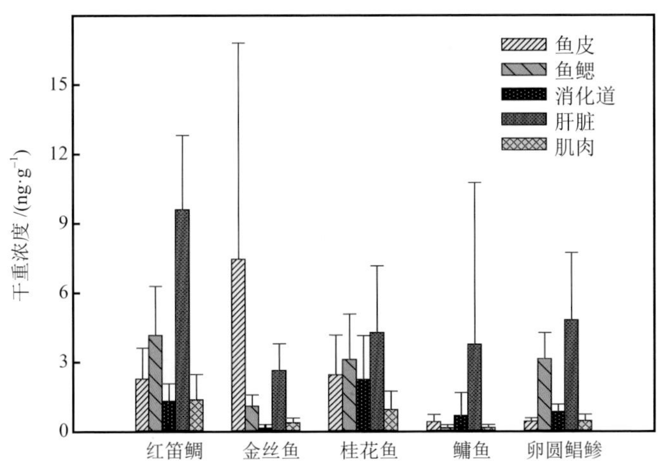

图 6-12　PBDEs 在鱼体主要器官中的浓度分布

对于PBDEs，本书研究最有意思的发现是高分子量BDE-209在182个样本中的70个样本被检出。这个现象和以往的发现有所不同，BDE-209由于分子量大、疏水性强而生物有效性很低，一般认为在生物体内比较难以富集。而在本书研究中，70个样本检出了BDE-209，其干重浓度为0.39～59.9 $ng \cdot g^{-1}$。如图6-13a所示，BDE-209的丰度（相对$\sum_{11}$PBDE）在桂花鱼和鳙鱼的鱼皮中占主导，在大多数样品中的顺序为鱼皮>鱼鳃>消化道和肌肉>肝脏。因为BDE-209在所有鱼各器官中的丰度变化不大，可以将5种鱼相同器官的数据结合起来进行深入讨论（图6-13）。BDE-209在鱼皮中丰度最高，肝脏中最低，其均值/最高值分别为48.0%/99.2%和8.2%/83.3%，在所有器官中除了鱼皮，都没有显著性差异。比较各器官中BDE-209的脂重浓度，鱼皮中最高，肝脏中最低，其中值分别为95.5 $ng \cdot g^{-1}$和2.54 $ng \cdot g^{-1}$。这可能与肝脏是生物体的主要代谢器官，以及BDE-209在生物体内半衰期较短有关[32]。

需要注意的是，把本书研究中BDE-209在各器官中的浓度使用脂肪归一化以后，除鱼皮外，BDE-209在其他器官中的浓度没有显著性差异。此外，本书研究中BDE-209的浓度水平和生物体的脂肪含量没有相关性，这可能也可以解释为什么脂肪含量较少的鱼皮也可以含有较高的BDE-209浓度。然而，本书研究中BDE-209在肝脏、肌肉、消化道和鱼鳃中的水平是一样的，这显示出与实验室相比，实际环境中BDE-209暴露和代谢途径的复杂性。此外，当有机物污染物的有效通过截面（effective cross sections）大于9.5 Å时，由于生物体生物膜的阻碍作用，有机污染物很难通过鱼鳃或是鱼的消化道进入鱼体[33, 34]，由于本书研究中BDE-209脂肪归一化后在鱼鳃和消化道中的浓度高于肝脏和肌肉中的浓度，我们认为与一些研究相同[35]，BDE-209是有可能通过鱼鳃和消化道进入鱼体的。

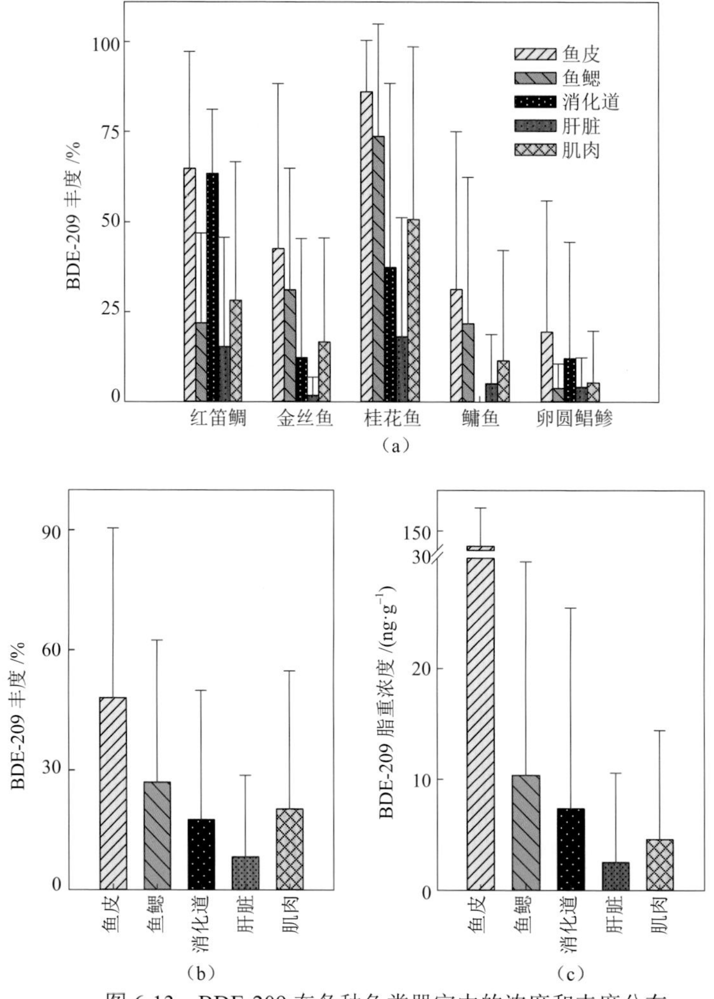

图 6-13　BDE-209 在各种鱼类器官中的浓度和丰度分布

（a）不同种类鱼体内 BDE-209 在个器官中的丰度分布；（b）5 种鱼混合起来各器官中 BDE-209 的丰度分布；（c）5 种鱼混合起来各器官中脂肪归一化以后 BDE-209 的浓度分布

对于OCPs，DDTs和HCHs是最常见的化合物，在70%的样品中都能检出。其他物质检出率小于20%。总体来说，OCPs在所有样本中的干重浓度为1.28～7860（均值250）$ng\cdot g^{-1}$（图6-14）。在不同器官中，OCPs浓度以肝脏最高（33.5～7860 $ng\cdot g^{-1}$干重），通常是其他器官的数倍，且在其他器官中没有显著变化，这表明其可以在鱼体内快速达到平衡。与以往的研究类似，DDTs和HCHs是OCPs中比重最大的物质，分别占OCPs总量的(78.8±21.9)%和(15.7±17.3)%。

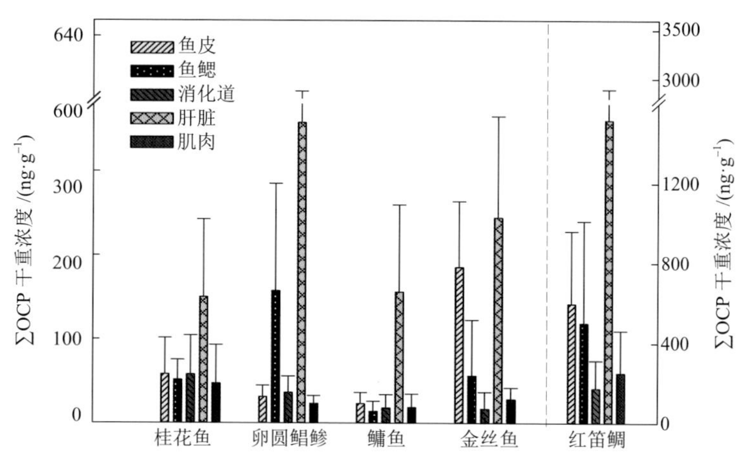

图 6-14　∑OCP 在不同鱼主要器官中的浓度分布

具体来看，所有样品中HCHs同系物分布没有显著差异，一般的顺序为β-HCH > α-HCH≈γ-HCH > δ-HCH。β-HCH约占∑HCH总量的47%。不同种类的鱼体内DDTs的同系物分布差别较大，而在同种鱼的不同器官中差异不显著。海水养殖鱼和海洋野生鱼体内，p, p'-DDT所占比例较高，分别为45%和40%，显著高于淡水养殖鱼类，此外，海水养殖鱼体内o, p'-DDE和o, p'-DDD比例较少（图6-15）。我们使用主成分分析方法对本书所有研究样本中DDTs同系物的丰度进行分析发现，与其他器官相比较，肝脏通常含有丰度较高的p, p'-DDD，而肌肉含有丰度较高的p, p'-DDE和o, p'-DDE。除了乌鳢鱼，几乎所有的淡水养殖鱼样本都在坐标轴右边，表示更趋向含有p, p'-DDE和o, p'-DDE，而海水养殖鱼样本都在坐标轴左边，表示倾向含p, p'-DDT，这与前面的讨论相符合。此外，鱼皮含有较多的p, p'-DDT，尤其在桂花鱼和鳙鱼中表现得很明显。DDTs可能通过鱼的表面，如鱼鳃和鱼皮，或是食物进入鱼体，在内环境如肝脏中代谢，如从DDT到DDD，最后可能部分以DDE的形式存在于肌肉中。

6.3.2　有机氯农药在生物体内的转化

我们从大亚湾和海陵湾海水养殖鱼研究体系来看OCPs，主要是DDTs可能发生生物转化。

滴滴涕各组分在海陵湾和大亚湾各环境介质中的组分分布趋势一致。总的来讲，*p*, *p*′-DDD、*p*, *p*′-DDE及*p*, *p*′-DDT的丰度高于其他组分。大亚湾鱼体内含有*p*, *p*′-DDT和*p*, *p*′-DDE的丰度显著高于海陵湾鱼体。一般来讲，海水养殖鱼主要食用两种饲料，一种为颗粒状的配合饲料，这种饲料主要由鱼粉、鱼油、面粉、蛋白质粉和大豆粉配制而成。另一种是杂鱼，它主要源于海洋捕捞的各种野生小杂鱼。卵圆鲳鲹主要吃配合饲料，美国红鱼主要吃杂鱼。如图6-16所示，卵圆鲳鲹和配合饲料中DDTs组分分布大致相似，不过卵圆鲳鲹含有的*p*, *p*′-DDT的丰度显著高于配合饲料。此外，*o*, *p*′-DDT、*o*, *p*′-DDE和*p*, *p*′-DDE的丰度在配合饲料及卵圆鲳鲹中也有显著差异。同样，*p*, *p*′-DDMU、*o*, *p*′-DDD、*p*, *p*′-DDD和*o*, *p*′-DDE在美国红鱼及杂鱼体内也存在显著差异。这些研究结果表明，鱼体对DDX这些化合物的富集过程在实际的环境条件下是相当复杂的。事实上，在网箱养殖鱼周围常生长着大量的藻类及浮游植物。如图6-16所示，*p*, *p*′-DDT在藻类中的丰度显著高于卵圆鲳鲹，这表明卵圆鲳鲹可能从藻类中富集部分*p*, *p*′-DDT。美国红鱼体内的*p*, *p*′-DDD显著高于杂鱼及藻类，但与浮游植物中*p*, *p*′-DDD的丰度无显著差异，这表明美国红鱼可能从浮游植物中富集部分*p*, *p*′-DDD，或者*p*, *p*′-DDT在美国红鱼体内更容易降解为*p*, *p*′-DDD。美国红鱼体内*p*, *p*′-DDT的相对丰度与*p*, *p*′-DDD和*p*, *p*′-DDE之和的相对丰度之间的线性关系很好，这间接证明了美国红鱼体内DDT到DDD和DDE的转化。

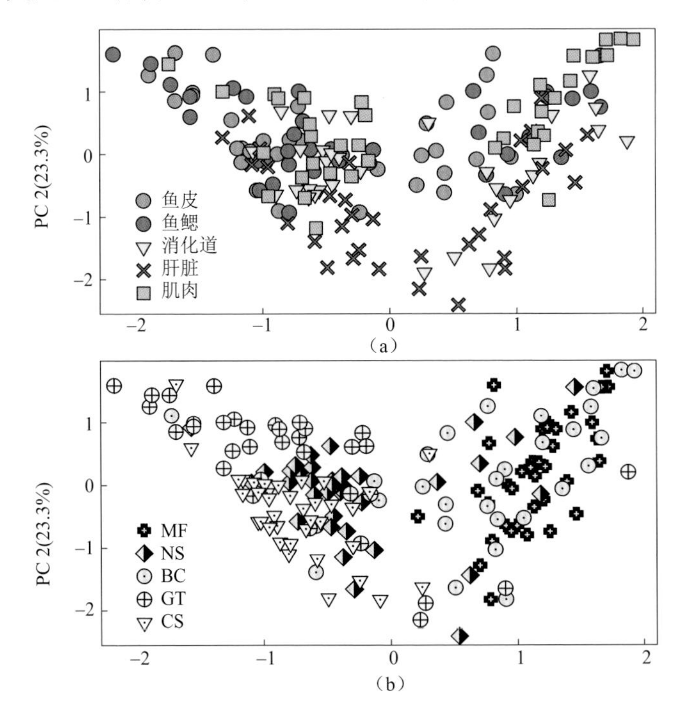

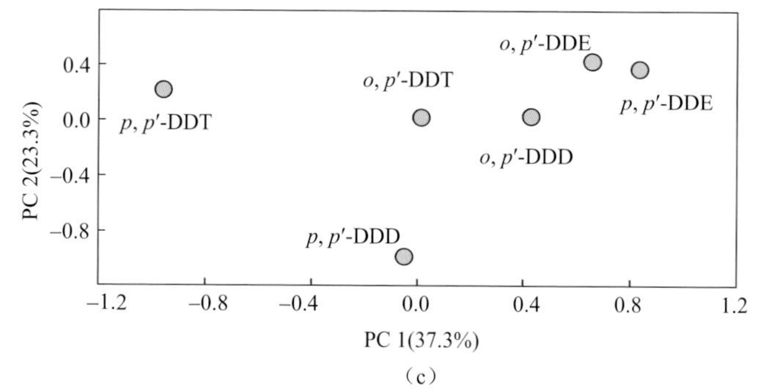

(c)

图 6-15　鱼体内 DDTs 丰度分布的主成分分析示意图

MF = 桂花鱼；NS = 乌鳢鱼；BC = 鳙鱼；GT = 金丝鱼；CS = 红笛鲷

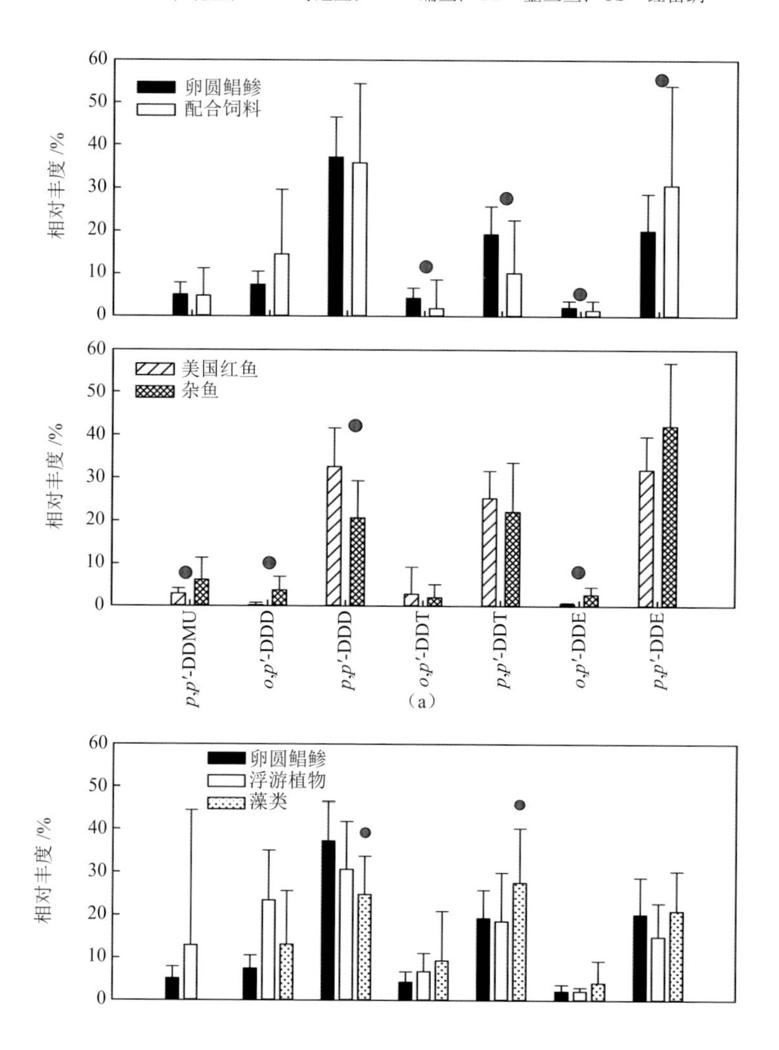

(a)

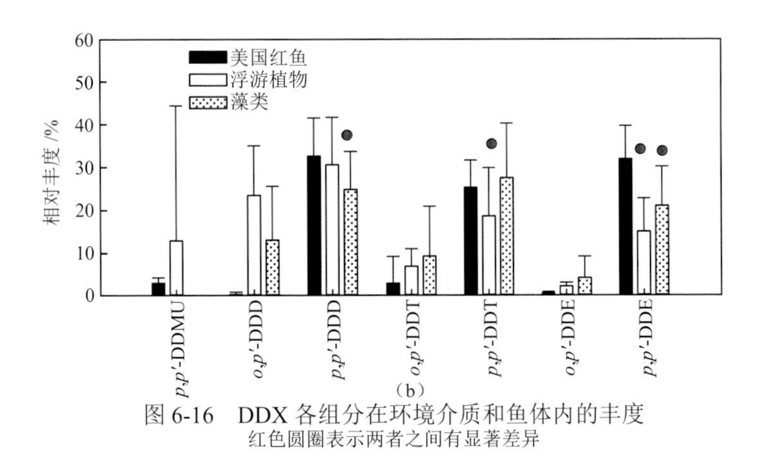

(b)

图 6-16 DDX 各组分在环境介质和鱼体内的丰度

红色圆圈表示两者之间有显著差异

6.3.3 溴代阻燃剂在生物体内的转化

这里讨论的溴代阻燃剂的生物转化，都是放在自然环境中，而不是在实验室模拟环境来讨论的，具有一定的实际价值。主要通过三个案例来说明：大亚湾、海陵湾海水养殖鱼类及其胃部半消化食物中阻燃剂之间的相互关系，各种鱼饲料和鱼体内某些 PBDEs 比值的相互关系，非鱼类海鲜体内 PBDEs 的分布情况。

我们在海陵湾、大亚湾采集的海水养殖鱼及其半消化食物中（图 6-17），BDE-28、BDE-47、BDE-66、BDE-99、BDE-100、BDE-153 和 BDE-154 在所有样品中都能被检出。BDE-47、BDE-118、BDE-119 和 BDE-126 在 70% 的样品中能够被检出，BDE-17、BDE-25 和 BDE-183 在 50% 的样品中被检出。PBDEs 同系物在红笛鲷体内的丰度顺序为 BDE-47 > BDE-49、BDE-99、BDE-100 > BDE-28、BDE-66、BDE-154 > BDE-153、BDE-126 > BDE-118、BDE-119 > 其他（不包 BDE-209）；在卵圆鲳鲹体内的丰度顺序为 BDE-47 > BDE-126 > BDE-49、BDE-100、BDE-154>BDE-28、BDE-66、BDE-99>BDE-118、BDE-119> 其他（不包括 BDE-209）。比较两种鱼体内同一个目标物的丰度水平发现，两者之间有显著不同。如 BDE-47、BDE-49、BDE-66、BDE-99 在红笛鲷体内的丰度显著高于其在卵圆鲳鲹体内的丰度，而 BDE-183、BDE-154、BDE-153、BDE-126 在卵圆鲳鲹体内的丰度显著高于其在红笛鲷体内的丰度。此外，红笛鲷体内 BDE-28 的丰度也稍高于其在卵圆鲳鲹体内的丰度（$p < 0.057$）。显然，红笛鲷相对来说富集较多的低溴代同系物，而卵圆鲳鲹相对富集较多的高溴代同系物。两种鱼胃中半消化食物中 PBDEs 同系物分布情况与全鱼体内分布情况类似，BDE-28、BDE-47、BDE-49、BDE-66、BDE-100 和 BDE-209 的丰度水平在两种鱼之间有显著差别。值得注意的是，BDE-47 在卵圆鲳鲹半消化食物中的丰度 [(7.8±5.1)%] 远低于其在红笛鲷半消化食物中的丰度 [(46±10)%]。红笛鲷全鱼、半消化食物和杂鱼以低

溴代PBDEs同系物为主，如BDE-28、BDE-47、BDE-49、BDE-66和BDE-99的丰度显著高于卵圆鲳鲹；而卵圆鲳鲹、半消化食物和海水养殖鱼配合饲料中高溴代PBDEs同系物相对较高，如BDE-153、BDE-154、BDE-183和BDE-209的丰度显著高于红笛鲷。

前面已经论述过，鱼饲料中的有机污染物强烈影响鱼体内有机污染物的污染情况。考虑卵圆鲳鲹主要以配合饲料为食而红笛鲷主要以杂鱼为食，配合饲料中BDE-209被广泛检出，我们认为BDE-209在鱼体内，尤其是在卵圆鲳鲹体内进一步代谢为一些低溴代产物，如BDE-183、BDE-154、BDE-153、BDE-126和BDE-100。当然，在这个过程中也有可能是红笛鲷比较容易富集低溴代同系物，而卵圆鲳鲹容易富集高溴代物质，即生物富集PBDEs时有可能具有生物选择性。

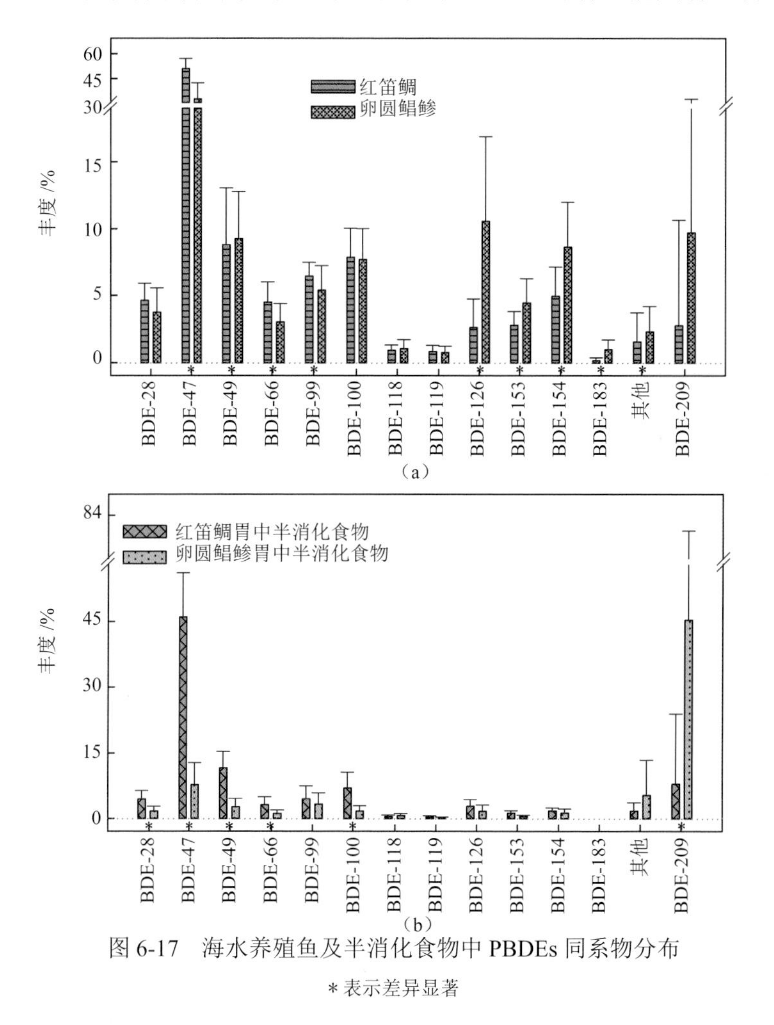

图6-17　海水养殖鱼及半消化食物中PBDEs同系物分布

*表示差异显著

PBDEs的商业产品通常有3种：五溴联苯醚阻燃剂（Penta-BDE）、八溴联苯醚阻燃剂（Octa-BDE）和十溴联苯醚阻燃剂（Deca-BDE）[36]，每种产品中单体之间的比例不尽相同[17]。五溴联苯醚产品以五溴同系物为主要成分，其次是四溴和六溴同系物。该产品以 BDE-47 和 BDE-99 为主要单体，其丰度大约为 45% 和 40%。此外，BDE-100 约占 10%，BDE-153 和 BDE-154 约占 5%，BDE-85 约占 2%，且含有微量的 BDE-28、BDE-66 和 BDE-138 等。八溴联苯醚产品以七溴、八溴同系物为主要成分，其次是六溴和九溴同系物。该产品以 BDE-183 为主要单体，约占 40%，其次为 BDE-197、BDE-197 和 BDE-207，大约各占 10%[17]。十溴联苯醚产品为白色粉末，主要是九溴和十溴联苯醚 BDE-209 组成，其中 BDE-209 的含量超过 90%，其次还含有少量的 BDE-206[17]。十溴联苯醚产品是目前使用量最大的溴代阻燃剂，1991 年全球对十溴联苯醚的需求量为 54 800 t，占 PBDEs 需求总量的 81%。因此，我们可以使用同系物单体之间的比值，结合生物体周围环境中同系物单体的比值情况来初步判断一些有机污染物的来源，以及讨论有机污染物在生物体内的转化、有机污染物的生物有效性等。

首先看广东沿海 11 个城市 13 种食用鱼体内 PBDEs 同系物的比值情况（图 6-18）。作为五溴工业品中两种主要的化合物，BDE-47 与 BDE-99 在商品 Bromkal70-5DE 和商品 DE-71 中的比值分别为 1 和 0.8，而在淡水养殖鱼类体内，其比值均值为 28，显著高于海水养殖鱼类（10）和海洋野生鱼类（6.2），另外，BDE-100 与 BDE-99 在 Bromkal70-5DE 和 DE-71 中的比值分别为 0.17 和 0.27，而在我们采集的淡水养殖鱼类、海水养殖鱼类和海洋野生鱼类体内的比值分别为 3.1、2.1 和 1.5。鱼体内比工业品中含有较高比例的 BDE-100，表明 BDE-100 具有更高的生物可利用性或生物难降解性。同样，我国淡水养殖鱼体内 BDE-100 与 BDE-99 的比值要显著高于海水养殖鱼类和海洋野生鱼类（$p = 0.000$）。不同鱼类体内两个比例（BDE-47/BDE-99 和 BDE-100/BDE-99）的显著差别可能与鱼类的生活环境有关，也可能反映了鱼类对 PBDEs 不同的暴露途径。

再来看一下在大亚湾和海陵湾海水养殖鱼体系开展的研究。我们对比了鱼饲料、卵圆鲳鲹和红笛鲷全鱼，以及它们的半消化食物中 BDE-99/BDE-100 和 BDE-47/BDE-99 的变化情况（图 6-19）。BDE-99/BDE-100 值在鱼饲料中显著高于在鱼体内，表明鱼体可能具有代谢 BDE-99 的能力。海水养殖鱼配合饲料中该比值显著高于冰鲜杂鱼，而在红笛鲷（主要摄食杂鱼）体内该值显著高于卵圆鲳鲹（主要摄食配合饲料），表明卵圆鲳鲹可能有更强的代谢 BDE-99 的能力。BDE-47/BDE-99 值在鱼体内显著高于在鱼饲料中（图 6-19b），这可能部分地归咎于 BDE-99 到 BDE-47 的生物转化。实验证明，鲤鱼通过食物进行 BDE-99 的暴露，有大约 10% 的 BDE-99 转化为 BDE-47[18]。另外，也可能与 BDE-99 相比，BDE-47 能够更有效地被生物体吸收[37]。此外，BDE-209 可以被鱼体富集并发生降解的现象在本书研究中体现得十分明显，尤其是在卵圆鲳鲹体内。

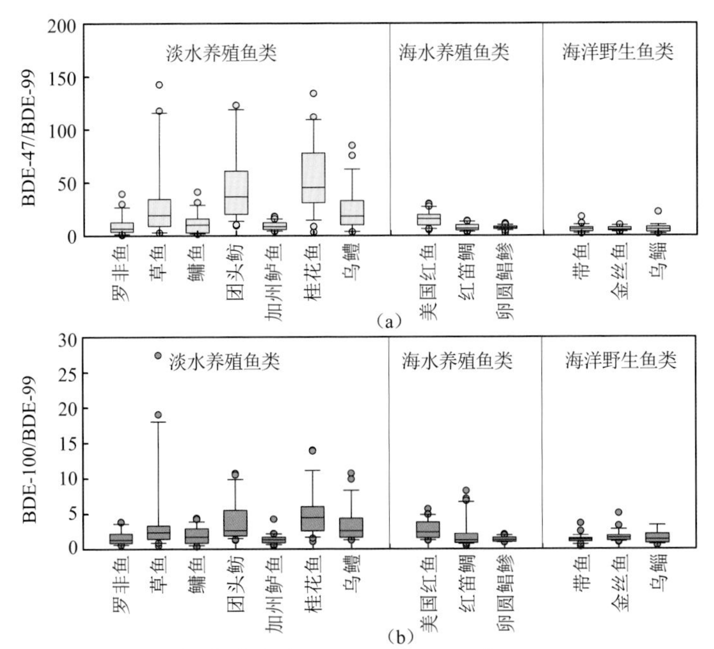

图 6-18　不同鱼体内的 BDE-47/BDE-99 和 BDE-100/BDE-99

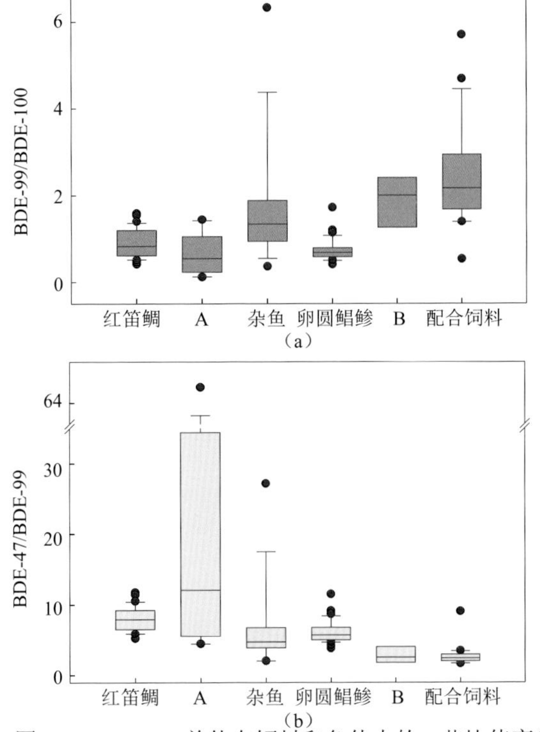

图 6-19　PBDEs 单体在饲料和鱼体内的一些比值变化

A = 卵圆鲳鲹胃中半消化食物；B = 红笛鲷胃中半消化食物

本章论述了珠江三角洲生物体内，主要是海鲜类生物体内持久性有机污染物的污染情况、污染来源及其可能的生物转化情况。我们通过几个比较完整的体系，包括对广东沿海城市食用鱼、广东沿海非鱼类海鲜产品、广东典型海水养殖鱼养殖体系、广东典型淡水养殖鱼养殖体系等系统中持久性有机污染物的研究回答这些问题。我们的研究证明，该区域中鱼类及海鲜类产品普遍受到持久性有机污染物的污染，主要残留为DDTs和HCHs，其次是PBDEs和PCBs。鱼体内有机污染物主要来源于鱼饲料，由杂鱼投喂带来的污染比配合饲料严重一些。生物体对外界环境中PBDEs和DDTs的吸收具有一定的选择性，有机污染物进入生物体后也会进行生物转化。本书一系列研究证明，珠江三角洲持久性有机污染物的污染是历史残留和当前工农业发展的共同产物，高溴代阻燃剂进入生物体后会进一步被生物降解为低溴代产物，比如BDE-209进入鱼体和其他海鲜类生物体内以后，会增加生物体内其降解产物相对于外界环境的丰度。此外，鱼饲料中持久性有机污染物带来的对养殖生物和养殖环境的污染不可忽视。

参考文献

[1] Zhao Y G，Wan H T，Wong M H，et al. Partitioning behavior of perfluorinated compounds between sediment and biota in the Pearl River Delta of South China[J]. Marine Pollution Bulletin，2014，83(1)：148-154.

[2] Sun R X，Luo X J，Tan X X，et al. Legacy and emerging halogenated organic pollutants in marine organisms from the Pearl River Estuary，South China[J]. Chemosphere，2015，139：565-571.

[3] Sun R，Luo X，Tang B，et al. Bioaccumulation of short chain chlorinated paraffins in a typical freshwater food web contaminated by e-waste in south china：Bioaccumulation factors，tissue distribution，and trophic transfer[J]. Environmental Pollution，2017，222：165-174.

[4] Sun R，Luo X，Tang B，et al. Persistent halogenated compounds in fish from rivers in the Pearl River Delta，South China：Geographical pattern and implications for anthropogenic effects on the environment[J]. Environmental Research，2016，146：371-378.

[5] Sun R，Luo X，Zheng X，et al. Hexabromocyclododecanes (HBCDs) in fish：Evidence of recent HBCD input into the coastal environment[J]. Marine Pollution Bulletin，2018，126：357-362.

[6] Liu Y E，Luo X J，Huang L Q，et al. Organophosphorus flame retardants in fish from Rivers in the Pearl River Delta，South China[J]. Science of the Total Environment，2019，663：125-132.

[7] Peng Y，Wu J P，Tao L，et al. Contaminants of legacy and emerging concern in terrestrial passerines from a nature reserve in South China：Residue levels and inter-species differences in the accumulation[J]. Environmental Pollution，2015，203：7-14.

[8] Qiu Y W，Zeng E Y，Qiu H，et al. Bioconcentration of polybrominated diphenyl ethers and organochlorine pesticides in algae is an important contaminant route to higher trophic levels[J]. Science of the Total Environment，2017，579：1885-1893.

[9] Wu J P，Zhang Y，Luo X J，et al. DDTs in rice frogs (Rana limnocharis) from an agricultural site，South China：Tissue distribution，biomagnification，and potential toxic effects assessment[J]. Environmental Toxicology and Chemistry，2012，31(4)：705-711.

[10] Sun R，Luo X，Li Q X，et al. Legacy and emerging organohalogenated contaminants in wild edible aquatic organisms：Implications for bioaccumulation and human exposure[J]. Science of the Total Environment，2018，616：38-45.

[11] Mo L，Zheng X，Sun Y，et al. Selection of passerine birds as bio-sentinel of persistent organic pollutants in

terrestrial environment[J]. Science of the Total Environment，2018，633：1237-1244.
[12] Zhang X L，Luo X J，Liu J，et al. Polychlorinated biphenyls and organochlorinated pesticides in birds from a contaminated region in South China：Association with trophic level，tissue distribution and risk assessment[J]. Environmental Science and Pollution Research，2011，18(4)：556-565.
[13] Sun Y X，Hao Q，Xu X R，et al. Persistent organic pollutants in marine fish from Yongxing Island，South China Sea：Levels，composition profiles and human dietary exposure assessment[J]. Chemosphere，2014，98：84-90.
[14] Sun Y X，Zhang Z W，Xu X R，et al. Bioaccumulation and biomagnification of halogenated organic pollutants in mangrove biota from the Pearl River Estuary，South China[J]. Marine Pollution Bulletin，2015，99(1-2)：150-156.
[15] Sun R X，Luo X J，Tan X X，et al. An eight year (2005-2013) temporal trend of halogenated organic pollutants in fish from the Pearl River Estuary，South China[J]. Marine Pollution Bulletin，2015，93(1-2)：61-67.
[16] Meng X Z，Zeng E Y，Yu L P，et al. Persistent halogenated hydrocarbons in consumer fish of China：Regional and global implications for human exposure[J]. Environmental Science & Technology，2007，41(6)：1821-1827.
[17] La Guardia M J，Hale R C，Harvey E. Detailed polybrominated diphenyl ether (PBDE) congener composition of the widely used penta-，octa-，and deca-PBDE technical flame-retardant mixtures[J]. Environmental Science & Technology，2006，40(20)：6247-6254.
[18] Stapleton H M，Letcher R J，Baker J E. Debromination of polybrominated diphenyl ether congeners BDE 99 and BDE 183 in the intestinal tract of the common carp (*Cyprinus carpio*)[J]. Environmental Science & Technology，2004，38(4)：1054-1061.
[19] 中华人民共和国国家统计局．中国统计年鉴 (2005)[M]. 北京：中国统计出版社，2005.
[20] U.S. Environmental Protection Agency. Guidance for Assessing Chemical Contaminant Data for Use in Fish Advisories. Volume 2：Risk Assessment and Fish Consumption Limits. [EB/OL]. (2016-08-24)[2019-09-24]. https://www.epa.gov/quality/guidance-assessing-chemical-contaminant-data-use-fish-advisories-volume-2-risk-assessment.
[21] Hitch R K，Day H R. Unusual persistence of DDT in some western USA soils[J]. Bulletin of Environmental Contamination and Toxicology，1992，48(2)：259-264.
[22] Lee K T，Tanabe S，Koh C H. Distribution of organochlorine pesticides in sediments from Kyeonggi Bay and nearby areas，Korea[J]. Environmental Pollution，2001，114(2)：207-213.
[23] Willett K L，Ulrich E M，Hites R A. Differential toxicity and environmental fates of hexachlorocyclohexane isomers[J]. Environmental Science & Technology，1998，32(15)：2197-2207.
[24] Haugen J E，Wania F，Ritter N，et al. Hexachlorocyclohexanes in air in southern Norway. temporal variation，source allocation，and temperature dependence[J]. Environmental Science & Technology，1998，32(2)：217-224.
[25] 陈文．广东省渔业的可持续发展战略——借鉴与分析美国渔业的管理经验 [J]. 水产科技，2002，(6)：1-6.
[26] Sethajintanin D，Anderson K A. Temporal bioavailability of organochlorine pesticides and PCBs[J]. Environmental Science & Technology，2006，40(12)：3689-3695.
[27] Guo Y，Meng X Z，Tang H L，et al. Distribution of polybrominated diphenyl ethers in fish tissues from the Pearl River Delta，China：Levels，compositions，and potential sources[J]. Environmental Toxicology and Chemistry，2008，27(3)：576-582.
[28] Guo Y，Meng X Z，Tang H L，et al. Tissue distribution of organochlorine pesticides in fish collected from the Pearl River Delta，China：Implications for fishery input source and bioaccumulation[J]. Environmental Pollution，2008，155(1)：150-156.
[29] Breivik K，Sweetman A，Pacyna J M，et al. Towards a global historical emission inventory for selected PCB congeners - a mass balance approach 1. Global production and consumption[J]. Science of the Total Environment，2002，290(1-3)：181-198.
[30] Kierkegaard A，Balk L，Tjärnlund U，et al. Dietary uptake and biological effects of decabromodiphenyl ether in rainbow trout (*Oncorhynchus mykiss*)[J]. Environmental Science & Technology，1999，33(10)：1612-1617.
[31] 孟祥周．中国南方典型食用鱼类中持久性卤代烃的浓度分布及人体暴露的初步研究 [D]. 广州：中国科学院广州地球化学研究所，2007.
[32] Tomy G T，Palace V P，Halldorson T，et al. Bioaccumulation，biotransformation，and biochemical effects of brominated diphenyl ethers in juvenile lake trout (*Salvelinus namaycush*)[J]. Environmental Science &

Technology，2004，38(5)：1496-1504.

[33] Opperhulzen A，Veide E W，Gobas F A P C，et al. Relationship between bioconcentration in fish and steric factors of hydrophobic chemicals[J]. Chemosphere，1985，14(11-12)：1871-1896.

[34] Opperhuizen A，Sijm D T H M. Bioaccumulation and biotransformation of polychlorinated dibenzo-p-dioxins and dibenzofurans in fish[J]. Environmental Toxicology and Chemistry，1990，9(2)：175-186.

[35] Burreau S，Axelman J，Broman D，et al. Dietary uptake in pike (*Esox lucius*) of some polychlorinated biphenyls，polychlorinated naphthalenes and polybrominated diphenyl ethers administered in natural diet[J]. Environmental Toxicology and Chemistry，1997，16(12)：2508-2513.

[36] de Wit C A. An overview of brominated flame retardants in the environment[J]. Chemosphere，2002，46(5)：583-624.

[37] Luross J M，Alaee M，Sergeant D B，et al. Spatial distribution of polybrominated diphenyl ethers and polybrominated biphenyls in lake trout from the Laurentian Great Lakes[J]. Chemosphere，2002，46(5)：665-672.

第 7 章　有机污染物的区域过程及调控因素

7.1　环境有机污染物的区域地球化学过程与调控因素

在适当的环境条件下，具有一定环境持久性和挥发性的有机污染物，由于自然事件或人类活动，可通过大气、水和迁徙物种等途径进行一定尺度的跨境迁移。例如，其通过挥发进入大气后，随着大气气团一同输送至偏远地区，或通过江河湖库等水系汇入海洋循环系统，或通过候鸟及洄游鱼类等迁徙生物进行长距离迁移[1]。同时，日益频繁的跨境商贸活动也是重要迁移的途径之一。此外，人工碎屑（如海洋垃圾、船体漆片乃至微塑料）作为新型的环境载体，其对于有机污染物的环境行为及归趋仍未明确。

目前，我国研究有机污染物在大尺度区域过程的主要手段为大气和河流监测。其中，由于大气自身良好的流动性、高度的敏感性，以及能进行较高时间分辨率的采样，能特别有效地指示挥发性较高的有机污染物的迁移过程[2, 3]。同时，由于稳定同位素在特定污染源中组成确定、分析精确可靠，且在有机污染物迁移与转化过程中不发生显著变化，已被广泛应用于环境有机污染物的来源分析与示踪研究[4, 5]。例如，研究人员通过大气浓度监测、后向气流轨迹模拟和铅同位素示踪发现，季风环流对珠江三角洲大气中硫丹和DDT及其降解产物起着重要的作用[6, 7]。秋季（8～10月）所盛行的东北季风挟带来自黄淮和长江中下游等棉花主种植区的硫丹向南迁移；夏季风（6～8月的西南季风）则携带着高含量的DDT自南亚而来[7]。珠江三角洲及周边地区的气流作用是造成香港和广州大气中PBDEs成分差异的因素之一[8]。

河流输运则是有机污染物进行跨境迁移的另一重要途径[9]。其中，由于水体自身的流动性，上游地区的有机污染物可借由河流和绝大部分地表水最终进入海洋环境。例如，我们于2005年3月～2006年2月在珠江三角洲八大主要入海口进行了每月一次、为期一年的监测，测量了PAHs、OCPs、PCBs及PBDEs等多种有机污染物的浓度并估算其入海通量（详见第3章）。其中，经珠江八大入海口进入我国南海大陆架15种PAHs（16种美国EPA优先控制PAHs除去萘）的通量约为34 000 $kg \cdot a^{-1}$，占中国主要5条流向境外的河流（长江、黄河、珠江、黑龙江和雅鲁藏布江）的9.7%，仅次于长江和黄河[10]。此外，当扣除伴随着颗粒物沉积的年沉积通量（约15 100 $kg \cdot a^{-1}$）时，每年从珠江口和南海大陆架至全球循环系统的15种PAHs的通量约为22 100 $kg \cdot a^{-1}$，约占全球海洋总接受PAHs总量的0.4%[10]。这一比值与有机碳对全球海洋的贡献接近[11]。上述结果表明，珠江八大入海口是我国珠江三角洲多种有机污染物进入近海环境中的重要门户。另外，沿海地区未有效处置的城市生活污水和工业废水直接沿岸排放，也可顺流而至附近河口或周边海域。例如，Motelay-Massei等在运用质量平衡模型研究法国勒阿弗尔（Le Havre）城市流域地区的PAHs时，发现河流通量对海洋中的PAHs具有重要贡献[12]。而我们在研究广东省沿海沉积物中PAHs时，认为河流是沿海沉积物中PAHs的主要输入途径[13]。这皆说明通过河流输运直接进到海洋循环系统，或许是驱动陆源性有机污染物进行跨境迁移的一个重要机制。

有机污染物伴随生物迁移，在区域内进行一定的定向传输和再分配，可能扮演了一个重要的角色[1]。目前，研究人员对珠江三角洲的留鸟及其食物链开展了系统研究，结果表明存在一定的生物富集、生物放大等现象，并指出其鸟类体内的有机污染物特征是当地环境的综合反映[14-16]。然而，鸟类作为潜在的有机污染物的定向携带者，并未得到充分的关注。例如，海鸟体内所累积的有机污染物，最终或可以通过排泄、死亡等途径转移到陆地生态系统[17, 18]。另外，珠江三角洲因其气候相对温暖，是候鸟重要的中途短暂越冬地、停留地或繁殖地。在短暂过冬时期，候鸟体内的有机污染物可通过代谢、下蛋、脱毛、死亡等生理过程，将所携带的有机污染物进行转移，充当定向传输的角色[17, 18]。

我国经济的快速增长及国际贸易的日益频繁，加速了海事商贸活动对大型运输的需求。其中，因轮船运输价格相对低廉，致使它承担着约2/3的全球贸易份额（以吨计）[19]。而船舶因需要压舱以便确保其操控稳定性及推进效率，船舱须携带一定量的压舱水。据国际海事组织（International Maritime Organization，IMO）估计，每年商船在全球各地转运约100亿t的压舱水[20]。同时，经由全球各港口输入到我国的入境船舶压舱水年排放量约2.7亿t[21]。目前，已有众多研究表明，船舶压舱水是造成外来海洋有害生物入侵性传播的最主要途径[20]。同时，国际海事组织已确认全球有500多种海洋生物是经由船舶压舱水传播[20]。然而，相对水体外来有害生物入侵的研究[22]，有机污染物通过船舶压舱水的跨境运输仍未得到一定的关注。Su等学者指出，船舶压舱内的沉积污泥中的十溴联苯醚（13～80 $ng·g^{-1}$）可较周边海域沉积物（0.06～1.8 $ng·g^{-1}$）高1～2个数量级[23]。Hua和Liu指出每年约有4400 g的三丁锡经船舶压舱水排放至Keelung码头的周边水域[24]。这些发现皆表明，压舱水对有机污染物进行跨境运输有着一定的作用。除此之外，境外垃圾以原料的形式或者以商品为载体（尤其是电子电器产品的输入）输运，这也是有机污染物一重要的跨境迁移方式（详见第8章）。

人工碎屑是一类由人类在制造或生产过程中产生的固体废弃物，在使用或丢弃处置后经直接或间接方式进入环境并最终到达土壤或海洋[25, 26]。一般而言，人工碎屑包括了金属（如遗弃的车辆与饮料容器）、玻璃（如灯泡与玻璃瓶）、塑料制品与其他（如废旧家具、橡胶制品及纺织品）[27]。其中，人造添加剂经常用于产品的制造或生产过程以增加其耐用性[28]，故也可以增加过时产品在环境中的持久性。例如，有机磷酸酯类（organophosphate flame retardants，OPFRs）、邻苯二甲酸酯类（phthalate esters，PAEs）及有机锡化合物（organic tin compounds，OTs）已被广泛应用于工业、制造业及各类消费产品中，以减少光与热对塑料的影响。同时，人工碎屑也可以作为吸附剂从环境中积累有机化合物，例如，塑料从水体中所富集的菲浓度高于沉积物2个数量级[29]。在沿海200 km的海岸线内，其人工碎屑的数量正比于人类活动的强度大小[30]。大量研究表明，在受人类活动影响显著的区域，如临近于工业区、港湾及码头等，其有机化合物与TOC/沉积物粒径大小呈弱相关或无相关关系。显然，作为新型的环境载体，人工碎屑极有可能影响有机化合物在沉积物中的分布。先前的研究大多局限于总环境基质（如全沉积物），此类方法只能得到与样品相关的总浓度。据此所进行的风险评价，其结果可能与实际有所偏差[31]。由于有机污染物的分布可能具有极大不均一性，有机污染物实际的生物可利用性也可能与从全沉积物获得的结果差别较大。

最后，沉积物在一定程度上作为有机污染物的“源”与“汇”[32, 33]。沉积物-水界面作为这一过程的重要连接，支配着与环境相关的众多化合物的生物化学循环。它不仅作为水生生态系统与底栖生物栖息地的重要构件，也同时提供平衡机制以促进/阻挡沉积物与上覆水之间的任何转化过程[34]。前期研究指出有机污染物的沉积物 水界面自由交换及其在沉积物颗粒或沉积物各个组分（如黑炭、非水解性炭、腐殖质、黏土和氧化物等）与孔隙水之间吸附/解吸相关[35-37]。然而有机污染物的吸附/解吸行为如何影响其在沉积物-水界面的交换通量尚未有明确定量。此外，水体动力学、生物扰动、水体温度、水体盐度及有机污染物自身性质等都会影响扩散通量[38]。这单个或者多个因素是否存在复合效应等问题，目前尚无详细的探讨，很多关键问题尚未得到解决。

7.2 中国南方近海沉积物中的有机污染物

为初步探讨陆源输入（如陆源工业废水、生活污水等）和海水养殖活动相关（如鱼食残留、机动船油料燃烧及意外泄漏、防污漆输入等）的输入对中国南方近海沉积物中有机污染的相对贡献，我们收集整理了珠江三角洲沿海区域（珠江口及南海北部）有机污染物（如PBDEs、OCPs及PAHs），以及地球化学分子标志物（如LABs和正构烷烃）的数据，并与中国南方近海表层沉积物数据做比较，分析区域内人为活动造成的区域有机污染之间的差异。结果表明，粤东、粤西两翼的海岸带环境比珠江口和南海北部生活污染更为严重，其他方面的有机污染（如PBDEs、OCPs、PAHs）则较轻。

7.2.1 有机污染物和地球化学分子标志物的浓度水平及空间分布

PBDEs：中国南方近海沉积物中12种PBDEs（BDE-28、BDE-47、BDE-66、BDE-85、BDE-99、BDE-100、BDE-138、BDE-153、BDE-154、BDE-183、BDE-196、BDE-207之和，记为$\sum_{12}$PBDE），以及BDE-209的干重浓度分别为0.0.1～0.77 ng·g^{-1}、<RL～27 ng·g^{-1}，均值分别为0.23 ng·g^{-1}、4.5 ng·g^{-1}。统计分析结果显示，粤东近海沉积物中$\sum_{12}$PBDE的浓度（0.01～0.77 ng·g^{-1}，均值0.29 ng·g^{-1}）显著高于粤西近海沉积物中的浓度（0.02～0.34 ng·g^{-1}，均值0.13 ng·g^{-1}）。除了6个样品中具有相对较高的浓度外（5.8～27 ng·g^{-1}），粤东、粤西近海沉积物中PBDEs的浓度处于整个珠江三角洲沉积物中PBDEs污染的较低水平[39]。粤东、粤西近海沉积物中，9种PBDEs（BDE-28、BDE-47、BDE-66、BDE-99、BDE-100、BDE-138、BDE-153、BDE-154、BDE-183之和，记为$\sum_9$PBDE）的浓度为0.01～0.62 ng·g^{-1}，甚至低于南海北部大陆架沉积物中的浓度（0.04～4.5 ng·g^{-1}）（表7-1）。Mai等[39]的研究说明南海北部大陆架沉积物中的PBDEs主要从珠江三角洲大气传输而来。PBDEs浓度的空间分析表明，几个较高的浓度值主要在粤东的柘林湾和汕头湾检测到。汕头市贵屿镇是世界著名的电子垃圾回收地，而电子垃圾的回收过程是PBDEs的一个重要来源[40]，因此，粤东柘林湾和汕头湾沉积物中较高的PBDEs浓度可能与附近的电子垃圾拆卸地有一定的关系。冬季时，广东沿海盛行东北风，粤东电子垃圾拆卸地（贵屿）及电子产品生产地（东莞）产生的PBDEs可能会在东北风的作用下运输到达粤西海岸带地区。

表 7-1　中国南方近海沉积物中 PBDEs 的干重浓度范围　（单位：$ng \cdot g^{-1}$）

采集区域	$\sum_9$PBDE[a]	BDE-209	参考文献
粤西沿海	0.06 (ND ～ 0.14)[b]	18 (0.22 ～ 11)	[13]
粤东沿海	0.15 (0.01 ～ 0.62)	6.1 (0.27 ～ 26)	[13]
珠江	13 (1.1 ～ 49)	890 (26 ～ 3600)	[39]
东江	27 (2.2 ～ 95)	1400 (21 ～ 7300)	[39]
西江	0.4 (0.1 ～ 0.6)	16 (1.9 ～ 77)	[39]
澳门沿海	10 (0.6 ～ 41)	44 (6.7 ～ 150)	[39]
珠江三角洲	3.1 (0.3 ～ 22)	19 (0.7 ～ 110)	[39]
南海	0.5 (0.04 ～ 4.5)	2.8 (0.4 ～ 9.1)	[39]
珠江河口及南海邻近海域	(0.04 ～ 95)	(0.4 ～ 7300)	[39]

a.$\sum_9$PBDE 是 BDE-28、BDE-47、BDE-66、BDE-100、BDE-99、BDE-154、BDE-153、BDE-138、BDE-183 之和；
b. 均值（最小值～最大值）

OCPs：中国南方近海沉积物中$\sum_{11}$OCP（*o, p′*-DDD、*p, p′*-DDD、*o, p′*-DDE、*p, p′*-DDE、*o, p′*-DDT、*p, p′*-DDT、*p, p′*-DDMU、*α*-HCH、*β*- HCH、*γ*-HCH、*δ*-HCH之和）、滴滴涕类化合物（*o, p′*-DDD、*p, p′*-DDD、*o, p′*-DDE、*p, p′*-DDE、*o, p′*-DDT、*p, p′*-DDT、*p, p′*-DDMU之和）及HCHs（*α*-HCH、*β*-HCH、*γ*-HCH、*δ*-HCH之和）的浓度分别是0.9～104 $ng \cdot g^{-1}$、0.37～103 $ng \cdot g^{-1}$和0.32～5.9 $ng \cdot g^{-1}$，均值分别是8.0 $ng \cdot g^{-1}$、7.0 $ng \cdot g^{-1}$和1.1 $ng \cdot g^{-1}$。在湛江湾内站点29采集的沉积物样品具有很高的滴滴涕类化合物浓度（103 $ng \cdot g^{-1}$），但其值仍在中国沿海地区典型的渔港沉积物的浓度范围之内（茂名：360～1300 $ng \cdot g^{-1}$，澳门：970～5800 $ng \cdot g^{-1}$，珠海：55～3040 $ng \cdot g^{-1}$，香港：76～7400 $ng \cdot g^{-1}$，深圳：17～1460 $ng \cdot g^{-1}$，广州：21～68 $ng \cdot g^{-1}$）[41]。除去站点29，粤东、粤西近海沉积物中滴滴涕类化合物的浓度为0.37～12 $ng \cdot g^{-1}$，与珠江三角洲沉积物相比，处于较低的水平[13]。尽管粤东、粤西近海沉积物中滴滴涕类化合物的浓度水平处于较低水平，但仍有一半以上沉积物样品超过了荷兰土壤污染修复标准中的标值（2.5 $ng \cdot g^{-1}$）[13]。在离陆地距离近的站位沉积物中，滴滴涕类化合物的浓度比离陆地远的样品要高[13]，这个结果与前人得到的结果是一致的，即沉积物中滴滴涕类化合物从渔港内向渔港外急剧降低[42]。这种浓度离岸降低趋势表明沿海海洋环境可能受到了海水养殖活动带来的污染，如鱼食残留[43]，或用于渔船维护的防污漆污染[41]。

PAHs：中国南方近海沉积物中$\sum_{15}$PAH（16种美国EPA优先控制PAHs除去萘之和）和$\sum_7$PAH的浓度分别是14～270 $ng \cdot g^{-1}$、6～130 $ng \cdot g^{-1}$，均值分别是84 $ng \cdot g^{-1}$、35 $ng \cdot g^{-1}$。本书中所得到的PAHs浓度比珠江口沉积物中浓度（150～960 $ng \cdot g^{-1}$）更低[44]。粤东近海各个站位沉积物中$\sum_{15}$PAH的浓度基本相当[13]。$\sum_{15}$PAH和$\sum_7$PAH的最高浓度值在汕头湾内沉积物样品中检测到。统计分析表明，粤东近海沉积物中$\sum_7$PAH的浓度比粤西近海沉积物中的浓度高。Xu等[45]的研究表明，PAHs区域排放强度与当地的社会经济发展及人口密度相关。因此，粤东、粤西近海沉积物中PAHs的浓度差异可能反映了广东省东西两岸不同的经济发展程度及城市化程度。与此同时，粤东沿海城市的人口密度比粤西沿海城市的人口密度高（图7-1），这与PAHs的空间分布结果是一致的。

LABs：中国南方近海沉积物中∑LAB的浓度为11～160 ng·g^{-1}。此外，粤东、粤西近海沉积物中∑LAB浓度低于中国南方河流，如珠江（59～2300 ng·g^{-1}）、东江（97～570 ng·g^{-1}）[46]沉积物中的浓度，内陆湖泊，如巢湖[47]沉积物中的浓度（18～5700 ng·g^{-1}）低于南亚与东南亚海岸带沉积物中的浓度（2～43000 ng·g^{-1}）[48]，低于美国加利福尼亚圣莫尼卡湾（Santa Monica Bay）沉积物中的浓度（3～9300 ng·g^{-1}）[49]，与西江河流沉积物中的浓度（21～69 ng·g^{-1}）[46]、巴西圣塞巴斯蒂昂（São Sebastião）湾沉积物中的浓度（17～430 ng·g^{-1}）[50]相近，高于珠江口（5.8～26 ng·g^{-1}）及南海北部大陆架沉积物中的浓度（2.5～23 ng·g^{-1}）[46]及巴西桑托斯湾沉积物中的浓度（13～28 ng·g^{-1}）[50]。与世界上其他地区海岸带沉积物的比较，中国南方海岸带环境受生活污水的影响处于一个较低的水平。

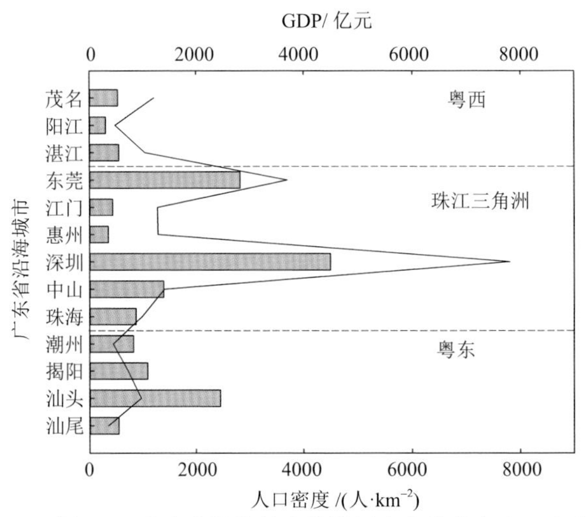

图 7-1 广东省沿海城市的地区生产总值与人口密度

正构烷烃：粤东、粤西近海沉积物中正构烷烃的浓度（0.13～3.3 μg·g^{-1}）比中国青岛胶州湾沉积物（0.5～8.1 μg·g^{-1}）[51]、渤海沉积物（0.39～4.90 μg·g^{-1}）[52]、冲绳海槽沉积物（2.8～4.6 μg·g^{-1}）[53]浓度低，与扬子江口沉积物（0.16～1.90 μg·g^{-1}）[54]、东海沉积物（0.07～3.00 μg·g^{-1}）[53]、珠江口和南海北部沉积物（0.16～2.70 μg·g^{-1}）[52]中的浓度相当。

以上的分析结果表明，粤东、粤西两岸近海沉积物受到有机污染物造成的污染，比珠江三角洲沿海区域（珠江口、南海北部）受到的影响更小，这与广东省区域经济发展状况是一致的；经济发达的珠江三角洲比经济相对落后的粤东、粤西地区人为活动更为频繁，排放更多的有机污染物，而这些有机污染物通过地球化学循环过程传输到沿海区域，而珠江口是珠江三角洲主要水系（八大门，包括虎门、蕉门、洪奇沥门、横门、磨刀门、鸡啼门、虎跳门和崖门）的汇集点，因此大量的有机污染物通过丰富的水系传输到珠江口。例如，我们前期研究估算了从珠江三角洲河流输入到南海北部区域的$\sum_{17}$PBDE、$\sum_{21}$OCP、$\sum_{15}$PAH的年通量分别为2100 kg·a^{-1}[55]、3100 kg·a^{-1}[56]、34 t·a^{-1}[10]（详见第3章）。同时，BDE-209、$\sum_{11}$OCP、$\sum_{15}$PAH的浓度两两之间没有显著的相关性（r^2 = 0.001～0.14；图7-2）。此外，粤东、粤西近海沉积物比珠江三角洲沿海区域沉积物具有更高的$\sum$LAB浓度，以及相似的$\sum n$-$C_{15\text{-}35}$浓度。此外，粤东与粤西沉积物中$\sum$LAB浓度水平没有明显的差别，粤东近海沉积物中$\sum n$-$C_{15\text{-}35}$浓度高于粤西近海沉积物，且在统计上具有显著差异（p < 0.05），可能反映这几类有机污染物具有不同的来源和/或输入途径，这就为进一步从多个方面研究人为活动对中国南方近海沉积物中的影响提供了一个前提。

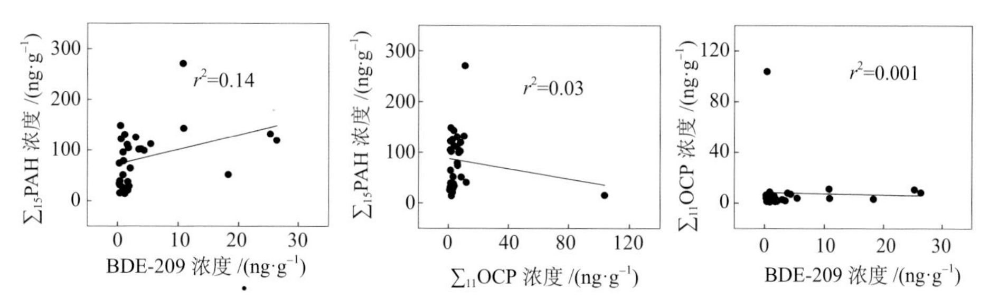

图 7-2　BDE-209、$\sum_{11}$OCP、$\sum_{15}$PAH 三类持久性有机污染物之间的相关性分析

7.2.2　多溴联苯醚及多环芳烃的陆源输入

河流输入与大气沉降被认为是珠江三角洲陆源持久性有机污染物区域地球化学循环的两个主要流动载体。珠江三角洲$\sum_{17}$PBDE（BDE-28、BDE-47、BDE-66、BDE-85、BDE-99、BDE-100、BDE-138、BDE-153、BDE-154、BDE-183、BDE-196、BDE-197、BDE-203、BDE-206、BDE-207、BDE-208、BDE-209之和）的河流年通量估算为2140 kg·a^{-1}，其中BDE-209为1960 kg·a^{-1}[55]。河流径流通量远小于大气干湿沉降年通量，如$\sum_{15}$PBDE（BDE-17、BDE-28、BDE-47、BDE-49、BDE-66、BDE-99、BDE-100、BDE-153、BDE-154、BDE-183、BDE-196、BDE-206、BDE-207、BDE-208、BDE-209之和）的大气湿沉降年通量为10 200 kg·a^{-1}[57]；BDE-209的大气干沉降年通量为28 100 kg·a^{-1}[58]。对PAHs和OCPs来说，河流径流通量与大气沉降通量的相对贡献正好相反。珠江三角洲$\sum_{15}$PAH（16种美国EPA优先控制PAHs除去萘之和）和DDTs的河流输出年通量分别为33 900 kg·a^{-1}[10]和1020 kg·a^{-1}[56]，远高于其大气干沉降通量（2950 kg·a^{-1}和82 kg·a^{-1}）[59]。

由于缺乏沉积物采样点的大气沉降数据，本书引用已经发表的关于珠江三角洲或其周边区域的有机污染物大气干沉降通量数据[59]来估算大气沉降对中国南方粤东、粤西近海沉积物中有机污染物的贡献。研究表明，广州大气颗粒物中$\sum_9$PBDE（BDE-28、BDE-47、BDE-66、BDE-100、BDE-99、BDE-154、BDE-153、BDE-138和BDE-183之和）的浓度高于香港，并认为珠江三角洲的大气输出是香港大气中PBDEs的主要来源[8]。引用珠江三角洲BDE-209的大气沉降的最低值（33 $\mu g\cdot m^{-2}\cdot a^{-1}$）[59]估算大气沉降对本书研究区域的贡献，结果显示，中国南方近海沉积物中9%～78%的BDE-209通过大气沉降而来。因此可得到以下推论，中国南方近海沉积物中PBDEs主要通过大气沉降而来。

有研究表明，大气干沉降是海湾沉积物中PAHs的主要输入途径[60]，也有研究认为，在一定的情况下，气相沉降贡献的量与颗粒沉降相当[61]。以珠江三角洲实测的$\sum_{15}$PAH颗粒沉降通量最小值（22 $\mu g\cdot m^{-2}\cdot a^{-1}$）[59]的2倍代替本书研究区域PAHs的沉降通量，计算结果表明，此沉降通量对中国南方近海沉积物中PAHs浓度的贡献率为1%～12%（平均3.7%）。除了惠州沿海区域的几个采样点之外，其他样品的采样点邻近的沿海城市，无论是GDP还是人口密度都比珠江三角洲低（图7-1），虽然该计算可能高估了大气沉降对中国南方近海沉积物中PAHs的贡献。以上分析结果表明，大气沉降对中国南方近海沉积物中PAHs的贡献相对于其他输入途径来说只是一个很小的部分。

有研究表明，香港水产养殖区沉积物中$\sum_{16}$PAH（16种美国EPA优先控制PAHs）的平均富集率为43.8%[62]。人们定期地对淡水鱼塘沉积物进行清理，而海水养殖区则不存在这种情况，因此，海水养殖区的沉积物富集了大量的有机质[63]，造成海岸带环境的恶化，这可能是中国政府要求网箱养殖从近海搬到深海的一个原因[13]。同时，来源分析结果表明，沉积物PAHs来自于煤炭、生物质、石油燃烧混合源，这可能是陆源燃烧活动与渔船燃烧共同作用的结果[13]。$\sum_{15}$PAH浓度与邻近城市的人均GDP呈正相关，与渔船数量呈负相关（图7-3），这说明陆源燃烧活动，而非机动渔船燃烧是中国南方近海沉积物中PAHs的主要输入来源。

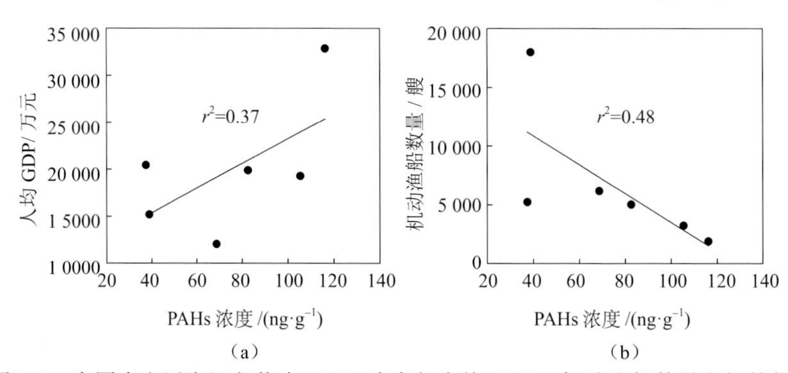

图 7-3 中国南方近海沉积物中 PAHs 浓度与人均 GDP、机动渔船数量之间的相关性

7.2.3 海水养殖对沿海沉积物环境的潜在影响

对滴滴涕而言，香港沿海区域内滴滴涕类化合物（*p*, *p*′-DDD、*p*, *p*′-DDE、*p*, *p*′-DDT和*o*, *p*′-DDT）的大气干湿沉降通量（3.85 ng·m^{-2}·d^{-1}）[13]对近海沉积物中滴滴涕浓度的贡献率仅为0.5%～13%（平均3.7%）。同时我们也估算了海陵湾滴滴涕的河流输入量为0.0088 t·a^{-1}，比防污漆的输入贡献量（0.7 t·a^{-1}）小两个数量级[42]。另外，珠江口的面积（2020 km^{2}）[64]远高于珠江三角洲所有渔港面积之和（80 km^{2}）[41]，而珠江三角洲渔港表层沉积物中滴滴涕类化合物的储量（1.0～5.7 t；10 cm）[41]远高于珠江口表层沉积物中*p*, *p*′-DDTs（*p*, *p*′-DDE、*p*, *p*′-DDD、*p*, *p*′-DDT之和）的储量（0.4 t；5 cm）[64]。由此可以推论，防污漆是中国南方近海沉积物中滴滴涕的主要来源。

我们的研究结果证明残留鱼食也是水产养殖区滴滴涕的一个主要来源[43]。滴滴涕类化合物在杂鱼中浓度（中值343 ng·g^{-1}）高于复合饲料（中值102 ng·g^{-1}），然而其在鱼食中的浓度却远小于在防污漆中的浓度（中值120 000 ng·g^{-1}）[42]。滴滴涕类化合物在海水养殖区沉积物中的浓度（8.7～34 ng·g^{-1}；大亚湾）[65]远小于其在受到防污漆污染的渔港沉积物中的浓度（17～7350 ng·g^{-1}）[41]；因此，与防污漆造成的影响相比，残留鱼食中的滴滴涕对中国南方近海沉积物的影响甚小。

在区域浓度分布上，滴滴涕类化合物在大亚湾湾外沉积物中浓度（1.9～6.4 ng·g^{-1}）比海陵湾湾外沉积物中浓度（3.3～8.2 ng·g^{-1}）小，这与之前关于湾内沉积物空间分布[43]的结果是一致的；此空间分布结果与这两个海湾邻近城市（惠州对应大亚湾，阳江对应海陵湾）所使用的渔船数量空间分布是一致的，惠州、阳江渔船数量分别为1900艘、5200艘[13]。总的来说，中国南方近海沉积物中的滴滴涕主要是渔业活动相关的防污漆的使用引起的，而非陆源输入。

7.2.4 生活污染对沿海沉积物环境的潜在影响

在LABs同系物中，位于碳链中部的苯环比在碳链链端的更稳定，且更不易发生降解[66, 67]。实验室模拟实验结果表明，随着LABs降解的进行，*I*/*E*值[(6-C_{12}LAB+5-C_{12}LAB)/(4-C_{12}LAB+3-C_{12}LAB+2-C_{12}LAB)]逐渐增加[68]；因此，*I*/*E*被当作是LABs的降解指示参数[68]，并被广泛用于监测环境样品中LABs的降解[48, 68, 69]。

实际上，粤东、粤西两翼近海沉积物中LABs浓度比珠江三角洲近海沉积物中的高（图7-4）。同时，中国南方粤东、粤西近海沉积物中的*I*/*E*值为0.54～1.21，与洗发精（0.5～1.6）[70]及废水（0.8～1.4）[71]中LABs的*I*/*E*值相似，但比珠江口沉积物中LABs的*I*/*E*值略低（0.6～1.5）[46]；上述比较说明珠江三角洲与粤东（和粤西）区域的废水可能处理都不够。虽然，珠江三角洲人口更多（图7-1），相应地会比粤东、粤西两翼排放更多生活污水；然而珠江三角洲相应建造的污水处理厂数也更多，且人均污水处理能力比粤东、粤西强[72]，污水处理厂的运营会降低LABs的排放量。另外，广东省东西两翼比珠江三角洲经济相对落后，粤东、粤西城市的基础设施建设，如污水处理厂的建设相比珠江三角洲差，导致粤东与粤西两翼未经处理的废水排放量大于珠江三角洲。因此推测粤东、粤西近海沉积物比珠江三角洲沿海沉积物受到更为严重的生活污水的污染。

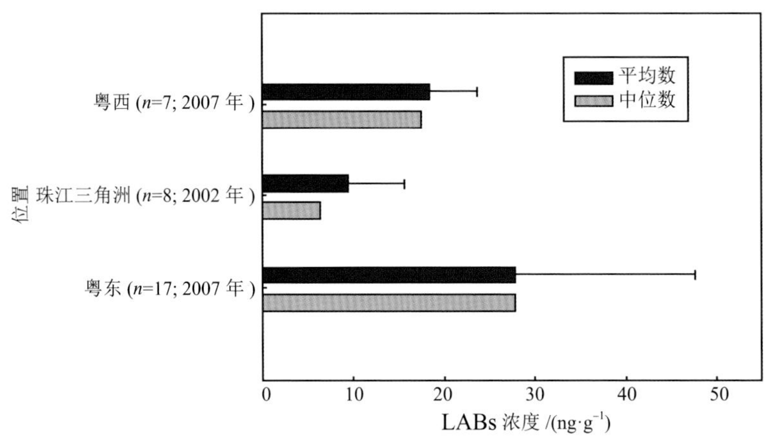

图 7-4 粤东、粤西近海沉积物与珠江口沉积物中 LABs 浓度比较
n 为样品数

7.2.5 生物来源对沿海沉积物环境的潜在影响

类异戊二烯烃类，如姥鲛烷（pristane，Pr）、植烷（phytane，Ph）广泛存在于原油中，因此被认为是石油源污染的指示物[73]。类异戊二烯烃类化合物比正构烷烃化合物性质更稳定，较高的姥鲛烷与正十七烷烃的比值($Pr/n\text{-}C_{17}$)、植烷与正十八烷烃的比值($Ph/n\text{-}C_{18}$)指示油类来源[74]。本书中$Pr/n\text{-}C_{17}$值与$Ph/n\text{-}C_{18}$值分别为0.85～4.7（平均2.04）、0.39～5.9（平均1.8），可能指示油类来源。然而，姥鲛烷、植烷也可能来源于浮游藻类和细菌，因此，这两个比值的使用存在一定的局限性[75]。突尼斯的斯法克斯（Sfax of Tunisia）沉积物中较低的Pr/Ph值（0.2～0.6）是由石油源引起的[76]，而较高的Pr/Ph值（>3）指示陆源有机质来源[77]。粤东、粤西近海中Pr/Ph值也较高（1.0～5.5，平均2.2），很可能是生物源烃类的输入引起的。因此，该地区沉积物很可能是生物来源。

长碳链烃与短碳链烃（L/H；$\Sigma n\text{-}C_{15\text{-}20}/\Sigma n\text{-}C_{21\text{-}35}$）比值小于1、1～2、大于2分

别指示高等植物源（或细菌来源）、石油和藻类、新鲜石油输入源[78, 79]。本书中 L/H值（0.04～0.54，平均0.21）较低，$CPI_{26\text{-}30}$值（1.6～3.4，平均2.70）较高，与受到明显石油源污染的青岛胶州湾沉积物中正构烷烃参数的情况正好相反（$L/H > 3$；$CPI_{26\text{-}30}$～1）[51]。珠江三角洲河流径流样品$CPI_{15\text{-}34}$值为1.1±0.34[80]，广州大气气溶胶中$CPI_{15\text{-}34}$值为1.03～1.2[13]，都指示汽车尾气排放源；中国南方近海沉积物中$CPI_{15\text{-}34}$（1.4～3.5）值高于典型的汽车尾气排放源特征值。广东省东西两翼沿海沉积物中正构烷烃具有明显的奇-偶优势（图7-5），丰度最大的化合物为$n\text{-}C_{31}$。进一步计算的$CPI_{24\text{-}34}$值（1.7～4.3）大于1，小于典型的高等植物源烃类中的CPI值（5～10）[81]，表明除了高等植物源烃类以外还有其他来源的输入。Paq值①（$n\text{-}C_{23+25}/n\text{-}C_{23+25+29+31}$；0.16～0.26）表明，所谓的其他来源的输入，仍然是生物源烃类，包括非硅藻属类的浮游生物、细菌等。以上的分析表明，粤东、粤西近海沉积物中的脂肪烃主要是生物源，而非人为活动来源。

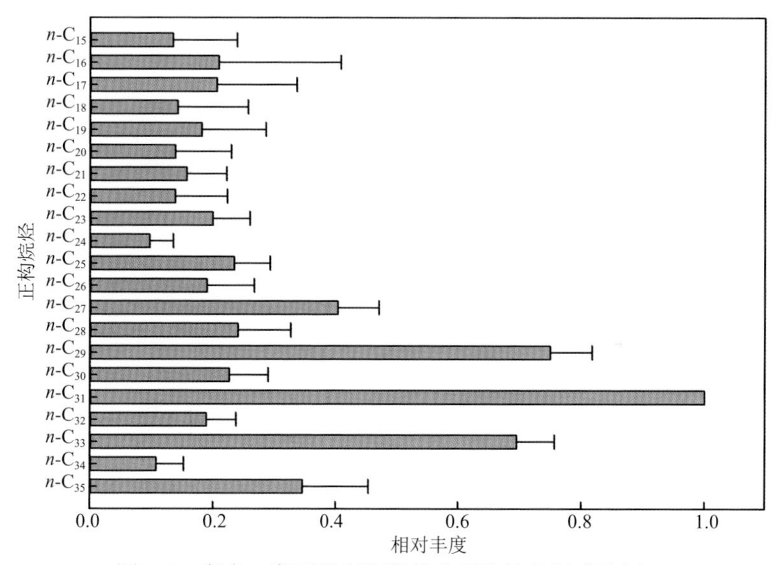

图 7-5　粤东、粤西近海沉积物中正构烷烃组成特征

7.3　珠江三角洲环境中有机污染物的区域环境过程

本节以两种典型有机污染物，即p, p'-DDT（农业源；以历史残留为主）和BDE-209（工业源；新型污染物）作为研究对象，综合探讨这两种化合物在珠江三角洲环境中的宏观迁移过程。此外，唯有当陆地范围内的水域存在点源污染

① Paq 值是指大型水生植物来源的正构烷烃 (n-C23+n-C25) 相对于大型水生植物和陆生高等植物来源的正构烷烃 (n-C23+n-C25+n-C29+n-C31) 对湖泊沉积物中正构烷烃的相对贡献比例。

时，沉积物中的储量及有机污染物的大气-水交换过程才对有机污染物的迁移具有重要意义，故本节对*p*, *p*′-DDT和BDE-209在珠江三角洲平原的大气-水交换过程不予考虑。另外，珠江三角洲不同鱼类、鸟类及其他生物均受到*p*, *p*′-DDT和BDE-209不同程度的影响；但由于生物种类繁多且生物量难以统计，这两种化合物在生物圈中的储量相对较难以估算。因此，在珠江三角洲平原的区域环境过程中，只考虑*p*, *p*′-DDT和BDE-209在土壤中的储量、土壤-大气交换及河流通量。

7.3.1 有机污染物的来源及在珠江三角洲土壤中的储量

由于历史上珠江三角洲曾大规模使用DDT农药[56]，残留DDT成为该地区*p*, *p*′-DDT的主要来源[82]。三氯杀螨醇（dicofol）[56, 83]，以及含工业DDT的渔船防污漆的使用[6]，也逐渐成为珠江三角洲*p*, *p*′-DDT的重要来源。另外，BDE-209是溴代阻燃剂的主要成分，主要与珠江三角洲电子电器类产品生产和使用有关；而BDE-209因拆解进口电子垃圾被释放到环境中的总量也不容忽视[84]。据估计，进口至我国的电子垃圾中（47000～118000 $t \cdot a^{-1}$）约有20%在珠江三角洲被拆解和回收。据此，每年通过电子垃圾进口引入珠江三角洲的BDE-209的含量最少约为9400 t[40]。在过去10年中，研究人员调查了珠江三角洲自然土壤和耕地中*p*, *p*′-DDT和BDE-209的含量[85-90]，两者在珠江三角洲土壤中的储量分别达到了780 000 kg[90]和44 000 kg[88]。

7.3.2 有机污染物的土壤-大气交换

土壤-大气交换是影响有机污染物环境归趋最为重要的地球化学过程之一，其中土壤中的残留有机污染物是空气中该有机污染物的持续来源之一[91]。土壤-大气交换主要由三个部分组成，包括颗粒相大气干沉降、大气湿沉降及土壤-大气之间的扩散交换过程。

颗粒相有机污染物的大气干沉降通量（F_{dry}）和大气湿沉降通量（F_{wet}）可用以下公式分别进行计算[92, 93]：

$$F_{dry} = C_p \times v_d \times A = (C_{p,u} \times A_u + C_{p,r} \times A_r)\, v_d \tag{7-1}$$

$$F_{wet} = (VWM)p \times A = (VWM_u \times A_u + VWM_r \times A_r)p \tag{7-2}$$

其中，C_p是大气颗粒物中有机污染物的浓度；v_d是颗粒物的大气干沉降速率；A是研究区域的面积；VWM是有机污染物在降雨中的体积加权平均浓度；p是降雨量；而u和r分别表示城区和郊区[58]。

前期研究报道了珠江三角洲大气和雨水中*p*, *p*′-DDT和BDE-209的浓度[6, 94-97]。

其中在计算两者的通量时，东莞和顺德地区大气颗粒物和雨水中p, p'-DDT和BDE-209的浓度作为郊区浓度，而广州地区的浓度作为城市地区的浓度（表7-1）。计算得到p, p'-DDT的颗粒相大气干沉降通量和大气湿沉降通量分别为80～440 $kg\cdot a^{-1}$和27～66 $kg\cdot a^{-1}$，中值分别为270 $kg\cdot a^{-1}$和40 $kg\cdot a^{-1}$；BDE-209的颗粒相大气干沉降通量和大气湿沉降通量分别为10000～42000 $kg\cdot a^{-1}$和1400～3200 $kg\cdot a^{-1}$，中值分别为26 000 $kg\cdot a^{-1}$和2100 $kg\cdot a^{-1}$。

土壤-大气之间的交换通量（D_{flux}）可用如下公式进行计算[98]：

$$D_{flux}= D(f_s-f_a) = (f_s- f_a)/[R\times T/K+L/(R\times T/D_a+H/D_w)] \tag{7-3}$$

其中，D、K、L、D_a和D_w分别为有机污染物的扩散系数、有机污染物的土壤-大气传输因子、有机污染物在土壤中的扩散距离（0.1 m）、有机污染物在大气和水中的分子扩散率。f_s和f_a分别为有机污染物在土壤和大气中的逸度，计算公式为[99]

$$f_s = C_s\times R\times T/(0.41\varphi\times K_{oa}) \tag{7-4}$$

$$f_a = C_a\times R\times T \tag{7-5}$$

其中，C_s和C_a分别为有机污染物在土壤和空气气相中的浓度；φ为土壤中有机质的含量[(2.0 ±0.9)%][90]；K_{oa}为有机污染物的正辛醇-空气分配系数。

计算p, p'-DDT在土壤-大气之间的交换通量时，p, p'-DDT在珠江三角洲平原土壤中浓度值为(51±110) $ng\cdot g^{-1}$[90]，广州地区p, p'-DDT的气相浓度值为(720±780) $pg\cdot m^{-3}$[6]，另外p, p'-DDT的正辛醇-空气分配系数的对数lg K_{oa}为10.09[100]，计算得到珠江三角洲平原土壤和空气中p, p'-DDT的平均逸度分别为5.3×10^{-9} Pa和5.0×10^{-9} Pa。由于p, p'-DDT在土壤中的逸度稍高于其在大气中的逸度，土壤成为珠江三角洲平原p, p'-DDT的二次污染源，而土壤中p, p'-DDT挥发进入大气的净通量为76 $kg\cdot a^{-1}$。另外，由于BDE-209的挥发性极低，大气中的BDE-209几乎全部存在于颗粒物中[8, 101, 102]，因此认为BDE-209在土壤-大气之间的交换通量极低，故这里不作计算。

7.3.3　珠江三角洲平原有机污染物经河流输出的通量

由于珠江三角洲河网纵横交错，水量丰沛，其主要水系珠江通过八大入海口注入沿海海域。p, p'-DDT和BDE-209在珠江八大入海口的年通量分别为720 $kg\cdot a^{-1}$[56]和1960 $kg\cdot a^{-1}$[55]（详见第3章）。

7.3.4　珠江河口区 p, p'-DDT 和 BDE-209 的地球化学过程

珠江河口区p, p'-DDT和BDE-209的地球化学过程主要包括颗粒态大气干沉

降、大气湿沉降、水-大气之间的扩散、沉积作用及有机污染物的降解。其中，采用东莞和顺德郊区大气中的平均浓度替代珠江河口区大气中*p, p'*-DDT和BDE-209浓度进行相关计算[58]。颗粒态有机污染物大气干沉降和大气湿沉降的通量计算方法与珠江三角洲的通量计算方法相同（式7-1和式7-2）。*p, p'*-DDT和BDE-209在水-大气之间的扩散通量（F_g）采用以下公式进行计算[92]：

$$F_g = K_g(C_g - C_w H/R \times T)A \tag{7-6}$$

其中，C_w和C_g分别为有机污染物在水体溶解相和大气气相中的浓度；H是亨利定律常数；A为珠江河口区域的面积；K_g为水-大气之间有机污染物的质量传输系数，其计算方法如下[92]：

$$1/K_g = 1/k_a + H/R \times T \times k_w \tag{7-7}$$

$$k_a = (0.2U_{10} + 0.3) \times (D_{i,\,a}/D_{H_2O,\,a})^{0.67} \tag{7-8}$$

$$k_w = [(0.24U_{10}^{\ 2} + 0.061U_{10})/3600] \times (D_{i,\,w}/D_{CO_2,\,w})^{0.5} \tag{7-9}$$

其中，k_a和k_w分别为气膜与水膜的传质系数，U_{10}为距离水表面高度10 m处的风速（设为3 $m \cdot s^{-1}$）[103]；$D_{i,\,a}$和$D_{i,\,w}$分别为有机污染物在大气和水中的分子扩散率，$D_{H_2O,\,a}$和$D_{CO_2,\,w}$分别为水和二氧化碳在大气和水中的分子扩散率。

珠江河口区大气气相中*p, p'*-DDT的浓度为59 $pg \cdot m^{-3}$[104]，而水体溶解相中的平均浓度为373 $pg \cdot L^{-1}$[105]。计算得到*p, p'*-DDT从水体中的净挥发通量为0.04 $kg \cdot a^{-1}$，而Guan等[106]报道了BDE-209从珠江口水体中的净挥发通量为0.13 $kg \cdot a^{-1}$。此外，该地区*p, p'*-DDT的颗粒物大气干沉降通量及大气湿沉降通量分别为1 $kg \cdot a^{-1}$和0.8 $kg \cdot a^{-1}$，而BDE-209则分别为104 $kg \cdot a^{-1}$和31 $kg \cdot a^{-1}$。

有机污染物沉积通量采用有机污染物在表层沉积物中的浓度乘以沉积速率进行计算。珠江河口区沉积物的平均沉积速率为1.52 $cm \cdot a^{-1}$，而该地区表层沉积物中*p, p'*-DDT的平均浓度为302 $pg \cdot g^{-1}$，计算可得*p, p'*-DDT的平均沉积通量为10 $kg \cdot a^{-1}$，而Chen等[107]报道了BDE-209从珠江口水体中的平均沉积通量为600 $kg \cdot a^{-1}$。

有机污染物在水体中的降解量采用以下公式进行计算：

$$M_d = M_o[1 - (1/2)^{t \times T^{-1}}] \tag{7-10}$$

其中，M_d为有机污染物的降解质量；M_o为有机污染物的初始质量；t为降解时间；T为有机污染物的半衰期，其中*p, p'*-DDT和BDE-209的半衰期分别约为130 d[108]和150 d[109]。以珠江注入河口区*p, p'*-DDT和BDE-209的通量分别作为*p, p'*-DDT和BDE-209的初始质量计算两类化合物的降解量，则计算得到*p, p'*-DDT的降解量约为22 $kg \cdot a^{-1}$[58]，而BDE-209在珠江口水体中降解量为45 $kg \cdot a^{-1}$[106]。

7.3.5　珠江三角洲 *p*, *p*′-DDT 和 BDE-209 的整体质量迁移模式

将以上所讨论的*p*, *p*′-DDT和BDE-209在各个地球化学过程的迁移通量综合（表7-2），可得到两种化合物在珠江三角洲的整体质量迁移模式图（图7-6）。

表 7-2　珠江三角洲平原及珠江河口区中 *p*, *p*′-DDT 和 BDE-209 的土壤储量及主要环境过程的通量

	p, *p*′-DDT	BDE-209
土壤储量 /kg	780 000[a]	44 000[b]
珠江三角洲平原主要环境过程的通量		
年河流通量 /(kg·a^{-1})	720[c]	1960[d]
大气干沉降输入通量 /(kg·a^{-1})	270 (80 ～ 460)[e]	26 000 (10 000 ～ 42 000)[f]
大气湿沉降输入通量 /(kg·a^{-1})	40 (27 ～ 66)[e]	2 100 (1 400 ～ 3 200)[f]
内陆区的生物定向传输通量 /(kg·a^{-1})	na[g]	na
内陆区气水交换 /(kg·a^{-1})	ng[h]	ng
土壤净挥发 /(kg·a^{-1})	76[e]	ng
珠江河口主要环境过程的通量		
河流输入通量 /(kg·a^{-1})	450[c]	1350[d]
大气干沉降输入通量 /(kg·a^{-1})	1[e]	104[e]
大气湿沉降输入通量 /(kg·a^{-1})	0.8[e]	31[e]
水气交换通量 /(kg·a^{-1})	0.04[e]	0.13[d]
水体中降解量 /(kg·a^{-1})	22[e]	45[d]
沉积物沉积通量 /(kg·a^{-1})	10[e]	600[d]
入海通量 /(kg·a^{-1})	420[i]	840[i]

a. *p*, *p*′-DDT 的土壤储量是利用 Ma 等 [90] 数据进行估算；
b. 数据来自于 Zou 等 [88]；
c. 数据来自于 Guan 等 [56]；
d. 数据来自于 Guan 等 [55]；
e. 计算值；数据表达为中值（最小值～最大值）；
f. 据 Zhang 等 [57] 数据重新计算；数据表达为中值（最小值～最大值）；
g. 物种多，难估算，本书忽略；
h. 无点源时，总量较小，本书不予考虑；
i. *p*, *p*′-*DDT* 和 BDE-209 的入海通量是依据 7.3.4 节的珠江河口各主要通量计算而得

对比两种化合物，土壤均是*p*, *p*′-DDT和BDE-209重要的存储库，其中对*p*, *p*′-DDT而言，土壤已经成为二次污染源，而对BDE-209而言则依然是“汇”。从环境迁移来看，两种化合物的颗粒相大气干沉降通量均高于大气湿沉降通量的10倍。而除土壤-大气扩散过程以外，BDE-209的迁移通量均显著高于*p*, *p*′-DDT，这说明BDE-209仍在大规模使用，而*p*, *p*′-DDT的使用量则显著较小。从区域尺度

综合来看，由于p, p′-DDT已基本被禁用，其历史残留大部分储存在土壤中，环境介质间的迁移量很小；而BDE-209在我们研究期间仍被大量使用，但历史比较短，因此它在土壤中的储量较小，而在环境介质间的迁移量较大。另外，对于两种化合物而言，河流运输是其进入近海环境及全球海洋环境最为重要的途径。其中，每年珠江三角洲输入珠江河口区的p, p′-DDT和BDE-209，分别有90%和70%的量进入海洋地区（表7-2）。

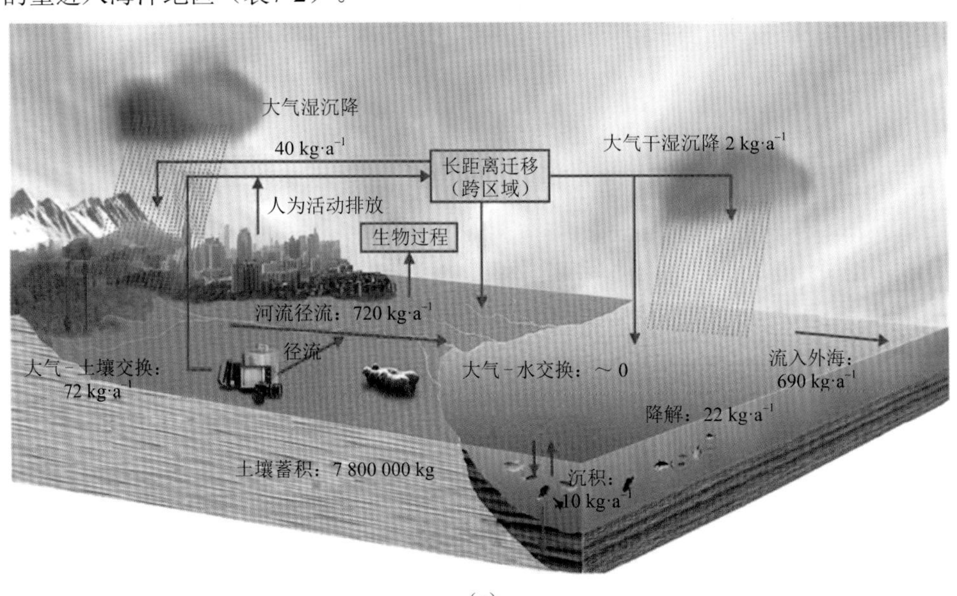

（a）

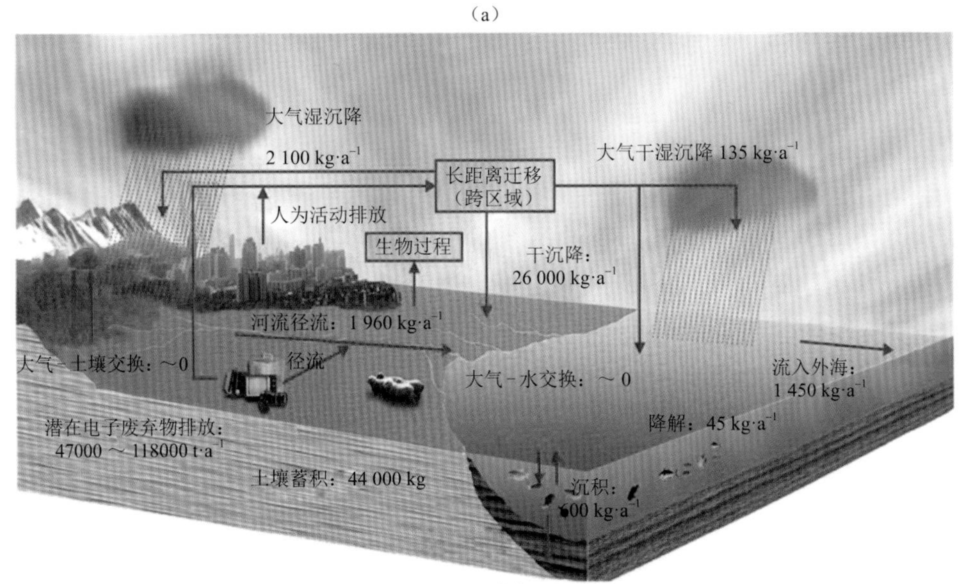

（b）

图 7-6　珠江三角洲 p, p′-DDT 和 BDE-209 的整体质量迁移模式图

（a）p, p′-DDT；（b）BDE-209

7.3.6　珠江三角洲河流输送的有机污染物对香港周边水体潜在的影响

一些研究指出，香港周边水质可能主要受来自上游珠江三角洲的输入所影响，尤其是持久性有机污染物[110-113]。为检验此观点，我们选择在珠江三角洲及香港多个环境介质均有检出的*p, p'*-DDT及其主要代谢产物*p, p'*-DDE和*p, p'*-DDD及BDE-47和BDE-99进行案例分析，考查在两种极端水体运移情景下香港周边水域中目标物浓度，评估自珠江三角洲的输入对其香港周边水域的贡献。其中，已知*p, p'*-DDT、*p, p'*-DDE、*p, p'*-DDD、BDE-47和BDE-99自珠江三角洲汇入珠江河口区的河流通量分别为690 $kg{\cdot}a^{-1}$、137 $kg{\cdot}a^{-1}$、19 $kg{\cdot}a^{-1}$、13.3 $kg{\cdot}a^{-1}$和11.7 $kg{\cdot}a^{-1}$[55, 56]。

情景一：珠江三角洲输出的有机污染物均匀分布于全球海洋水层深度在200 m以内的水体（约3.6×10^{9} km^{2}）[114]，为预期浓度下限，此时水体中*p, p'*-DDT、*p, p'*-DDE、*p, p'*-DDD、BDE-47和BDE-99浓度分别为12.2 $pg{\cdot}L^{-1}$、0.29 $pg{\cdot}L^{-1}$、2.1 $pg{\cdot}L^{-1}$、0.20 $pg{\cdot}L^{-1}$和0.19 $pg{\cdot}L^{-1}$（表7-3）。

情景二：珠江三角洲输出的有机污染物全进入香港周边水体（平均水深20 m；水体面积为1650 km^{2}[115]），为预期浓度上限，则水体中的*p, p'*-DDT、*p, p'*-DDE、*p, p'*-DDD、BDE-47和BDE-99浓度将分别为24 $ng{\cdot}L^{-1}$、0.60 $ng{\cdot}L^{-1}$、4.0 $ng{\cdot}L^{-1}$、0.40 $ng{\cdot}L^{-1}$和0.34 $ng{\cdot}L^{-1}$（表7-3）。

假定上述水体浓度皆为溶解态，则可通过生物放大因子（bioconcentration fator，BCF；表7-3）来估算鱼体对该些目标物的生物负荷，尽管这可能会高估目标物在水体里的浓度。其结果如表7-3所示，在偏离实际水体的极端低浓度，该估测浓度远低于香港周边实际海鱼浓度。然而，即使是在偏离实际水体情况的极端高浓度，其所估测的鱼体体内目标物浓度仍低于香港周边海鱼体内实际浓度，除*p, p'*-DDT外。

同时，香港海鱼体内滴滴涕类化合物的组成结构与自珠江三角洲河流径流的差异很大；其中，珠江三角洲河流径流以*p, p'*-DDT为主，而香港海鱼体内则是以*p, p'*-DDE和*p, p'*-DDD为主。两者结构组成上的不同或指示着其来源不同。此外，香港海鱼体内湿重浓度的组成（*p, p'*-DDT、*p, p'*-DDE和*p, p'*-DDD分别为ND～130 $ng{\cdot}g^{-1}$，0.52～440 $ng{\cdot}g^{-1}$和3～640 $ng{\cdot}g^{-1}$ [116]）与中国南方海港沉积物湿重浓度的构成（*p, p'*-DDT、*p, p'*-DDE和*p, p'*-DDD分别是12～46 $ng{\cdot}g^{-1}$、11～130 $ng{\cdot}g^{-1}$和54～270 $ng{\cdot}g^{-1}$[41]）极其相似，而中国南方海港沉积物中的滴滴涕类化合物已证实主要源自于防污漆的使用[41]。据此，这些目标物合理的预期浓度仍远低于香港海鱼实际的测量值，表明自珠江三角洲经河流输入的滴滴涕类化合物和PBDEs对于香港周边水体贡献并不显著。

表 7-3 自珠江河口输入至香港周边水域的河流通量（F_r），预期该输入水体在香港周边水体浓度下限及浓度上限（$C_{p,w}$），目标物的生物浓缩因子（BCF）及香港海鱼体内浓度预测值（$C_{e,f}$）和实测值（$C_{m,f}$）

化合物	F_r/(kg·a^{-1})	$C_{p,w}$[a]		BCF[b]	$C_{e,f}$[c]		$C_{m,f}$/(ng·g^{-1})
		预测下限/(pg·L^{-1})	预测上限/(ng·L^{-1})		预测下限/(pg·L^{-1})	预测上限/(ng·L^{-1})	
p, *p*′-DDT	690[d]	12	24	17 000	2.1	4 100	ND ～ 1300[g]
p, *p*′-DDE	19[e]	0.3	0.6	9 100	0.03	55	5.2 ～ 4400[g]
p, *p*′-DDD	140[e]	2.1	4	4 400	0.09	170	30 ～ 6400[g]
BDE-47	13[f]	0.2	0.4	14 000	0.03	54	0.5 ～ 17000[h]
BDE-99	12[f]	0.2	0.3	15 000	0.09	170	0.2 ～ 27000[h]

a. 香港周边水体浓度下限是假定自珠江三角洲的有机物均匀分布于全球海洋水层深度在200 m以内的水体（约3.6×10^9 km^2）；香港周边水体浓度上限则是假定自珠江三角洲所运移的有机污染物全进入香港周边水体，平均水深20 m及水体面积为1650 km^2；
b.BCF值是美国环保局的Estimation Programs Interface（EPI）软件计算获得；
c. 通过$C_{e,f}=C_{p,w}\times$BCF$\times f$计算；其中f是鱼体组织中脂肪的均值，取值10%[116]。浓度经脂肪归一化；
d. 数据来自于Zhang等[58]；
e. 数据来自于Cheung等[116]；ND = 未检出。浓度经脂肪归一化；
f. 数据来自于Guan等[56]；
g. 数据来自于Guan等[55]；
h. 数据来自于Cheung等[117]。浓度经脂肪归一化

7.4 人工碎屑介导有机污染物在海湾沉积物的迁移过程

海湾通常是众多船舶修理厂所在。同时，船舶修理厂也是大量使用漆料与涂料之场所。漆料与涂料主要用于船甲板、船舱及船体表层，可使船体免受海洋生物附着、耐受紫外线辐射、锈蚀及腐蚀。例如，在英国，每年将近有150 000艘的小船需要维护，消耗了近300 t铜[118]。其中，平均每只小船（假定船体水下面积为30.7 m^2）每年释放约2.1 kg的铜至周围水体[119]。滴滴涕，作为一种杀生物剂，可在来自中国的防污漆中检出[42, 43]；在船体维修过程中所产生的漆片颗粒大小从几毫米至几十厘米不等[120-122]，并且大多数的杀生物剂是伴随漆片颗粒一起被释放至水体[123]。据此，杀生物剂在海湾沉积物的分布，极有可能受漆片颗粒大小和漆片颗粒与杀生物剂间的相互作用所支配。

海湾也通常是海水养殖生产基地。海水鱼类网箱养殖自20世纪70年代末、80年代初始于广东[124]；1982年广东阳江县闸坡港办起第一个网箱鱼排[124]。到1988年，广东全省网箱约有15 000个，至1994年达70 000个以上[124]。养殖活动所产生的废弃物、养殖户在鱼排上的生活垃圾等，皆成为网箱养殖水域污染来源之一。另

外，海湾周边也常发展成旅游休闲的热点区域之一，伴随而来的人潮常常带来大量的旅游垃圾，正如前期研究所展现的，沿海200 km海岸线内的人工碎屑数量正比于人类活动的强度大小[30]。很多研究也表明，在受人类活动影响显著的区域，如临近于工业区、港湾及码头等，其有机化合物与TOC/沉积物粒径大小呈弱相关或无相关关系。很显然，作为新型环境载体，人工碎屑极有可能影响有机化合物在海湾沉积物中的分布。

本节研究旨在探讨船体维护过程时所产生，以及船体表面因自然风化/人为因素而剥落的船体漆片对于滴滴涕类化合物在海湾地区分布的影响，并检验由人类活动所产生的人工碎屑是否成为有机化合物在海湾沉积物中不均一性分布的重要因素。为此，我们选取海陵湾（中国广东省海水养殖区）为研究区域。该区域为中国十大渔港之一、广东省最重要的海水养殖区之一，我们之前的研究已发现该区域内沉积物含有大量来自防污漆的滴滴涕类化合物[43, 125]。本节所选择的目标化合物包括常用于人工合成品的塑料添加剂，如有机磷酸酯类、邻苯二甲酸酯类与有机锡化合物等，以及用于防污漆的杀生物剂，如滴滴涕。对此，分析不同粒径与密度的沉积物及人工碎屑中目标化合物的含量，并通过对比有/无人工碎屑的沉积物，以探讨人工碎屑的存在如何影响目标化合物在沉积物中的分布格局；利用不同的粒径与密度沉积物及漆片进行吸附与解吸动力学实验，以期了解漆片对滴滴涕类化合物的锁定能力。最后，考察常规的滴滴涕源解析指标是否适用于受粒径大小支配及含漆片的沉积物中滴滴涕来源分析。

7.4.1　海湾沉积物中滴滴涕及其降谢产物的浓度水平

养殖区表层沉积物中滴滴涕及其降谢产物（*o, p′*-DDT及*p, p′*-DDT、*o, p′*-DDD及*p, p′*-DDD、*o, p′*-DDE及*p, p′*-DDE、*o, p′*-DDMS及*p, p′*-DDMS和*p, p′*-DDMU、*p, p′*-DDNU、*p, p′*-DDOH、*p, p′*-DDA、*p, p′*-DDM、*p, p′*-DBP和*p, p′*-DDNS之和）的浓度为0.7～4800 $ng \cdot g^{-1}$，如果去掉两个极高浓度值，浓度则为0.7～94 $ng \cdot g^{-1}$，这与我们在2007年该区域采集的沉积物中滴滴涕类化合物（*o, p′*-DDT及*p, p′*-DDT、*p, p′*-DDD、*p, p′*-DDE和*p, p′*-DDMU之和）的浓度（3.7～180 $ng \cdot g^{-1}$）相当[43]。这两个极高值（1200 $ng \cdot g^{-1}$和4800 $ng \cdot g^{-1}$）与Lin等[41]报道的中国港湾沉积物中滴滴涕类化合物（*o, p′*-DDT及*p, p′*-DDT、*o, p′*-DDD及*p, p′*-DDD、*o, p′*-DDE及*p, p′*-DDE之和）的最高值（7400 $ng \cdot g^{-1}$）相当。值得注意的是这两个极高浓度值的采样点位于闸坡渔港内。闸坡渔港为中国十大渔港之一，可以同时容纳2000艘渔船，在此经常有大量的渔船停泊[125]。由图7-7可以看到滴滴涕及其降谢产物的浓度水平由渔港中心到渔港周围迅速下降，如渔港内沉积物总浓度约为港湾外部沉积物总浓度的40倍。在相关的研究中，Lin等[41]也曾得出类似的研究结果，他们发现沉积物中滴滴涕及其降谢产物的浓度水平由渔港中心到外围呈现下降趋势。

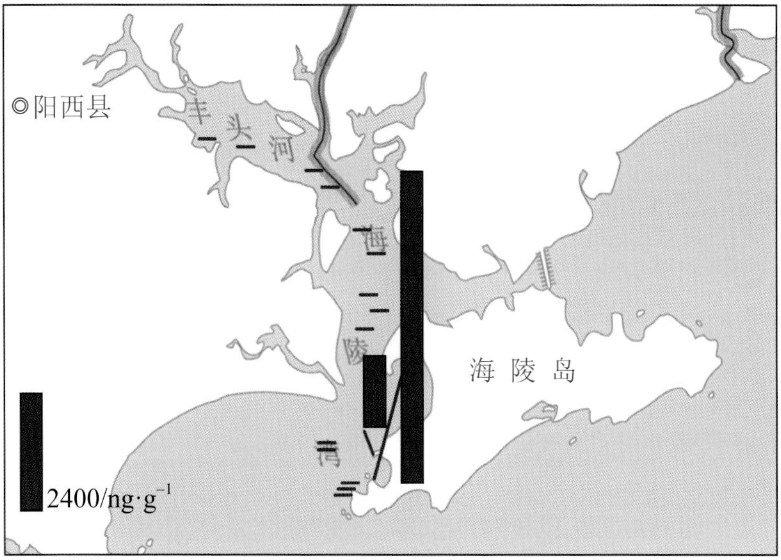

图 7-7 海陵湾表层沉积物中的滴滴涕及其降谢产物（*p, p′*-DDT、*o, p′*-DDT、*p, p′*-DDD、*o, p′*-DDD、*p, p′*-DDE、*o, p′*-DDE、*p, p′*-DDMS、*o, p′*-DDMS、*p, p′*-DDMU、*p, p′*-DDNU、*p, p′*-DDOH、*p, p′*-DDNS、*p, p′*-DDA、*p, p′*-DDM 及 *p, p′*-DBP 之和）的浓度水平

7.4.2 防污漆中滴滴涕的浓度水平及源分析

据报道，滴滴涕作为防污漆添加剂的使用始于20世纪50年代[126]。以前的研究也表明含有滴滴涕的防污漆的使用是目前环境中滴滴涕的一个主要来源[7, 41]。每年大约有250 t的滴滴涕用于生产防污漆，从20世纪50年代到2005年，用于生产防污漆的滴滴涕总量为11 000 t[42]。如此大量的滴滴涕输入到海洋环境中，不仅会给水体、沉积物及海洋生物带来污染，而且最终还会影响人类的健康及整个海洋生态系统。然而对于防污漆中滴滴涕的浓度水平及组成的报道并不多。所以在本次研究中，在海陵湾当地采集了使用最多的7个品牌的防污漆样品，并在香港市场购买了3个防污漆样品作为对照（表7-4）。研究发现滴滴涕类化合物（*p, p′*-DDT、*o, p′*-DDT、*p, p′*-DDD、*o, p′*-DDD和*p, p′*-DDE之和）在7个防污漆样品中的湿重浓度为0.00015～40 $mg·g^{-1}$[42]。Wang等[7]检测到采集于珠江三角洲的两个防污漆样品中滴滴涕类化合物的浓度水平分别为2.4 $mg·g^{-1}$和0.52 $mg·g^{-1}$，与本书研究相比，Wang等的报道结果偏低。采集于香港的防污漆样品中滴滴涕类化合物的浓度水平（0.33 $μg·g^{-1}$、0.37 $μg·g^{-1}$、0.22 $μg·g^{-1}$，均值：0.30 $μg·g^{-1}$）与海陵湾防污漆样品中的低端浓度值相当。以上结果表明不同区域的防污漆中滴滴涕的含量差异很大。本书研究的最高浓度值（40 $mg·g^{-1}$）与Wang等[7]报道的防污漆中滴滴涕

的含量约为5%的结果接近。

表 7-4　防污漆样品中滴滴类化合物的浓度水平　（单位：$\mu g \cdot g^{-1}$）

目标物	1[a]	2	3	4	5	6	7	8	9	10
o, p'-DDT	<RL[b]	0.26	1.6	7900	1 900	0.099	<RL	<RL	66	30
p, p'-DDT	0.15	1.2	7.9	30000	5700	0.38	0.21	326	300	194
o, p'-DDD	<RL	<RL	<RL	616	770	<RL	<RL	<RL	<RL	<RL
p, p'-DDD	<RL	0.041	0.24	1076	1 400	0.065	<RL	<RL	<RL	<RL
p, p'-DDE	<RL	<RL	<RL	99	27.1	<RL	<RL	<RL	<RL	<RL
o, p'-DDT/*p, p'*-DDT		0.22	0.2	0.26	0.33	0.26			0.22	0.15

a. 编号 1～7 采集于海陵湾一船排厂及附近的商店，编号 8～10 采集于香港市场；
b. RL 为浓度小于检出限（$1\ ng \cdot g^{-1}$）；油漆质量为 1 g 湿重

分析防污漆中滴滴涕类化合物的组分分布，发现*o, p'*-DDT/*p, p'*-DDT在5个*o, p'*-DDT及*p, p'*-DDT都有检出的防污漆样品中的比值分别为0.22、0.20、0.26、0.33和0.26（均值：0.25）。此比值与采集的沉积柱样品中*o, p'*-DDT/*p, p'*-DDT的比值（均值：0.2）相当。我们之前的研究[43]发现在海陵湾区域采集的三个*o, p'*-DDT及*p, p'*-DDT都有检出的水体样品中*o, p'*-DDT/*p, p'*-DDT的比值分别为0.12、0.14和0.19。这些结果表明渔港环境介质中的*o, p'*-DDT/*p, p'*-DDT与防污漆中的该比值很相近。这也再次证明防污漆为渔港沉积物环境中滴滴涕类化合物的主要来源。

7.4.3　船体漆片对滴滴涕及其代谢物在海湾沉积物中分布的影响

1. 沉积物与漆片表征

选取两个船舶维修厂周边（标记为A～B；图7-8）、海水养殖区及海水养殖区外围地区（图7-8）3个区域的表层沉积物样品。同时，船体漆片则从停置在船舶维修厂B进行维修的船只的水线以下漆面收集。共计22个表层沉积物及两批船体漆片（漆片编号为A～I）。沉积物样品采用湿筛法去除大颗粒后，进一步分离得到四个粒径组：200～2 000 μm、63～200 μm、30～63 μm和<30 μm。其中，站点2与站点9的分粒径样品进一步利用聚钨酸钠水溶液进行密度分离，得到两组密度组：轻密度组（$\rho<1.7\ g \cdot cm^{-3}$）及重密度组（$\rho>1.7\ g \cdot cm^{-3}$）。

扫描电镜图（图7-9b）与能谱图的结果显示，不同粒径与密度下的沉积物及船体漆片中的元素分布与颗粒大小具非均一性。其中，在粗颗粒（200～2 000 μm）中能看到色彩鲜艳的颗粒物（图7-9a），且其红外谱图与其他粒径组分存在明显的不同。例如，在1736 cm^{-1}与1300～1000 cm^{-1}处分别具有羰基键（C═O）与脂肪族酯键（C—O—C）的强烈的吸收峰（图7-9c）；而其他粒径组分则只在1000 cm^{-1}处有强烈的吸收峰（图7-9d）。此外，在靠近船舶维修厂A的站点1处粗颗粒组分及站点2处粗颗粒重密度组分中的红外谱图（图7-9c）与船体漆片相似（图7-9e），具有醇酸树脂相关的特征的红外吸收峰。由此可见，船体表面的防污漆片在研究区域中分布不均匀，且主要存在于沉积物粗颗粒组分。

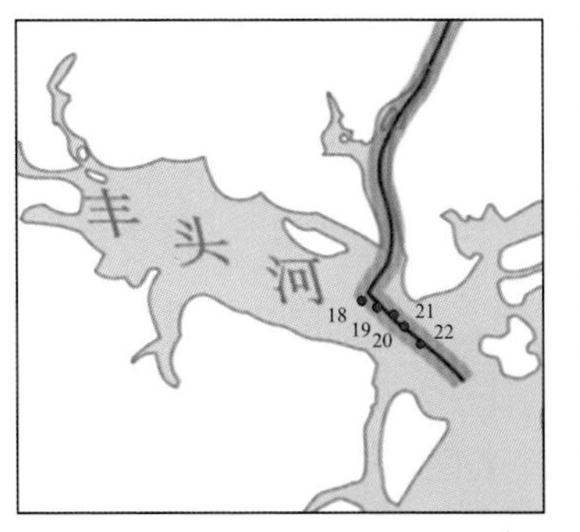

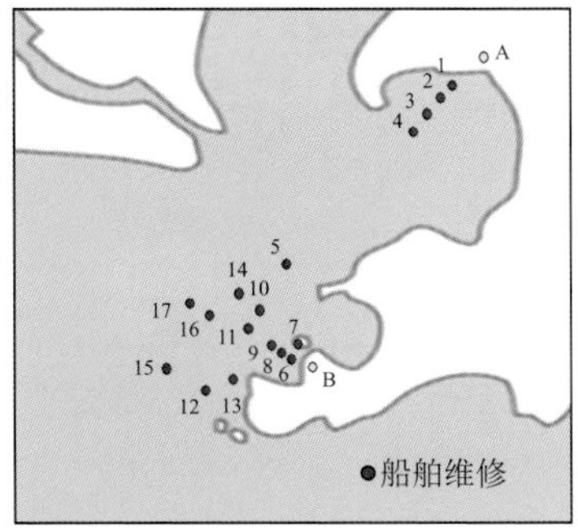

图 7-8 研究区域及站点示意图

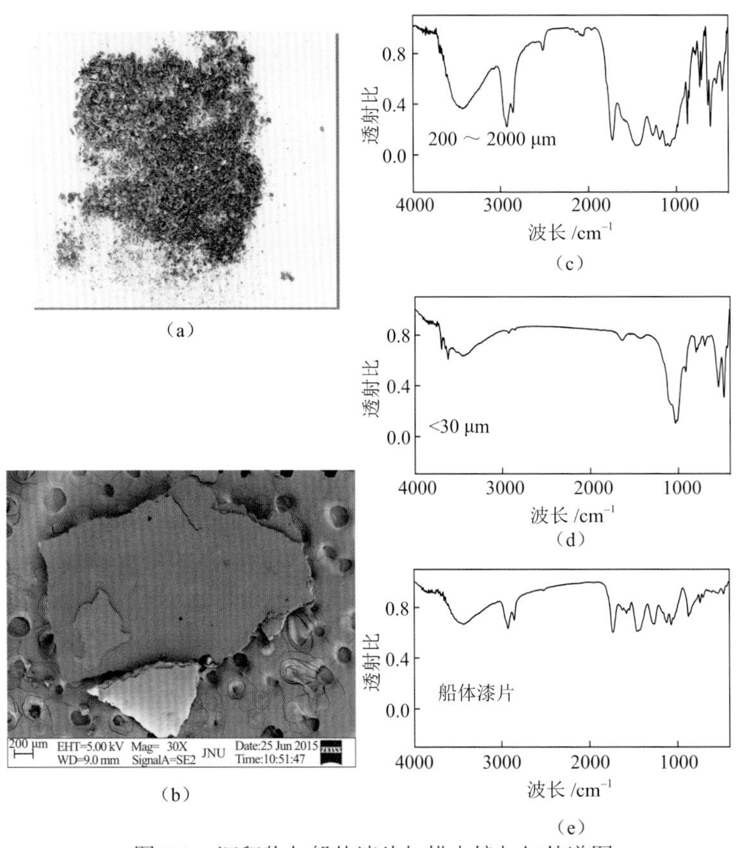

图 7-9 沉积物与船体漆片扫描电镜与红外谱图

（a）粗颗粒（200 ～ 2000 μm）中能看到色彩鲜艳的颗粒物；（b）船体漆片扫描电镜图；（c）站点 1 粗颗粒重密度组分中的红外谱图；（d）站点 1 细颗粒组分中的红外谱图；（e）船体漆片 C 的红外谱图

2. 沉积物与船体漆片中的滴滴涕及其代谢物

本节的滴滴涕及其代谢产物主要包括*o*, *p*′-及*p*, *p*′-DDT、*o*, *p*′-DDD及*p*, *p*′-DDD、*o*, *p*′-DDE及*p*, *p*′-DDE和*p*, *p*′-DDMU、*p*, *p*′-DDNU和*p*, *p*′-DBP，这些化合物之和定义为DDXs。全沉积物中的DDXs干重浓度为1.1～1 100 $ng·g^{-1}$（中值16 $ng·g^{-1}$）。并且，在近船舶维修厂的附近其浓度最高，而在海水养殖外围其浓度最低。同时，船体漆片的DDXs浓度（42 000～290 000 $ng·g^{-1}$）高于养殖区小屋的房漆片（<RL～1 500 $ng·g^{-1}$）及沉积物的浓度水平。与我们另一项前期研究结果一致（7.3节），即当地所使用的含有DDXs的防污漆是其在沉积物的主要来源[42]。同时，在前期研究发现在距船舶维修厂约1～80 m处码头沉积物中DDXs的浓度为0.11～235 $μg·g^{-1}$，大约是本书研究结果的0.1～210倍[127]。因此，船只表面脱落或船体维修时所产生的漆片，对海湾地区的“DDXs浓度热点”分布有着一定的影响。

在各分粒径沉积物方面，粗颗粒组分中（200～2000 μm）DDXs浓度是相对细颗粒组分（< 30 μm）的0.1～79倍。尤其是在近船舶维修厂的周边，62%的粗颗粒组分中DDXs浓度大于其在细颗粒中的浓度。例如，在船舶维修厂B附近站点，其粗颗粒与细颗粒组分中DDXs浓度分别是460～33000 $ng·g^{-1}$和100～1800 $ng·g^{-1}$。在粗颗粒组分中DDXs浓度是全沉积物浓度的0.15～63倍（中值9.2）。此外，站点1～3中各粒径组分的DDXs浓度因水流的稀释而呈现快速递减趋势（图7-10）。然而，在站点4处DDXs浓度突然递增，尤其是粗颗粒组分DDXs浓度较高（图7-10）。这可能由于站点4位于主要的航道附近，有大量的船只来往。自船体表面因风蚀或航行过程的磨蚀而脱落含有DDXs船体漆片，有可能造成该点处沉积物具有较高含量的DDXs。这一结果进一步肯定了防污漆片对海湾地区形成“DDXs浓度热点”分布的重要性。

沉积物中有机质含量与粒径大小会对疏水性有机物在环境介质间分配存在显著的影响[31, 128]。一般而言，沉积物中有机质含量与其疏水性有机污染物浓度水平呈现正相关关系，而粒径大小则与其呈负相关关系。然而，在本书研究中未发现上述的相关关系。这可能由于含高浓度DDXs的漆片沉降在粗颗粒。通常，沉积物中的重密度组分主要由石块、砂及黏土所组成，有机质含量较低，对疏水性有机物的吸附性较弱，从而其含有机污染物的浓度低[129]。而在站点2和站点9处粗颗粒的重密度组分（>1.7 $g·cm^{-3}$）中有机质含量较低（0.15%和0.32%），却含有大量的DDXs，其浓度高达95 000 $ng·g^{-1}$和5200 $ng·g^{-1}$（图7-11）。由此可见，脱落的船体漆片可人为地增加重密度沉积物组分对DDT类化合物吸附量。

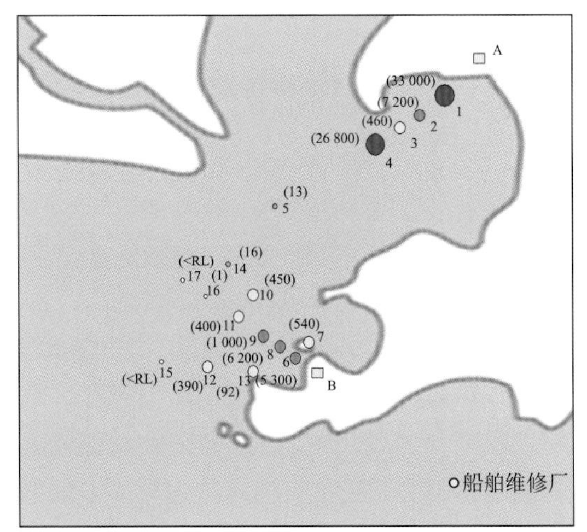

图 7-10 表层沉积物中粗颗粒组分（200 ～ 2000 μm）的 DDXs 浓度分布（单位：$ng \cdot g^{-1}$）

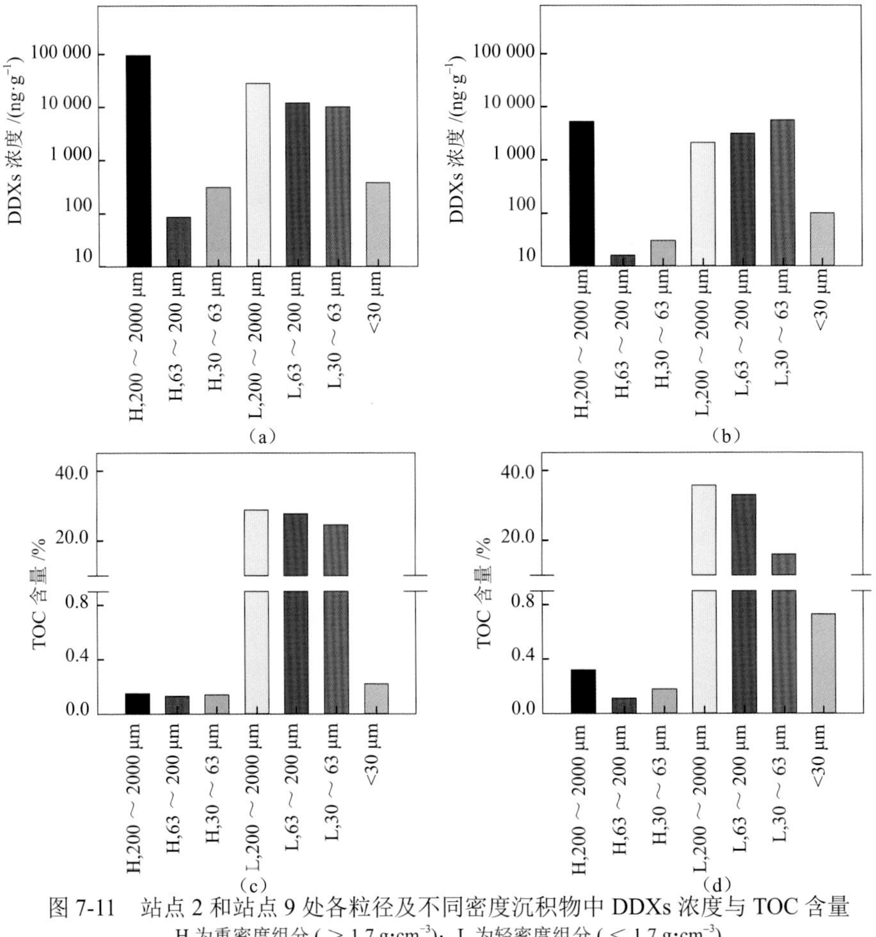

图 7-11 站点 2 和站点 9 处各粒径及不同密度沉积物中 DDXs 浓度与 TOC 含量

H 为重密度组分 (＞ 1.7 $g \cdot cm^{-3}$)；L 为轻密度组分 (＜ 1.7 $g \cdot cm^{-3}$)

3. 滴滴涕及其代谢物的脱附与吸附

各粒径与密度组分中DDTs的脱附速率各有所不同（图7-12）。可脱附的比例为0.1%～96%，其脱附含量是将沉积物放置于一个无限吸附体系里并累计120 h所得到。例如，在站点2处30～63 μm粒径中重密度组分沉积物中*p, p'*-DDE的脱附比例将近100%；与此同时，在站点9处相同粒径沉积物中的*p, p'*-DDE脱附量略少于50%。其结果与前人一致，即沉积物中的有机质的结构与密度皆能影响疏水有机物的环境行为[130, 131]。然而，在120 h内漆片中只有1%～10%的DDTs脱附，与之相似的情况同样发生在粗颗粒中的重密度组分沉积物中。这可能由于DDTs被禁锢在漆片中，从而导致其脱附速率极慢。一般而言，因粗颗粒或重密度组分含有较少的有机质含量及比表面积[130]，疏水性有机物从粗颗粒或重密度组分上的脱附速率相对于细颗粒或轻密度组分快。对比可知，DDTs从漆片上的脱附速率是极慢的。

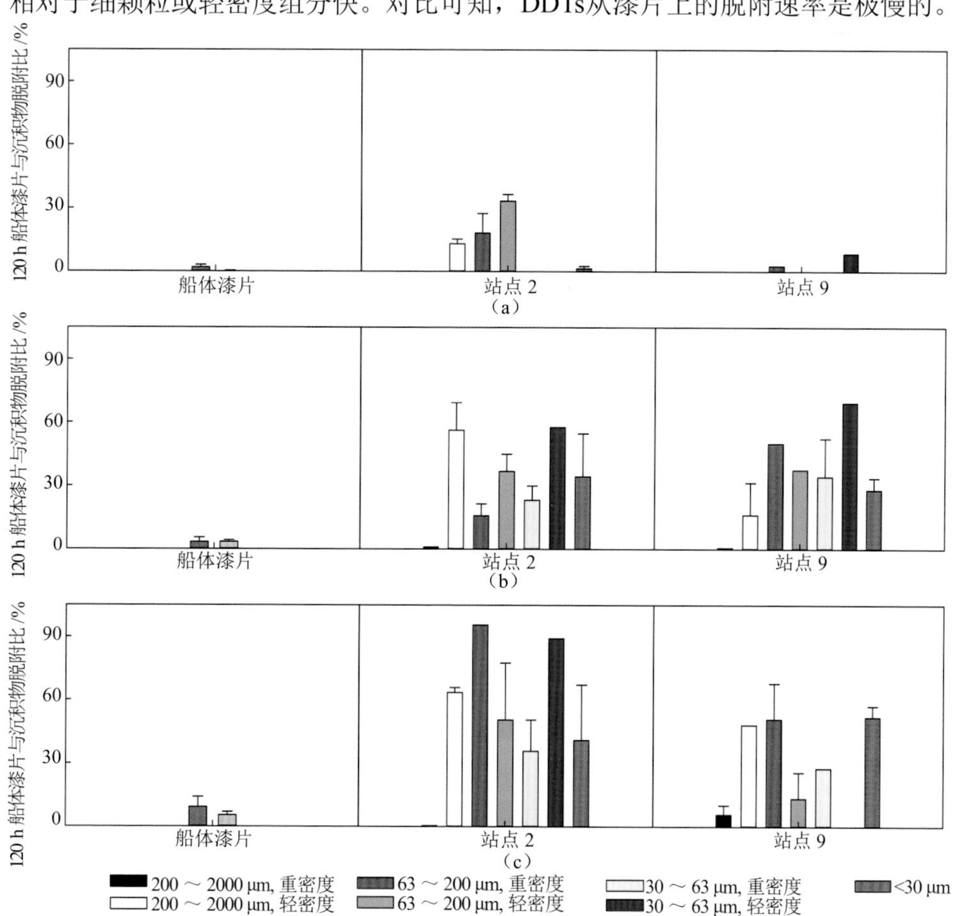

图 7-12　船体漆片与沉积物各粒径及不同密度中滴滴涕及其降解产物 120 h 下的脱附比

（a）*p, p'*-DDT；（b）*p, p'*-DDD；（c）*p, p'*-DDE

另外，在7天的加标吸附实验中，90%～100%的p, p'-DDE-d_8、p, p'-DDD-d_8、p, p'-DDT-d_8、PCBs及PAHs被吸收至漆片C与J，表明漆片对DDTs、PCBs及PAHs有着强吸附能力[132]。同时，在2012年及2014年收集的船体漆片中皆分别观测到DDT的高级代谢产物，例如，p, p'-DDMU及p, p'-DBP[132]。这一结果预示船体表面的漆层或漆片可以作为吸附相，进而从周遭水体富集有机污染物。此外，研究表明构成涂料含量为14%～30%的各类黏合剂/树脂[133, 134]也对有机污染物具有吸附性[135, 136]。因此，分布不均匀的漆片可以极大程度地影响疏水性有机物在海湾地区的相关环境行为与归趋。

4. 源分析指标的应用

同时，本次研究的粒径及密度相关的浓度数据，还可对于常用的DDT源分析进行有关评价。其中，指示DDT是否为历史残留，即当(DDD+DDE)/DDTs[83]或考虑了高级代谢产物的(DDXs–DDT)/DDXs的值大于0.5时则表明DDT是历史残留[125]；指示DDT处于好氧或厌氧条件，即当DDD/DDE值小于1时指示DDT主要经好氧脱氯化氢生成DDE，反之，当有关比值大于1时，DDT主要经厌氧脱氯形成DDD[41]。

研究结果表明，全沉积物中(DDD+DDE)/DDTs及(DDXs–DDT)/DDXs的值均大于0.5（图7-13）。然而，这并不能完全断定沉积物中DDTs均来自于历史残留。因为发现在200～2000 μm、63～200 μm、30～63 μm及<30 μm粒径中分别有11%（9%～14%）、36%（32%～41%）、57%（55%～59%）及30%（23%～36%）的(DDD+DDE)/DDTs或(DDXs–DDT)/DDXs值是小于0.5，与漆片中相同指数值相似（图7-13a）。由此结果可以看出，在多数采样点处，粗颗粒组分沉积物中DDTs主要来自历史残留，而< 200 μm粒径组分中DDTs则以近期输入贡献为主。

另外，DDD/DDE在总沉积物及不同粒径组分中比值大约为1～105（图7-14），显示该区域主要处于厌氧条件。有意思的是，漆片中该指数比值是1～13，指示也是厌氧条件。然而，漆片均采自船体或渔排小屋的表面，理应以好氧条件为主。正如上文所述，漆体可以作为吸附相，从周遭水体富集有机污染物。此外，在该研究区域水体与沉积物中DDD的含量均高于DDE的值[43, 125]，漆片可能从周遭水体吸附DDD与DDE，最终使得拥有较高的DDD/DDE值。因此，当进行DDTs的源分析时，以粒径及密度相关浓度相对更为精确；同时也表明当漆片存在于环境基质时可极大程度地影响源分析的结果。

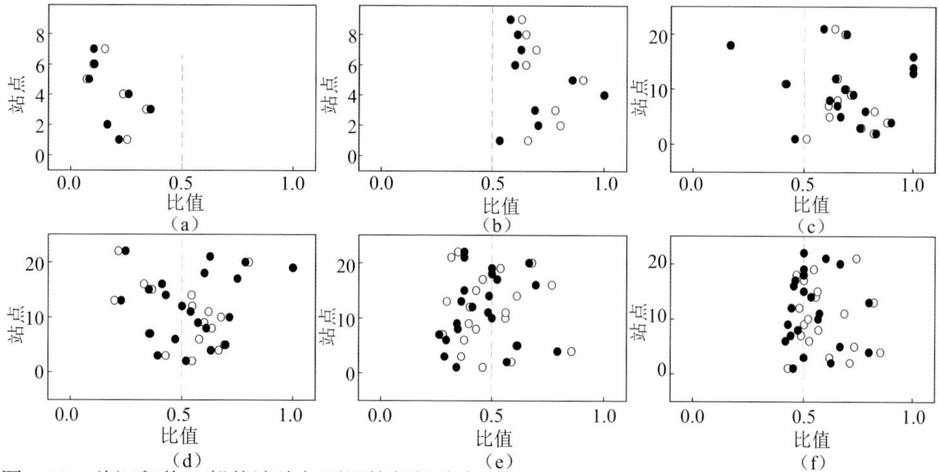

图 7-13　总沉积物、船体漆片与不同粒径组分中 (DDD+DDE)/DDTs 及 (DDXs–DDT)/DDXs 值

（a）船体漆片；（b）全沉积物；（c）200 ～ 2000 μm；（d）63 ～ 200 μm；（e）30 ～ 63 μm；（f）<30 μm。○为 (DDXs-DDT)/DDXs；● (DDE+DDD)/DDTs

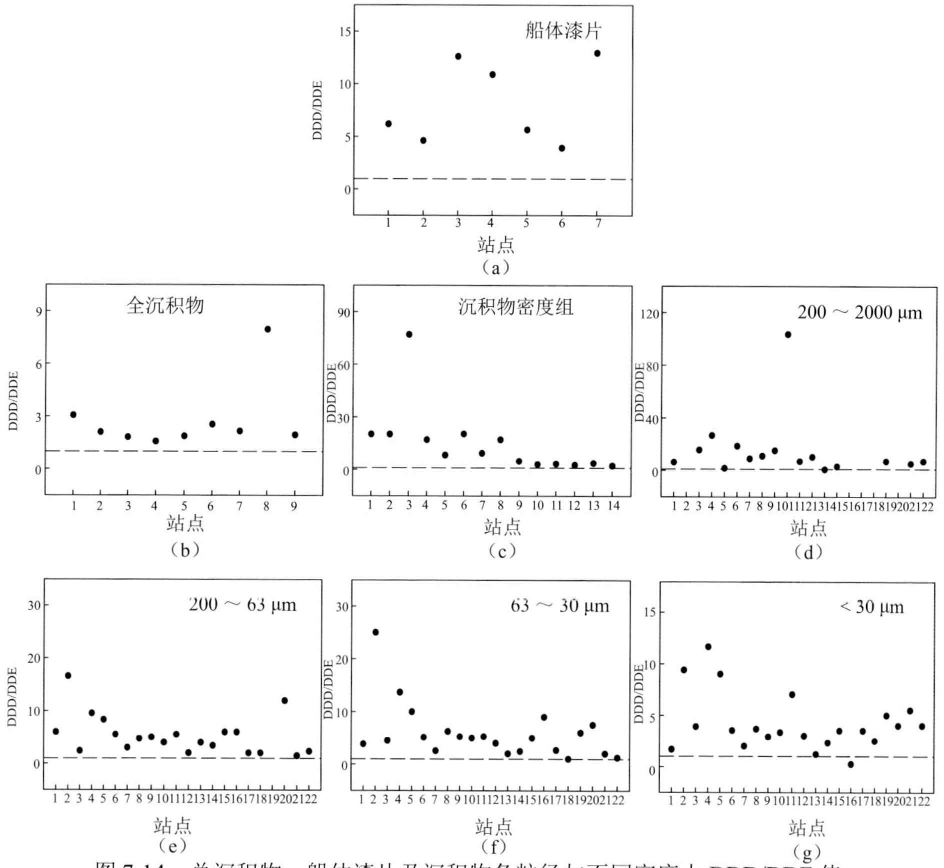

图 7-14　总沉积物、船体漆片及沉积物各粒径与不同密度中 DDD/DDE 值

7.4.4 人工碎屑介导有机化合物在海湾沉积物中的分布

1. 采样站点及样品简述

选取从事海水养殖的海陵湾进行沉积物样品采样，用于目标物化合物的检测。其中，采样站点包括船舶维修厂周边（标记为A与B；图7-15）、主航道周遭及海水养殖区。此外，采集9个海底表沉积物（标记为MD1～MD9；图7-15），仅用于人工碎屑的筛选。

分离各粒径与密度的沉积物样品的方法与7.4.3节第1小节所述相同。同时，将该方法略调整以便将人工碎屑从沉积物中分离。其中，所有沉积物都采用海水进行湿筛，分别收集残留在10目与80目的沉积物，即得到两个粒径组：大于2000 μm和200～2000 μm。只有粗颗粒被保留，其原因是借鉴于先前的研究（7.4.3节），表明该地区海底沉积物中的漆片主要存在于沉积物粗颗粒组分。此外，也有学者指出当人工碎屑小于100 μm且没明显的颜色或形状时不易在电子显微镜下被观察到[137]。人工碎屑经肉眼从相关的分粒径样品中被筛选出，其后经冷冻干燥、称重后以−20℃保存直至前处理。所有的人工碎屑则进一步划分为九大类，例如，衣料或纺织品、化学纤维、绳子、线、塑料袋、食品外包装袋、漆片或漆颗粒、电缆外壳及墙纸。

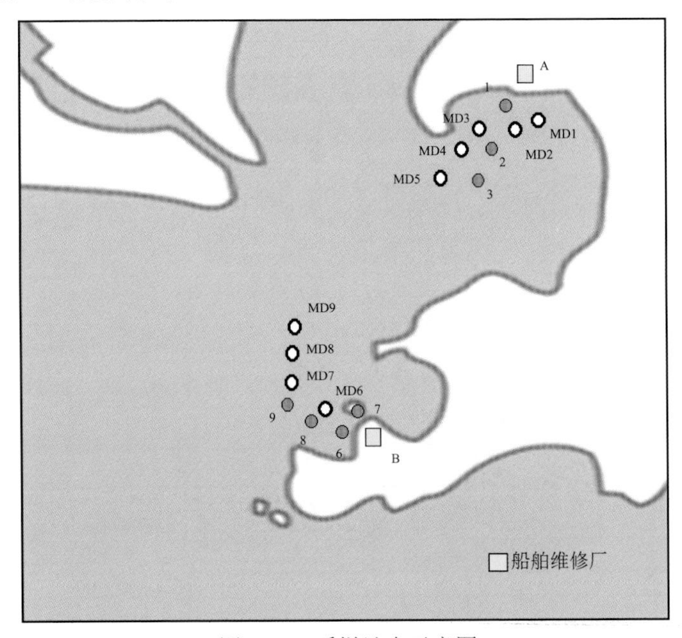

图 7-15　采样站点示意图

2. 表层沉积物中人工碎屑的分布规律

各采样站点表层沉积物中的漆片或漆颗粒含量差异甚大且分布不均一。例如，漆片在粗颗粒（>200 μm）中的相对丰度从船舶维修厂往外围水域呈现快速递减趋势（图7-16）。然而，在位于主要航道周边的采样站点MD5，漆片在粗颗粒中的相对丰度突然递增（图7-16）。另外，表层沉积物中其他的人工碎屑也是分布不均一，例如，塑料绳、饲料包装袋、塑料袋、墙纸及电缆外壳等主要分布在网箱养殖区或渔业活动区。据此结果表明，该区域内表层沉积物中体积较大的人工碎屑主要是来自人类活动的直接或意外丢弃。

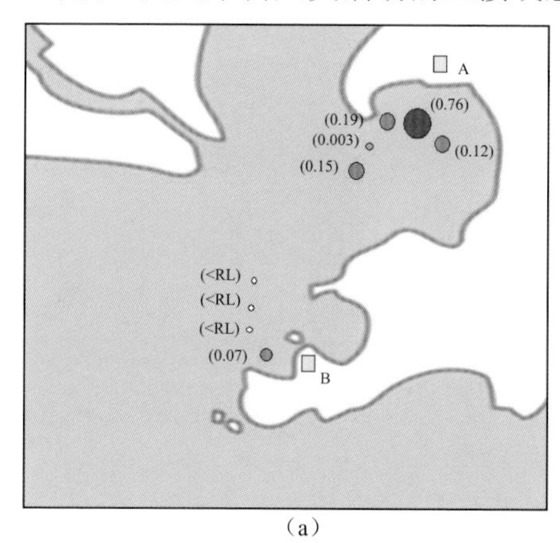

（a）

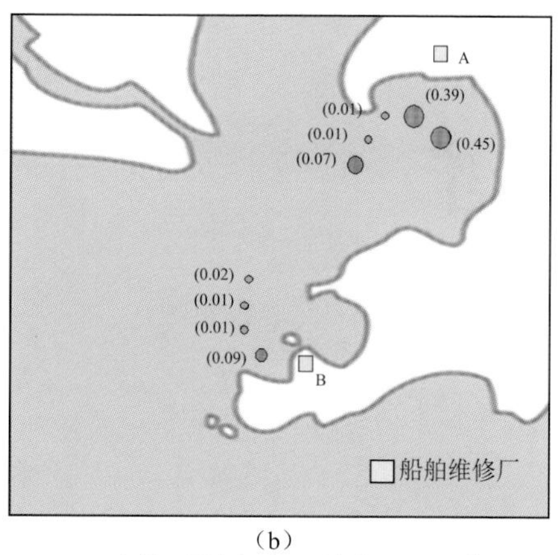

（b）

图 7-16　漆片在沉积物粗颗粒组分（> 200 μm）中的质量丰度（单位：$g·kg^{-1}$）
（a）>2000 μm；（b）200 ～ 2000 μm

3. 人工碎屑与表层沉积物中的有机化合物

人工碎屑中的OPFRs、OTs、PAEs和DDTs干重浓度分别为<RL～36 $μg·g^{-1}$、<RL～740 $μg·g^{-1}$、0.3～37000 $μg·g^{-1}$和0.02～473 $μg·g^{-1}$（中值11 $μg·g^{-1}$、0.2 $μg·g^{-1}$、11 $μg·g^{-1}$和3.9 $μg·g^{-1}$）。其中，墙纸与电缆外壳中检测出较高浓度的PAEs（37 $mg·g^{-1}$和34 $mg·g^{-1}$），船体漆片/颗粒则检测出较高浓度的OPFRs、OTs和DDTs（36 $μg·g^{-1}$、0.7 $μg·g^{-1}$和430 $μg·g^{-1}$）。另外，表层全沉积物中OPFRs、OTs和PAEs浓度分别为<RL～300 $μg·g^{-1}$、<RL～160 $μg·g^{-1}$和28～520 $ng·g^{-1}$，中值分别为19 $ng·g^{-1}$、60 $ng·g^{-1}$和240 $ng·g^{-1}$。此外，OPFRs、OTs和PAEs的浓度变化与DDTs相似（见7.4.3节），即随着距离船舶维修厂的增加而呈现快速递减趋势。

此外，各分粒径沉积物中的OPFRs、OTs和PAEs也同样是分布不均一。例如，多数采样站点的粗颗粒组分（200～2000 μm）中的目标化合物浓度皆大于细颗粒组分（<30 μm）；而位于半封闭的海湾之内的采样站点，受地理位置影响，或为悬浮细颗粒的理想沉降之处，则细颗粒组分（<30 μm）相对较多。此外，粗颗粒组分中（200～2000 μm）OPFRs、OTs和PAEs浓度是相对细颗粒组分（<30 μm）的<0.4～710倍、<0.01～4.1倍和0.7～43倍（图7-17）。同时，在粗颗粒组分中OPFRs、OTs和PAEs浓度是全沉积物浓度的0.1～130倍、<0.01～5.2倍和0.9～ 48倍（中值分别是3.4倍、1.4倍和8.3倍）。在空间上，自距离船舶维修厂的增加，采样站点各粒径组分中OPFRs、OTs和PAEs分别呈现快速递减趋势。然而，在临近主要航道与海水养殖区附近的采样站点，例如，采样站点3、采样站点8与采样站点9，其粗颗粒组分中的OPFRs和PAEs浓度突然递增。这一结果，进一步肯定了人类活动对海湾地区形成“OPFRs、OTs和PAEs浓度热点”分布的重要性[132]。

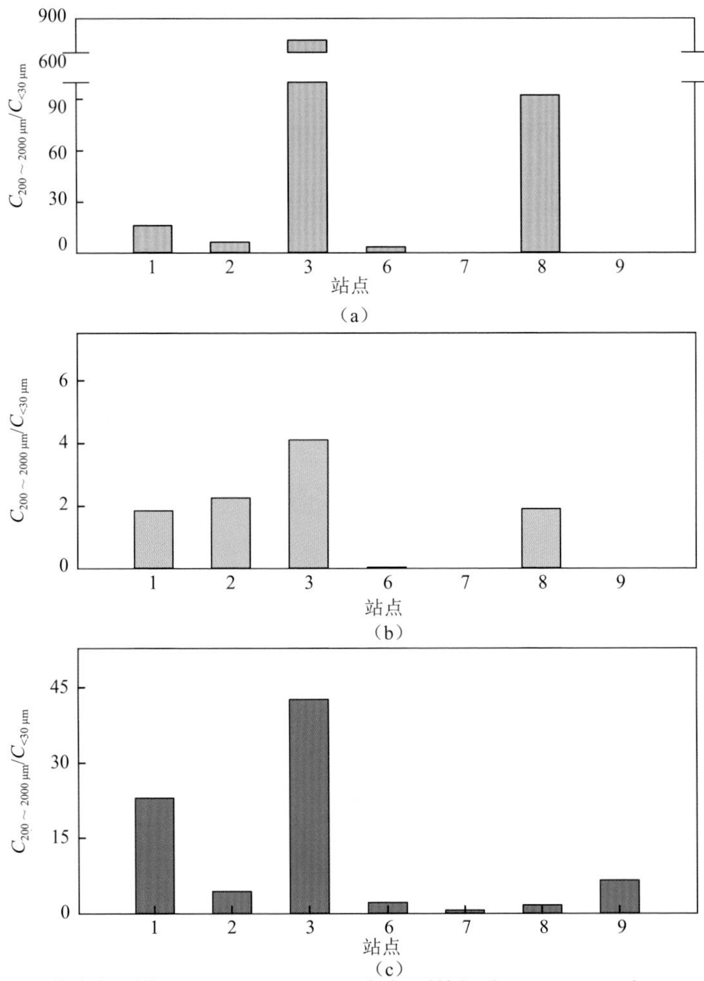

图 7-17　沉积物中粗颗粒（200 ～ 2000 μm）与细颗粒组分（<30 μm）上 OPFRs、OTs 和 PAEs 的浓度比值

（a）OPFRs；（b）OTs；（c）PAEs

另外，关于各粒径及不同密度沉积物中OPFRs、OTs和PAEs浓度与有机碳含量的相互关系，如图7-18所示，除了细粒径组分（<30 μm），沉积物中轻密度（<1.7 g·cm^{-3}）贡献了极大比例的OPFRs、OTs和PAEs。例如，轻密度组分虽然只占了总沉积物中的0.15%，却分别贡献近98%～99%、85%～90%和98%～99%的OPFRs、OTs和PAEs。此外，采样站点2和站点9的OPFRs、OTs和PAEs主要分布于粗颗粒（63～2 000 μm），分别可达89%～92%、58%～88%和约92%。

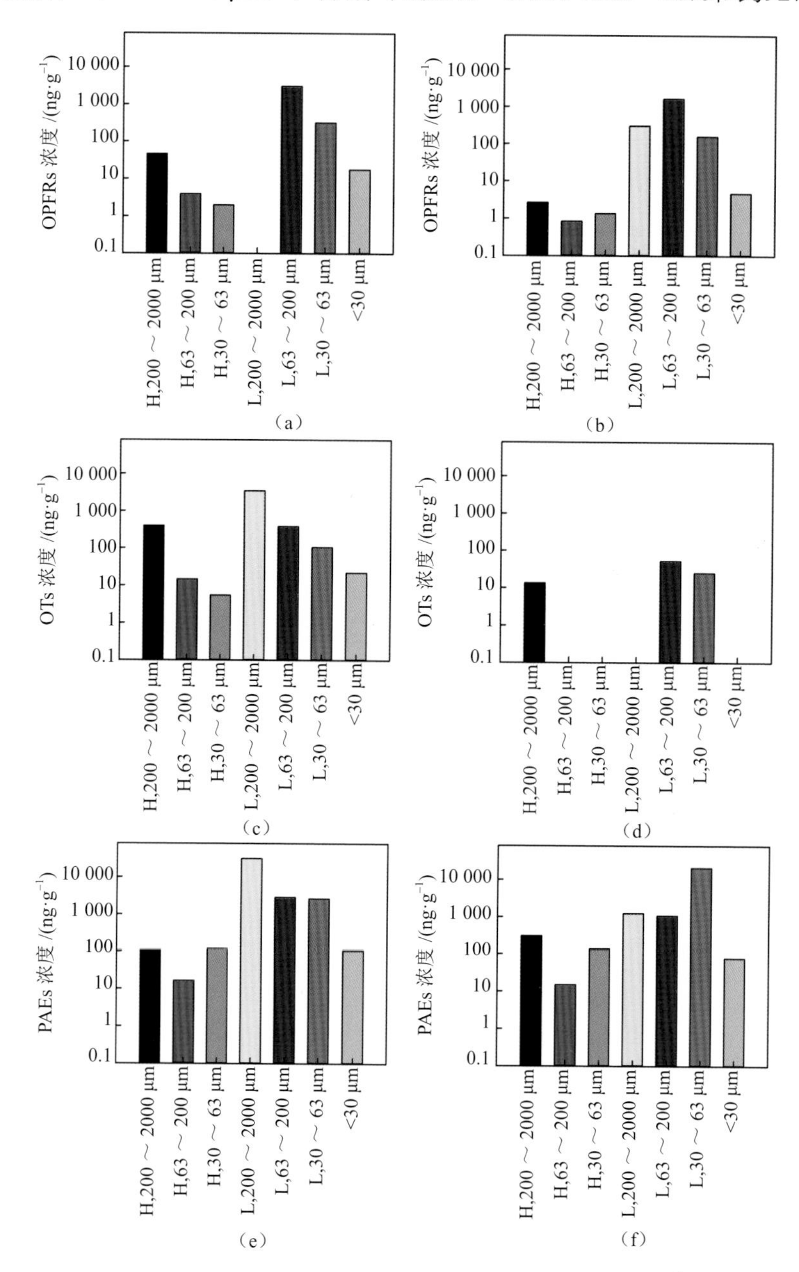

（a）　（b）

（c）　（d）

（e）　（f）

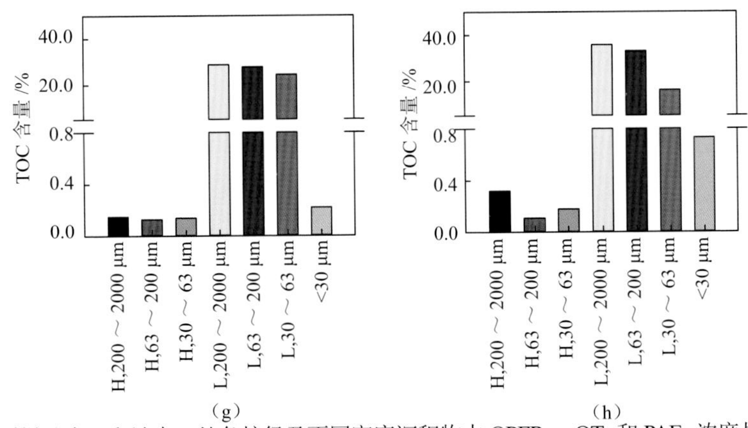

图 7-18 采样站点 2 和站点 9 处各粒径及不同密度沉积物中 OPFRs、OTs 和 PAEs 浓度与 TOC 含量
H 为重密度组分（＞1.7 g·cm^{-3}）；L 为轻密度组分（＜1.7 g·cm^{-3}）。（a）、（c）、（e）、（g）为站点 2 所测数据；（b）、（d）、（f）、（h）为站点 9 所测数据

4. 人工碎屑的存在与不同粒径大小的颗粒中有毒有害物质的变异性

一般而言，具有较大比表面积的细颗粒及富含碳的颗粒拥有较强表面吸附能力[138]。然而，在本书研究中全沉积物和各粒径组分中的OPFRs、OTs和PAEs浓度与TOC或颗粒粒径大小呈现弱相关（p> 0.05）。据此，大多数目标化合物并非是吸附于沉积物颗粒表面，而是受其他因素影响。

另外，沉积物中人工碎屑含有大量的有毒有害化合物，例如，在电缆外壳中PAEs的含量（34 mg·g^{-1}）是全沉积物浓度（28～520 ng·g^{-1}）的5～6个数量级。此外，当人工碎屑（具有明显颜色的颗粒、薄膜与碎片）自粗颗粒（200～2000 μm）的轻密度组分（<1.7 g·cm^{-3}）小心移除后，其轻密度组分中OPFRs、OTs和PAE浓度则有大幅的下降（图7-19），其下降幅度分别达70%、59%和58%。这一结果进一步肯定了分布不均的人工碎屑对海湾地区形成“浓度热点”分布的重要性[132]。

实际上，先前的研究曾指出，在一天然气生产厂及其长期有重型运输和工业活动的区域内，其沉积物粗颗粒（> 63 μm）中轻密度组分（< 1.7 g·cm^{-3}）的风化煤沥青（coal tar pitch）是造成该区域沉积物中拥有较高PAHs浓度的重要因素[31, 138]。此外，我们也报道了在船舶维修厂周边区域内的沉积物，若受到含有DDTs船体漆片污染，可以人为地增加沉积物中有机质含量较低（0.15%～0.3%）的粗颗粒（200～2000 μm）中重密度（>1.7 g·cm^{-3}）组分对DDT类化合物的吸附量[132]。

因此，在海湾沉积物中疏水性有机物的分布可以极大程度上受到人工碎屑的分布及其物理化学性质影响。据此，在特定的情况下，沉积物具有较高的有机碳含量和/或较大的比表面积不一定就支配着疏水性有机化合物的迁移与转化等环境行为。这一发现对于某些情况下的风险评估具有一定的指示作用。例如，在农田里施加生物污泥以助作物生长，不仅给土壤带来了丰富的有机质与营养元素，而且也可能带来大量的人造纤维、有机毒物与无机毒物[139-142]。那么在这种情况下，如果人工碎屑的作用没有一并被考虑于土壤的吸附能力，则该风险评价或许会出现错误评估。

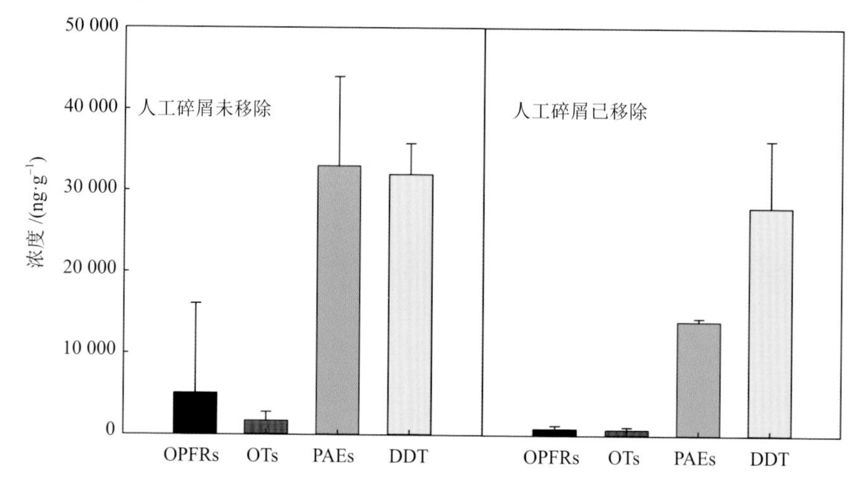

图 7-19　未移除 / 已移除具有鲜艳颜色的人工碎屑，采样站点 2 处粗颗粒（200 ～ 2000 μm）中轻密度（< 1.7 $g \cdot cm^{-3}$）组分中 OPFRs、OTs、PAEs 和 DDTs 浓度

5. 人工碎屑对有毒有害化合物分布的影响及其重要意义

人工碎屑可能含有各种各样的有毒有害化合物，例如，自采样站点沉积物中所分离的塑料袋与食品外包装袋中PAEs和DDTs浓度分别是40～80 $\mu g \cdot g^{-1}$和3.1～17 $\mu g \cdot g^{-1}$。该结果表明，人工碎屑可作为吸附剂从周遭环境积累有机化合物。先前研究证明，塑料所积累的有毒有害化合物可以是水体的6个数量级[143]。此外，人工碎屑可含有原产品所使用的各种添加剂，例如，含有DDTs或OTs的防污漆[42]或是墙纸与建筑材料可挟带着各种的塑料塑化剂与防火添加剂[144]。据报道，一般人工合成高分子材料可含有一定比例的塑化剂（如PAEs；10%～70%）、阻燃剂（12%～18%）与无机颜料（如镉、铬和铅；0.01%～10%）等添加剂[28]。此外，在以聚合物为基质的油漆中，铜与锌可分别占到总干重的35%和15%[145]。一方面，历经风化的聚合物因表面出现大量的细微裂纹和/或长时间停留于环境中，可以增加其对有毒有害化合物的吸附能力[146]。另一方面，高分子聚合物或有机基质经磨损作用产生的碎屑或可人为地增加沉积物、灰尘等中有毒有害化合物的浓度，例如，含有溴元素的颗粒并非与灰尘紧密相连，而是嵌入式的存在于高分子聚合物或有机基质构架内[147, 148]。再者，有毒

有害化合物在含有人工碎屑基质中的解吸速率显著地不同于不含人工聚合物的沉积物，例如，PAHs与DDTs自沉积物的解吸速率显著地较快于塑料和油漆碎片[29, 132]。因此，若沉积物中存在少量含有机污染物的人工碎屑将极大地增加有毒有害化合物的浓度水平，其在人口稠密区、工业化地区及船只航道附近将尤为显著。综上所述，人工碎屑对于有毒有害化合物在沉积物中呈现“热点”分布起到关键作用。据此，应将人工碎屑作为沉积物质量评价中重要组成之一。

7.5 沉积物-水界面通量被动采样器的应用及界面通量的影响因素

本节目的是初步从众多环境因素（上覆水和沉积物的理化性质等）中找出决定沉积物-水界面通量的环境因子。以阳江海陵湾为研究区域，应用沉积物-水界面通量被动采样器（详见第2章）以获取DDTs在沉积物-水界面附近浓度趋势，并采用菲克第一扩散定律计算出DDTs的扩散通量。同时，测定了相同位置处的表层沉积物中有机质各组分[有机碳（OC）、腐殖酸（HA），干酪根（kerogen），炭黑（BC）]含量，通过研究环境因子（如沉积物粒径分布、生物含量、水中溶解氧、pH、盐度等）和界面通量的相关性，确认控制DDTs扩散通量的关键因子。

7.5.1 目标化合物的浓度分布

在所有站点（图7-20），上覆水与孔隙水中自由溶解态*p, p′*-DDD和*o, p′*-DDD的浓度为0.1～15 $ng \cdot L^{-1}$，而*p, p′*-DDE则皆低于检出限（1 $ng \cdot L^{-1}$）。其中，站点A1和站点A2浓度最高，其邻近船体维修厂，站点B和站点C浓度次之，站点D和站点E最低的。各站点沉积物中*p, p′*-DDD、*o, p′*-DDD和*p, p′*-DDE各自浓度可达22～410 $ng \cdot g^{-1}$，与我们在2007年同一区域所测浓度相当（3.7～180 $ng \cdot g^{-1}$）[42]。其中沉积物中*o, p′*-DDD/*p, p′*-DDD值为0.21～0.33，完全落在当地所销售的防污漆中*o, p′*-DDT/*p, p′*-DDT值区间（0.2～0.33）之内。在沉积物中，*o, p′*-DDD/*p, p′*-DDD可近似于*o, p′*-DDT/*p, p′*-DDT，这支持了防污漆是该地区沉积物中滴滴类化合物的主要来源的观点[42]。另外，上覆水与孔隙水中*o, p′*-DDD和*p, p′*-DDD比值为0.42～0.95，或暗示着相较于*o, p′*-DDD，*p, p′*-DDD更易降解。曾报道在台北的Keelung河流沉积物中*p, p′*-DDD的去除率（0.85 $\mu mol \cdot L^{-1} \cdot d^{-1}$）快于*o, p′*-DDD（0.42 $\mu mol \cdot L^{-1} \cdot d^{-1}$）[149]。

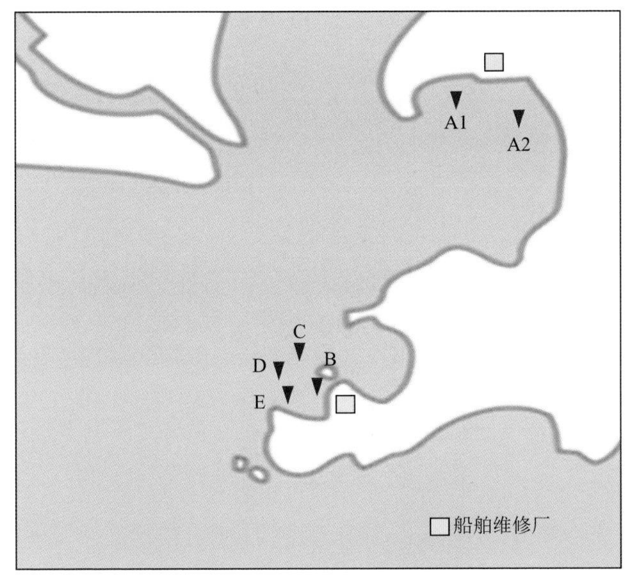

图 7-20　采样站点示意图

7.5.2　目标化合物的沉积物－水扩散通量

各个目标物在不同站点中的时间加权平均沉积物-水扩散通量，变化很大（−0.03～−4.73 $ng \cdot m^{-2} \cdot d^{-1}$）（表7-5）。例如，在站点A2处有着最大的*p*, *p*′-DDE和*o*, *p*′-DDD通量值，分别为1.22 $ng \cdot m^{-2} \cdot d^{-1}$和3.80 $ng \cdot m^{-2} \cdot d^{-1}$。站点A1处，也为正通量，如*p*, *p*′-DDD、*o*, *p*′-DDD和*p*, *p*′-DDE分别为4.73 $ng \cdot m^{-2} \cdot d^{-1}$、2.39 $ng \cdot m^{-2} \cdot d^{-1}$和0.40 $ng \cdot m^{-2} \cdot d^{-1}$。而在余下的站点B、站点C、站点D和站点E，目标物的扩散通量皆为负通量（−0.03～−3.02 $ng \cdot m^{-2} \cdot d^{-1}$）。在站点B、站点C、站点D和站点E处的*p*, *p*′-DDE通量及站点D的*o*, *p*′-DDD通量皆不计算，因该些目标物在上覆水与沉积物中的浓度差异极不显著（$p>0.05$），故有关站点的扩散通量将不在下文进行讨论。

表 7-5　时间加权平均 DDTs 沉积物－水扩散通量　（单位：$ng \cdot m^{-2} \cdot d^{-1}$）

目标物	A1	A2	B	C	D	E
p, *p*′-DDE	0.42	1.22	na[a]	na	na	na
p, *p*′-DDD	4.73	na	−0.92	−3.02	−0.24	−0.08
o, *p*′-DDD	2.39	3.80	−0.24	−1.37	na	−0.03

注：正值，表明目标化合物迁移方向为沉积物至上覆水，负值，则方向相反；
a. na 是指无法获得，因目标化合物在上覆水和孔隙水的浓度的无明显差异

上述结果指示着，站点A1和站点A2中*p*, *p*′-DDT和*o*, *p*′-DDT的主要降解产

物，是通过沉积物释放至上覆水中，即沉积物是相关目标物的“源”；而站点B、站点C、站点D和站点E的沉积物则作为相关目标物的“汇”。一般而言，沉积物一开始是作为滴滴涕及其降解产物的“汇”。当滴滴涕持续积累在沉积物中，滴滴涕及其降解产物在沉积物中的逸度将超过上覆水，尤其是当防污漆中加入滴滴涕得到相应的限制所致使的上覆水水中浓度下降，沉积物将成为相关目标物的“源”。由于滴滴涕及其降解产物作为防污漆中一组分，自1950～2011年，每年约释放0.7 t进入到海陵湾，致使沉积物中积累了大量滴滴涕及其降解产物[42]。

站点A1和站点A2位于渔港内且一造船厂（图7-20），其*p*, *p′*-DDE、*p*, *p′*-DDD和*o*, *p′*-DDD沉积物-水扩散通量大且为正值，即沉积物是这些目物的“源”。另外，站点B、站点C、站点D、站点E位于渔港外侧，且受到强潮汐流的影响。由此，化合物自沉积物中的脱附可十分有效地被移离，致使相关目标物的扩散通量较小且为负值，即该些位点的沉积物作为这些目物的“汇”。这些结果再次确证上述观点，即“热点”区的沉积物（如站点A1和站点A2）是有机污染物的源，离岸较远的地方则为“汇”[150]。

7.5.3 沉积物与上覆水的物理化学特性对沉积物-水界面通量的影响

有机化合物经沉积物-水界面的通量存在两种主要的方式：①自沉积物表层经再悬浮形成悬浮颗粒并解析来到上覆水中；②自沉积物中脱附到孔隙水中再通过孔隙水扩散到上覆水[151]。第一种过程主要受到潮汐湍流和生物扰动[152]，其可以通过水流速、菌落总数（colony-forming unit，CFU）和过氧化氢酶活性等评估[153, 154]。第二种过程，则可受多种因素影响，其中最主要的之一是目标物在上覆水（C_w）与孔隙水（$C_{w,pore}$）间的浓度梯度。C_w与$C_{w,pore}$的值受暴露条件，如水温、盐度、潮汐、pH、沉积物组成和沉积物有机质（sediment organic matter，SOM）影响而变化。升高温度将加速目标物在沉积物与水界面的扩散系数。盐度，则可施加盐析作用，以降低目标在水中的溶解度[155]。显然，潮汐流可以对水与沉积物产生扰动，使得目标物在沉积物具有可动性。通过改变与HA的相互作用位点，pH可影响目标物的残留程度[156]。沉积物中的粉砂土与黏土因具有较大的比表面积及吸附容量[157]，因此，沉积物有机质对于目标物吸附于沉积物中起到关键的作用[129, 158, 159]。

而在研究过程中，潮汐呈不定期性扰动，因此该效应对目标物的扩散通量无法评估。所有采样站点水温则恒定在26～28℃，由此推断水温对目标物的扩散通量的影响较弱。有意思的是，在站点A2处的*p*, *p′*-DDE、*o*, *p′*-DDD沉积物-水扩散通量大于在站点A1处（表7-5）。其中，上覆水中的物理化学性质，如温度、盐度、pH、溶解氧和潮汐，极为相似[160]。而在几种沉积物目标特性中，如物理组成、pH、水含量、CFU和过氧化氢酶活性，只有CFU具有明显的不同（如站点A1的3.2×10^{-5} $CFU \cdot g^{-1}$ 和站点A2 的1.5×10^{-5} $CFU \cdot g^{-1}$）。Lou等发现在pH 5～9、盐度0～5%及固液比为(1∶1)～(1∶10)时，沉积物中五氯酚向水体的释放量并无显著的差异[161]。据此，可以推测物理组成、pH与水含量对于目标物在站点A1和站点A2的扩散通量影响极小，尤其五氯酚是极性化合物，比滴滴涕类化合物更敏感于上述参数。另外，较高的CFU值可以暗示着站点A1比站点A2具有较高活性的大型底栖动物群落。已知底栖生物可以混合沉积物颗粒和沉积物上层孔隙水，致使再悬浮沉积物中埋藏的化学物质[162]。例如，Granberg等曾报道生物扰动可以增强颗粒物的释放，使得波罗的海的缺氧沉积物中有机化合物含量增加[163]。这些结果分析表明生物扰动是一重要的影响因素，正向支配着有机化合物在沉积物-水界面的扩散通量。同时，A1和A2两站点的CFU值差异，也说明其他相关影响因素，如微生物密度或也应该纳入沉积物的生物扰动评价中。尽管如此，上覆水或沉积物的物理化学特性与化合物的沉积物-水扩散通量之间的相关性，仍须进一步研究。

7.5.4　有机质对 DDTs 沉积物-水界面迁移的影响

除了上述沉积物与上覆水的物理化学特性，沉积物中有机质也是另一重要因素，支配着沉积物-水界面通量。各站点沉积物中OC、干酪根和BC各占比为0.65%～1.26%、0.05%～0.07%和0.01%～0.02%，HA只占了极小的比例（<0.0016%）。为考查有机质对扩散促进作用的重要性，以站点A1结果为例，模拟在不同有机质含量下对扩散通量的变化。假定沉积物与上覆水中目标物浓度为定值，而孔隙水中目标物浓度、沉积物-水界面浓度梯度，以及沉积物中不同有机质含量为变量。

表7-6中展示了各变量值（$C_{w,0}$和a_0）及p, p'-DDE，p, p'-DDD和o, p'-DDD通量结果的变化。显然，由腐殖酸所引导的目标物通量变化（0～1.7%），基本可忽略不计。这结果十分显然，因其在沉积物中的占比极少[160]，致使对沉积物的全吸附容量影响甚小。虽然沉积物中OC占比远高于BC与干酪根[160]，其对扩散通量的影响较小于后两者。例如，当OC含量减少了17%，相关目标物通量增加了3.2%～13%，然而当干酪根含量只减少了6.7%，目标物通量却有11%～14%的增加（表7-6）。另可预期的是，BC含量的变化与目标物通量变化的关系，与干酪根具有一定的相似性，因两者具有相同的分配系数（$K_{kerogen}=K_{BC}$；p, p'-DDE=$10^{7.27}$；p, p'-DDD和o, p'-DDD=$10^{6.45}$）。目标物的理化特性也是一重要因素，同时影响着扩散通量的变化。例如，p, p'-DDE（$K_{OC}=10^{6.76}$）因OC和干酪

根或BC所导致的通量变化差异远大于p, p'-DDD和o, p'-DDD（$K_{OC}=10^{6.03}$），这是因为p, p'-DDE的K_{OC}与$K_{kerogen}$或K_{BC}之间的差异（0.51）显著大于p, p'-DDD和o, p'-DDD（0.41）。总体而言，有机质对扩散通量的影响主要是受干酪根和BC含量，以及目标化合物的理化特性支配。除此之外，由于干酪根和BC显现出非线性吸附（$n_{kerogen}$=0.53和n_{BC}=0.42）[160]，因此该非线性吸附指数的选择，以及其对扩散通量的影响，仍待再一步研究。

表 7-6　不同含量的有机碳（f_{OC}）、腐殖酸（f_{HA}）、干酪根（$f_{kerogen}$）和炭黑（f_{BC}）对站点 A1 中沉积物-水界面处浓度（$C_{w,0}$）、拟合参数（a_0）、扩散通量（F）的影响

	质量分数/%	p,p'-DDE				p,p'-DDD				o,p'-DDD			
		$C_{w,0}$/(ng·L^{-1})	a_0/cm^{-1}	F/(ng·m^{-2}·d^{-1})	ΔF/%	$C_{w,0}$/(ng·L^{-1})	a_0/cm^{-1}	F/(ng·m^{-2}·d^{-1})	ΔF/%	$C_{w,0}$/(ng·L^{-1})	a_0/cm^{-1}	F/(ng·m^{-2}·d^{-1})	ΔF/%
f_{OC}	1.2	0.175	−0.76	0.416	—	4.37	−0.35	4.73	—	2.27	−0.34	2.387	—
	1.0	0.718	−0.77	0.429	3.2	4.67	−0.37	5.34	13	2.38	−0.36	2.647	11
	1.5	0.171	−0.74	0.397	−4.6	4.00	−0.32	3.96	−16	2.10	−0.31	2.025	−15
f_{HA}	0.0003	0.175	−0.76	0.416	—	4.37	−0.35	4.73	—	2.27	−0.34	2.387	—
	0.0001	0.175	−0.76	0.416	0	4.37	−0.35	4.73	0	2.26	−0.34	2.352	−1.5
	0.0006	0.175	−0.76	0.416	0	4.37	−0.35	4.73	0	2.25	−0.34	2.347	−1.7
$f_{kerogen}$	0.075	0.175	−0.76	0.416	—	4.37	−0.35	4.73	—	2.27	−0.34	2.387	—
	0.070	0.187	−0.81	0.473	14	4.6	−0.37	5.26	11	2.39	−0.36	2.670	12
	0.080	0.164	−0.71	0.366	−12	4.15	−0.33	4.24	−10	2.13	−0.32	2.088	−13
f_{BC}	0.027	0.175	−0.76	0.416	—	4.37	−0.35	4.73	—	2.27	−0.34	2.387	—
	0.024	0.194	−0.84	0.510	23	4.62	−0.37	5.30	12	2.41	−0.36	2.719	14
	0.030	0.158	−0.69	0.341	−18	4.12	−0.33	4.21	−11	2.11	−0.31	2.046	−14

参考文献

[1] Blais J M, Macdonald R W, Mackay D, et al. Biologically mediated transport of contaminants to aquatic systems[J]. Environmental Science & Technology, 2007, 41(4): 1075-1084.

[2] Ma J M, Daggupaty S, Harner T, et al. Impacts of lindane usage in the Canadian Prairies on the Great Lakes ecosystem. 2. Modeled fluxes and loadings to the Great Lakes[J]. Environmental Science & Technology, 2004, 38(4): 984-990.

[3] Ma J M, Daggupaty S, Harner T, et al. Impacts of lindane usage in the Canadian Prairies on the Great Lakes ecosystem. 1. Coupled atmospheric transport model and modeled concentrations in air and soil[J]. Environmental Science & Technology, 2003, 37(17): 3774-3781.

[4] Lee C S L, Li X D, Zhang G, et al. Heavy metals and Pb isotopic composition of aerosols in urban and suburban areas of Hong Kong and Guangzhou, South China—Evidence of the long-range transport of air contaminants[J]. Atmospheric Environment, 2007, 41(2): 432-447.

[5] Hofstetter T B, Schwarzenbach R P, Bernasconi S M. Assessing transformation processes of organic compounds using stable isotope fractionation[J]. Environmental Science & Technology, 2008, 42(21): 7737-7743.

[6] Li J, Zhang G, Guo L L, et al. Organochlorine pesticides in the atmosphere of Guangzhou and Hong Kong: Regional sources and long-range atmospheric transport[J]. Atmospheric Environment, 2007, 41(18): 3889-3903.

[7] Wang J，Guo L L，Li J，et al. Passive air sampling of DDT，chlordane and HCB in the Pearl River Delta，South China：Implications to regional sources[J]. Journal of Environmental Monitoring，2007，9(6)：582-588.

[8] Li J，Liu X，Yu L L，et al. Comparing polybrominated diphenyl ethers (PBDEs) in airborne particles in Guangzhou and Hong Kong：Sources，seasonal variations and inland outflow[J]. Journal of Environmental Monitoring，2009，11(6)：1185-1191.

[9] Franklin J. Long-range transport of chemicals in the environment[EB/OL]. [2019-09-24]. https://www.eurochlor.org/wp-content/uploads/2019/04/sd10-long_range_transport-final.pdf.

[10] Wang J Z，Guan Y F，Ni H G，et al. Polycyclic aromatic hydrocarbons in riverine runoff of the Pearl River Delta (China)：Concentrations，fluxes，and fate[J]. Environmental Science & Technology，2007，41(16)：5614-5619.

[11] Ni H G，Lu F H，Luo X L，et al. Riverine inputs of total organic carbon and suspended particulate matter from the Pearl River Delta to the coastal ocean off South China[J]. Marine Pollution Bulletin，2008，56(6)：1150-1157.

[12] Motelay-Massei A，Garban B，Tiphagne-Larcher K，et al. Mass balance for polycyclic aromatic hydrocarbons in the urban watershed of Le Havre (France)：Transport and fate of PAHs from the atmosphere to the outlet[J]. Water Research，2006，40(10)：1995-2006.

[13] Liu L Y，Wang J Z，Qiu J W，et al. Persistent organic pollutants in coastal sediment off South China in relation to the importance of anthropogenic inputs[J]. Environmental Toxicology and Chemistry，2012，31(6)：1194-1201.

[14] Luo X J，Zhang X L，Liu J，et al. Persistent halogenated compounds in waterbirds from an e-waste recycling region in South China[J]. Environmental Science & Technology，2009，43(2)：306-311.

[15] He M J，Luo X J，Yu L H，et al. Tetrabromobisphenol-A and hexabromocyclododecane in birds from an e-waste region in South China：Influence of diet on diastereoisomer- and enantiomer-specific distribution and trophodynamics[J]. Environmental Science & Technology，2010，44(15)：5748-5754.

[16] Zhang X L，Luo X J，Liu H Y，et al. Bioaccumulation of several brominated flame retardants and dechlorane plus in waterbirds from an e-waste recycling region in South China：Associated with trophic level and diet sources[J]. Environmental Science & Technology，2011，45(2)：400-405.

[17] Blais J M，Kimpe L E，Mcmahon D，et al. Arctic seabirds transport marine-derived contaminants[J]. Science，2005，309(5733)：445-445.

[18] Zhang Q H，Chen Z J，Li Y M，et al. Occurrence of organochlorine pesticides in the environmental matrices from King George Island，west Antarctica[J]. Environmental Pollution，2015，206：142-149.

[19] Kumar S，Hoffmann J. Globalization：The maritime nexus[M]//Grammenos C. Handbook of Maritime Economics and Business. London：Lloyd's List，2002：35-62.

[20] GloBallast Partnerships Project Coordination Unit International Maritime Organization. The globallast story：Reflections from a global family[R/OL]. (2017-07-24)[2019-08-15]. http://www.imo.org/en/MediaCentre/HotTopics/BWM/Documents/Monograph%2025_The%20GloBallast%20Story_LR%20-%20rev%201.pdf.

[21] 张小芳，杜还，张芝涛，等 . 中国港口入境船舶压舱水输入总量估算模型 [J]. 海洋环境科学，2016，(1)：123-129.

[22] 杨清良，蔡良候，高亚辉，等 . 中国东南沿海港口外轮压舱水生物的调查 [J]. 海洋科学，2011，(1)：22-28.

[23] Su P，Lv B，Tomy G T，et al. Occurrences，composition profiles and source identifications of polycyclic aromatic hydrocarbons (PAHs)，polybrominated diphenyl ethers (PBDEs) and polychlorinated biphenyls (PCBs) in ship ballast sediments[J]. Chemosphere，2017，168：1422-1429.

[24] Hua J，Liu S M. Butyltin in ballast water of merchant ships[J]. Ocean Engineering，2007，34(13)：1901-1907.

[25] Jambeck J R，Geyer R，Wilcox C，et al. Plastic waste inputs from land into the ocean[J]. Science，2015，347(6223)：768-771.

[26] Creaser C S，Wood M D，Alcock R，et al. UK soil and herbage pollutant survey：UKSHS. report No.8：Environmental concentrations of polychlorinated biphenyls (PCBs) in UK soil and herbage[R]. [S.l.]：Environment Agency，2007.

[27] The United States Environmental Protection Agency's (Us Epa) Office of Water. Marine debris[EB/OL]. [2019-09-24]. https://nepis.epa.gov/Exe/ZyPDF.cgi/P1008EDW.PDF?Dockey=P1008EDW.PDF.

[28] Hansen E，Nilsson N H，Lithner D. Hazardous substances in plastic materials[EB/OL]. [2019-09-24]. http://www.byggemiljo.no/wp-content/uploads/2014/10/72_ta3017.pdf.

[29] Teuten E L，Rowland S J，Galloway T S，et al. Potential for plastics to transport hydrophobic contaminants[J]. Environmental Science & Technology，2007，41(22)：7759-7764.

[30] van Sebille E，Wilcox C，Lebreton L，et al. A global inventory of small floating plastic debris[J]. Environmental Research Letters，2015，10(12)：124006.

[31] Ghosh U，Zimmerman J R，Luthy R G. PCB and PAH speciation among particle types in contaminated harbor sediments and effects on PAH Bioavailability[J]. Environmental Science & Technology，2003，37(10)：2209-2217.

[32] Chalhoub M，Amalric L，Touze S，et al. PCB partitioning during sediment remobilization-a 1D column experiment[J]. Journal of Soils and Sediments，2013，13(7)：1284-1300.

[33] Couceiro F，Fones G R，Thompson C E L，et al. Impact of resuspension of cohesive sediments at the Oyster Grounds (North Sea) on nutrient exchange across the sediment-water interface[J]. Biogeochemistry，2013，113(1-3)：37-52.

[34] Santschi P，Höhener P，Benoit G，et al. Chemical processes at the sediment-water interface[J]. Marine Chemistry，1990，30：269-315.

[35] Huang W L，Peng P A，Yu Z Q，et al. Effects of organic matter heterogeneity on sorption and desorption of organic contaminants by soils and sediments[J]. Applied Geochemistry，2003，18(7)：955-972.

[36] Huang Y F，Liu Z Z，He Y，et al. Quantifying effects of primary parameters on adsorption-desorption of atrazine in soils[J]. Journal of Soils and Sediments，2013，13(1)：82-93.

[37] Kan A T，Fu G，Tomson M B. Adsorption/desorption hysteresis in organic pollutant and soil/sediment interaction[J]. Environmental Science & Technology，1994，28(5)：859-867.

[38] Schwarzenbach R P，Gschwend P M. Environmental Organic Chemistry[M]. [S.l.]：John Wiley & Sons，2016.

[39] Mai B X，Chen S J，Luo X J，et al. Distribution of polybrominated diphenyl ethers in sediments of the Pearl River Delta and adjacent South China Sea[J]. Environmental Science & Technology，2005，39(10)：3521-3527.

[40] Ni H G，Zeng H，Tao S，et al. Environmental and human exposure to persistent halogenated compounds derived from e-waste in China[J]. Environmental Toxicology and Chemistry，2010，29(6)：1237-1247.

[41] Lin T，Hu Z H，Zhang G，et al. Levels and mass burden of DDTs in sediments from fishing harbors：The importance of DDT-containing antifouling paint to the coastal environment of China[J]. Environmental Science & Technology，2009，43(21)：8033-8038.

[42] Yu H Y，Shen R L，Liang Y，et al. Inputs of antifouling paint-derived dichlorodiphenyltrichloroethanes (DDTs) to a typical mariculture zone (South China)：Potential impact on aquafarming environment[J]. Environmental Pollution，2011，159(12)：3700-3705.

[43] Yu H Y，Guo Y，Bao L J，et al. Persistent halogenated compounds in two typical marine aquaculture zones of South China[J]. Marine Pollution Bulletin，2011，63(5-12)：572-577.

[44] Mai B X，Fu J M，Sheng G Y，et al. Chlorinated and polycyclic aromatic hydrocarbons in riverine and estuarine sediments from Pearl River Delta，China[J]. Environmental Pollution，2002，117(3)：457-474.

[45] Xu S S，Liu W X，Tao S. Emission of polycyclic aromatic hydrocarbons in China[J]. Environmental Science & Technology，2006，40(3)：702-708.

[46] Luo X J，Chen S J，Ni H G，et al. Tracing sewage pollution in the Pearl River Delta and its adjacent coastal area of South China Sea using linear alkylbenzenes (LABs)[J]. Marine Pollution Bulletin，2008，56(1)：158-162.

[47] Wang J Z，Zhang K，Liang B. Tracing urban sewage pollution in Chaohu Lake (China) using linear alkylbenzenes (LABs) as a molecular marker[J]. Science of the Total Environment，2012，414：356-363.

[48] Isobe K O，Zakaria M P，Chiem N H，et al. Distribution of linear alkylbenzenes (LABs) in riverine and coastal environments in South and Southeast Asia[J]. Water Research，2004，38(9)：2449-2459.

[49] Venkatesan M I，Merino O，Baek J，et al. Trace organic contaminants and their sources in surface sediments of Santa Monica Bay，California，USA[J]. Marine Environmental Research，2010，69(5)：350-362.

[50] Medeiros P M，BíCego M C. Investigation of natural and anthropogenic hydrocarbon inputs in sediments using geochemical markers. I. Santos，SP—Brazil[J]. Marine Pollution Bulletin，2004，49(9)：761-769.

[51] Wang X C，Sun S，Ma H Q，et al. Sources and distribution of aliphatic and polyaromatic hydrocarbons in sediments of Jiaozhou Bay，Qingdao，China[J]. Marine Pollution Bulletin，2006，52(2)：129-138.

[52] Hu J F，Peng P A，Chivas A R. Molecular biomarker evidence of origins and transport of organic matter in sediments of the Pearl River estuary and adjacent South China Sea[J]. Applied Geochemistry，2009，24(9)：1666-1676.

[53] Jeng W L，Huh C A. A comparison of sedimentary aliphatic hydrocarbon distribution between East China Sea and southern Okinawa Trough[J]. Continental Shelf Research，2008，28(4)：582-592.

[54] Bouloubassi I，Fillaux J，Saliot A. Hydrocarbons in Surface Sediments from the Changjiang (Yangtze River) Estuary，East China Sea[J]. Marine Pollution Bulletin，2001，42(12)：1335-1346.

[55] Guan Y F，Wang J Z，Ni H G，et al. Riverine inputs of polybrominated diphenyl ethers from the Pearl River Delta (China) to the coastal ocean[J]. Environmental Science & Technology，2007，41(17)：6007-6013.

[56] Guan Y F，Wang J Z，Ni H G，et al. Organochlorine pesticides and polychlorinated biphenyls in riverine runoff of the Pearl River Delta，China：Assessment of mass loading，input source and environmental fate[J]. Environmental Pollution，2009，157(2)：618-624.

[57] Zhang B Z，Guan Y F，Li S M，et al. Occurrence of polybrominated diphenyl ethers in air and precipitation of the Pearl River Delta，South China：Annual washout ratios and depositional rates[J]. Environmental Science & Technology，2009，43(24)：9142-9147.

[58] Zhang K，Zhang B Z，Li S M，et al. Regional dynamics of persistent organic pollutants (POPs) in the Pearl River Delta，China：Implications and perspectives[J]. Environmental Pollution，2011，159(10)：2301-2309.

[59] Li J，Liu X，Zhang G，et al. Particle deposition fluxes of BDE-209，PAHs，DDTs and chlordane in the Pearl River Delta，South China[J]. Science of the Total Environment，2010，408(17)：3664-3670.

[60] Arzayus K M，Dickhut R M，Canuel E A. Fate of atmospherically deposited polycyclic aromatic hydrocarbons (PAHs) in Chesapeake Bay[J]. Environmental Science & Technology，2001，35(11)：2178-2183.

[61] Gustafson K E，Dickhut R M. Gaseous exchange of polycyclic aromatic hydrocarbons across the air-water interface of Southern Chesapeake Bay[J]. Environmental Science & Technology，1997，31(6)：1623-1629.

[62] Wang H S，Liang P，Kang Y，et al. Enrichment of polycyclic aromatic hydrocarbons (PAHs) in mariculture sediments of Hong Kong[J]. Environmental Pollution，2010，158(10)：3298-3308.

[63] Shin P K S，Lam N W Y，Wu R S S，et al. Spatio-temporal changes of marine macrobenthic community in sub-tropical waters upon recovery from eutrophication. I. Sediment quality and community structure[J]. Marine Pollution Bulletin，2008，56(2)：282-296.

[64] Chen S J，Luo X J，Mai B X，et al. Distribution and mass inventories of polycyclic aromatic hydrocarbons and organochlorine pesticides in sediments of the Pearl River Estuary and the northern South China Sea[J]. Environmental Science & Technology，2006，40(3)：709-714.

[65] Wang Z Y，Yan W，Chi J S，et al. Spatial and vertical distribution of organochlorine pesticides in sediments from Daya Bay，South China[J]. Marine Pollution Bulletin，2008，56(9)：1578-1585.

[66] Ishiwatari R，Takada H，Yun S J，et al. Alkylbenzene pollution of Tokyo Bay sediments[J]. Nature，1983，301(5901)：599-600.

[67] Takada H，Ishiwatari R. Linear alkylbenzenes in urban riverine environments in Tokyo：Distribution，source，and behavior[J]. Environmental Science & Technology，1987，21(9)：875-883.

[68] Takada H，Ishiwatari R. Biodegradation experiments of linear alkylbenzenes (LABs)：Isomeric composition of C12 LABs as an indicator of the degree of LAB degradation in the aquatic environment[J]. Environmental Science & Technology，1990，24(1)：86-91.

[69] Macias-Zamora J V，Ramirez-Alvarez N. Tracing sewage pollution using linear alkylbenzenes (LABs) in surface sediments at the south end of the Southern California Bight[J]. Environmental Pollution，2004，130(2)：229-238.

[70] Ni H G，Lu F H，Wang J Z，et al. Linear alkylbenzenes in riverine runoff of the Pearl River Delta (China) and their application as anthropogenic molecular markers in coastal environments[J]. Environmental Pollution，2008，154(2)：348-355.

[71] Zhang K，Wang J Z，Liang B，et al. Assessment of aquatic wastewater pollution in a highly industrialized zone with sediment linear alkylbenzenes[J]. Environmental Toxicology and Chemistry，2012，31(4)：724-730.

[72] Liu L Y，Wang J Z，Wong C S，et al. Application of multiple geochemical markers to investigate organic pollution in a dynamic coastal zone[J]. Environmental Toxicology and Chemistry，2013，32(2)：312-319.

[73] Volkman J K，Holdsworth D G，Neill G P，et al. Identification of natural，anthropogenic and petroleum-hydrocarbons in aquatic sediments[J]. Science of the Total Environment，1992，112(2-3)：203-219.

[74] Doskey P V. Spatial variations and chronologies of aliphatic hydrocarbons in Lake Michigan sediments[J]. Environmental Science & Technology，2001，35(2)：247-254.

[75] Mille G，Asia L，Guiliano M，et al. Hydrocarbons in coastal sediments from the Mediterranean sea (Gulf of Fos area，France)[J]. Marine Pollution Bulletin，2007，54(5)：566-575.

[76] Zaghden H，Kallel M，Elleuch B，et al. Sources and distribution of aliphatic and polyaromatic hydrocarbons in

sediments of Sfax，Tunisia，Mediterranean Sea[J]. Marine Chemistry，2007，105(1-2)：70-89.
[77] Ten Haven L，Rullkötter J，de Leeuw J W，et al. Pristane/phytane ratio as environmental indicator[J]. Nature，1988，333(6174)：604.
[78] Commendatore M G，Esteves J L，Colombo J C. Hydrocarbons in coastal sediments of Patagonia，Argentina：Levels and probable sources[J]. Marine Pollution Bulletin，2000，40(11)：989-998.
[79] Gearing P，Gearing J N，Lytle T F，et al. Hydrocarbons in 60 northeast Gulf of Mexico shelf sediments：A preliminary survey[J]. Geochimica et Cosmochimica Acta，1976，40(9)：1005-1017.
[80] Wang J Z，Ni H G，Guan Y F，et al. Occurrence and mass loadings of *n*-Alkanes in riverine runoff of the Pearl River Delta，South China：Global implications for levels and inputs[J]. Environmental Toxicology and Chemistry，2008，27(10)：2036-2041.
[81] Rielley G，Collier R J，Jones D M，et al. The biogeochemistry of Ellesmere Lake，U.K.—I：source correlation of leaf wax inputs to the sedimentary lipid record[J]. Organic Geochemistry，1991，17(6)：901-912.
[82] Guo Y，Yu H Y，Zeng E Y. Occurrence，source diagnosis，and biological effect assessment of DDT and its metabolites in various environmental compartments of the Pearl River Delta，South China：A review[J]. Environmental Pollution，2009，157(6)：1753-1763.
[83] Qiu X H，Zhu T，Yao B，et al. Contribution of dicofol to the current DDT pollution in China[J]. Environmental Science & Technology，2005，39(12)：4385-4390.
[84] Ni H G，Zeng E Y. Law enforcement and global collaboration are the keys to containing e-waste tsunami in China[J]. Environmental Science & Technology，2009，43(11)：3991-3994.
[85] Chen L G，Ran Y，Xing B S，et al. Contents and sources of polycyclic aromatic hydrocarbons and organochlorine pesticides in vegetable soils of Guangzhou，China[J]. Chemosphere，2005，60(7)：879-890.
[86] Li J，Zhang G，Qi S，et al. Concentrations，enantiomeric compositions，and sources of HCH，DDT and chlordane in soils from the Pearl River Delta，South China[J]. Science of the Total Environment，2006，372(1)：215-224.
[87] Zhang H B，Luo Y M，Zhao Q G，et al. Residues of organochlorine pesticides in Hong Kong soils[J]. Chemosphere，2006，63(4)：633-641.
[88] Zou M Y，Ran Y，Gong J，et al. Polybrominated diphenyl ethers in watershed soils of the Pearl River Delta，China：Occurrence，inventory，and fate[J]. Environmental Science & Technology，2007，41(24)：8262-8267.
[89] Gao F，Jia J Y，Wang X M. Occurrence and ordination of dichlorodiphenyltrichloroethane and hexachlorocyclohexane in agricultural soils from Guangzhou，China[J]. Archives of Environmental Contamination and Toxicology，2008，54(2)：155-166.
[90] Ma X X，Ran Y，Gong J，et al. Concentrations and inventories of polycyclic aromatic hydrocarbons and organochlorine pesticides in watershed soils in the Pearl River Delta，China[J]. Environmental Monitoring and Assessment，2008，145(1-3)：453-464.
[91] Hippelein M，Mclachlan M S. Soil/air partitioning of semivolatile organic compounds. 1. Method development and influence of physical-chemical properties[J]. Environmental Science & Technology，1998，32(2)：310-316.
[92] Cetin B，Odabasi M. Air-water exchange and dry deposition of polybrominated diphenyl ethers at a coastal site in Izmir Bay，Turkey[J]. Environmental Science & Technology，2007，41(3)：785-791.
[93] Venier M，Hites R A. Atmospheric deposition of PBDEs to the Great Lakes featuring a Monte Carlo analysis of errors[J]. Environmental Science & Technology，2008，42(24)：9058-9064.
[94] Chen L G，Mai B X，Bi X H，et al. Concentration levels，compositional profiles，and gas-particle partitioning of polybrominated diphenyl ethers in the atmosphere of an urban city in South China[J]. Environmental Science & Technology，2006，40(4)：1190-1196.
[95] Xu H Y，Zou J W，Yu Q S，et al. QSPR/QSAR models for prediction of the physicochemical properties and biological activity of polybrominated diphenyl ethers[J]. Chemosphere，2007，66(10)：1998-2010.
[96] Yang Y Y，Li D L，Mu D H. Levels，seasonal variations and sources of organochlorine pesticides in ambient air of Guangzhou，China[J]. Atmospheric Environment，2008，42(4)：677-687.
[97] Zhang B Z，Ni H G，Guan Y F，et al. Occurrence，bioaccumulation and potential sources of polybrominated diphenyl ethers in typical freshwater cultured fish ponds of South China[J]. Environmental Pollution，2010，158(5)：1876-1882.
[98] Mackay D. Finding fugacity feasible[J]. Environmental Science & Technology，1979，13(10)：1218-1223.
[99] Harner T，Bidleman T F，Jantunen L M M，et al. Soil-air exchange model of persistent pesticides in the United States

cotton belt[J]. Environmental Toxicology and Chemistry：An International Journal，2001，20(7)：1612-1621.

[100] Harner T，Mackay D. Measurement of octanol-air partition coefficients for chlorobenzenes，PCBs，and DDT[J]. Environmental Science & Technology，1995，29(6)：1599-1606.

[101] Betts K S. Research challenges assumptions about flame retardant[J]. Environmental Science & Technology，2004，38(1)：8A-9A.

[102] Ter Schure A F H，Larsson P，Agrell C，et al. Atmospheric transport of polybrominated diphenyl ethers and polychlorinated biphenyls to the Baltic Sea[J]. Environmental Science & Technology，2004，38(5)：1282-1287.

[103] Wurla O，Lam P K S，Obbard J P. Occurrence and distribution of polybrominated diphenyl ethers (PBDEs) in the dissolved and suspended phases of the sea-surface microlayer and seawater in Hong Kong，China[J]. Chemosphere，2006，65(9)：1660-1666.

[104] Zhang B Z，Yu H Y，You J，et al. Input pathways of organochlorine pesticides to typical freshwater cultured fish ponds of South China：Hints for pollution control[J]. Environmental Toxicology and Chemistry，2011，30(6)：1272-1277.

[105] Yu M，Luo X J，Chen S J，et al. Organochlorine pesticides in the surface water and sediments of the Pearl River Estuary，South China[J]. Environmental Toxicology and Chemistry，2008，27(1)：10-17.

[106] Guan Y F，Sojinu O S S，Li S M，et al. Fate of polybrominated diphenyl ethers in the environment of the Pearl River Estuary，South China[J]. Environmental Pollution，2009，157(7)：2166-2172.

[107] Chen S J，Luo X J，Lin Z，et al. Time trends of polybrominated diphenyl ethers in sediment cores from the Pearl River Estuary，South China[J]. Environmental Science & Technology，2007，41：5595-5600.

[108] Taylor M D，Klaine S J，Carvalho F P，et al. Pesticide Residues in Coastal Tropical Ecosystems：Distribution，Fate and Effects[M]. Boca Raton：CRC Press，2002.

[109] Wania F，Dugani C B. Assessing the long-range transport potential of polybrominated diphenyl ethers：A comparison of four multimedia models[J]. Environmental Toxicology and Chemistry，2003，22(6)：1252-1261.

[110] Hong H S，Chen W Q，Xu L，et al. Distribution and fate of organochlorine pollutants in the Pearl River Estuary[J]. Marine Pollution Bulletin，1999，39(1-12)：376-382.

[111] Chau K W. Characterization of transboundary POP contamination in aquatic ecosystems of Pearl River delta[J]. Marine Pollution Bulletin，2005，51(8-12)：960-965.

[112] Chau K W，Jiang Y W. Three-dimensional pollutant transport model for the Pearl River Estuary[J]. Water Research，2002，36(8)：2029-2039.

[113] Chen J C，Heinke G W，Zhou M J. The Pearl River estuary pollution project (PREPP)[J]. Continental Shelf Research，2004，24(16)：1739-1744.

[114] Eakins B W，Sharman G F. Volumes of the World's Oceans from Etopo1[EB/OL]. [2019-8-12]. https://www.ngdc.noaa.gov/mgg/global/etopo1_ocean_volumes.html.

[115] 香港的奇妙海底世界 [EB/OL]. (2019-05-07)[2019-09-24]. https://www.brandhk.gov.hk/html/tc/HongKongsAdvantages/HongKongs_oceanic_wonderland.html.

[116] Cheung K C，Leung H M，Kong K Y，et al. Residual levels of DDTs and PAHs in freshwater and marine fish from Hong Kong markets and their health risk assessment[J]. Chemosphere，2007，66(3)：460-468.

[117] Cheung K C，Zheng J S，Leung H M，et al. Exposure to polybrominated diphenyl ethers associated with consumption of marine and freshwater fish in Hong Kong[J]. Chemosphere，2008，70(9)：1707-1720.

[118] Comber S D W，Franklin G，Gardner M J，et al. Partitioning of marine antifoulants in the marine environment[J]. Science of the Total Environment，2002，286(1-3)：61-71.

[119] Boxall A B A，Comber S D，Conrad A U，et al. Inputs，monitoring and fate modelling of antifouling biocides in UK estuaries[J]. Marine Pollution Bulletin，2000，40(11)：898-905.

[120] Champ M A. Economic and environmental impacts on ports and harbors from the convention to ban harmful marine anti-fouling systems[J]. Marine Pollution Bulletin，2003，46(8)：935-940.

[121] Harris J R W，Hamlin C C，Stebbing A R D. A simulation study of the effectiveness of legislation and improved dockyard practice in reducing TBT concentrations in the Tamar estuary[J]. Marine Environmental Research，1991，32(1-4)：279-292.

[122] Singh N，Turner A. Trace metals in antifouling paint particles and their heterogeneous contamination of coastal sediments[J]. Marine Pollution Bulletin，2009，58(4)：559-564.

[123] Thomas K V，Mchugh M，Waldock M. Antifouling paint booster biocides in UK coastal waters：Inputs，

occurrence and environmental fate[J]. Science of the Total Environment，2002，293(1-3)：117-127.
[124] 张雅芝 . 我国海水鱼类网箱养殖现状及其发展前景 [J]. 海洋科学，1995，(5)：21-24.
[125] Yu H Y，Bao L J，Liang Y，et al. Field validation of anaerobic degradation pathways for Dichlorodiphenyltrichloroethane (DDT) and 13 metabolites in marine sediment cores from China[J]. Environmental Science & Technology，2011，45(12)：5245-5252.
[126] Cao J Y，Zhang H L. Rapid determination method of DDT antifouling coats[J]. Analysis and Test，2009，24：36-39.
[127] Guo G L，Zhang C，Wu G L，et al. Health and ecological risk-based characterization of soil and sediment contamination in shipyard with long-term use of DDT-containing antifouling paint[J]. Science of the Total Environment，2013，450：223-229.
[128] Krauss M，Wilcke W. Sorption strength of persistent organic pollutants in particle-size fractions of urban soils[J]. Soil Science Society of America Journal，2002，66(2)：430-437.
[129] Xiao B H，Yu Z Q，Huang W L，et al. Black carbon and kerogen in soils and sediments. 2. Their roles in equilibrium sorption of less-polar organic pollutants[J]. Environmental Science & Technology，2004，38(22)：5842-5852.
[130] Shor L M，Rockne K J，Taghon G L，et al. Desorption kinetics for field-aged polycyclic aromatic hydrocarbons from sediments[J]. Environmental Science & Technology，2003，37(8)：1535-1544.
[131] Wang X C，Zhang Y X，Chen R F. Distribution and partitioning of polycyclic aromatic hydrocarbons (PAHs) in different size fractions in sediments from Boston Harbor，United States[J]. Marine Pollution Bulletin，2001，42(11)：1139-1149.
[132] Wu C C，Bao L J，Tao S，et al. Significance of antifouling paint flakes to the distribution of dichlorodiphenyltrichloroethanes (DDTs) in estuarine sediment[J]. Environmental Pollution，2016，210：253-260.
[133] The Northeast Waste Management Officials' Association. Metal painting and coating operations[EB/OL]. [2019-09-24]. https://www.ideals.illinois.edu/bitstream/handle/2142/2338/backgr.htm#Paint_Composition.
[134] Ciec Promoting Science at the University of York. Paints[EB/OL]. (2013-03-18)[2019-08-15]. http://www.essentialchemicalindustry.org/materials-and-applications/paints.html.
[135] Dominguez J R，Gonzalez T，Palo P，et al. Removal of common pharmaceuticals present in surface waters by Amberlite XAD-7 acrylic-ester-resin：Influence of pH and presence of other drugs[J]. Desalination，2011，269(1-3)：231-238.
[136] Wu J，Xu Z W，Zhang W M，et al. Application of heterogeneous adsorbents in removal of Dimethyl Phthalate：Equilibrium and heat[J]. AIChE Journal，2010，56(10)：2699-2705.
[137] Song Y K，Hong S H，Jang M，et al. Large accumulation of micro-sized synthetic polymer particles in the sea surface microlayer[J]. Environmental Science & Technology，2014，48(16)：9014-9021.
[138] Khalil M F，Ghosh U，Kreitinger J P. Role of weathered coal tar pitch in the partitioning of polycyclic aromatic hydrocarbons in manufactured gas plant site sediments[J]. Environmental Science & Technology，2006，40(18)：5681-5687.
[139] Li Y，Li J H，Deng C. Occurrence，characteristics and leakage of polybrominated diphenyl ethers in leachate from municipal solid waste landfills in China[J]. Environmental Pollution，2014，184：94-100.
[140] Li X L，Luo X J，Mai B X，et al. Occurrence of quaternary ammonium compounds (QACs) and their application as a tracer for sewage derived pollution in urban estuarine sediments[J]. Environmental Pollution，2014，185：127-133.
[141] Passuello A，Mari M，Nadal M，et al. POP accumulation in the food chain：Integrated risk model for sewage sludge application in agricultural soils[J]. Environment International，2010，36(6)：577-583.
[142] Zubris K A V，Richards B K. Synthetic fibers as an indicator of land application of sludge[J]. Environmental Pollution，2005，138(2)：201-211.
[143] Mato Y，Isobe T，Takada H，et al. Plastic resin pellets as a transport medium for toxic chemicals in the marine environment[J]. Environmental Science & Technology，2001，35(2)：318-324.
[144] Kajiwara N，Noma Y，Takigami H. Brominated and organophosphate flame retardants in selected consumer products on the Japanese market in 2008[J]. Journal of Hazardous Materials，2011，192(3)：1250-1259.
[145] Turner A. Marine pollution from antifouling paint particles[J]. Marine Pollution Bulletin，2010，60(2)：159-171.

[146] Endo S，Takizawa R，Okuda K，et al. Concentration of polychlorinated biphenyls (PCBs) in beached resin pellets：Variability among individual particles and regional differences[J]. Marine Pollution Bulletin，2005，50(10)：1103-1114.

[147] Suzuki G，Kida A，Sakai S I，et al. Existence state of bromine as an indicator of the source of brominated flame retardants in indoor dust[J]. Environmental Science & Technology，2009，43(5)：1437-1442.

[148] Webster T F，Harrad S，Millette J R，et al. Identifying transfer mechanisms and sources of decabromodiphenyl ether (BDE 209) in indoor environments using environmental forensic microscopy[J]. Environmental Science & Technology，2009，43(9)：3067-3072.

[149] Huang H J，Liu S M，Kuo C E. Anaerobic biodegradation of DDT residues (DDT，DDD，and DDE) in estuarine sediment[J]. Journal of Environmental Science and Health，Part B，2001，36(3)：273-288.

[150] Koelmans A A，Poot A，Lange H J D，et al. Estimation of in situ sediment-to-water fluxes of polycyclic aromatic hydrocarbons，polychlorobiphenyls and polybrominated diphenylethers[J]. Environmental Science & Technology，2010，44(8)：3014-3020.

[151] Sherwood C R，Drake D E，Wiberg P L，et al. Prediction of the fate of *p*，*p'*-DDE in sediment on the Palos Verdes shelf，California，USA[J]. Continental Shelf Research，2002，22(6-7)：1025-1058.

[152] Lick W. The sediment-water flux of HOCs due to “diffusion” or is there a well-mixed layer? If there is，does it matter ？ [J]. Environmental Science & Technology，2006，40(18)：5610-5617.

[153] Albrechtsen H J，Winding A. Microbial biomass and activity in subsurface sediments from Vejen，Denmark[J]. Microbial Ecology，1992，23(3)：303-317.

[154] Thibodeaux L J，Bierman V J. The bioturbation-driven chemical release process[J]. Environmental Science & Technology，2003，37(13)：252A-258A.

[155] Xie W H，Shiu W Y，Mackay D. A review of the effect of salts on the solubility of organic compounds in seawater[J]. Marine Environmental Research，1997，44(4)：429-444.

[156] Gong Z M，Tao S，Xu F L，et al. Level and distribution of DDT in surface soils from Tianjin，China[J]. Chemosphere，2004，54(8)：1247-1253.

[157] Khim J S，Lee K T，Kannan K，et al. Trace organic contaminants in sediment and water from Ulsan Bay and its vicinity，Korea[J]. Archives of Environmental Contamination and Toxicology，2001，40(2)：141-150.

[158] Sun X S，Peng P A，Song J Z，et al. Sedimentary record of black carbon in the Pearl River estuary and adjacent northern South China Sea[J]. Applied Geochemistry，2008，23(12)：3464-3472.

[159] Yu Z Q，Huang W L，Song J Z，et al. Sorption of organic pollutants by marine sediments：Implication for the role of particulate organic matter[J]. Chemosphere，2006，65(11)：2493-2501.

[160] Feng Y，Wu C C，Bao L J，et al. Examination of factors dominating the sediment-water diffusion flux of DDT-related compounds measured by passive sampling in an urbanized estuarine bay[J]. Environmental Pollution，2016，219：866-872.

[161] Lou L P，Luo L，Yang Q，et al. Release of pentachlorophenol from black carbon-inclusive sediments under different environmental conditions[J]. Chemosphere，2012，88(5)：598-604.

[162] Josefsson S，Leonardsson K，Gunnarsson J S，et al. Bioturbation-driven release of buried PCBs and PBDEs from different depths in contaminated sediments[J]. Environmental Science & Technology，2010，44(19)：7456-7464.

[163] Granberg M E，Gunnarsson J S，Hedman J E，et al. Bioturbation-driven release of organic contaminants from Baltic sea sediments mediated by the invading polychaete Marenzelleria neglecta[J]. Environmental Science & Technology，2008，42(4)：1058-1065.

第8章　珠江三角洲电子垃圾环境效应概况

随着电子产品升级周期不断缩短，人群消费能力的提升，加之部分消费者追逐电子产品最新版本的偏好，促使电子产品废弃率大幅提高。这是一种全球性现象，并非仅局限于珠江三角洲。通过对全球166个国家和地区电子垃圾产生率与人口、电子产品市场投放量、购买力进行研究分析，发现电子垃圾的产生量（率）与后三者均有非常好的相关关系，其中前两者为线性正相关，后者为非线性正相关[1]。电子产品含多种有毒物质（如阻燃剂、重金属等），粗放处置会给环境造成巨大污染。电子垃圾的快速增长，已经成为全球性的环境问题，引发国际社会高度关注。电子垃圾本身是一把双刃剑。就其回收价值而言，2016年全球产生的4470万t电子垃圾的潜在价值为550亿欧元（以电子产品中的原材料价值计算），超过了世界上大多数国家该年的GDP。电子垃圾中含有多达60种金属，包括金、银、铜等贵金属。从电子废物中回收这些金属在一定程度上可以减少全球对新金属生产的需求。

尽管各国政府都希望通过管制，采用先进技术来消除电子垃圾处置过程对环境的影响，并且取得了确切的效果。但是就目前的情况而言，大部分国家（发展中国家尤盛）或者区域对电子垃圾采取较原始的粗放处理，如手工拆卸、露天焚烧、酸浸等方式依然存在。如果不考虑环境成本，这些原始的处理方式具有高效、快速、廉价的特点，这也是至今此类处理方式仍然存在的主要原因。值得注意的是，这些不适当的电子垃圾回收利用方法导致了其对周边环境的污染，譬如重金属污染和有机污染，从而引发不可预知的严重生态风险。图8-1给出了电子垃圾处理不当的环境效应示意图。实际上，即便是发达国家，回收处理电子垃圾，仍然可能会给环境和人体带来重大风险——所有的电子垃圾都含有各种污染物，处置过程无法做到零排放。因此，竭力提升电子垃圾处置过程的安全性非常重要。《中华人民共和国固体废物污染环境防治法》（2016年11月7日修正版）第二十四条规定，禁止中华人民共和国境外的固体废物进境倾倒、堆放和处置；

第二十五条规定，禁止进口不能用作原料或者不能以无害化方式利用的固体废物；对可以用作原料的固体废物实行限制进口和非限制进口分类管理[2]。

中国具有大的人口基数，随着经济的发展，中国人民的消费能力也持续提高，因此，中国的电子垃圾产生量巨大。仅2014年一年，中国就生产了大约8530万t的电子垃圾。目前中国已经取代美国，成为电子垃圾的最大生产地[3]。另外，据文献报道，21世纪初的10年内，全球大概70%的电子垃圾被输入中国。中国承担了大量的电子垃圾处理工作，给本土环境造成了巨大甚至不可逆的危害。这其中典型代表就是广东省汕头市贵屿镇，全球知名电子垃圾处理的重镇之一。因此，电子垃圾对珠江三角洲的环境危害问题值得重视。本章就电子垃圾对珠江三角洲环境的影响做非常简要的综述，希望给读者提供关于珠江三角洲电子垃圾环境与人体暴露的大致图景。

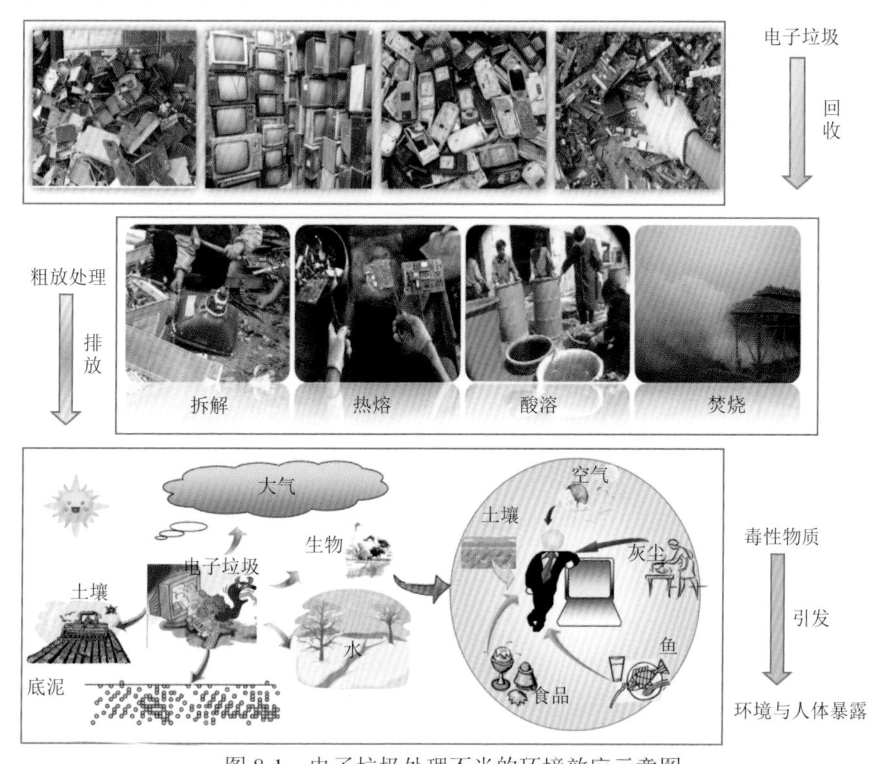

图 8-1　电子垃圾处理不当的环境效应示意图

8.1　电子垃圾处理概况

电子垃圾指废弃的电子电器产品总和，包括废旧手机、电脑、电冰箱、电视机等（图8-2）[4]。实际上，关于电子垃圾的定义尚未统一，欧洲、北美、世界经济合作组织等都有其各自的定义。目前就特定国家和地区的电子垃圾，已有针对性的网站公开数据可供查询。电子垃圾所含化学成分复杂，一般来说，除了具有回收价值的基础工业材料和贵重金属外，也有大量有毒物质（如重金属、溴系阻燃剂等）[5]。电子垃圾中的贵金属品位是天然矿藏的几十甚至几百倍，但回收成本大都超过开采自然矿床。如果中国回收全球产生的电子垃圾中的70%（大约3000万～4000万$t \cdot a^{-1}$），所得利润可支撑7000万～9000万城镇居民，相当于中国5%的人口。另外，电子垃圾回收可以推进一些偏远地区的工业化进程，为缺乏技能的当地居民和外来人群提供就业机会，具有显著的社会效益。电子垃圾回收还具有显著的减排作用，通过合理、科学的处理手段回收电子垃圾，可一定程度避免对环境的负面危害。但是，电子垃圾安全回收处置过程复杂，回收自动化程度低，其安全处置是一个全球性的难题。

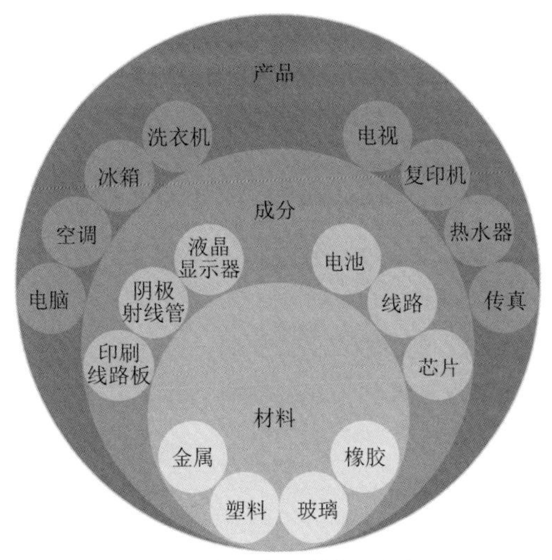

图 8-2　电子产品的概况图

近年来，中国电子垃圾回收企业数量持续增长，截至2015年，有109家合法合格的公司，具备年处理1.33亿件电子垃圾的能力，回收率（35%）达到发达国家水平[6]。目前我国电子垃圾处理点主要分布在广东、浙江、河北、江苏等东部沿海地区[5]，其中台州、清远和汕头贵屿是我国典型电子垃圾拆解地[7, 8]。珠江三角洲是全球电子产品的重要生产基地，也是中国最大的电子垃圾处理地。其中清远石角、龙塘地区和汕头贵屿镇，以金属和塑料回收为主要目的。石角、龙塘地区电子垃圾回收已有20多年历史，每年拆解的废旧电子电器总量约占广东全省进口物资拆解量的60%，年加工产值约占全市的30%[9]；汕头贵屿年处理加工电子垃圾155万t，产值占全镇工业总产值的90%以上，是当地支柱产业和主要收入来源[10]。电子垃圾回收已经成为清远石角、龙塘和汕头贵屿等地区的支柱产业，对地方经济有重要影响。

国内电子垃圾处理方式主要有以下两类：原始粗放式和高级集约式。前者通常采用简陋设备，污染防护设施不完备，甚至依靠手工拆卸、露天焚烧或者酸洗等方式处置电子垃圾[11]，回收贵重金属等有价值部分，其他部分被随意丢弃于周围环境，造成二次污染。这种方式盛行于我国东南沿海地区，有逐渐向内陆城市转移的趋势。后者主要位于电子垃圾集中的一些大中型城市，采用先进环保技术，处理过程中产生的“三废”都能以适当的方式处理，但存在投入资金大，缺乏持续原料供应等问题。

8.2　电子垃圾处理引发的环境污染问题

电子垃圾中含有许多对人体有毒有害的物质，如电视机的显像管、阴极射线管、印刷电路板上的焊锡和塑料外壳等都是有毒物质[12]。电子废物回收行业的经营和操作十分粗放，多数拆解活动是在露天进行，拆解洗涤废水、废油和废酸液等未经处理就直接排放，一些无法利用的废塑料、废橡胶等被随意丢弃、焚烧，致使电子废物中所含的有毒有害物质（如Pb、Cd、Hg、Cu等重金属，PCBs、PBDEs等有机物[13]）直接进入当地环境介质产生污染。电子废物的随意焚烧还产生一些具有更强毒性的“三致”物质（如PCDD/Fs、溴代二噁英和PAHs等）[10]，与一般的工业污染场地相比，呈现多种重金属和多种毒害有机物复合污染的特征。与此同时，粗放和原始的处理技术造成污染物的释放[14]，对当地环境和生态系统造成了严重的破坏，给当地居民带来了健康隐患。例如，血液中高浓度PAHs可能影响儿童生长发育（身高和胸围）[15]。由于珠江三角洲地处北回归线区域，降雨频繁加剧了污染物的扩散和迁移[16]。另外，电子垃圾多年的拆解和处置过程中排放的大量残渣和有机溶剂等改变了土壤组成和性质，使土壤与污染物之间的相互作用变得更加复杂。

2002年2月，巴赛尔行动网络和硅谷防止有毒物质委员会对汕头贵屿电子垃圾回收污染状况进行取样，分析了沿汕头贵屿的河流的环境（水、沉积物、土壤）样品，首次披露了进口电子垃圾处理过程的严重污染，引起了广泛的关注。在Web of Science数据库检索到70篇“e-waste”和“Pearl River Delta”为关键词的相关文献。有关珠江三角洲的电子垃圾问题的研究论文最早出现在2007年左右，主要代表学者有Chen S J、Mai B X和Stapleton H M。经过文章标题聚类可以得到，主要的研究问题是持久性有机污染物和人体健康风险评估，其中研究的主要持久性有机污染物有PBDEs等阻燃剂和PAHs。而有关珠江三角洲电子垃圾重金属污染的研究较少。通过共词分析可知[17]“PBDEs”和“溴系阻燃剂”都是主要的研究主题。每年大概有3.5万t PBDEs以电子垃圾的形式进入中国，这比溴系阻燃剂的国内产量还要高（每年10 000 t）[18]。PBDEs以其稳定性和亲油性在生物链中产生生物放大作用[19]。所以急需研究来弥补PBDEs等阻燃剂和人体暴露的知识空白。

重金属浓度水平与地区经济发展水平有紧密联系[20]。中国沿海地区环境中重金属污染严重并正在加重，这也将增加通过海产品消费造成的人体暴露[21]。珠江三角洲的沉积物中Zn、Cu、Pb、Cr和Ni等重金属的含量较高（图8-3）。其中电子垃圾拆解所释放的大量重金属对此有重要贡献，造成拆解地周边地区空气、灰尘、土壤、沉积物和植物的重金属浓度增大[22]。

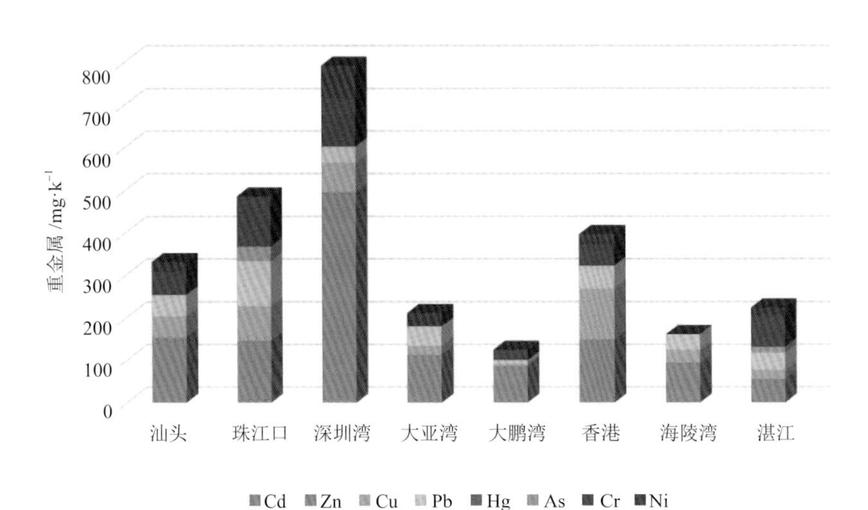

图 8-3 广东沿海地区（汕头[23]、珠江口[24]、深圳湾[25]、大亚湾[26]、大鹏湾[27]、香港[28]、海陵湾[29]和湛江[30]）沉积物中重金属浓度比较

重金属进入环境后主要汇集在土壤中，而土壤与大气、水体和生物圈的交互作用导致污染物长期缓慢释放，使电子垃圾污染场地土壤成为二次污染源。张金莲等[31]在广东省清远市的龙塘镇和石角镇电子垃圾拆解区域采集了农田土壤样品，并分析了土样中重金属的含量。电子垃圾拆解地区简单粗放的回收活动成为周边农田重金属污染的重要来源。72.7%的表层土壤样品存在一种或几种重金属，且含量超标，以Cd、Cu、Pb和Zn污染为主。总体来说，表层土壤中Cd、Cu、Pb和Zn等重金属含量较高，深层土部分（20～100 cm）没有表现出随深度增加而显著降低的趋势[31]。与世界其他国家和地区表层土中平均金属含量相比，贵屿和龙塘等地的Cr、Cu和Zn等重金属浓度更高（表8-1）。

表 8-1 广东地区与其他地区电子垃圾回收点附近土壤平均金属含量对比[32]（单位：$mg \cdot kg^{-1}$）

采样地点	深度	Cr	Ni	Cu	Cd	Pb	Zn	参考文献
贵屿电子垃圾回收区	0～20 cm	58.1	57.0	50.0	0.13	77.5	102	[32]
贵屿废弃电子垃处理工作坊	0～20 cm	2600	480	4800	1.21	150	330	[33]

续表

采样地点	深度	Cr	Ni	Cu	Cd	Pb	Zn	参考文献
贵屿露天焚烧区域	—	320	1100	12700	10.0	480	3500	[33]
温岭大型电子垃圾回收厂	0 ~ 30 cm	101	49.0	181	3.00	187	343	[34]
温岭家庭电子垃圾拆解坊	—	77.4	64.3	742	7.70	957	392	[34]
龙塘焚烧区域	0 ~ 15 cm	68.9	60.1	11140	17.1	4500	3690	[35]
香港电子垃圾拆解区域	0 ~ 5 cm	1717	—	756	4.72	1380	1717	[36]
香港露天焚烧区域	—	272	—	533	11.0	3254	920	[36]
马尼拉非正式回收区域	表层土	—	47.0	680	2.50	800	900	[37]
加纳露天焚烧区域	0 ~ 2 cm	5.51	—	1932	5.85	2767	5162	[38]
电子垃圾回收地（新德里，印度）	0 ~ 15 cm	83.6	147	6735	1.14	2134	416	[39]
广东背景值	—	50.5	14.4	17.0	47.3	—	47.3	[32]

膳食摄入、皮肤接触和吸入是人体暴露于有毒污染物的3个主要途径。相比之下，吸入性暴露可能是最难缓解的。电子垃圾回收活动释放的重金属量比有机污染物大1～2个数量级。有研究表明，对癌症风险的影响的大小排列是Cr>Ni>Pb>Cd[40]。Huang等认为虽然通过吸入而摄入的每日金属摄入量要低于通过进食而摄入的量，但是在清远电子垃圾回收区，吸入颗粒态重金属的居民健康风险很高[41]。与电子垃圾回收区的居民相比，电子垃圾回收工作坊的工人面临着更严重的潜在健康风险。Leung等的研究表明，贵屿电路板回收工作坊的一个工人，按体重归一化计，从空气中每日吸入175.7 mg·kg^{-1}的铅，表明他们预估的每日平均口服剂量超过了铅的安全基准剂量。此外，因为儿童体型较小导致摄入率较高，儿童的潜在健康风险是工人的8倍[42]。与贵屿的非正规电子垃圾回收工作坊相比，江苏和上海等地的工人在正规电子垃圾回收车间有较低的重金属摄入潜在健康风险，尤其是铅摄入量[40, 43]。Luo等计算了龙塘镇居民通过食用采样区种植的蔬菜摄入的重金属。按体重归一化计，Cd的每日摄取量是1.36 mg·kg^{-1}，超过了参考计量的2.72倍（0.5 mg·kg^{-1}）[35]。

与液体介质（血液、尿液等）相比，头发可以更好地反映某些元素的身体总摄入量。污染物可以通过各种暴露途径进入头发，头发可以反映短期和长期接触污染物的情况[44]。此外，头发的金属含量高于液体介质[45, 46]。头发取样的侵入性更小，更便于储存和运输[47]。近年来，头发已被广泛用来作为指示人体毒品、重金属和有机污染物等暴露的生物材料[48]。Zheng等在清远市龙塘镇进行了头发采样，发现与金属有接触的工人头发中金属含量最高；电子垃圾回收地点的居民头发中的Cd、Pb和Cu的含量均明显高于对照区的居民[48]。贵屿居民头发汞浓度（中位浓度：0.99 μg·g^{-1}；范围：0.18～3.98 μg·g^{-1}）明显大于对照组（中位浓度：0.59 μg·g^{-1}；范围：0.12～1.63 μg·g^{-1}），而且贵屿居民头发汞超标率

（48.29%）也大于对照组（11.25%）[49]。单因素回归分析结果表明：工作是否与电子垃圾拆解有关、家庭收入、本地居住时间、住房到垃圾处理点的距离、性别、吃鱼的次数以及居住地周边电子垃圾回收作坊的数量等，均与贵屿居民头发中汞浓度均相关。

Pb可以影响接种疫苗儿童的免疫系统，血铅浓度和乙型肝炎表面抗体（HBsAb）呈现显著负相关，贵屿50%血铅水平高的儿童很难对肝炎建立足够免疫力[50]。另外高血铅水平导致贵屿电子垃圾拆解区部分儿童自然杀伤细胞比例降低，改变了血小板、白细胞介素1B和27浓度水平[51]。另外有研究表明，不规范的电子垃圾回收处理可能导致孕妇脐带血重金属含量上升，暴露在Cd、Cr和Ni等重金属环境中，可能导致新生儿DNA氧化性损伤[52]。不规范的电子垃圾回收处理所造成的环境污染可能已对部分地区儿童的健康发育和成长构成了威胁。

总结目前的研究结果，高浓度重金属对儿童健康尤为不利，不利影响主要包括出生体重低、较短的肛门和生殖器距离、较低的阿普加评分、较低的体重、肺功能降低、乙肝表面抗体水平降低、注意力缺失（多动障碍）的患病率较高，以及较高的DNA和染色体损伤风险。重金属能够影响多种系统和器官，导致对儿童健康的急性和慢性受损，从轻微的上呼吸道刺激到慢性呼吸、心血管、神经、泌尿生殖疾病等[53]。

8.3 电子垃圾处理中有机污染物的释放

除了重金属，有机污染物也是电子垃圾拆解产生的主要污染物，电子垃圾在堆放及随后的处置过程中都会产生毒害有机污染物。研究表明，电子垃圾处理会排放PCBs、PBDEs、PCDD/Fs、卤系阻燃剂和PAHs等。以PBDEs为例，电子垃圾拆解区域周围的PBDEs浓度高于非电子垃圾拆解地2～3个数量级[54]，土壤和沉积物中有机物质对PBDEs的吸附作用在PBDEs的空间分布和传输过程中发挥主导作用[16]。据文献报道，电子垃圾拆解所释放的PBDEs能够污染周边半径大于74 km的区域[55]。历史数据表明，电子垃圾处理过程加剧了珠江三角洲沉积物中PBDEs污染程度。贵屿河流底泥中BDE-209浓度远高于全球其他地区表层沉积物[16, 56-72]。

8.3.1 有机污染物的浓度特征

PCBs具有优良的工业性能，被广泛应用于电力工业、塑料加工业、化工和印刷等领域。然而PCBs在环境中具有持久性、长距离迁移性、生物富集性和生物毒性，是一类POPs，在拆解过程中不可避免地会释放到环境中。PBDEs是塑料中一种添加型溴代阻燃剂，PCDD/Fs则可在电子垃圾焚烧过程中生成[73]，而且PCDD/Fs的毒性比上述两种污染物质都要大得多，这三类POPs是电子垃圾拆解区域环境污染的主要研究对象。

Wang等发现取自贵屿不同点的土壤及底泥中的PBDEs干重浓度范围（0.26～824 ng·g^{-1}）和单体分布差异都较大，表明电子垃圾拆解区域污染源的复杂性[74]。Leung等在贵屿练江的一个底泥样品中测得PCBs浓度高达743 ng·g^{-1}，PBDEs的浓度达到了32.3 ng·g^{-1}[75]。除该点以外，其他底泥中PCBs浓度平均为8.3 ng·g^{-1}，而在距电子垃圾拆解点约15 km的一个水库的底泥及下游16 km处和平镇底泥样品中PCBs浓度则低于检出限，拆解点的塑料焚烧地和堆放地土壤中的 PCBs浓度为62.3 ng·g^{-1}，PBDEs 浓度为1155 ng·g^{-1}。

Luo等采集了贵屿南阳河与练江中的底泥，南阳河靠岸底泥中PBDEs干重浓度是4434～16088 ng·g^{-1}，河心底泥中其干重浓度为55～545 ng·g^{-1}，练江河心底泥中干重浓度为51.3～365 ng·g^{-1}，相比较来说香港污水处理厂出水河底泥中PBDEs干重浓度仅为16.1～21.4 ng·g^{-1}[76]。Leung等研究了贵屿一个村庄的表层土及垃圾焚烧残余中PBDEs和PCDD/Fs的空间分布，发现在塑料芯片和电缆线焚烧区域中，PBDEs干重浓度最高（33000～97400 ng·g^{-1}），是离该点约10 km区域浓度的930倍[77]。

8.3.2　有机污染物的环境效应

Liu等在贵屿地区的动植物样品中检测出了高浓度的PCBs、PBDEs和PCDD/Fs[78]。Wu等在贵屿电子垃圾拆解地和附近水库采集了螺类、鱼类及水蛇等生物样品，研究表明PCBs和PBDEs生物富集因子的对数值分别在1.2～8.4 和2.9～5.3。其中水蛇中检测出的PCBs和PBDEs湿重浓度分别平均高达16 512 ng·g^{-1}和7052 ng·g^{-1}，富集行为非常显著[79]。Xing等报道贵屿鱼类样品中PCBs湿重浓度大约为1.95～58.43 ng·g^{-1}[80]。Luo等测得贵屿鱼类肝脏和腹部中PBDEs湿重浓度分别达到2687 ng·g^{-1}和1088 ng·g^{-1}[76]。此外，Wu等发现，蛙类中PBDEs的同系物分布与其生活习性相关，介于水生生物及陆地生物之间，大多数同系物在肝脏（7.26 ng·g^{-1}）中湿重浓度要比肌肉（2.26 ng·g^{-1}）中高[81]。此外，通过对当地昆虫类体内的污染物进行检测，发现生物富集途径为显著的昆虫–蛙食物链方式。

Luo等检测了清远鸟样品中的一些持久性有机卤化物，发现PCBs占总有机卤化物的80%～90%，脂重浓度最高达1 400 000 ng·g^{-1}[82]。鸡体内的PBDEs浓度要高于鸭，肌肉中脂重最高浓度达到4381 ng·g^{-1}，这与两种家禽不同的生活习惯和生活环境相关[83]。

8.3.3 有机污染物的人体暴露

通过家禽中PBDEs污染水平估算，电子垃圾拆解区域居民每日通过家禽摄入的PBDEs高达67.8 ng，而Meng等研究表明广东居民通过水产品摄入PBDEs每天仅为5.4 ng[84]。研究表明，在电子垃圾回收区吸入PBDEs的速率与在城市地区通过食品摄入相似[41]。贵屿地区居民PBDEs的膳食摄入量为(931±772) $ng \cdot kg^{-1} \cdot d^{-1}$，其中BDE-47（584 $ng \cdot kg^{-1} \cdot d^{-1}$）超过美国EPA参考剂量（100 $ng \cdot kg^{-1} \cdot d^{-1}$）。贵屿镇居民PBDEs的主要膳食来源为海鲜（88%～98%）[18]。

总体来说，珠江三角洲的持久性有机污染物对人体的负担在持续下降[85]。然而电子垃圾拆解区域人体暴露情况严峻。贵屿镇居民血液中的平均PBDEs浓度是对照地区的3倍之多，其中BDE-209浓度是之前监测数据的50～200倍[86]。在电子垃圾拆解区域的肺癌等呼吸系统癌症的风险是城市地区的1.6倍[87]。

8.4 电子垃圾处理的政策管理

就电子垃圾管理策略而言，目前缺乏全球性考量（如类似碳排放一样较为系统的约束策略）。现有的电子垃圾管理政策，多以定性观察为基础，属于规范性研究，缺乏数据支持。电子垃圾已经成为类似碳排放一样需要人人承担责任的不可忽视的环境问题。不管是否原位处理（在产生国境内进行回收），生产和使用电子产品的那一方都应该为电子垃圾的回收提供相应的补偿，承担应有的义务。建议在全球推广人均电子垃圾负荷概念，倡导电子垃圾人人有责，全球推行电子垃圾产生量交易许可证，以此来对总电子垃圾产生进行控制。

倡导人均电子垃圾负荷的概念，并以此为基础制定国际指标和政策。虽然倡导这个概念是以个人为单位，旨在让大家意识到电子垃圾问题是需要人人负责的，但在实际应用和讨论时，应以国家为单位。不同国家的经济发展水平不一样，人均电子垃圾产出更高的国家消费能力也更强，应相应地承担更多的责任。一个国家产生多少垃圾，就应该为此承担相应的代价。即使是出口到发展中国家进行进一步的回收，也应该由电子垃圾产生国承担责任。在某种意义上，这也是“生产者责任”，不过这里的生产者泛指产生电子垃圾的一方。

可以就电子垃圾产生量进行交易许可证制度，以控制电子垃圾的增长。国际政策方面需要为各个国家设置“安全”的人均电子垃圾产生量及许可证数量，以不超过总量。一旦超出限制的量，需要从他人处购买许可证。这种操作类似碳排放交易和资源利用，许可证交易是以电子垃圾排放量为单位，而不是以某种资源或者污染物为单位。与电子垃圾许可证不一样的是，目前流通的许可证是由国家监管部门确定可以产生的电子垃圾量、发放的许可证数量和最初的分配方案，然后企业和个人可以获得并在市场中进行交易，如美国的酸雨许可交易和可交易渔配额等。电子垃圾不是某种单一的污染物。除了回收过程中的碳排放以外，塑化剂、阻燃剂、PCDD/Fs、PAHs等也都是可能产生的排放。以排污成本来进行计算和交易有着太多需要考虑的因素和不确定性，所以采用电子垃圾产生量来进行交易比较容易操作。

国际层面对电子垃圾的认知和管理最终会落实在各国的电子垃圾行业上。当国家确认这一年所能产生的电子垃圾总量后，从产品设计、生产到回收，每一个环节都会受到影响。更好的产品设计会使用更少对环境有害的物质，也会变得更容易被拆卸回收。甚至连电子产品的包装也可以得到更好的设计，减少塑料的使用。

在回收电子垃圾方面，政府可以从收集、拆卸、运输到金属回收进行不同的补贴和协助。根据本书在第3章的模型计算，在收集和人工拆卸电子垃圾部分，占据其成本最主要的部分是收购电子垃圾的费用。相比之下，欧洲因为政府有官方的收回系统，拆卸设施不需要承担收购电子垃圾的费用，所以占据其成本的最主要部分为人力。尤其是在发展中国家，人工拆卸因为成本低，更为普遍，政府可以对电子垃圾按种类进行补贴，减少这方面的花费以促进回收。

在金属回收部分，发展中国家大部分采取粗放式回收来提取其中的贵金属，从而造成了环境污染。政府可以推行“最佳可得技术（best available technology，BAT）”，规定技术回收标准，淘汰或者减少那些会造成严重的环境破坏的技术。例如，一个从事回收的公司必须在设备和技术上达到政府认可的技术水平后才可以正式注册为公司进行回收。在发展中国家，政府还可以为那些执行BAT的回收公司进行减税以激励相关公司转型。

在个人层面，按照现在持续提高的生活水平和产品技术，或许很难去改变消费者购买电子产品的习惯，减少对电子产品的依赖和购买。因而，可以通过提高公众意识让其对电子垃圾回收更具有责任感，从而促进电子垃圾回收率的提高。

具体到电子垃圾拆卸地，可能需要更具体的管控措施。电子垃圾拆解区域尤其是酸洗区域被Cu、Zn、Cd、Sn、Sb和Pb等重金属严重污染[88]。标准恢复技术可能会减少污染物对污染区域的负面影响[13]。回收和处理电子垃圾释放的多种污染物，会严重污染周边环境，如水系等[74]。合理处理日益增长的电子垃圾，需要有效经济的拆解和回收技术及强有力的政府支持[89]。对土壤中PBDEs的浓度检测发现，珠江三角洲土壤中PBDEs浓度在逐渐下降，但是由于电子垃圾拆解活动，偏远地区的沉积物中PBDEs浓度在上升。中国2006年实施的《电器电子产品有害物质限制使用管理办法》对珠江三角洲土壤中PBDEs的浓度降低产生了积极影响[56]。

电子产品的广泛使用、持续的环境污染和污染物的持久性、生物累积性等特点，要求后续研究特别关注电子垃圾的危害[8]。电子垃圾拆解区的污染物可通过地表径流、地下水、土壤等途径转移到人体中[14]。也可能通过径流和大气传输[86]等方式向其他区域、整个珠江三角洲，甚至向南海迁移。珠江三角洲电子垃圾拆解区域受到严重的重金属和有机物污染，需要密切监测污染情况来防止和减弱对生态系统和人类健康的威胁，防止出现二次污染。

珠江三角洲电子垃圾拆解区域的居民长期暴露在高重金属和有机污染物浓度的环境中，不可避免地受到健康威胁。因而需要通过科普宣传等方式提高居民的健康和自我保护意识，从而保护居民健康。比如儿童饭前洗手可以控制血铅浓度[90]。食用非本地生产的食物可以大幅减少膳食摄入量。此外，干净的衣服可以在一定程度上减少与污染物的接触。

参考文献

[1] Ni H G，Zeng E Y. Electronic waste：A new source of halogenated organic contaminants [M]//Zeng E Y. Comprehensive Analytical Chemistry Volume 67 Persistent Organic Pollutants (POPs)：Analytical Techniques，Environmental Fate and Biological Effects.[S.l.]：Elsevier，2015：323-342.

[2] 中华人民共和国固体废物污染环境防治法（2016 年 11 月 7 日修正版）[EB/OL]. (2016-11-07)[2019-07-18]. http://zfs.mee.gov.cn/fl/200412/t20041229_65299.shtml .

[3] Zeng X，Gong R，Chen W Q，et al. Uncovering the recycling potential of "New" WEEE in China[J]. Environmental Science & Technology，2016，50(3)：1347-1358.

[4] Ni H G，Zeng E Y. Mass Emissions of Pollutants from E-Waste Processed in China and Human Exposure Assessment[M]//Bilitewski B，Darbra R M，Barceló D. Global Risk-Based Management of Chemical Additives II：Risk-Based Assessment and Management Strategies. Berlin：Springer-Verlag Berlin Heidelberg，2012：279-312.

[5] Chen M，Ogunseitan O A，Wang J，et al. Evolution of electronic waste toxicity：Trends in innovation and regulation[J]. Environment International，2016，89-90：147-154.

[6] Zeng X，Duan H，Wang F，et al. Examining environmental management of e-waste：China's experience and lessons[J]. Renewable and Sustainable Energy Reviews，2017，72：1076-1082.

[7] Wei L，Liu Y. Present status of e-waste disposal and recycling in China[J]. Procedia Environmental Sciences，2012，16：506-514.

[8] Song Q，Li J. A review on human health consequences of metals exposure to e-waste in China[J]. Environmental Pollution，2015，196，450-461.

[9] 傅建捷，王亚韡，周麟佳，等 . 我国典型电子垃圾拆解地持久性有毒化学污染物污染现状 [J]. 化学进展，2011，23(8)：1755-1768.

[10] 杨中艺，郑晶，陈社军，等 . 广东电子废物处理处置地区环境介质污染研究进展 [J]. 生态毒理学报，2008，(6)：533-544.

[11] Lin S，Huo X，Zhang Q，et al. Short placental telomere was associated with cadmium pollution in an electronic waste recycling town in China[J]. PLOS ONE，2013，8(4)：e60815.

[12] Herat S，Agamuthu P. E-waste：A problem or an opportunity? Review of issues, challenges and solutions in Asian countries[J]. Waste Management & Research，2012，30(11)：1113-1129.

[13] Robinson B H. E-waste：An assessment of global production and environmental impacts[J]. Science of the Total Environment，2009，408(2)：183-191.

[14] Zhao G，Xu Y，Han G，et al. Biotransfer of persistent organic pollutants from a large site in China used for the disassembly of electronic and electrical waste[J]. Environmental Geochemistry and Health，2006，28(4)：341-351.

[15] Xu X，Liu J，Huang C，et al. Association of polycyclic aromatic hydrocarbons (PAHs) and lead co-exposure with child physical growth and development in an e-waste recycling town[J]. Chemosphere，2015，139：295-302.

[16] Huang Y，Zhang D，Yang Y，et al. Distribution and partitioning of polybrominated diphenyl ethers in sediments from the Pearl River Delta and Guiyu，South China[J]. Environmental Pollution，2018，235：104-112.

[17] Ouyang W，Wang Y，Lin C，et al. Heavy metal loss from agricultural watershed to aquatic system：A scientometrics review[J]. Science of the Total Environment，2018，637：208-220.

[18] Chan J K Y，Man Y B，Wu S C，et al. Dietary intake of PBDEs of residents at two major electronic waste recycling sites in China[J]. Science of the Total Environment，2013，463：1138-1146.

[19] Rayne S，Ikonomou M G，Antcliffe B. Rapidly increasing polybrominated diphenyl ether concentrations in the Columbia River system from 1992 to 2000[J]. Environmental Science & Technology，2003，37(13)：2847-2854.

[20] Wang S L，Xu X R，Sun Y X，et al. Heavy metal pollution in coastal areas of South China：A review[J]. Marine Pollution Bulletin，2013，76(1-2)：7-15.

[21] Pan K，Wang W X. Trace metal contamination in estuarine and coastal environments in China[J]. Science of the Total Environment，2012，421-422：3-16.

[22] Song Q，Li J. Environmental effects of heavy metals derived from the e-waste recycling activities in China：A systematic review[J]. Waste Management，2014，34(12)：2587-2594.

[23] 乔永民，黄长江 . 汕头湾表层沉积物重金属元素含量和分布特征研究 [J]. 海洋学报（中文版），2009，31(1)：106-116.

[24] 杨婉玲，赖子尼，魏泰莉，等 . 珠江八大口门表层沉积物重金属污染及生态危害评价 [J]. 浙江海洋学院学报 (自然科学版)，2009，28(2)：188-191.

[25] Zuo P，Wang Y，Min F，et al. Distribution characteristics of heavy metals in surface sediments and core sediments of the Shenzhen Bay in Guangdong Province，China[J]. Acta Oceanologica Sinica，2009，28(6)：53-60.

[26] Gao X，Chen C T A，Wang G，et al. Environmental status of Daya Bay surface sediments inferred from a sequential extraction technique[J]. Estuarine Coastal and Shelf Science，2010，86(3)：369-378.

[27] 黄向青 , 张顺枝 , 霍振海 . 深圳大鹏湾、珠江口海水有害重金属分布特征 [J]. 海洋湖沼通报，2005，(4)：38-44.

[28] Zhou F，Guo H，Hao Z. Spatial distribution of heavy metals in Hong Kong's marine sediments and their human impacts：A GIS-based chemometric approach[J]. Marine Pollution Bulletin，2007，54(9)：1372-1384.

[29] Qiu Y，Zhu L. Heavy metals pollution and their potential ecological risk in the sediment of Hailing Bay[J]. Marine Environmental Science，2004，23(1)：22-24.

[30] Guo X Y，Huang C J. Distribution and source of heavy metal elements in sediments of Zhanjiang Harbor[J]. Journal of Tropical Oceanography，2006，25(5)：91-96.

[31] 张金莲，丁疆峰，卢桂宁，等 . 广东清远电子垃圾拆解区农田土壤重金属污染评价 [J]. 环境科学，2015，(7)：2633-2640.

[32] Zhao W，Ding L，Gu X，et al. Levels and ecological risk assessment of metals in soils from a typical e-waste recycling region in southeast China[J]. Ecotoxicology，2015，24(9)：1947-1960.

[33] Li J，Duan H，Shi P. Heavy metal contamination of surface soil in electronic waste dismantling area：Site investigation and source-apportionment analysis[J]. Waste Management & Research，2011，29(7)：727-738.

[34] Tang X，Shen C，Shi D，et al. Heavy metal and persistent organic compound contamination in soil from Wenling：An emerging e-waste recycling city in Taizhou area，China[J]. Journal of Hazardous Materials，2010，173(1-3)：653-660.

[35] Luo C，Liu C，Wang Y，et al. Heavy metal contamination in soils and vegetables near an e-waste processing site，south China[J]. Journal of Hazardous materials，2011，186(1)：481-490.

[36] Lopez B N，Man Y B，Zhao Y G，et al. Major pollutants in soils of abandoned agricultural land contaminated by e-waste activities in Hong Kong[J]. Archives of Environmental Contamination and Toxicology，2011，61(1)：101-114.

[37] Fujimori T, Takigami H, Agusa T, et al. Impact of metals in surface matrices from formal and informal electronic-waste recycling around Metro Manila, the Philippines, and intra-Asian comparison[J]. Journal of Hazardous Materials, 2012, 221-222: 139-146.

[38] Itai T, Otsuka M, Asante K A, et al. Variation and distribution of metals and metalloids in soil/ash mixtures from Agbogbloshie e-waste recycling site in Accra, Ghana[J]. Science of the Total Environment, 2014, 470-471: 707-716.

[39] Pradhan J K, Kumar S. Informal e-waste recycling: Environmental risk assessment of heavy metal contamination in Mandoli industrial area, Delhi, India[J]. Environmental Science and Pollution Research, 2014, 21(13): 7913-7928.

[40] Fang W, Yang Y, Xu Z. PM_{10} and $PM_{2.5}$ and health risk assessment for heavy metals in a typical factory for cathode ray tube television recycling[J]. Environmental Science & Technology, 2013, 47(21): 12469-12476.

[41] Huang C L, Bao L J, Luo P, et al. Potential health risk for residents around a typical e-waste recycling zone via inhalation of size-fractionated particle-bound heavy metals[J]. Journal of Hazardous Materials, 2016, 317: 449-456.

[42] Leung A O W, Duzgoren-Aydin N S, Cheung K C, et al. Heavy metals concentrations of surface dust from e-waste recycling and its human health implications in southeast China[J]. Environmental Science & Technology, 2008, 42(7): 2674-2680.

[43] Xue M, Yang Y, Ruan J, et al. Assessment of noise and heavy metals (Cr, Cu, Cd, Pb) in the ambience of the production line for recycling waste printed circuit boards[J]. Environmental Science & Technology, 2012, 46(1): 494-499.

[44] 郑晶，陈可慧，陈社军，等. 电子废物拆解地区人群头发中持久性卤代有机污染物 (PHCs) 的污染特征 [J]. 环境科学学报，2013，33(11)：2928-2934.

[45] Pereira R, Ribeiro R, Gonçalves F. Scalp hair analysis as a tool in assessing human exposure to heavy metals (S. Domingos mine, Portugal)[J]. Science of the Total Environment, 2004, 327(1-3): 81-92.

[46] Senofonte O, Violante N, Caroli S. Assessment of reference values for elements in human hair of urban schoolboys[J]. Journal of trace elements in medicine and biology, 2000, 14(1): 6-13.

[47] Wang T, Fu J, Wang Y, et al. Use of scalp hair as indicator of human exposure to heavy metals in an electronic waste recycling area[J]. Environmental Pollution, 2009, 157(8-9): 2445-2451.

[48] Zheng J, Luo X J, Yuan J G, et al. Heavy metals in hair of residents in an e-waste recycling area, South China: Contents and assessment of bodily state[J]. Archives of Environmental Contamination and Toxicology, 2011, 61(4): 696-703.

[49] Ni W, Chen Y, Huang Y, et al. Hair mercury concentrations and associated factors in an electronic waste recycling area, Guiyu, China[J]. Environmental Research, 2014, 128: 84-91.

[50] Xu X, Chen X, Zhang J, et al. Decreased blood hepatitis B surface antibody levels linked to e-waste lead exposure in preschool children[J]. Journal of Hazardous Materials, 2015, 298: 122-128.

[51] Zhang Y, Huo X, Cao J, et al. Elevated lead levels and adverse effects on natural killer cells in children from an electronic waste recycling area[J]. Environmental Pollution, 2016, 213: 143-150.

[52] Ni W, Huang Y, Wang X, et al. Associations of neonatal lead, cadmium, chromium and nickel co-exposure with DNA oxidative damage in an electronic waste recycling town[J]. Science of the Total Environment, 2014, 472: 354-362.

[53] Zeng X, Xu X, Boezen H M, et al. Children with health impairments by heavy metals in an e-waste recycling area[J]. Chemosphere, 2016, 148: 408-415.

[54] Deng W J, Zheng J S, Bi X H, et al. Distribution of PBDEs in air particles from an electronic waste recycling site compared with Guangzhou and Hong Kong, South China[J]. Environment International, 2007, 33(8): 1063-1069.

[55] Zhao Y X, Qin X F, Li Y, et al. Diffusion of polybrominated diphenyl ether (PBDE) from an e-waste recycling area to the surrounding regions in Southeast China[J]. Chemosphere, 2009, 76(11): 1470-1476.

[56] Chen S J, Feng A H, He M J, et al. Current levels and composition profiles of PBDEs and alternative flame retardants in surface sediments from the Pearl River Delta, southern China: Comparison with historical data[J]. Science of the Total Environment, 2013, 444: 205-211.

[57] Hu G, Xu Z, Dai J, et al. Distribution of polybrominated diphenyl ethers and decabromodiphenylethane in

surface sediments from Fuhe River and Baiyangdian Lake，North China[J]. Journal of Environmental Sciences，2010，22(12)：1833-1839.

[58] Chen L，Huang Y，Peng X，et al. PBDEs in sediments of the Beijiang River，China：Levels，distribution，and influence of total organic carbon[J]. Chemosphere，2009，76(2)：226-231.

[59] Li Q，Yan C，Luo Z，et al. Occurrence and levels of polybrominated diphenyl ethers (PBDEs) in recent sediments and marine organisms from Xiamen offshore areas，China[J]. Marine Pollution Bulletin，2010，60(3)：464-469.

[60] Zhao G，Zhou H，Liu X，et al. PHAHs in 14 principal river sediments from Hai River basin，China[J]. Science of the Total Environment，2012，427-428：139-145.

[61] Zhu H，Wang Y，Wang X，et al. Distribution and accumulation of polybrominated diphenyl ethers (PBDEs) in Hong Kong mangrove sediments[J]. Science of the Total Environment，2014，468-469：130-139.

[62] Wang X T，Chen L，Wang X K，et al. Occurrence，profiles，and ecological risks of polybrominated diphenyl ethers (PBDEs) in river sediments of Shanghai，China[J]. Chemosphere，2015，133：22-30.

[63] Song W，Li A，Ford J C，et al. Polybrominated diphenyl ethers in the sediments of the Great Lakes. 2. Lakes Michigan and Huron[J]. Environmental Science & Technology，2005，39(10)：3474-3479.

[64] Zhu L Y，Hites R A. Brominated flame retardants in sediment cores from Lakes Michigan and Erie[J]. Environmental Science & Technology，2005，39(10)：3488-3494.

[65] Mariani G，Canuti E，Castro-Jiménez J，et al. Atmospheric input of POPs into Lake Maggiore (Northern Italy)：PBDE concentrations and profile in air，precipitation，settling material and sediments[J]. Chemosphere，2008，73(1)：S114-S121.

[66] Moon H B，Choi M，Yu J，et al. Contamination and potential sources of polybrominated diphenyl ethers (PBDEs) in water and sediment from the artificial Lake Shihwa，Korea[J]. Chemosphere，2012，88(7)：837-843.

[67] Richman L A，Kolic T，MacPherson K，et al. Polybrominated diphenyl ethers in sediment and caged mussels (Elliptio complanata) deployed in the Niagara River[J]. Chemosphere，2013，92(7)：778-786.

[68] Barón E，Santín G，Eljarrat E，et al. Occurrence of classic and emerging halogenated flame retardants in sediment and sludge from Ebro and Llobregat river basins (Spain)[J]. Journal of Hazardous Materials，2014，265：288-295.

[69] Matsukami H，Tue N M，Suzuki G，et al. Flame retardant emission from e-waste recycling operation in northern Vietnam：Environmental occurrence of emerging organophosphorus esters used as alternatives for PBDEs[J]. Science of the Total Environment，2015，514：492-499.

[70] Daso A P，Fatoki O S，Odendaal J P. Polybrominated diphenyl ethers (PBDEs) and hexabromobiphenyl in sediments of the Diep and Kuils Rivers in South Africa[J]. International Journal of Sediment Research，2016，31(1)：61-70.

[71] Anh H Q，Nam V D，Tri T M，et al. Polybrominated diphenyl ethers in plastic products，indoor dust，sediment and fish from informal e-waste recycling sites in Vietnam：A comprehensive assessment of contamination，accumulation pattern，emissions，and human exposure[J]. Environmental Geochemistry and Health，2017，39(4)：935-954.

[72] Tombesi N，Pozo K，Álvarez M，et al. Tracking polychlorinated biphenyls (PCBs) and polybrominated diphenyl ethers (PBDEs) in sediments and soils from the southwest of Buenos Aires Province，Argentina (South eastern part of the GRULAC region)[J]. Science of The Total Environment，2017，575：1470-1476.

[73] Chan J K Y，Man Y B，Xing G H，et al. Dietary exposure to polychlorinated dibenzo-p-dioxins and dibenzofurans via fish consumption and dioxin-like activity in fish determined by H4IIE-luc bioassay[J]. Science of the Total Environment，2013，463：1192-1200.

[74] Wang D，Cai Z，Jiang G，et al. Determination of polybrominated diphenyl ethers in soil and sediment from an electronic waste recycling facility[J]. Chemosphere，2005，60(6)：810-816.

[75] Leung A，Cai Z W，Wong M H. Environmental contamination from electronic waste recycling at Guiyu，southeast China[J]. Journal of Material Cycles and Waste Management，2006，8(1)：21-33.

[76] Luo Q，Cai Z W，Wong M H. Polybrominated diphenyl ethers in fish and sediment from river polluted by electronic waste[J]. Science of the Total Environment，2007，383(1-3)：115-127.

[77] Leung A O W，Luksemburg W J，Wong A S，et al. Spatial distribution of polybrominated diphenyl ethers and polychlorinated dibenzo-p-dioxins and dibenzofurans in soil and combusted residue at Guiyu，an electronic waste

recycling site in southeast China[J]. Environmental Science & Technology，2007，41(8)：2730-2737.

[78] Liu H，Zhou Q，Wang Y，et al. E-waste recycling induced polybrominated diphenyl ethers，polychlorinated biphenyls，polychlorinated dibenzo-p-dioxins and dibenzo-furans pollution in the ambient environment[J]. Environment International，2008，34(1)：67-72.

[79] Wu J P，Luo X J，Zhang Y，et al. Bioaccumulation of polybrominated diphenyl ethers (PBDEs) and polychlorinated biphenyls (PCBs) in wild aquatic species from an electronic waste (e-waste) recycling site in South China[J]. Environment International，2008，34(8)：1109-1113.

[80] Xing G H，Chan J K Y，Leung A O W，et al. Environmental impact and human exposure to PCBs in Guiyu，an electronic waste recycling site in China[J]. Environment International，2009，35(1)：76-82.

[81] Wu J P，Luo X J，Zhang Y，et al. Residues of polybrominated diphenyl ethers in frogs (Rana limnocharis) from a contaminated site，South China：Tissue distribution，biomagnification，and maternal transfer[J]. Environmental Science & Technology，2009，43(14)：5212-5217.

[82] Luo X J，Zhang X L，Liu J，et al. Persistent halogenated compounds in waterbirds from an e-waste recycling region in South China[J]. Environmental Science & Technology，2009，43(2)：306-311.

[83] Luo X J, Liu J, Luo Y, et al. Polybrominated diphenyl ethers (PBDEs) in free-range domestic fowl from an e-waste recycling site in South China：Levels，profile and human dietary exposure[J]. Environment International，2009，35(2)：253-258.

[84] Meng X Z，Zeng E Y，Yu L P，et al. Persistent halogenated hydrocarbons in consumer fish of China：Regional and global implications for human exposure[J]. Environmental Science & Technology，2007，41(6)：1821-1827.

[85] Zhang K，Wei Y L，Zeng E Y. A review of environmental and human exposure to persistent organic pollutants in the Pearl River Delta，South China[J]. Science of the Total Environment，2013，463：1093-1110.

[86] Bi X，Thomas G O，Jones K C，et al. Exposure of electronics dismantling workers to polybrominated diphenyl ethers，polychlorinated biphenyls，and organochlorine pesticides in South China[J]. Environmental Science & Technology，2007，41(16)：5647-5653.

[87] Wang J，Chen S，Tian M，et al. Inhalation cancer risk associated with exposure to complex polycyclic aromatic hydrocarbon mixtures in an electronic waste and urban area in South China[J]. Environmental Science & Technology，2012，46(17)：9745-9752.

[88] Quan S X，Yan B，Lei C，et al. Distribution of heavy metal pollution in sediments from an acid leaching site of e-waste[J]. Science of the Total Environment，2014，499：349-355.

[89] Luo P，Bao L J，Li S M，et al. Size-dependent distribution and inhalation cancer risk of particle-bound polycyclic aromatic hydrocarbons at a typical e-waste recycling and an urban site[J]. Environmental Pollution，2015，200：10-15.

[90] Liu J，Xu X，Wu K，et al. Association between lead exposure from electronic waste recycling and child temperament alterations[J]. NeuroToxicology，2011，32(4)，458-464.